版权声明

Copyright © 2011 Nancy McWilliams

Published by arrangement with The Guilford Press, A Division of Guilford Publications, Inc.

ALL RIGHTS RESERVED

保留所有权利。未经中国轻工业出版社书面授权，任何人不得以任何方式（包括但不限于电子、机械、手工或其他尚未被发明或应用的技术手段）复印、拍照、扫描、录音、朗读、存储、发表本书中任何部分或本书全部内容，以及其他附带的所有资料（包括但不限于光盘、音频、视频等）。中国轻工业出版社未授权任何机构提供源自本书内容的电子文件阅览、收听或下载服务。如有此类非法行为，查实必究。

Psychoanalytic Diagnosis:
Understanding Personality Structure
in the Clinical Process (Second Edition)

精神分析诊断：
理解人格结构

[美] 南希·麦克威廉斯（Nancy McWilliams） 著

郑 诚 译 / 李 鸣 审校

图书在版编目（CIP）数据

精神分析诊断：理解人格结构／（美）麦克威廉斯（McWilliams, N.）著；郑诚译. —北京：中国轻工业出版社，2015.7（2025.8重印）

ISBN 978-7-5184-0230-4

Ⅰ.①精… Ⅱ.①麦…②郑… Ⅲ.①精神分析 Ⅳ.①B84-065

中国版本图书馆CIP数据核字（2015）第131836号

责任编辑：孙蔚雯　　　　责任终审：杜文勇
文字编辑：罗运轴　　　　责任校对：刘志颖
策划编辑：阎　兰　　　　责任监印：吴维斌

出版发行：中国轻工业出版社（北京鲁谷东街5号，邮编：100040）
印　　刷：三河市鑫金马印装有限公司
经　　销：各地新华书店
版　　次：2025年8月第1版第18次印刷
开　　本：710×1000　1/16　印张：27.25
字　　数：330千字
书　　号：ISBN 978-7-5184-0230-4　　定价：98.00元

读者热线：010-65181109
发行电话：010-85119832　　010-85119912
网　　址：http://www.chlip.com.cn　　http://www.wqedu.com
电子信箱：1012305542@qq.com

版权所有　侵权必究

如发现图书残缺请拨打读者热线联系调换

251650Y2C118ZYW

Psychoanalytic Diagnosis:
Understanding Personality Structure
in the Clinical Process (Second Edition)

精神分析诊断:
理解人格结构

[美] 南希·麦克威廉斯（Nancy McWilliams） 著

郑 诚 译／李 鸣 审校

中国轻工业出版社

图书在版编目（CIP）数据

精神分析诊断：理解人格结构／(美)麦克威廉斯 (McWilliams, N.) 著；郑诚译. —北京：中国轻工业出版社, 2015.7（2025.8重印）
ISBN 978-7-5184-0230-4

Ⅰ.①精… Ⅱ.①麦… ②郑… Ⅲ.①精神分析 Ⅳ.①B84-065

中国版本图书馆CIP数据核字（2015）第131836号

责任编辑：孙蔚雯　　　　　责任终审：杜文勇
文字编辑：罗运轴　　　　　责任校对：刘志颖
策划编辑：阎　兰　　　　　责任监印：吴维斌

出版发行：中国轻工业出版社（北京鲁谷东街5号，邮编：100040）
印　　刷：三河市鑫金马印装有限公司
经　　销：各地新华书店
版　　次：2025年8月第1版第18次印刷
开　　本：710×1000　1/16　印张：27.25
字　　数：330千字
书　　号：ISBN 978-7-5184-0230-4　定价：98.00元

读者热线：010-65181109
发行电话：010-85119832　　010-85119912
网　　址：http://www.chlip.com.cn　　http://www.wqedu.com
电子信箱：1012305542@qq.com

版权所有　侵权必究

如发现图书残缺请拨打读者热线联系调换
251650Y2C118ZYW

推 荐 序

今天,南希·麦克威廉斯所著的《精神分析诊断——理解人格结构》(简称《诊断》)终于与读者见面了。这是一本美国和海外许多心理治疗培训项目公认的教科书。我们曾几年前就联系过她,希望能翻译出版这一著作。当时她正修订出版此书的第二版。由于几多原因,此书第二版译本的面世距离翻译出版她的《精神分析案例解析》(简称《解析》)已整整十年。《解析》一书在国内的畅销程度印证了乔治·阿特伍德(George Atwood)的预言:此书会成为该领域中最重要、使用最广泛的书籍。

《解析》是《诊断》一书的续篇。《诊断》根据精神分析的基本理论,构建诊断框架,注重临床实践中用精神动力学观点对人格结构进行整体分析。《诊断》内容也凝聚了这一领域近20年来的理论和实践的进展和发展趋势。这一特点也给本书的翻译工作增加了一定的难度,译者必须经历精神动力学、临床治疗实践、神经精神病学、精神生物化学和分子遗传学等相关学科知识的考验。本书的译者郑诚用富有成效的辛勤劳动,再现了麦克威廉斯教授对人格剖析的精神分析功底,也保留了她将复杂概念加以清晰阐明的行文风格。相信本书从人格层面诠释心理现象背后的动力学机制的分析性思维方式,以及用分析理论指导人格矫正的临床治疗观点,将对心理治疗师、心理治疗专业研究生、精神卫生工作者都有所裨益。本书尤其适合作

为心理治疗培训项目的教材。《诊断》和《解析》相辅相成，对于如何把精神分析理论具体应用于临床实践，书中循序渐进的教学思想和鞭辟入里的分析视角，对于培养治疗师是不可或缺的。

本书分为两部分，第一部分为人格诊断概述。主要介绍精神动力学人格诊断的特征、精神动力学框架内各学派对人格诊断的观点、人格的形成、防御与人格的关系等。第二部分为人格诊断各论。依次介绍了反社会、自恋、分裂、偏执、抑郁和躁狂、自虐、强迫、癔症样、解离人格。对每种人格都从这一人格特征的驱力、情感、气质、防御形式、人际关系、自体状况、移情反移情、鉴别诊断和治疗等维度进行分析。

本书汇聚了各家现代精神分析理论的观点，也汲取了神经科学的最新进展以及实验研究和荟萃分析的研究结果，是一本融精神动力学诊断分析思路和治疗技术经验的不可多得的参考书。

李 鸣

2014年冬于苏州

前　言

基于我多年的从师经历，萌生了提笔撰写《精神分析诊断》的初衷。我认为：学习和掌握对精神现象具推论性、多维度的社会、心理和生物学诊断，对于初涉心理治疗园地的治疗师至关重要。这也是催生目前占主导地位的诊断体系的理由——精神疾病诊断与统计手册（DSM-Ⅲ，美国精神病学会1980年第三版）。我希望这一诊断体系能持续具有活力，即保持对临床经验和实际观察的敏感性，从而能整体地了解患者而非视患者为症状集合体。同时我也看到，即便是精神动力学科班出身的学生，也很难精确把握传统精神分析理论那些多变、晦涩的术语和隐喻。本书试图将这些纷繁复杂且具有争议的观点加以整理，以飨读者。

20世纪90年代早期，我曾对本书抱有憧憬，希望它能影响精神卫生政策的制订，希望书中的观点对心理治疗的影响不受文化的羁绊（当时这两方面的前景令人堪忧）。但事与愿违：彼时局势转变来势汹涌，不知什么原因，精神动力学乃至人本主义都受到全面的排挤（Cain, 2010）。这使得精神动力学治疗的质量不断下滑，一些具有明显病理指征的患者无所适从，患者在精神卫生体系中获得足量、足程治疗的机会急剧减少。认知行为治疗也难逃劫数，这一学派的治疗师们开始和分析治疗师们一样，日益不满现行政策的限制。我那CBT学派的同事Milton Spett近期为此抱怨道：治疗面对的应

该是患者，而不应该是疾病项目名称（通信内容，2010.5.28）。

学术氛围与经济利益的影响是局势变化的主要原因（见 Mayes & Horwitz, 2005，在精神病学领域，关于疾病的理论正经历着学术变迁"从宽泛、以病因学为考量的正常到异常的连续变化，逐渐演变为以症状特征为轴心的疾病分类"[p.249]）。在美国，利益集团——尤其是保险公司和制药企业——受利益驱使，迫使心理治疗受到全面限制并被重新定义。出于成本控制目的，致使许多因人格问题而接受长程治疗的患者被迫中止治疗。这种中止治疗并非由于治疗缺陷，而是因为保险公司出台的医疗保健产品所提供的"全方位的"精神卫生服务，并不包含对 DSM 轴Ⅱ*诊断部分的承保。

同时，制药公司斥巨资将各种心理问题打造成具体的医学疾病，从而促销各种对症的药品。这样，个体内心深深地挣扎变得无足轻重，心理治疗成为只是就事论事地对影响学习或工作的行为进行干预。本书第一版强调的以人为本的治疗思想（与以症状为本的治疗思想相反），至今仍对积极推动治疗的人文关怀产生着深远的影响（详见 McWilliams, 2005a）。

如今，治疗师所面临的环境较1994年更为严峻。需要接受规范、长程治疗的患者越来越多（随着社会、政治、经济和技术的不断变革，个体经历的精神刺激日益增加）。而在现行体制下，治疗师被规定为每两周、甚至间隔更长时间约见患者，并要求接诊过多数量的案例，每天忙于完成繁琐的保险文件的日常书写，要把复杂的心理治疗过程牵强地描述为"靶症状"的改变。这样，治疗师们很难从这些繁文缛节中脱身，把时间真正用于真诚地关怀患者。迫于上述压力，临床治疗师做诊断时，时常感到进退维谷；一方面，诊断必须符合参保付费标准，另一方面，诊断术语又应该尽量避免歧视用语。这样做出的诊断让人啼笑皆非。

尽管客观现状不尽如人意，但对心理治疗师来说，更需要在此种状况下对患者的整体心理状态进行探索和了解。若想在短期内获得疗效，就必须

---

* DSM-Ⅲ中，轴Ⅱ为人格障碍、发展障碍——译者注

迅速建立对个体评估的平台：患者是否接纳治疗师的共情？是否蓄意贬低治疗师？是否感到被曲解？因此，相对于1994年，当下可能更需要重申人格诊断的重要性，人格诊断对于了解患者的主观体验，兼具推理性、境遇性、多维性和理解力。我在编撰《精神分析诊断手册》（PDM，*Psychodynamic Diagnostic Manual*，2006）时曾强调过此观点，但诊断手册中描述人格结构的篇幅较小，我在本书中的阐述更为详尽。

如今，学院派与临床治疗师之间的分歧愈演愈烈，这间接导致了传统精神分析治疗的地位普遍下降。这两个群体之间向来存有宿怨。也许是由于学派领头人对理论偏好的个人好恶，但更可能是学院派人士追逐科研经费，或热衷于发表论文，或谋求一职半称。即便有些教授从事一些临床实践，也与整个学术风气格格不入。因此，鲜有学者能体会到接诊大量疑难、重症患者的辛劳。心理学专业教学的增多也使部分治疗师逐渐脱离临床，有抱负的初学治疗师也更少有机会与醉心研究的导师进行面对面的交流。

而精神分析临床治疗师对人格结构和精神病理学的理解，多来源于临床经验和自然观察。这种理解角度的差异，也造成他们与实验研究为主的学院派的隔阂不断加深。而且，这种临床经验和自然观察，也常常在高校教学中被嗤以陈词滥调或主观偏见。其实，数十年来对精神分析概念的研究一直未曾间断过，而目前研究者的态度过于理想化，只青睐于实证研究（Fisher 与 Greenberg 在其 1985 年和 1996 年出版的著作中，曾对 1500 余篇实证研究论文进行回顾分析），因为精神分析治疗的随机对照开放性实验十分昂贵。加之，精神分析盛行时期，也助长了分析师们的倨傲，他们坚信治疗关系中的咨访互动因素是如此独特，根本无法被研究，这些观点至今仍为非临床同行所诟病。

时至今日，已有大量经过反复推敲的临床实践可证实分析治疗的有效性（Leichsenring & Rabung，2008；Shedler，2010），一些治疗师也凭此对实证研究不屑一顾，以此获取自欺的自尊。临床心理学向实证科学的趋近，保险公司的成本控制，制药企业的利益驱使，以及分析师对实证研究的蔑视，诸多因素共同作用，使得精神分析和分析治疗每况愈下。

除此之外，我决意修订此书还有如下缘由：首版时神经科学已开始揭示认知与情感活动的遗传学、生理学和生物化学基础；通过对婴儿（尤其是依恋关系）的研究，精神分析学家 John Bowlby 的理论为我们了解人格发展开拓了新的疆界；精神分析理论中关系取向学派的兴起，显著促进了精神分析理论的变迁。随着认知行为治疗的日趋成熟，其治疗理论的日臻完善，这一学派也发展出一系列人格理论，其要点与经典精神分析人格理论极为相似。1994年以来，我也对沙利文、后克莱因学派和拉康学派的理论更为熟悉；教授《精神分析诊断》的老师及学生、读者同行们的批评和建议也使我获益匪浅。自构思此书至今已有二十余年，我也积累了更加丰富的临床经验。

对于此书首版在北美地区的广受欢迎我并非十分意外。执笔之初，我便意识到许多人都会赞同：书中的观点对于培养治疗师不可或缺。但它在全球的热销程度却出乎我的意料。罗马尼亚、韩国、丹麦、伊朗、中国、新西兰和南非的治疗师们纷纷对本书给予赞评。本书在国内的影响，还为我带来了许多面向亚专业群体演讲的机会（如，空军精神科医师、教会咨询师、监狱心理咨询师和戒除成瘾的专家）。此书的影响也超越了北美区域，我曾受邀去世界各地巡讲，各地的治疗师也向我介绍了他们所在地常见的人格特征。巡讲过程中，我见识到各种地域性人格特征，如：受虐（俄罗斯）、分裂（瑞典）；创伤后（波兰）；反依赖（澳大利亚）及癔症（意大利）倾向。尽管癔症性人格被认为在当今西方文化中已十分罕见，但在土耳其，乡间治疗师们向我描述了那里女性患者的症状，与弗洛伊德笔下的性压抑症状十分相似。我希望能在此修订版中，尽可能地将上述宝贵体验与同道及时分享。

来信中的一些读者工作于相对传统、注重集体利益文化背景的地区，这些地区的情绪障碍躯体化现象较为常见（如美国原住民群体和东南亚族群等）。应他们的要求，我将躯体化章节加以扩充，并建议用防御的观点来理解人格结构。我也修订了有关防御的论述，将躯体化、付诸行动和性力化用更为原始的机制来解释。但由于篇幅的限制，也为了避免在当地造成对躯体化的歧视，我并未用整章来介绍躯体化人格。如果你想学习更多如何处理反复出现的躯体主诉，以及本书中未提及的其他人格类型（如，受虐和施虐、恐怖和反恐怖、依赖和反依赖、被动攻击及慢性焦虑）可参阅 PDM。

遵循"求同存异"的原则，我对部分章节的修改仅限于语言更为精炼。有的章节则根据新近的实验研究和理论变化进行了较大幅度的修正。近年来，精神分析关于心理发展的理论早已超越了 Mahler 的观点，神经科学的进展也使我们能把临床现象与大脑的特定区域相关联。对依恋关系的进一步研究拓展了我们对人际联系的认识，其中某些专属术语（如，"心智化 mentalization"、"反思功能 reflective functioning"）指明了中枢系统的运作机制，以及它如何影响人的精神活动。神经科学纠正了我们以往的误解 [如，思维引领情感，严重创伤性记忆可以再忆（Solms & Turnbull, 2002）]，并极大地丰富了我们对性格、驱力、冲动、情感和认知的认识。一些精神分析理论指导下的随机对照实验和新近的荟萃分析也正在进行中。同时我也保留了原书大部分临床及实验研究的参考文献。人格，究其本质是一种相对稳定的现象，数十年来对此不乏缜密且实用的探究，供我取之精华。至于"美式人文"推崇的喜新厌旧观念我向来不敢苟同。实际上，鉴于目前知识分子面临着现实压力，加上急功近利的培训模式，如今的研究几乎难以达到从前那般远离喧嚣、深思熟虑和影响深远。

致　　谢

在首版《精神分析诊断》中，我对给我以写作灵感的来访者和我的许多同事们表达了真挚的谢意。如今本书新版更是"集百家之言"（此处借用诗人奥登"弗洛伊德之动态"中的描述）。首版中强调，书中列举的人格理论和类型并非作者的一管之见，而是集精神分析主流之各家观点。至于，诊断本身对于当今精神分析治疗具有多少价值，业内人士也莫衷一是。[2009年国际精神分析（关系理论学派 Relational Psychoanalysis and Psychotherapy）与治疗协会在线举办的座谈会议题]，我无意渲染诊断在精神分析治疗中的核心地位。此书的初衷也正是如此，仍然传承首版博采众长的风格。这几年中，我不断收到读者反馈，评论首版书中某些观点以及指出与临床经验不符之处。我也收到许多国内外同行和治疗师们对本书的交口称赞。我还参加了一些关于本书内容的讨论会。借本书再版之际，我将这些评论和建议收集整理，一并体现在此修订版中。

除了首版中提及的人物，此处，我必须对为修订版做出卓越贡献的人们致以感谢。特别感谢 Richard Chefetz 对十五章的倾心指导，传授给我有关创伤学的最新进展。也感谢 Daniel Gaztembide（以及 Brenna Bry，我的部门主席——一位斯金纳学派的忠实追随者——果断指派 Daniel 为我的"半工半读"学生）定期提供我相关研究和理论的简报。我还要向我的挚友 Kerry Gordon 表达谢意，感谢他的睿智和建议。感谢 Tim Paterson 为我细致地编排章节。最后，我还要感谢众多同事们的热情和坦率，感谢他们自首版以来对我的启发和影响：Neil Altman，Sandra Bern，Louis Berger，Ghislaine Boulanger，已故的 Stanley Greenspan，Judith Hyde，Deborah Luepnitz，William MacGillivray，David Pincus，Jan Resnick，Henry Seiden，Jonathan Shedler，Mark Siegert，Joyce Slochower，Robert Wallerstein，Bryant Welch 及 Drew Westen。还需感谢那些在此不能一一提名的人，他们的真知灼见已尽然展现在此修订版中。倘若本书尚有不当之处，敬请读者不吝指教。

目　录

介　绍 ··· 1
　　关于术语（名称）··· 2
　　关于语言风格··· 4

第一部分　基本理论

　　内容简介··· 5
第一章　诊断的意义··· 7
　　精神动力学诊断 vs 精神病疾病诊断································ 9
　　治疗计划·· 12
　　关于预后·· 13
　　保护来访者·· 14
　　共情的沟通·· 15
　　防止脱落·· 17
　　附加效益·· 17
　　诊断应用的局限·· 19
　　进一步阅读的建议·· 20

第二章 精神分析性格诊断 ... 23
- 经典弗洛伊德驱力理论及其演变 ... 25
- 自我心理学 ... 29
- 客体关系理论 ... 33
- 自体心理学 ... 38
- 当代人际关系理论学派 ... 41
- 精神分析对人格评估的其他贡献 ... 42
- 小结 ... 44
- 进一步阅读的建议 ... 44

第三章 人格形成的性心理发育阶段观点 ... 47
- 历史背景:人格异常的诊断 ... 49
- 神经症性-边缘型-精神病的连续谱系 ... 60
- 小结 ... 72
- 进一步阅读建议 ... 72

第四章 心理发育阶段对人格形成的影响 ... 75
- 神经症性来访者的心理治疗 ... 76
- 对精神病性患者的治疗 ... 79
- 对边缘患者的治疗 ... 88
- 性格的成熟度和类型的相互作用 ... 100
- 小结 ... 102
- 进一步阅读的建议 ... 103

第五章 初级防御过程 ... 105
- 极端退缩 ... 109
- 否认 ... 110
- 全能控制 ... 112
- 极端理想化和贬低 ... 113
- 投射、内摄和投射性认同 ... 115

自我的分裂 ·· 120

　　躯体化 ·· 122

　　付诸行动（行动化） ·· 124

　　性欲化（本能化） ·· 126

　　极端解离 ·· 128

　　小结 ·· 129

　　进一步阅读的建议 ·· 130

第六章　次级防御过程 ·· 131

　　压抑 ·· 132

　　退行 ·· 135

　　情感隔离 ·· 136

　　理智化 ·· 137

　　合理化 ·· 138

　　道德化 ·· 138

　　间隔化 ·· 140

　　抵消 ·· 141

　　攻击自身 ·· 142

　　置换 ·· 143

　　反向形成 ·· 145

　　反转 ·· 146

　　认同 ·· 148

　　升华 ·· 151

　　幽默 ·· 152

　　总评 ·· 153

　　小结 ·· 154

　　进一步阅读的建议 ·· 154

第二部分 性格组织的类型

引言 ·· 155
章节组织的思路 ······································ 156
性格病理和情境因素 ·································· 158
人格改变的限制 ······································ 159

第七章 精神变态（反社会性）人格 ················· 161
精神变态人格的驱力、情感和气质 ················· 163
精神变态患者的防御和适应过程 ··················· 164
精神变态个体的关系模式 ··························· 167
精神变态的自体 ····································· 169
治疗中的移情和反移情 ····························· 170
对精神变态人格诊断的治疗意义 ··················· 171
鉴别诊断 ·· 177
小结 ··· 179
进一步阅读的建议 ·································· 179

第八章 自恋型人格 ································· 181
自恋者的驱力、情感和气质 ························ 184
自恋者的防御和适应过程 ··························· 186
自恋者的关系模式 ·································· 188
自恋性自体 ··· 190
自恋型来访者的移情和反移情 ····················· 192
自恋诊断的治疗应用 ······························· 194
鉴别诊断 ·· 198
小结 ··· 200
进一步阅读的建议 ·································· 201

第九章 分裂样人格 ································· 203
分裂者的驱力、情感和气质 ························ 205

分裂者的防御和适应过程 …………………………………………… 207

　　分裂者的关系模式 …………………………………………………… 208

　　分裂样自体 …………………………………………………………… 211

　　分裂者的移情和反移情 ……………………………………………… 213

　　诊断的治疗意义 ……………………………………………………… 215

　　鉴别诊断 ……………………………………………………………… 218

　　小结 …………………………………………………………………… 220

　　进一步阅读的建议 …………………………………………………… 220

第十章　偏执型人格 …………………………………………………………… 223

　　偏执者的驱力、情感和气质 ………………………………………… 225

　　偏执者的防御和适应机制 …………………………………………… 227

　　偏执者的关系模式 …………………………………………………… 229

　　偏执型自体 …………………………………………………………… 232

　　偏执者的移情和反移情 ……………………………………………… 234

　　诊断的治疗意义 ……………………………………………………… 235

　　鉴别诊断 ……………………………………………………………… 241

　　小结 …………………………………………………………………… 242

　　进一步阅读的建议 …………………………………………………… 243

第十一章　抑郁和躁狂型人格 ………………………………………………… 245

　　抑郁型人格 …………………………………………………………… 246

　　抑郁者的驱力、情感及气质 ………………………………………… 248

　　抑郁者的防御和适应机制 …………………………………………… 250

　　抑郁者的关系模式 …………………………………………………… 252

　　抑郁者的自体 ………………………………………………………… 255

　　抑郁者的移情和反移情 ……………………………………………… 258

　　诊断的治疗意义 ……………………………………………………… 260

　　鉴别诊断 ……………………………………………………………… 265

轻躁狂（躁郁型）人格·······································266
躁狂者的驱力，情感和气质·······························267
躁狂者的防御机制··268
躁狂者的关系模式··268
躁狂者的自体··269
躁狂者的移情和反移情······································269
诊断的治疗意义···270
鉴别诊断··272
小结··275
进一步阅读的建议··275

第十二章　自虐型（自我挫败型）人格·······················277
自虐的驱力、情感和气质···································281
自虐的防御和适应过程······································282
自虐者的关系模式··285
自虐型自体···288
自虐者的移情和反移情······································289
诊断的治疗意义···291
鉴别诊断··296
小结··298
进一步阅读的建议··298

第十三章　强迫型人格··301
强迫者的驱力、情感和气质·······························303
强迫者的防御机制和适应过程····························305
强迫者的关系模式··309
强迫型自体···312
强迫者的移情和反移情······································315
诊断的治疗意义···317

鉴别诊断 ··· 321

　　　小结 ··· 323

　　　进一步阅读的建议 ··· 323

第十四章 癔症型（表演型）人格 325

　　　癔症人格者的驱力、情感和气质 ··· 327

　　　癔症人格者的防御和适应过程 ··· 329

　　　癔症心理的关系模式 ··· 332

　　　癔症性自体 ··· 334

　　　治疗中的移情和反移情 ··· 337

　　　对癔症型人格诊断的治疗意义 ··· 341

　　　鉴别诊断 ··· 343

　　　小结 ··· 346

　　　进一步阅读的建议 ··· 346

第十五章 解离性心理 349

　　　解离心理的驱力、情感和气质 ··· 355

　　　解离病症的防御和适应过程 ··· 356

　　　解离病症的关系模式 ··· 358

　　　解离性自我 ··· 361

　　　治疗中的移情和反移情 ··· 363

　　　对解离性病症诊断的治疗意义 ··· 366

　　　鉴别诊断 ··· 370

　　　小结 ··· 374

　　　进一步阅读的建议 ··· 375

参考文献 ··· **377**

介　绍

　　本书的主要内容是我沿袭各家精神分析人格理论的精髓，循序渐进地加以阐述，并渗入许多我的个人理解、解释与推展。对于我来说，性格类型的描述应理所当然地遵循精神分析的理论和含义这样的二维方向，但这样的二维方向可能难免会使有些治疗师觉得有造作之嫌。他们可能从自己的理论学派观点出发，对人格具有不同的理解。在我看来：这些理解对于初涉精神分析治疗这一具有深厚积淀领域的学习者来说，是大有裨益的。

　　本书侧重于实际操作，而对精神分析理论、概念或哲理方面相对涉及较少。我更希望本书能成为受训者的参考读物，而非试图确立人格诊断的"金科玉律"。书中各章都会反复强调精神动力学案例分析思路和对治疗技术的精益求精。除了一些定义明确的基本治疗态度（包括好奇、尊重、同情、热情、正直及坦诚和谦逊）（McWilliams，2004），我无法在缺乏具体个案的具体情况下，就事论事地教授某种"技术"。

　　有人认为：精神分析无法应用于重度抑郁、严重创伤、少数民族、成瘾者等群体。那么，本书中所描述的、用以探索来访者的二维方向思路，若能成功地引导读者去理解精神分析疗法的丰富内涵和独特形式，必将有助于扭转这类误解。

关于术语（名称）

传统精神分析的许多观点常常遭人误解，可能与这一理论所用的特定术语（名称）有关。这些术语创立之初，具有一定的本意，但术语在特定情境下常常具有标签作用，并随之会产生一定的负面影响。词语的内涵本用于直接描述事物，但在实际情形中，词语的外延往往雀占鸠巢，逐渐取代内涵，并形成刻板印象。当这些词语被人们（尤其是外行人）不恰当地运用时，那么某些词语就会引发联想，甚至充满恶意。

举例来说，"反社会型人格障碍（antisocial personality disorder）"在1835年曾被称为"悖德性疯癫（moral insanity）"，后又改为"精神变态（psychopathy）"，"社会病态（sociopathy）"。人们每一次改变都旨在为某一现象贴上客观的标签，但这一现象是如此恼人，以至于公众主观地倾向于把这一现象归因于个体的道德水准低下。类似的情况还有"性别倒错（inversion）"这个词从"性偏差（deviation）"、"同性性欲（homosexuality）"而来。但厌恶同性情谊的人会习惯用"同性恋(gay)"、"酷儿（queer）"来贬低地指代这一群体。类似的还有"智力迟钝"（retarded）"发育迟滞"（developmentally challenged）。这样，对现象的厌恶情绪使人们对诊断名称自然衍生出侮辱性的词语外延。非心理学术语同样如此，例如大家对"政治正确"(political correctness)的争议*。结果常常如此：心理学派的历史愈是悠久，其用词就愈是会被理解为负面、偏执和怪异。加之精神分析的术语常被随心所欲地、刻意歪曲地或者偏激地使用。这种现状已成为精神分析学派在精神卫生行业内外健康发展的痼疾。

另一方面，造成精神分析学派的声名毁誉参半之现状也恰恰来自其自

---

* 政治正确是指利用中立的字句，以图不侵犯他人，不带有偏见，但实际执行结果却一直富有争议。在自由主义、保守主义及不少评论员眼中，政治正确一词本身"政治不正确"，带有贬义，与假道学的意义相类。——译者注

身的影响力。随着精神分析理论日益被广大受众所接受，某些专业术语也逐渐趋向通俗化和片面性。例如，"受虐（masochistic）"一词，对于初学者来说可能晦涩难懂，不禁令人联想起偏爱痛苦和煎熬的怪人。这种反应理所当然，但却一直未受到应有的重视；传统精神分析的受虐概念，是基于人性的阐释和领悟，是对个体宁愿反复将自身置于痛苦的境地，甘愿牺牲的动机的深度体察。这一术语有利于治疗师导出针对性的分析性治疗。精神分析的其他术语也是命蹇时乖，它们常常成为非分析治疗师和文学作品调侃的笑料，经他们一知半解的发挥后，被传播得面目全非。

概念随着应有的日益普及，其含义也会逐渐折损。如：随着"创伤（trauma）"一词的流行，其客观灾难性色彩已逐渐暗淡，更多用于形容"悲切"或"伤感"的内心体验。"抑郁（depression）"也变得与多愁善感不分仲伯（Horowitz & Wakefield，2007）。"惊恐障碍（panic disorder）"听起来像是焦躁不安（anxiety neurosis）和极度焦虑（anxiety attack）的混合物。其跨度可从个体参加商务午餐时的局促不安到亲临火灾现场的恐惧感。

鉴于此，我对如何选择术语表达本书内容而感到左右为难。从个人角度来讲，我希望我的选择能符合公众目前对术语的偏好，兼顾患者对特定诊断的排斥。因此，在讨论特定现象的概念时，除非原先的术语辞不达意，我才会从标准DSM诊断系统中援引专业术语。从另一角度来讲，一些学术界人士似乎更热衷于不断翻新诊断名称，而对其含义却知之甚少。他们会用"自我挫败（self-defeating）"取代"受虐倾向（masochistic）"，用"表演性（histrionic）"代替"癔症性（hysterical）"人格，以此来规避带有精神分析含义的术语。但这种术语的改变也扼杀了治疗师的分析式思维，以及对人格形成的潜意识机制的认识。

这种语言风格上的左右兼顾使本书内容总体上以传统精神分析术语为主，为降低专业术语的晦涩，我也会穿插一些近期、等同含义的术语。这种语言风格的目的是促进读者的内省，帮助他们理解特定术语的内在机制。我将尽量使用大家熟知的精神分析语言，力求通俗易懂；缺乏精神分析背景的读者可能会对本书内容望文生义或主观臆断。我希望这种批判的眼光能产生积极的效果，假以时日，相信精神分析理论将会证明其自身的实用价值。

关于语言风格

即便对精神分析理论笃信不疑，各派别间关于人格特质类型及涵义的论述仍然是众说纷纭。很多分析性思维的核心概念既未经过系统研究和证实，本质上也难以操作和掌握。更难想象对之进行实证检验（Fisher & Greenberg, 1985）。很多精神分析派的学者更多醉心于释义性推理，而非科学验证精神，部分原因是目前所定义的科学研究方法排斥了实验者的主观推断。

本书在陈述观点时，力图言简意赅，而非面面俱到。也许，深谙此道的学者会尽量避免这种言辞的偏颇，但考虑到本书主要面向学习精神分析诊断和治疗的受训者，因此，我希望能尽量减少他们学习精神分析术语时，面临语焉不详时的尴尬。在此版书中，考虑到近期本质论和绝对论领域的进展，我努力使书中观念尽量兼容并蓄。在现实的分析性心理治疗中，我们很快就能意识到：不管我们的诊断假设多么地优美，当与人性的奥秘相比时，我们的知识仍然显得如此苍白无力，我们与来访者的治疗关系仍然是前途未卜。因此，我希望并鼓励读者们摆脱本书的桎梏。

第一部分
基 本 理 论

内 容 简 介

  第一部分六个章节涵盖了：关于人格特征的基本理论——回顾了精神分析的相关重要理论以及这些理论对于形成人格基本结构的贡献；探讨了个体人格形成过程中的差异化发展、针对这种差异化发展所采用的个体化治疗，以及不同的人格结构所善用的防御机制的不同。这些观点在业内已广为人知。第一部分内容也提供了一种思维方式：个体发展具有协调性特征。这种协调性发展被我们称为"人格"。

  第一部分意在阐述应兼顾精神分析理论和人格特征这两个维度作为诊断思路的基础。虽然这种诊断思路试图阐明人格的基本特征，但仍难免会以偏概全或过于简单化。不过，它将有助于治疗师获取核心的动力学假设，以及这些假设所具有的临床意义。我相信在多数精神分析文献中，这种用动力学假设来诠释人格特征的方法是不言而喻的。这种假设也可源于其他类似的方法（比如，M.H. Stone，1980，阐述了个体动力学特征的数代相传现象）。有些分析师还会利用其他可观察的指征来做出动力学假设（参阅 Blank & Blank，1974，pp.114-117；Greenspan，1981，pp.234-237；Hoerner，1990，p.23；

Kernberg，1984，p.29；Kohut，1971，p.9）。

在过去的20年里，有关母婴关系、人际互动、创伤体验和神经科学的研究成果已使对人格异常的探索有了长足的进展。本书的各个章节中展现出许多这方面的研究成果，其中有些观点也来自近期一些独辟蹊径的观察实践。列举上述观点的目的并非质疑其他学派关于人格发展、结构、素质的各种理念，而是试图为初涉这一奇妙领域的同道们提供一个综合、渐进的理解视角。

第 一 章
诊断的意义

对很多人而言，包括一些治疗师，"诊断"是一个令人憎恨的词，因为当前对心理问题的误读是如此地司空见惯。一个对确定诊断缺乏信心的治疗师会对复杂的病情得出草率的诊断；一个无法体察患者内心苦楚的治疗师会对患者的极度悲痛文过饰非；这样，心理障碍常常更容易被这些治疗师贴上病理性标签。社会、种族、性别、同性恋歧视和其他的偏见也可能潜移默化地影响着疾病分类。当今美国，保险公司根据疾病诊断类型规定治疗时程长短，这经常与治疗师对疗程的判断相去甚远，也使得治疗师对于诊断评估过程的态度大打折扣。

反对诊断名称的呼声之一是认为诊断术语不可避免带有贬义，例如，保罗·瓦赫特尔（Paul Wachtel）（私人交流，2009.3.4）视诊断为"粉饰的侮辱"。简·霍尔（Jane Hall）认为"标签只能用来指代物体，而非人类"（1998, p.46）。时下，许多治疗师也如是说，但我相信，在这些治疗师本人的受训过程中，学习诊断术语以及诊断对治疗的意义，对于他们获取知识一定意义非凡。而受训者只有逐渐学会了前人长期积累的诊断经验，他们才能摆脱书面术语的桎梏，转而仔细觉察患者个体的独特性。诊断术语可能带有片面性或侮辱性，但是如果治疗师能用尊重而非盛气凌人的态度来表达，能对不同的个体用充满共情的语气来阐释——这是治疗师个人和专业成长的必由之路——那么，诊断名称仍然具有非凡的意义。

诊断名称的滥用已成不争事实，但我们不能为此因噎废食。邪恶可以披着圣洁的外衣，例如友谊、爱国、虔诚等，但如果没有滥用，圣洁的本意就不会遭到玷污。重要的是：慎重且严谨的心理诊断名称应确实有益于提升患者的治疗效果。

如果治疗师具有足够的知识，能够敏锐地做出诊断，至少具有五个相互关联的优点：(1)促成有效的治疗计划；(2)利于治疗进展；(3)帮助消费者有效利用心理健康资源；(4)增强治疗师的共情表达；(5)降低某些患者的治疗脱离率。同理，这些诊断的优点也会间接增进治疗效果。

除危机干预之外，治疗师在诊断过程中，应和来访者一起收集大量主、客观的信息。我个人的习惯（参阅 McWilliams, 1999）是在初始访谈中详细了解来访者目前的问题及情况背景。在初始访谈结束前，我会核查来访者对心理访谈的预期，以及对现实访谈的舒适度。然后向来访者解释：我们对问题的了解越全面，解决问题的可能性就越大，并且与来访者达成一致——在以后访谈中，对问题作进一步深入的探讨。我会不断重申提问的问题，征得同意后，可对访谈内容作记录，并告知来访者他有权拒绝任何不愿回答的问题（这种情况很少发生，但来访者多半喜欢有这样的选择权）。

"任由咨访关系自然发展，便会衍生出信任，潜在的意义在这种氛围中终将显露端倪。"——我对此言甚是怀疑。反之，病人主观意愿上接近治疗师，将会阻碍个体展露自己的个人经历或某些行为。例如，匿名戒酒协会（AA）的参与者们常常接受长年累月的戒断治疗，或是乐此不疲地寻求各种专业咨询，但从不愿意袒露物质滥用的深层原因。我也奉劝那些努力维持权威形象、自命不凡的治疗师，诊断性访谈应该是一种充满诚挚和互相尊重的深度访谈（cf. Hite, 1996）。患者通常会感受到这种恪尽职守的职业素养。我的一位女性患者就曾说过："之前，没有人能像你这样对我感兴趣！"

精神动力学诊断 vs 精神病疾病诊断

在撰写本书之前，精神病学的描述性诊断——DSM 和 ICD 系统——已成为规范，DSM 常被视作评定精神状态的"圣经"，学生在接受培训时，DSM 仿佛具有不证自明的主导地位。这些系统中也含有推理性/环境因素/人格维度/主观评判的内容，这些内容与描述性诊断并存（Gabbard，2005；PDM Task Force，2006）。但本书中所描述的人格评估则不包含其中，我对此持有异议。对于 DSM 中的描述性疾病诊断和分类，我也不敢苟同。相信其中某些内容在新版 DSM-5 中将会被删除，但我希望 DSM 中自 1980 年以来一直持续至今的、基于人格特质的诊断分类体系能得以保留。因为：

第一，DSM 缺乏对精神健康和情绪良好的操作性定义。相比较而言，精神分析治疗的理论，除了旨在帮助患者改变问题行为和改善精神状态之外，还能帮助他们认识自身的缺陷，提高整体康复能力和自主能力 (sense of agency)、提升挫折容忍力、自我完整性、现实自尊感、亲密能力和伦理道德观，以及拥有独立主体性和对他人的感知能力。而缺乏这些能力的人也常常缺乏自我识别能力，对自身缺陷熟视无睹。他们会因为适应困难而求助，会因为 DSM 轴 I 维度的特定障碍而寻求治疗，但他们的问题却远非仅限于轴一的疾病诊断名称。

第二，尽管研究者们为提高 DSM 诊断系统的信度和效度做出了不懈的努力，并促成了最新版本的面世，但是 1980 年以来，DSM 的信效度一直不尽如人意（参阅 Herzig & Licht，2006）。出于研究目的而人为定义心理病理现象，会不可避免地制造出一些与患者的复杂感受相分离的临床体验。对精神病理现象、概念进行具体描述的方式，也使在 DSM 的修订过程中，充满对精神分析观点的排斥。而且，忽略患者对症状的主观体验，已经导致精神症状的描述性定义枯燥无味、脱离现实。用这样的版本评定临床现象，就好像用乐曲的音调、节拍和乐曲长度来界定音乐，而忽略了音乐的灵魂。这一批判性观点特别适用于DSM中对人格障碍的评定，也适用于诸如评定焦虑和抑郁体验等，此类评定重视外部可观察到的现象，例如心率、饮食状况或睡眠模式等，却忽视焦虑是否与分离体验（分离焦虑）或死亡恐惧（死亡焦虑）有关；或者抑郁性质是情感依赖性（anaclitic）还是内射性（introjective）占优（Blatt, 2004）——而这些方面对于临床诊断和治疗恰恰至关重要。

第三，DSM系统是反映精神病理现象的"医疗模式"，但精神科医生都知道：症状的缓解并不等同于疾病的治愈。因此，主观地将"障碍"归为医学疾病类别，不仅很大程度上忽略了患者的临床主观感受，而且无意中会造成负面影响，即把心理问题看成互相分离的疾病症状单元的组合，这一观点使得保险公司和卫生行政部门出台规定了心理疾患的最小单元，并据此限定医疗保险费用。有时，来访者的主诉只是其情感冰山的一角，如果忽略其深层原因，必将导致更大的麻烦。当然，这种分类会使制药公司有利可图，他们常常对分类系统中新增的各种精神障碍单元名称饶有兴致，上市各种特定药物，从中谋利。

第四，回顾1980年至今的DSM系统，对于哪些疾病名称应该列于其中，哪种疾病名称应该归为某一类别，似乎仍显凌乱，缺乏一致性。分类标准的制定者多半会受到制药公司的影响。例如，所有涉及心境（mood）的疾患都被归入心境障碍单元（Mood Disorders section），而沿用已久的抑郁人格障碍的分类则消失不见。结果使得人格问题被错误地解读为片段的情感紊乱。再如，假使你认真阅读DSM轴I维度上的某些诊断名称，你一定会诧异：一些慢性、弥散性障碍（如，广泛焦虑障碍、躯体形式障碍）并没有被归入人格障碍类别，而DSM中也没有给出清晰的解释。

某些诊断名称被纳入抑或被排除出DSM诊断系统，其理由是显而易见的。但仍有制定者认为这些诊断名称是空穴来风。从DSM-Ⅲ开始，纳入某个特定的诊断名称，需要有足够的研究数据支持。这看起来合情合理，但也引发了奇怪的现象。例如，到1980年，已有大量实验研究数据支持解离性

(dissociative)人格障碍应归入DSM系统的多重人格障碍（后来被重新命名为解离认同障碍）类别之中。但是，同期关于童年期解离人格形成的研究却几乎一片空白。临床心理专家都认为，成人的解离性认同障碍起源于儿童解离人格障碍。但是在DSM分类系统中却恰恰缺失儿童解离人格障碍这一诊断名称（我在2010年便已提到）。在科学发展过程中，自然观察常常先于假设验证。一些新的精神病理学名称（比如网瘾、色情狂，先前就普遍被认为是一种不明原因的强迫症状）在人们开始对其界定之前，临床医生已对之有详尽的描述。1980年之后的DSM版本，过度忽略了临床实际观察，造成了目前诊断体系的窘境。

最后，我想就诊断分类体系对社会的潜在影响谈谈自己的看法：目前的诊断分类体系可能会加剧个体的自我疏离感，因为人为地对自我状态的描述具体化，会促使个体以隐晦的方式否认自己的责任。"我有社交恐惧症"和"我是一个很害羞的人"这两种表述，前者听起来是更加刻板，会促使个体更少与人接触。当"百忧解"的专利过期后，礼来公司把相同的药剂另制成粉色片剂，取名Serafem，并相应创造出了一种新的适应症：经前紧张综合症（PMDD）（Cosgrove, 2010）。通常女士在来月经前会显得易激惹，就会说"很抱歉，我今天有些怪怪的，因为我快来例假了"，但如果说"我有经前紧张综合症（PMDD）"那就完全不同了。我认为，前者更肯定自我的行为责任感，承认困境，这样可能有益于增加和他人交往的可能性，但是后者暗示个体患有医学疾病，需要专业的医疗服务。这可能会阻碍个体与他人进一步的接近。这仅仅是个人看法，但是我认为这种社会观念的细小变化，会影响到个体意识形态的改变。

治 疗 计 划

诊断之后即可产生特定的治疗计划。特定药品对应相关的诊断名称，获得特定的疗效。一般来说，心理治疗可以和药物治疗相辅相成。而心理治疗并非总是与药物治疗联合应用，只有恰当的诊断名称才有助于制定特定的、公认的联合治疗方法。如，诊断物质滥用（意味着：根据物质戒断情况和躯体康复状况安排心理治疗）、躁郁症（意味着：同时需要心理治疗和药物治疗）。

虽然在过去的十余年间，出现了很多针对性格问题的干预方法，但对于人格障碍，最理想的方法还应推崇长程的精神分析治疗。精神分析疗法需根据具体患者的人格特征，量体裁衣地制订治疗计划。如：接触癔症性患者时，应注意边界问题；面对强迫性患者时，应尤其关注情感基调；对分裂性患者则应更具耐心和容忍。治疗师的共情并不能确保患者的体验能被完全地理解——治疗师仍需揣测对方的心理，推断如何有助于帮助患者感到被理解和接纳。随着对精神病患者（Read, Mosher, & Bentall, 2004）和边缘状态患者（Bateman & Fonagy, 2004；Clarkin, Levy, Lenzenweger, & Kernberg, 2007；Steiner, 1993）的进一步认识，一些适用于这类患者的"非经典分析方法"应运而生，但这些方法的本质还是植根于精神动力学。当然在使用这些方法时，首先应注意区分，患者目前处于精神疾病状态还是边缘性人格状态。

出于对治疗的研究目的，对某种治疗或某种技术进行限定范围是很有必要的。但从事临床的分析师们更愿意把治疗过程看成是创造机会，让患者去探索新的体验，并进一步借此修通自身的人际关系，而技术只处于从属地位。分析疗法并非是一成不变和墨守成规。一个准确的诊断将提供给治疗师观察患者的视角、干预的基调、初始访谈的焦点。精神分析师会不断融合认知行为疗法（CBT），和这一领域的专家一起，更多地了解如何处理严重的人格障碍患者（Linehan，1993；Young，Klosko，& Weishaar，2003）。而CBT治疗师们鉴于临床案例的个性化和复杂性，也逐渐接受精神分析性的案例解析方法（Person，2008）。我希望本书对于他们能像对于精神分析同行一样，从中获益。

关 于 预 后

与缓解急性症状相比，治疗人格障碍要困难得多。而对人格问题广泛和深度的觉察将有助于提高治疗预后。DSM 分类系统中，包含了对特定疾病的严重程度和预后的估计——是连续性的谱系改变——但有些诊断名称只是规定俗成，缺乏对治疗预后的估计。

我们认为，仅根据症状表现做出诊断，常常会使诊断名称流于形式。例如：恐惧症患者究竟是伴有抑郁或自恋人格倾向？还是具有恐惧人格特征？此间差异对于临床治疗预后不可同日而语。有时，精神病学诊断名称为人诟病的原因之一，在于某些名称本身常常辞不达意：仅仅根据主诉内容，武断地贴上标签；只注重个体的外显行为，轻视对含义的探究。这种诊断方面的先天缺陷，就可能导致治疗结果的不良。正所谓：种瓜得瓜，种豆得豆。

精神分析诊断的优势在于，它能辨识是刺激引起的境遇性症状，还是人格特征导致的固有问题。（当然，它也并非总是奏效。弗洛伊德最初也未辨识出癔症人格和癔症反应的区别，也没能将边缘人格者的强迫症状和强迫性神经症的个体划分开来）。一个患有贪食症的女性，从大学一年级开始，即出现进食障碍，她觉得自己的行为无法控制、十分厌恶；另一位女性则截然不同，自小学起就形成了反复暴食－呕吐的行为，但她感到这样是合情合理的。这两位女性患者都满足 DSM 中贪食症的诊断标准，但前者的治疗前景相对乐观，完全有望几周后缓解暴食行为；但对于后者，估计需要经过较长时间,才能使她认识自己的问题,从而寻求改变。

保护来访者

审慎的诊断过程可促进治疗师和来访者之间形成互相尊重的交流氛围,一种"真诚的基调"。在详细评估的基础上,治疗师将病情和预后实言相告,避免空泛许诺或误导。据我观察,极少有病人会因为这种实言相告而对治疗望而却步。例如,根据患者的既往病史和当前状况,告知他可能需要较长的治疗过程,才能发生可靠的内心改变。这种情况下,多数患者能从实言相告中体会到,治疗师对他们的深深理解,并感受到治疗师甘愿陪伴他们渡过难关的良好愿望。Margaret Little(1980,著名性学家、社会学家)曾寻求过心理咨询,她描述道,当听见咨询师对她说:"你病得不轻!"时,她反而如释重负。

最近,我的一位来访者,曾因自感强迫倾向严重而辗转寻医。因此,求诊经验丰富。有一次,他冲我问道:"既然你是心理专家,那你看我是什么病呢?"我沉思一会儿说:"让我印象深刻的是,你内心奋力挣扎的那种执着。""感谢上帝,终于有人看透了我!"他答道。这类患者期望奇迹般地痊愈,但却缺乏意愿及能力去做出改变。直言相告可以让他们抽身而退,避免浪费彼此的时间去寻找奇迹。

一些只能进行短程治疗的治疗师,有时会相信并告诫病人:选择短期治疗才是明智之举。确实,有时候短程治疗对某种单一症状颇为有效,但治疗师切不可将"必须"误认为"必要"。良好的诊断评估有利于治疗师判定短程治疗是否真正有益于特定的患者。有时,治疗师不得不坦诚相告短程治疗的不足。同时,治疗师也应与患者一道竭尽全力,排除疗程限制的干扰。更不能因疗程限制而自暴自弃("已经六次治疗了,为何还没达到预期效果?")。相反的情况也曾出现:精神分析治疗盛行时期,许多本应接受药物治疗的患者，却旷日持久地沉溺于分析治疗中。因此，为杜绝上述医疗不当的极端现象，审慎的诊断显得尤为必要。

共情的沟通

"共情（empathy）"一词的过度使用，已使这一词语的光彩日渐消蚀。但现今依然没有其他文字能如此贴切地表达"感同身受"（而非"为你感到"）。这正是共情与同情（或"关心"、"怜悯"、"担忧"，等与来访者保持距离的词汇）的差异之处。"共情"常被误解为给人以温暖、接受和同情，而不必在乎对方表达出的情感的性质。而我对于贯穿本书的共情概念，则是指情感上与他人共感的能力。

我的一些患者本人也是治疗师，他们常常因为对来访者的敌意或攻击而强烈谴责自己"缺乏共情"。他们痛恨自己的负性言行。不可否认，当你立志成为治疗师之始，治疗过程就可能反映出你自己原始的敌意、攻击和痛苦。其实，治疗师此时的共情水平与其说是"低下"，不如说是"高超"。因为，此时治疗师正对患者的敌意、恐惧、悲痛或其他恶劣心境感同身受。这是因为治疗过程中，来访者可能产生强烈的负面情感，驱使治疗师很难温柔地做出回应。当然，即便未受过专业训练的人也知道，此时应当尽量避免因这种情绪而做出行为。但不是所有人都知道，这种反应其实极具价值。这对于拟订诊断至关重要。感同身受能帮助治疗师准确定义来访者的内心困扰，并使来访者感受到深深地被理解。治疗师不应施以照本宣科、缺乏仁义的"职业同情"。

喜好操纵治疗师的患者，很可能是由于具备癔症性特质或病理性人格。治疗师对之做出何种性质的回应，取决于治疗师的诊断假设。对于癔症性人格的个体，应重点指出其内心的恐惧和无力感；对于精神变态人格的个体，则可随口附和其拙劣的伎俩。若治疗师不能透过"操纵"的表象，推断出深层的含义,他将无法使来访者感到被理解。当然,过犹不及,治疗师若将所有带有控制色彩的来访者都视作癔症或精神变态,他将只能与患者若即若离,治疗无法深入。癔症性患者时常像受惊的孩子,渴望受到安抚。如果被治疗师误认为是争宠较劲,会使这类病人备感绝望;当精神病性患者遇到上述治疗师时,则会蔑视治疗师,觉得他们对自己的挑战"不领风情"。

诊断的益处还在于能帮助治疗师把握共情的时机,例如:边缘型人格障碍患者(borderline personality)拨打紧急求助热线声称要自杀,如果接听热线的人员按照危机干预的常规诊断方法询问(询问自杀计划、自杀方式,判断致命程度等),常常能化险为夷。但具有边缘性心理特征的(borderline psychologies)个体常常无意自杀,求助自杀热线往往是要表达对抑郁情绪的"深恶痛绝"(Masterson, 1976)。他们试图借助置自己于死地而后生,借助他人对自己的悲悯来缓解痛苦。因为既往的经历让他们意识到,除非惊世骇俗,不然别人只会漠视你的感受。这种情况下,热线人员如果不能及时共情,而只对自杀意图进行评估,便会触怒他们。患者会认为,热线工作人员根本没有意识到:他们自杀的醉翁之意,恰恰是对生的渴求。

如果治疗师缺乏诊断敏感性,刻板地遵循危机干预的标准程序,将会贻误时机,甚至铸成大错,因为治疗师的客观评估可能会激化边缘型患者,使他们认为,只有以身试法,才能真正引起关注。这类反应也会导致治疗师对来访者的厌恶,认为患者一边寻求帮助,一边却拒人千里(Frank等人,1952)。训练有素的热线工作者在遇到边缘型来访者时,应学会对其自杀威胁背后的痛苦情感做出回应,而非急于干预自杀危机;有意思的是,这一做法相比那些下意识急于干预要奏效得多。同时,这样做也使热线人员更少感到来访者"不合作"或"不真诚"。

防 止 脱 落

如何防止来访者过早脱落，是一个很现实的问题。许多人寻求专业帮助，同时又惧怕与治疗师来往过密。比如有些轻躁狂人格的患者，在早年记忆中对他人的依赖终将演变成痛苦。因此，一旦治疗师的关怀激发起他们依赖的渴望，便会本能地想要逃离。而另一类对依赖产生对抗的患者，是由于他们以拒绝帮助而维护自尊，因此，当治疗师已成为其内心情感活动的重要人物时，便会觉得颜面丧尽，自然要摆脱这种依恋关系。经验丰富的治疗师能在初始访谈时做出判断，该来访者是否容易脱落。告知轻躁狂或反依赖性患者：坚持治疗对他们来说，即意味着勇气和毅力，常常十分有效。这种真诚的知会，将有助于他们遏制脱落的冲动。

附 加 效 益

治疗师对诊断的胸有成竹会影响来访者，使他们心情放松，使他们感受到治疗师的探究、沉静和对建立良好医患关系的努力。这便是我们所称的治疗性联盟。如果不能理解来访者的心理特点，就如同司机脑中没有路线图，仅凭大致方向贸然上路一样，治疗师在开始治疗之初就会战战兢兢，不知所云。（当然，诊断评估本身也是治疗的过程；这个过程能促进工作联盟，使治疗的内容名副其实，而非走马观花。诊断的形成过程有助于厘定治疗过程中双方的边界和责任。）若患者感受到治疗师的焦虑，便可能会质疑治疗师的能力，这种恶性循环会导致治疗过程充满艰辛。

诊断评估过程也使双方互相磨合，治疗师要创建问询所需要的舒适氛围，使来访者感到足够安全，自发地打开心扉。治疗师有时会低估磨合过程的重要性，一些患者在这一时期会暴露问题，而随着治疗的进展，反而会对之遮遮掩掩。面对陌生人时，多数成年人可以相对坦诚地回答诸如性生活、饮食偏好、物质滥用等问题，而一旦咨访关系变得熟悉且密切，这些话题将变得羞于启齿。当移情至一定程度，来访者可能会回忆起，目前阶段担心被治疗师责难的内容，曾在见面之初就与治疗师提起过，而当时并未感到奇怪和羞愧。这种治疗阶段不同，患者对治疗师的态度不同的现象提示我们，移情确实是一种移置（即，并非对治疗师人格的准确解读），是一种内心活动，解读这种内心活动，终将会使来访者识别自己在治疗关系中的投射成分。

部分治疗师对诊断的担忧源于误诊之虑。幸运的是，初步诊断并非必须完美无缺。无论后期证据支持与否，初步诊断都有利于治疗师聚焦、放松地工作。鉴于人的复杂性和专业的易谬性，诊断假设需要不断修正和验证。通过这种修正和验证，也使患者体会到治疗师实事求是和励精图治的职业精神。

最后，诊断的积极意义还在于提高治疗师的自信心。心理治疗行业的职业危机包括：责任差错、职业倦怠以及对治疗失败的担忧。如果加上对治疗不切实际的预期，那更是雪上加霜。治疗师对诊断的信心不足、瞻前顾后，对于治疗师和来访者都会产生深远的影响。例如：如果治疗师自信了解一位抑郁患者具有边缘性而非神经症型人格，那么治疗到第二年该患者出现自杀企图时，他就不至于会大惊失色。因为，边缘性人格患者一旦开始真正转变，常常会陷入恐慌或萌生自杀的念头，其实意在于自我保护。他们害怕任由自己怀抱治疗希望，将最终陷入巨大的失望。理解这一原理后，围绕原理的危机就能通过讨论而消除（担心希望变失望的问题，反映出患者将对原始客体的愧疚情感投注到了治疗师身上）。这种讨论能使咨访双方都得到情感的释放。

我曾亲眼目睹许多极具天赋、热情洋溢的治疗师们，当来访者用挑衅、夸张（扬言自杀）的方式，表达治疗的重要性和有效性时，却失去自信，并借机想要摆脱他们。通常在扬言要自杀之前的那次治疗中，患者会首次对治疗师表达信任或希望。对治疗师来说，经过艰难困苦，这个难缠的患者终于有所突破，自然感到雀跃。但随后患者的自杀企图无异于兜头一盆冷水，让治疗师的信心扫地。先前的兴奋原来是南柯一梦，往日的辛劳统统付诸东流。治疗师转而扪心自责："或许心理课程老师说得对，精神分析治疗就是在浪费时间"，"也许我该将这个患者转介给异性治疗师"，"患者也许应该接受医学治疗"，"患者应该参加难治性治疗团体"。治疗师们普遍具有抑郁气质（Hyde，2009），常常倾向于将挫折归因于自身。细致的诊断步骤有助于降低这种倾向，使治疗师对治疗期望更为现实，充分发挥才智。

诊断应用的局限

作为一名长程开放式分析治疗的治疗师，我认为谨慎评估特别在两个阶段具有重要作用：（1）在治疗初期，即促进治疗联盟和咨访磨合；（2）当危机和僵局出现时，重新修正动力学诊断，能有效改变治疗的焦点。如果访谈顺利，治疗进展顺畅，我便会暂时放松对诊断的关注，转而专注于和来访者之间的独特互动关系。如果我意识到自己在对诊断问题心存疑虑，便会审视自己是否正在防御来访者的某些方面。有时，诊断也会被用作对未知焦虑的防御。

最后我不得不说，现有的人格发展理论和人格类型学说，都只能说是在一定程度上，勉为其难地解释了复杂的个体特征。当人格诊断名称的混淆视听的效果大于清晰解释时，治疗师当果断摒弃之，转而以常识和修养为参考。如同迷途的水手放弃无用的航海图，依靠熟悉的星象找回正确的方向。有时，即使诊断名称看似适合某个特定患者，但个体性格的多重维度，防御方式的多样性，都会使诊断名称有名无实。治疗师的共情和技术也应灵活应用。例如对于虔诚的宗教信徒，无论其人格类型如何，治疗师都应首先尊重他/她的信仰（参阅 Lovinger，1984）；此时考虑采用明确诊断的干预措施，应处于从属地位。同样，根据来访者年龄、民族、种族、阶级背景、躯体疾患、政治态度或性取向等，揣摩其影响下的情感表达，有时（至少在治疗初期）将比诊断人格类型更加重要。

诊断的应用不能超出其适用性。根据新的信息不断修正原始诊断，才能够有利于治疗。治疗是人与人复杂互动的形式之一，诊断名称所固有的、对人性的过度简化是不言而喻的。人性之复杂，就连我们最缜密的分类也远不能及。因此，即便是最完备的人格诊断，对于治疗师去理解来访者关键特质的细微差别，仍可能捉襟见肘。

进一步阅读的建议

关于访谈，Harry Stack Sullivan 的《精神病学访谈》（*The Psychiatric Interview*，1954）一直是我最钟爱的读物（喜欢文字的格调）。另一部经典著作《精神治疗的初次访谈》（*The Initial Interview in Psychiatric Practice*）（Gill, Newman, 和 Redlich, 1954）则涵盖了丰富的背景知识和睿智的技术忠告。对我影响深远的是 MacKinnon 和 Michels（1971）的研究，他俩的基本假设与本书不谋而合。2006年他们与 Buckley 一起共同出版了其经典著作的修订版（现存有平装版）。在《精神动力学疗法的临床应用》（*Psychodynamic Psychiatry in Clinical Practice*）中，Glen Gabbard（2005）将动力学和结构性的诊断与 DSM 进行了完美结合。另推荐 Jefferson Singer 的《人格与心理治疗》（*Personality and Psychotherapy*，2005），该书很好地综合了人格的实证研究，可有效应用于临床。

Kernberg 的《重性人格障碍》（*Severe Personality*，1984）中有一章对结构性访谈进行了简洁但全面的介绍。许多刚入门的治疗师觉得 Kernberg 的著作晦涩难懂，但这本书却是例外。我本人的案例解析（即《精神分析案例解析》，McWilliams，1999），在人格的水平和分类之外，又系统地考虑了临床评估的方方面面，弥补了本书的不足之处。我稍后出版的心理治疗相关著作（McWilliams，2004）则回顾了精神分析治疗在助人时的一些基础情感。Mary Beth Peebles-Kleiger 基于长期临床经验所著的《初诊》（*Beginnings*，2002）极具可看性。Tracy Eells（2007）的研究型著作也不相上下。若要对个体的内在潜能进行实证测量，Shedler-Westen 的《评估程序》（*Shedler-Westen Assessment Procedure*，SWAP）（Shedler & Westen，2010；Westen & Shedler，1999a，1999b）是不错的参考。最后，《精神动力学诊断手册》（*Psychodynamic Diagnostic Manual*，PDM 小组，2006）可弥补本书的不足。

第 二 章
精神分析性格诊断

经典精神分析理论对人格的理解从两方面入手,两者都依赖于早年性心理发育的理论。早先,人们按照弗洛伊德的原始驱力理论,试图从"固着"的观点来理解人格(个体心理固着在某个早期发育阶段)。之后,随着自我心理学的发展,性格又被认为是表达特定防御方式的结果(个体应对焦虑的惯常方式)。这两种理解并不相互矛盾;后者为理解人格类型的隐晦含义提供了一系列独到的推测,提出人类是如何适应性和防御性地逐渐形成人格特征的,这一观点拓展了驱力理论。

这两种观点都是我解释性格类型的基石。我也融合了精神分析学派的诸多关系模式理论(英国的客体关系理论,美国的人际分析理论、自体心理学及当代关系理论)来阐明性格结构的不同方面。此外,我也受精神分析学派中学术气息较浓的动力学派别的影响,如荣格(1954)的原型理论、Henry Murray 的"人格学"(personology, 1938)、Silvan Tomkins(1995)的"蓝本理论"(script theory)、控制－掌握理论(如,Silberschatz, 2005),以及依恋理论、认知情感神经学方面的近期实证研究成果。这些理论都大大丰富了我对人格的理解。

读者们可能已经注意到,我理解人格所依据的上述精神分析理论,它们各自相辅相成，也互相冲突。由于本书主要针对临床治疗师而写，加之我个人的性情使然，因此，本书的编排更注重集思广益，而非评论或判别（这一点与其他临床作家相同。如 Fred Pine［1985，1990］和 Lawrence Josephs［1992］），因此我尽量避开学术争论和派别优劣的争议。我这样做并非有意贬低批判性、判断性和竞争性观点的价值，只是本书面向临床应用，多数治疗师更偏好于百家争鸣，从各种模型和理论中汲取知识，而不是热衷于寻找理论缺陷和观点错误。

　　理论的每一步进展，都为临床治疗实践开辟新的道路，使治疗更为有效。在我看来，高效的治疗师——也应该是杰出的理论家——应该能灵活地取众家所长，而非闭关自守或偏听偏信。有些分析师死守教条，这既不利于治疗理论的拓展，更不利于治疗行业的发展。只有崇尚人性、兼听兼学的治疗师才能促进这一学科的发扬光大（参阅 Goldberg，1990a）。

　　不同的来访者，总有不同的理论与之对应：治疗师的反应触动某个来访者的方式可能会符合 Kernberg 的理论；另一患者的人格可以和 Horney 描述的如出一辙；有些患者的潜意识幻想简直像是弗洛伊德理论的真实写照，甚至治疗师都有理由怀疑患者是否之前知晓驱力的理论。Stolorow 和 Atwood（1979；Atwood & Stolorow，1993）曾对心理学家们进行研究，研究他们生活史中的核心事件是如何对其形成人格结构、精神病理及心理治疗观点产生重要影响的。阐明他们创建的理论背后的情感历程。因此，情感历程的多样性使人格理论如此众多也应不足为奇了。即便有些概念尚欠合理，也可能事出有因，也许适用于特定的个体或同类个体的不同人格特征者。

　　在阐明个人好恶之后，我将从传统精神分析理论出发，对诊断思路做一简明扼要的介绍。希望也能向那些不太熟悉精神分析理论的治疗师提供一个理解诊断构思的平台，而这些对于接受过分析训练的治疗师来说，理应对此驾轻就熟。

经典弗洛伊德驱力理论及其演变

弗洛伊德的人格发展理论基于生物内驱力学说，它强调了本能欲望的核心作用，通过与躯体部位对应的口欲期、肛欲期、生殖器期乃至性器期的发育阶段逐步形成人格特征。弗洛伊德推论，个体在婴儿期和儿童早期出于生存需要，通过母亲喂养和关爱或其他形式的肢体接触而获得满足，随后儿童通过对生与死的幻想，与父母建立满足性本能欲望的联系。

尽管婴儿的内驱力强度各不相同，但依赖成人才能存活的婴儿或婴儿的自我部分，对本能的满足具有势不可挡的追求。一方面，婴儿需要被充分满足来建立安全感和愉悦感；另一方面，适当的挫折也会使儿童转而习得接受现实（"我要实现所有的愿望，哪怕愿望自相矛盾，现在就要！"转变为"有些愿望不能实现，只好等待"）。弗洛伊德很少提及父母对儿童心理病因形成的影响，偶尔提到父母失败的原因无外乎以下两种：过度满足，使孩子失去成长的动力；或过度剥夺，使孩子承受过度挫折。良好的养育环境应是父母灵活地满足孩子的欲望。由此，养育应是一种内心自然的平衡，在纵容与压抑间灵活摇摆——对于多数父母而言，莫不如是。

根据驱力理论的假设，若儿童在性心理发育早期遭受过度剥夺或过度满足（指孩子的本能欲望与父母的反应之间的互动的性质），儿童的性心理发育将会受到阻碍，"固着"于出现问题的那个阶段。这种固着将使儿童发育到成人期时，表现出某种性格特征：如果一个成年男子具有抑郁性人格，可推论他曾在刚出生一两年内被忽视或溺爱（口欲期）；若他有强迫倾向，那么多半在一岁半至三岁时遭受过创伤（肛欲期）；如果是癔症性人格，那么三至六岁期间，儿童的兴趣转向生殖器与性时（"性器期"，弗洛伊德称其为"俄狄浦斯期"，取自希腊神话中俄狄浦斯的故事），要么与父/母关系过度亲密，要么被排斥在父母之外，或二者兼有。在精神分析盛行之时，常常能够听到诸如某人具有口欲、肛欲或俄狄浦斯期人格的评论。

言简意赅难免会使精神分析理论听上去似荒诞不经，我有必要在此说明，这一理论并非弗洛伊德的信口雌黄，已受到众多学者和大量临床观察的验证与支持。Wilhelm Reich 在其《性格分析》（Character Analysis，1933）一书中表示，驱力理论在人格诊断中可谓物尽其用。纵然 Reich 的言辞于今略显陈旧，但该书对性格类型的洞悉却十分精彩，其敏锐的见解至今仍能拨动读者的心弦。当然，对性格的理解完全建立在本能固着的观点上，似乎令人失望；就我熟悉的分析师中，没有人只依赖这一观点。这一领域仍有待探索，弗氏学派也有待更新。

本能驱力的发育阶段论观点的优点在于，通过展示个体发育过程的连续性，帮助精神分析治疗师去注意儿童特定发育阶段所出现的受挫与冲突，从而进一步理解特定的精神病理现象。当代精神分析研究者重新审视整个发育阶段（理论参阅 Lichtenberg，2004；D. N. Stern，2000）的举动引发了一阵热潮，学界竞相探索具备更加多元性和针对性的发育模型，这些理论其实与公认的儿童期发育不良导致成人心理障碍的观点不谋而合。儿童期发育不良也常常是指童年早期发育不良。

在20世纪50年代至60年代，Erik Erikson 根据人际互动和内在重要心理成分发育所创建的理论，受到了广泛地关注。他据此重新编制了性心理发育阶段。尽管 Erikson 的研究（如，1950）常被认为属于自我心理学范畴，但他的发育阶段理论与弗洛伊德的驱力理论仍有颇多呼应。Erikson 对弗氏理论最成功的革新，是通过更改阶段名称来缓冲弗氏的生物本能观点。口欲期被修改为通过依赖建立基本信任（或怀疑）的关键阶段；肛欲期被定义为涉及自主（或因引导不当，而产生羞怯和疑惑）的阶段。这一时期的典型冲突是对排便的控制，这一点与弗氏理论相同，但它很大程度上还包含了儿童的自我控制，以及对家庭和社会期待的妥协。俄狄浦斯期被视作发展基本能力的关键时期（"主动"对"内疚"），这一时期的儿童也逐渐产生对所爱客体认同后的愉悦感。

鉴于曾与美国原住民霍皮人共同生活等许多经历，Erikson 将发育阶段和各阶段所面临的难题拓展至人的终生，其理论也较少受文化的限制。20世纪50年代，Harry Stack Sullivan（如，1953）提出了另一种发育阶段论（对"新时代"儿童的预测），强调儿童主要追求语言和玩耍等交际类的成就，而非内驱力的满足。他与 Erikson 都相信，人格在六岁之后仍不断发展变化，远非如弗氏所言——儿童期发育决定终身。

Margaret Mahler 对分离—个体化过程中的亚阶段（发生于个体生命的最初3年）的研究（如，Mahler, 1968, 1972a, 1972b；Mahler, Pine, 6c Bergman, 1975）将对人格结构逐步形成的过程的理解又推进了一步。她的理论称为客体关系理论，但理论中对"固着"的应用来源于弗洛伊德的性心理阶段论观点。Mahler 打破了弗氏口欲期和肛欲期的界限，认为婴儿的发展经历了三个阶段：对外界相对无意识阶段（持续6周的自闭阶段），相融与共生阶段（持续2～3年，包含"孕育期"、"练习期"、"和解期"及"客体恒常性形成期"4个亚阶段），以及分离—个体化阶段。

英国分析师们也提出了与临床相关的发育阶段理论。Melanie Klein（1946）认为婴儿从"偏执－分裂状态"转换至"抑郁状态"。"偏执－分裂状态"时期，婴儿不能完全意识到自己与他人是分开的，但稍后他们开始明白，养护者并不受自己控制，是独立的个体。Thomas Ogden（1989）随后提出了位于更早发育阶段的"自闭－毗连模式"（autistic-contiguous position），这是一个"由感觉主导的、获得象征性体验之前的时期，此时意义的最原始形态是基于感官的感觉组合（特别是皮肤感觉）（p.4）。他强调，除了理解随着这些时期的进展个体心理日益成熟外，还应该认识到个体在各个时期都会出现前行和后退的循环往复。

理论的发展对临床治疗起到了推动作用。随着后 Freud 学派的发展，临床治疗师们得以用新的视角去观察来访者是如何陷入困境的，逐渐理解来访者的自我的频繁变幻，也可能理解和推测自责型来访者对自己经历的任意猜测（是否断奶过早或过迟、如厕训练是否过严或过松、俄狄浦斯期是否受到引诱或拒绝)。治疗师也会询问来访者,他们的困境是否来自认同过程中他们的家庭未提供足够的安全感、自主性和愉悦感(Erikson);或是青春期缺乏榜样的作用(Sullivan);或是两岁时母亲住院治疗的经历造成了他们经历分离－个体化阶段时受挫(Mahler);再或者,当下他们正经受着本能的恐惧,因为治疗师打断了他们的思维过程(Ogden)。

最近,Peter Fonagy 及其同事(如,Fonagy, Gergely, Jurist, 以及 Target, 2002;Fonagy 和 Target, 1996)提出了一种心理发育理论,即个体的自我和现实感的成熟过程,其特征是具备将他人的动机"心智化"(mentalize)的能力。心智化过程类似哲学中的"抽象化",Klein 称之为抑郁态:即能区分他人的独立存在。Fonagy 观察到儿童从早期的"心理对等模式"(mode of psychic equivalence)(即,内心世界等同于外在现实)逐渐演变成2岁左右的"伪装模式"(pretend mode)(即,内心世界与外部世界脱离,但不能真实反映外在现实——"假想伙伴"时期),而4～5岁时,儿童的心智化能力与反省能力得到了长足的发展,此时"心理对等模式"和"伪装模式"将得到整合,幻想与现实的界限逐渐清晰。我将在第三章详细介绍这一理论与边缘型人格之间的联系。

对于治疗师而言,这类模型不仅促进人的思辨,也有利于治疗师帮助人们认识和理解他们自身,这样就有别于人们惯常对自己某种品质的解释("我很坏""我很丑""我很懒散""我生来就惹人讨厌""我总是一事无成"等)。在治疗过程中,来访者表现不良时,治疗师也能更好地保持冷静。例如,来访者突然对治疗师恶语相向,也许是他/她短暂退行至偏执－分裂样状态。

许多当代评论家指出,如果我们大量应用发育理论来解释临床问题,就可能存在过度推论,而缺乏临床与实证的支持。例如,L. Mayes(2001,p. 1062)认为,"心理地图这一说法,对理解心理发育固然重要,但心理地图本身却无法确切地描述"。另一些人则指出,非西方文化中存在不同的心理发育模式(如,Bucci, 2002;Roland, 2003)。当代发展心理学家(如,

Fischer 和 Bidell，1998）对过度简化的发育阶段论表示怀疑，他们认为发育应是一个动态变化的过程。正如我的同事 Deirdre Kramer 所言（私人交流，2010.7.20），用发育过程的"连续变化"来代替发育"阶段"，可能更为精准。

不管怎样，治疗师倾向于将心理现象视作正常成熟过程的产物——或许不仅如此，心理发育理论既应拥有质朴的风范，又应兼备人性的美感，还应隐含这样一种博广的蕴意："我即是机缘"。即相信万物皆有原型、进化、通达的变幻过程；同时周围也危机四伏，如果个体遭遇不测，便容易踌躇不前。这种说法虽不足以完美地解释人格的形成，但不可或缺。我也用上述观点来丰富我的依据，如人格发育的3个阶段：相对未分化期（共生 – 精神病性）、分离 – 个体化期（边缘性）和俄狄浦斯期（神经症性）。

自我心理学

在《自我与本我》（*The Ego and the Id*，1923）一书中，弗洛伊德提出了他的人格结构学说，开创了人格理论的新时代。分析师们将对潜意识内容的关注逐渐转移至潜意识内容被压抑的过程。Arlow 和 Brenner（1964）曾极力推崇人格结构理论，但治疗师则将更多的兴趣从本我转向自我，从深层的潜意识内容转向较浅层面的期待、恐惧、幻想等信息，这些信息更接近意识层面。在分析来访者的自我防御机制时，这些内容将更容易被体验到。下面将对结构理论及其相关假设进行扼要介绍，此处所涉及的复杂概念将尽量言简意赅。

"本我"（id）是内心的原始驱力、冲动、非理性冲突、趋 – 避冲突以及各种幻想。它寻求即刻满足、自我中心、遵循享乐原则。从认知角度来看，本我处于前语言期，它常通过图像和象征而表达、非逻辑、非因果，缺乏时空观念、不受生死和其他的限制。弗洛伊德将这种原始的思维方式称为："初级过程思维（primary process thought）"，常见于梦境、口误或幻想的内容中。

当代神经科学家则将本我定位于大脑的杏仁核区域，即："原始脑"，负责原始的情感活动。

本我完全属于潜意识，但通过间接的表现（如，思维、行为、情感等）可窥见一斑。在弗洛伊德年代普遍存在这样一种观念，即现代文明人是受理性驱使的，其进化程度远胜于"次级"动物和落后文化中的那些"野蛮人"。而与之相对，弗洛伊德则强调人的动物本性，强调性冲动对人的驱使，这也正是其理论在后维多利亚时期受到抵制的原因之一。

"自我"（ego）指一系列功能，包括适应生活刺激，或在家庭和文化的影响下，最大可能地满足本我的需要。本我与生俱来，贯穿个体一生，但在儿童期，特别在婴幼儿期，发展最为迅速（Hartmann, 1958）。自我的运作则遵循现实原则，服从逻辑、时空和现实原则。属于"次级过程思维（secondary process thought）"。因此，它可协调本我欲望与现实和伦理之间的关系，它可以是意识或潜意识的。意识层面的自我常常指"自己"或"我"；潜意识层面的自我也包含了防御过程，如：压抑（repression）、置换（displacement）、合理化（rationalization）、升华（sublimation）等。在当代，自我的对应功能定位于大脑前额叶皮质。

借助人格结构理论，分析治疗师们可对某些病理性人格做出新的解释；即人们在发育过程中逐渐形成独特的自我防御，但这些防御机制在面对成年人处境时，难免会捉襟见肘或适应不良。在诊断和治疗过程中，揭示自我从深层潜意识（如，对痛苦的强烈否认）至意识层面的一系列活动规律，可以被看作是提高来访者的"观察自我"（observing ego）。观察自我是来访者自我的一部分。这部分是意识的、理性的，能识别自己情感活动的，并鉴此与治疗师结成同盟。与之对应的是"体验自我"（experiencing ego），是治疗中来访者对治疗关系的感受和身临其境的自我部分。

"治疗性自我分裂"（therapeutic split ego）（Sterba, 1934）被视为有效治疗的必要条件。若来访者无法从旁观者角度观察自己的"直觉"和冲动情绪。那么，治疗师的首要任务便是增进这种能力。判断来访者是否具有"观察自我"的能力，已成为诊断中不可或缺的环节。原因在于，如果能帮助来访者提高观察自我的能力，来访者对一些本来看起来颇有道理的现象（自我协调性，ego syntonic），就有可能被自我识别为不通情理（自我不协调性，ego alien/ego dystonic），治疗就更容易取得进展。

自我对于感知外界与适应现实的能力，可被称为"自我强度"（ego strength），是指个体在外界极度干扰的情况下，是否依然能够认清客观事实，而较少动用原始的防御方式（Bellak, Hurvich, & Gediman, 1973）。精神分析临床经验的经年积累，使治疗师能更加敏锐地区分原始防御机制和成熟防御机制之间的差别，原始防御主要以回避和扭曲为特征；后者则更多体现为处境中的适应和调节（Vaillant, 1992；Vaiflant, Bond, & Vaillant, 1986）。

自我心理学（Ego Psychology）的另一个临床贡献是：心理健康意味着个体不仅惯用成熟的防御机制，而且能在不同防御间灵活转换（参阅 D. Shapiro, 1965）。换言之，面对不同压力时，视情况灵活应对的人，比钻牛角尖（如，不顾情形，习惯应用一种防御方式，如投射或合理化）的人更加健康。性格"刻板"（rigidity）、"性格盔甲"（character armor）就是指防御机制应用的缺乏灵活性（W. Reich, 1933），常常不利于精神健康。

弗洛伊德将广义的自我（self）中起督察作用（尤其在道德层面）的部分命名为"超我"（superego）。（注意：弗氏以浅显易懂的本我、自我、超我，分别表示心理成分中的"它"、"我"和"凌驾于我"[参见 Bettelheim, 1983]。如此优雅而简洁的表达，当代极少有人可与之比肩。）超我的涵义与"良知"（conscience）类似，都从属于自我（self），奉行道德标准，惩恶[谴责未达自我(self)标准之事]扬善[激励自我 self 完善]。尽管听起来独占一隅，但超我实际上仍作为自我（ego）的部分，参与自我的形成。弗洛伊德认为，超我多形成于俄狄浦斯期，通过认同父母的价值观而逐渐形成，但多数当代学者却将它定位于更早的时期，起源于生命之初的好坏之分。

超我、自我（ego）本同源，二者皆在意识和潜意识水平运作。因此，来访者对严苛的超我究竟体验成"自我协调"还是"自我不协调",对事情的结局会产生完全不同的影响。认为自己对父亲产生恶念而是个十恶不赦之徒,还是谴责自己不该有时对父亲产生恶念,二者心理差异显著。这两人可能都存在抑郁倾向和自我攻击倾向,但前者的问题更加严重,诊断等级也不相同。

　　超我概念的发展使临床获益颇丰。精神分析治疗不再局限于将潜意识内容意识化,咨访双方已能将超我的修缮纳入治疗之中。20世纪早期,多数中产阶级人士受严苛的超我的熏陶,那时的治疗目标通常着眼于帮助来访者重新评估过度严格的道德标准(如:节制性欲、谴责意淫)。这并不意味着精神分析理论或是弗洛伊德本人,推崇恣情纵欲。相反,识别超我是否过度严苛有助于人们认识具备过度严格超我的人往往反其道而行之,这种人常常借故,甚至通过物质滥用将潜意识内容付诸行动。因此,消除过度严格的超我不会降低道德感,只会鼓励来访者更加循规蹈矩。同理,在帮助来访者揭示本我、促使潜意识逐渐意识化过程中所浮出的内容,如果被来访者的超我判断为它们暴露了自己内心的堕落,那么治疗将收效甚微。

　　自我心理学家们笔下描述的"防御"过程与人格诊断休戚相关。正如性心理发育阶段学者们用发育阶段来诠释个体目前的障碍一样,我们可根据个体处理焦虑的特征性防御方式诊断其人格类型。Anna Freud(1936)在《自我与防御机制》一书中,一语中的地阐述了自我(ego)的主要功能:保护自身不受过度焦虑(本我焦虑)、现实烦恼(自我,ego)和愧疚念头(超我)的伤害。

　　弗洛伊德最初的理论指出,焦虑是由防御(例如:压抑——潜意识地遗忘)所导致。持续压抑造成的紧张情绪始终寻求释放,这种寻求释放被个体体验为焦虑。之后。弗氏转向结构理论,修改了自己先前的假设,将防御视作是对焦虑的回应,防御是个体试图避免难以承受的焦虑,而采取的诸多措施之一。而防御措施如果无法奏效,就可能造成精神病理状态。无法奏效即指:尽管个体采取了常规防御措施,但焦虑依然存在;或个体用自毁性行为来掩盖焦虑所导致的窘境。我将在第五、六章详细介绍防御机制，包括弗洛伊德父女及其他学者和研究者的众多观点。

客体关系理论

当自我心理学家在心理结构学说基础上形成的自我心理学羽毛渐丰时，欧洲（尤其是英国）的部分理论家却着眼于潜意识的另外方面。比如克莱因（如，1932，1957），其治疗对象既有儿童，也包括被弗洛伊德称为"非经典精神分析的来访者"。这些精神分析的"英式学派"独辟蹊径来描述他们所观察到的现象。他们的工作多年来一直备受争议，部分是出于对该理论创建者们的人格、诚信及信念的质疑；部分是出于他们推导出的理论原型很难用语言表达。客体关系理论家们努力用理性思维的词汇来描述个体前语言期和初级过程思维的内容。尽管他们在潜意识驱力方面与弗氏保持一致，但在许多关键论点方面与弗氏理论相去甚远。

举例来说，W. R. D. Fairbairn（如，1954）将弗洛伊德的生物本能理论完全舍弃，提出人们对关系的需求远甚于本能满足。换言之，婴儿其实更加渴求母亲的抚育，及伴随而来的温暖和依恋，而非仅仅满足于获取乳汁。受Sandor Ferenczi 的影响，精神分析师们（如，Michael 和 Alice Balint，时常被称为精神分析的匈牙利学派）正继续对婴儿的初始体验进行研究，包括对爱、孤独、创造和自我认同这些无法纳入弗洛伊德结构理论的体验。客体关系取向的精神分析师们并不注重个体童年期驱力是否妥善发展，某个发育阶段是否被忽视，或哪种防御方式占主导地位。而更关注童年期的什么人成为儿童的重要客体，儿童如何与之交往，哪些部分被儿童内化，以及这些客体的内部成像如何影响儿童成人后的潜意识内容。在传统客体关系理论中，安全与执行力（agency）、分离与个体化这些主题远比俄狄浦斯期的冲突更加重要。

由于"客体"一词在精神分析中常用于指代"他人",因此"客体关系"(object relations)这一术语容易让人产生误解。这些误解源于弗洛伊德早期对本能驱力的解释:即内驱力的根源(躯体张力,常指性冲动和攻击冲动)、目标(生理上的满足)和客体(即驱力投射的对象,通常指某个人)。尽管这一术语并非完美,其含义也过于机械,而且重要的"客体"时常可以是物体(如,美国国旗之于爱国人士,鞋靴之于恋足癖)或他人的一部分(如,母亲的乳房,父亲的微笑,姐姐的语音等),但这一名称仍然沿用至今。

弗洛伊德理论与客体关系理论并不相悖。他同样重视儿童真实的、体验的重要客体,这一观点体现在他的"名门幻想"(family romance)的概念中*。弗氏还指出:父母的人格尤其将影响俄狄浦斯期儿童的发育,他也逐渐对治疗中的咨访关系日益重视。Richard Sterba(1982)等熟悉弗洛伊德的人都认为,若他知晓精神分析这般发展,一定也会点头称许。

到20世纪中期,出现了与英国和匈牙利客体关系学派并行不悖的美国治疗学派(包括Harry Stack Sullivan、Erich Fromm、Karen Horney、Clara Thompson、Otto Will、Frieda Fromm-Reichmann和Harold Searles)。他们称自己为"人际精神分析治疗学派"(interpersonal psychoanalysts),并与欧洲同行一道,尝试对严重失常的患者进行治疗。客体关系分析学派强调内化了的早期客体关系的性质,美派分析师则不同,他们较少拘泥于早年客体的刻板的潜意识成像。欧美学派都较少强调治疗师力图提高来访者内省的重要性,而将目光转向建立安全的咨访关系的要点。Fromm-Reichmann(1950)有句名言说得好:"来访者需要的是切身体验,而非治疗师的解释"。

弗洛伊德后期开始转向注重人际互动的分析治疗,不再将来访者的移情阐释为来访者的扭曲理解,而将其视作疗愈所必然经历的情感反应。他认为,来访者通过将父母的形象投射到治疗师身上,并与之对抗,从而将内部冲突的父母形象驱逐出去。他比喻为,"一个人无法与不存在的敌人争

---

* 孩子们鄙视仇恨其生身父母,并幻想自己出身名门——译者注

斗"（1912，p.108）。确实，治疗师与来访者之间的情感互动是治疗的关键因素，这一理念是当代精神分析师们秉承的不二信条（Blagys 和 Hilsenroth，2000），已被大量针对心理治疗效果的实验研究所证实（Norcross，2002；Strupp，1989；Wampold，2001；Zuroff & Blatt，2006），咨访互动观点对于动力取向或非动力取向的心理治疗师都已同样重要（Shedler，2010）。

客体关系理论使治疗师更能设身处地地体验来访者的人际关系。来访者与他人交往时，可能无法从情感上将自身与客体区分开来；或是仿佛身处一个二元（dyadic）分离，客体与他们非敌即友；也可能觉得他人与己格格不入。该理论认为，儿童的成长需经历：体验性共生阶段（experiential symbiosis，婴儿早期）到"我"与"你"辨别阶段（me-versus-you，2岁左右）再到更复杂的身份认同阶段（identification，3岁以后），这一过程代替了口欲期、肛欲期和俄狄浦斯期等发育阶段。俄狄浦斯期不仅发展心理性欲，更为重要的是认知的发展，它代表婴儿在这一时期终于战胜自我中心，开始意识到另外两个独立个体（即普遍意义上的双亲）之间的联结状态，与自己无关。

欧洲客体关系学派与美国人际学派在理论上的进展对于心理治疗意义非凡，因为许多来访者的状态，尤其是重性精神病理的患者，很难简单地用本我、自我、超我概念去理解他们的人格结构。这类来访者缺乏自我整合和内省功能，具备独特的"自我状态"，他们的人格形态随境转移。他们深陷其中，无法客观地审视自身的人和事；面临困境，他们仍然坚称，自己的行为理所当然。

如果临床治疗师不再简单地认定：上述来访者的自我状态是前后一致的，障碍只是来自于不恰当的防御机制；而是治疗师意识到：这样的患者在一定情境下，双亲中某位的内部成像或其他早年重要客体正支配着来访者的行为，那么治疗将更加富有成效。因此，客体关系理论为心理治疗拓展了视野（L. Stone，1954）。如今，治疗师可以寻找到自童年至成年一直影响来访者的"内摄客体"（introjects），正是那些内部客体，使来访者至今仍无法释怀，不能与之完成心理上的适当分离。

基于上述构想，性格可被视作一种稳定的行为模式，或是潜意识地按照早年客体的内部成像而行为。对于边缘型人格患者而言（Schmideberg, 1947；Kernberg, 1975），出现人格的"稳定地善变状态"（stable instability）就自然顺理成章了，对之进行临床描述和诊断也有据可循。借助客体关系理论和在此基础上的推论，加上治疗师运用自身联想以及与来访者的情感互动，那么，即使来访者的观察自我不足，治疗师也能对治疗过程洞若观火。例如，当身陷困境的来访者开始谩骂诋毁治疗师时，治疗师可以将这种状态理解为：这是他们对童年期遭受客体的无情谩骂的原景重现。

如今的精神分析学界对反移情有了新的理解，这既反映出治疗师临床经验的增长，也反映了在客体关系理论基础上重新对来访者的反应做出解释这一发展。美国的 Harold Searles 于 1959 年撰文，如实描述了治疗中的反移情现象，记录了精神病性来访者使治疗师头痛不已的事实。英国治疗师 D. W. Winnicott 也在《反移情中的仇恨》（Hate in the Countertransference）一文中，勇敢地进行了自我暴露。弗洛伊德曾将对来访者产生强烈情感反应归因于治疗师自我认识的缺乏，缺乏保持温和、中立的态度。随着对反移情的逐渐理解，很多治疗师发现，遇到精神病性来访者，或边缘型、创伤型人格或人格障碍的患者，他们所能利用的最有效工具之一，恰是因对方而产生的自身的强烈的反移情，理解这种反移情，可以帮助治疗师更好地理解来访者的不堪重负、行为混乱、悲观绝望及饱受折磨。

与之一脉相承的南美派分析师 Heinrich Racker（1968）受 Klein 启发，提出将反移情归为"协调型"（concordant）和"互补型"（complementary）两类，这种分类对临床具有重要意义。前者指来访者当年对早期客体的情感使治疗师感同身受（共情）；后者则意味着治疗师能设身处地地体会早期客体对来访者的感受（但来访者无法感受到治疗师的这种共情）。

譬如我的一位来访者，几次治疗中，似乎毫无进展。我注意到他每次提及某人时，都会习惯性地加上"注解"。"Marge，就是三楼那个我每周二都和她一起吃饭的秘书"——尽管之前，Marge 已被数次提及。我向他指出了这点，并询问，是否家中曾有人总是对他所说的话不够注意。他对我反唇相讥，抱怨我没能记住他目前生活中的那些主要人物，于是怒气冲冲地坚称父母对自己十分在意——尤其是他的母亲，随后开始絮叨地替她辩解。此时，我甚至都没注意到，自己完全走神了，不但没在听他说话，而且陷入了胡思乱想，幻想自己正将这个案例展示给一些同僚，我的治疗技巧获得了他们的交口赞赏。当我从自恋幻想回到现实，开始倾听时，立刻被他正在叙述的故事深深吸引，他仍在争辩母亲的忽视，他说，上小学的时候，每当他要参加学校演出，母亲都会为他缝制全年级无人能及的精美戏服，还会与他一遍遍地排练台词，并在演出当天坐在观众席的第一排，眼神中洋溢着无比的骄傲。

在我刚才的恍神中，自己竟与他童年时的母亲有着惊人的相似之处。关注他的目的都不约而同地指向他给我们带来的荣誉感。Racker（1968）称之为互补型反移情，因为我所唤起的情感状态看起来与来访者当年的重要客体相互呼应。另外，如果我与来访者内心的儿童产生共情，对他当时的内心情绪感同身受，理解他的自豪感，而不是注意我被他的故事所激起的情绪（就像我在恍神时那样），那么我的这种反移情便可称为协调型反移情。

治疗师的潜意识态度能唤起来访者婴儿早期母婴互动的类似效应，这一说法并非不可思议。观察婴幼儿与看护者间的互动，便可对之深深地理解。在生命最初的 1～2 年，婴儿主要依赖非语言方式与他人交流，成人也根据自己的揣摩和婴儿的情绪反应来调节自己的行为。非语言交流十分普遍，凝视婴儿、感人的音乐、激烈的爱情都有非语言交流的异曲同工。本书首版发行以来，神经科学的发展使对婴儿发育的研究有了突破性进展（Beebe 和 Lachmann，1994；Sasso，2008）——如，互动双方右脑与右脑的交流（right-brain-to-right-brain communication，Fosha，2005；Schore，2003a，2003b；Trevarthen & Aitlcen，1994），镜映神经元的功能（Olds，2006；Rizzolatti & Craighero，2004），以及二人情感密切联结（包括咨访关系）后双方大脑的改变（Kandel，1999；Tronick，2003）——这种发展趋势与弗洛伊德不期而遇,弗氏曾推测:终有一天,化学和神经学将解释目前仅能用推测来理解的心理现象。

在功能性磁共振成像(fMRI)出现之前,精神分析理论用大量推测来描述心理过程,并认为人们主要依据早年经历的情感体验与他人建立联系。在此基础上,逐渐形成成人的、更为合理的、逻辑的人际交往。如此两种人际交往方式并行不悖(Ekstein 和 Wallerstein,1958),情感体验和前语言现象的人际交往方式可见诸于大量临床观察和临床实践。而促成把反移情从干扰因素转变为理解来访者的宝贵资源,是客体关系理论最为关键的贡献之一(参阅 Ehrenberg,1992;Maroda,1991)。

自体心理学

理论引领实践,实践推动理论。当惯用的理论已无法引领心理治疗的临床实践,新的理论便会应运而生(Kuhn,1970;Spence,1987)。到20世纪60年代,治疗师们普遍认识到,传统精神分析理论已不能阐释某些来访者的心理问题,确切地说,他们没法将这些来访者的问题归类为究竟是本能冲动及压抑问题(驱力理论),或是防御机制应用不当(自我心理学),还是激活了分离不妥的内部客体(客体关系理论)。这些解释均有一定道理,但这些解释要么如隔靴搔痒,要么似舍近求远。

到20世纪中期,来访者的主诉不再是像以前经常听到的那样,抱怨多种情感困扰、无法摆脱内部客体等。而是一种内在的空虚——看起来他们更像是缺乏内部客体——正如客体关系理论描述的"原始内摄"(primitive introjects)。这类来访者缺乏内心的方向和价值观的可靠指引,他们期望治疗能指明生活的意义。他们外表踌躇满志,内心却空空如也。他们乐此不疲地寻求肯定、赞赏和确认。尽管这样的来访者在治疗中常会言不由衷,治疗师仍能辨识出他们对于自尊和人生价值的内在迷惘。

来访者这种长期搜寻外界肯定的渴求，尽管并不符合 W. Reich（1933）所描述的俄狄浦斯期自恋型人格模式（傲慢、自负、出众），但精神分析取向的治疗师仍将其核心问题归为自恋，这类来访者很容易唤起治疗师的厌烦、困倦和隐晦的愤怒感。面对这类来访者，治疗师很容易觉得被贬低、被忽视，被轻蔑或被抬举。治疗师很难获得来访者得到帮助后的反馈，只是随着来访者的情感起伏而忽上忽下。

这类来访者的困扰集中于以下几点：我是谁？我有什么价值？什么在维系着我的自尊？有时他们会不那么急切地想要得到肯定，直言不讳不知自己是谁，人生的真谛是什么。从传统意义上看，他们并没有"病入膏肓"（他们能够控制冲动，具备自我力量，可维持稳定的人际关系），但他们极少感受到生活的乐趣，也无法真正体验自己的优势。有些治疗师认为对这种案例无计可施。因为帮助来访者修复和调整自我存在感是一回事，而从头开始建立自我存在感则是另一回事。另一些治疗师则致力于探索新的理解视角，解释这些患者的问题所在，从而使治疗更为有效。也有部分治疗师坚守现有的精神动力学理论（如，Erikson 和 Rollo May 坚持自我心理学，Kernberg 和 Masterson 坚持客体关系心理学）；其余人则寻求不同的方向。Carl Rogers（1951，1961）彻底脱离传统精神分析，形成了新的理论和疗法，其特色是将重点转向来访者的自我与自尊。

Heinz Kohut 在精神分析理论框架内，提出一个新的理论构想：涉及自体（self）的发育、扭曲及治疗方法。他强调人对理想化的普遍需求，也阐述了成人精神病理的涵义：若个体在发育早期，缺乏能被理想化的原初客体；或没能逐渐地、无创伤性地对原初客体去理想化，成年后心理状态将受到严重影响。Kohut（1971，1977，1984）理论的价值在于：不仅为治疗师处理自恋性来访者提供了新的途径，也掀起了一场扩充自我结构理论的风潮，即：自体结构（self-structures）、自体表征（self-representations）、自体形象（self-images）以及个体如何通过这些内部结构而获取自尊。这使分析师们不但能理解具有严苛超我的来访者，同时，也开始关注那些缺乏可靠超我的来访者内心的空虚与痛苦。

　　Kohut 的观点，对其他学者产生了深远的影响（如，George Atwood, Sheldon Bach, Michael Basch, James Fosshage, Arnold Gold-berg, Alice Miller, Andrew Morrison, Donna Orange, Paul and Anna Ornstein, Estelle Shane, Robert Stolorow, Ernest Wolf）。他的理论敦促人们对心理现象进行重新思考，也为心理诊断提供了新的思路，并对临床现象进行新的识别，他的理论为分析治疗增添了有关自体的阐释，并鼓励评估者试着用更广阔的视野去理解个体的自身体验。治疗师们开始意识到，即使从自恋特征并不明显的来访者身上，也能够观察到他们为了维护自尊和自身内在协调性所作出的不懈努力。而这些在传统精神分析理论中并未受到应有的重视。防御概念的外延得到了拓展，它不再仅仅作为保护个体不受本我、自我、超我造成的焦虑所累，还在于能够维持连续的、积极的自我价值感（Goldberg, 1990b）。鉴于此，治疗师不但应询问传统的有关防御的问题［"这个人正在躲避什么？当感到恐惧时，他会怎么做？"（Waelder, 1960）］，还应进一步思考"这个人自尊有多脆弱？当自尊受到挑战时，他会怎么做？"

　　下面这个例子可展示治疗理论变化的意义。临床表现为抑郁的两位男性，出现相似的植物神经紊乱症状（睡眠障碍、食欲不振、情绪低落、思维迟缓等），但主观体验却截然相反。其中一人感觉糟透了，觉得自己道德低下、邪恶不堪，自己的存在是个罪孽，唯有一死，才可告慰世界。另一人虽深感内心空虚、身心不良、丑陋不堪，他也想要自杀，但不为拯救世界，只因活着毫无意义。前者体验的是沁入心腑的罪恶感，后者则感受到弥漫全身的羞耻感。用客体关系的语言形容，前者满是内化了的他人的贬低，后者则缺失内化，从而失去人生的方向。

　　对两种抑郁状态（早期精神分析学派曾称第一种为"忧郁症"（melancholia），如今更多地将其命名为"内摄性抑郁"（introjective depression, Blatt, 2008）。第二种抑郁为自恋性耗竭状态，Blatt 称之为"依赖性"（anaclitic）抑郁）进行诊断鉴别，对临床治疗至关重要。第一种抑郁患者常对治疗师的同情与支持态度缺乏回应，因为他觉得自己不值得被如此关注，因而治疗师的关心反而加重抑郁。第二种抑郁的患者受到治疗师的关怀与支持时，会有好转，空虚感会暂时消弭，羞耻感也得以缓解。我将在稍后的章节中详细介绍鉴别两者的意义，但此处需要强调的是，自体心理学理论具有重要的诊断价值。

当代人际关系理论学派

　　Winnicott（1952）的观点一语惊人——婴儿从不可能单独存在。意思是，婴儿和养育者之间存在一种人际联结，离开这种特定的养育环境，婴儿便难以存活。同样，现代精神分析理论家也开始质疑，人格是否真的能在断续、恒定且又独立的环境中形成；他们更倾向于把人格看作是在不同人际环境中产生的、连续的自我状态。近代最为重要的理论革新始于 Jay Greenberg 和 Steven Mitchell 于1983年发表的一篇文章，文中将驱力模型、自我心理学和关系理论学派（人际关系、客体关系及自体心理学）进行了比较。自那时起，临床理论发生了显著变化，我们通常称之为"精神分析理论的关系化转变"（relational turn, S. A. Mitchell, 1988），至此，临床情境中不可避免的主体间互动（intersubjective nature）开始获得重视。

　　先前的理论提倡，治疗师在治疗中应保持客观或情感中立，认为这一要求既合情合理，又不可或缺。但 Louis Aron, Jessica Benjamin、Philip Bromberg、Jodie Davies、Adrienne Harris、Irwin Hoffman、Owen Renilc 和 Donnell Stern 等学者却对此持有异议。他们认为，治疗师与来访者的潜意识内容同样都对治疗情境产生作用。尽管治疗师-来访者之间具有明显的不对称性，但任何一种咨访关系都是共建的（Aron, 1996）。治疗师的角色不应只是一个客观的"知情者"，而应是一个同伴，与来访者共同探索其心灵奥秘。来访者的人际交往模式将会在这种关系互动中浮出水面。

关系学派分析师们的兴趣对于治疗互动甚于理论假设。实际上，如果将人格视作固定、静止的现象，等于忽视生活经历对人格形成的刻蚀，也忽视状态因素（相对于素质因素）对自我体验的影响。今天，关系学派的这一观点深深影响着我们对人格的理解及其临床应用。通过汲取新的观点，分析师可以更为客观、投入地观察来访者［根据Heisenberg（1927）的观点，如果观察者对被观察者缺乏情感投注，将一事无成］。关系理论提供了一种新的思路，即理解咨访双方的人格特征，有助于双方更好地理解治疗中的一举一动。

在处理情感创伤和性虐待的来访者方面，许多关系理论观点都涉及早期弗洛伊德理论对创伤的关注，但关系理论更强调解离过程（dissociative process），而非压抑过程。随着神经科学和儿童发展研究的深入，关系理论进一步颠覆了我们对心理结构（尤其是解离）的种种假设。我将在第十五章给予详细介绍。

从人格诊断的角度来看，关系理论对治疗最大的影响在于：使治疗师能对临床经验（D. B. Stern，1997，2009）、治疗性社会意义（Hoffman，1998）、多重自我状态（Bromberg，1991，1998）以及解离状态（Davies & Frawley，1994）保持足够的敏感。关系理论也改变了治疗师关于自我体验的认识，相比于传统理论假设来说，关系理论更强调自我体验的流动性和持续变化性。

当今，社会和科技的发展是如此迅猛，那么心理治疗领域的核心理论以多变、协同的多种理论为基调，自然不足为奇。

精神分析对人格评估的其他贡献

除驱力理论、自我心理学、客体关系理论、自体及关系取向的理论之外，在广义的精神分析理论框架内，还有许多理论学说也对性格理论产生了一定影响。如：Jung、Adler和Rank的观点；Murray（1938）的"人格学（Personology）"；Spotnitz（1976，1985）的"现代精神分析（modern psychoanalysis）"；Tomkins（1995）的"蓝本理论（script theory）"；Sampson 和 Weiss（1993）的"控制－掌控（control-mastery）"理论；进化生物学模型（evolutionary biology models，如，Slavin 和 Kriegman，1990）；当代性别理论（contemporary gender theory，如：A. Harris，2008）以及 Jacques Lacan 的研究（Fink，1999，2007）。我将择取其中有关论点，在以后的章节中加以介绍。值得一提的是，本书首版中曾预言，精神分析会将混沌理论（Chaos theory，非线性的系统模型）应用于临床，现在看来，这一预言已渐成事实（Seligman，2005）。

作为本章总结，需要提醒大家的是，分析理论更多强调的是主要论点和动力（dynamic）概念，而非特质；这也是"动力"一词反复出现的原因。正是这种动态的理念，使得精神分析理论关于人格的论述更为丰满，也比多数评估工具（如 DSM）更为贴近临床。人格的形成可从多个有意义的维度去认识，人们也可同时形成任一维度的两极的迥然不同的性格。Philip Slater（1970）在现代文学评论中对此进行了简要的论述：

> 多数人文主义信众对解读人性的"矛盾"都充满兴趣。无论是从现实世界，还是从虚构人物中，他们都会为读出人性的"悖论"（paradoxes）而雀跃。因为在许多人身上存有两种截然相反的个性。事实上如果一种性格比较强烈的话，它就总是会和它的对立性格共存，是否能够敏锐地体察到这种人性的似是而非的矛盾取决于读者的心理本性的影响。（pp. 3n-4n）

同理可见，亲密关系方面存在冲突的人，对亲近或疏远都会感到不安；极端渴望成功的人，恰恰也是葬送自己前程的人。从心理病理来看，躁狂患者更具抑郁倾向，而非分裂倾向；相比普通性冲动者，性瘾者和禁欲者有更多相似之处。人性本来就纷繁复杂，但并非无迹可寻。精神分析理论为我们提供了独特的观察方法，使我们有可能去帮助来访者理解那些看似荒唐的冲突和矛盾，并鉴此转危为安。

小 结

本章简要介绍了几种主要的精神分析学派的临床理论：驱力理论、自我心理学、客体关系理论、自体心理学和当代关系学说。我逐一强调了它们对人格理论的贡献，以方便读者从多角度对来访者进行解读及临床推断。我还列举了有关人格结构的其他动力学观点及其在治疗中的应用。内容涉及近一个世纪以来这一领域的理论变革、学术争论的重要部分。

进一步阅读的建议

对不熟悉弗洛伊德理论的读者，建议最好通过精读《梦的解析》（*The Interpretation of Dreams*, 1900），来了解他的早期驱力理论，并浏览他的观点与当代理论相悖的章节，及那些形而上学的假设框架。《精神分析概要》（*Outline of Psycho-Analysis*, 1938）是他后期理论的总览，但我认为这本书内容过于简练和文字干涩；Bettelheim 的《弗洛伊德与人类的灵魂》（*Freud and Man's Soul*, 1983）可作为极好的补充读物。对于那些阅读弗氏精彩绝伦的理论并不太多的读者来说，《日常生活中的心理学》（*The Psychopathology of Everyday Life*, 1901）深入浅出、可读性强。Michael Kahn 的《弗洛伊德基础读本》（*Basic Freud*, 2002）循序渐进地阐述了精神分析理论的核心观点。如果对荣格学派的传统人格类型感兴趣，建议通读 Dougherty 和 West 的著作《性格模型与涵义》（*The Matrix and Meaning of Character*, 2007）。

Jeremy Safran 所著《精神分析与精神分析疗法》（*Psychoanalysis and Psychoanalytic Therapies*, 待出版）以引人入胜的文字带领我们浏览了精神分析理论的历史与纲要，可读性极强。Blancks 的著作《自我心理学》（*Ego

Psychology，1974）综述了自我心理学的概念及相关应用。Guntrip 的《精神分析理论、治疗与自我》（*Psychoanalytic Theory, Therapy and the Self*，1971）是一部人本主义精神分析的典范之作，它与 Symington（1986）的优秀作品一样，都将客体关系成功地化作了优美的文字。Hughes（1989）巧妙阐释了 Klein、Winnicott 与 Fairbairn 的观点和理论。Fromm-Reichmann（1950）和 Levenson（1972）则是美国主体间理论的最佳代言人。

在自体心理学领域，Kohut 的《自体的分析》（*The Analysis of the Self*，1971）对初学者也许太过晦涩，但其《自体的重建》（*The Restoration of the Self*，1977）一书就通俗易懂得多。E. S. Wolf 的《治疗自我》（*Treating the Self*，1988）将理论与实际进行了完美结合。Stolorow 和 Atwood 的《存在的背景》（*Contexts of Being*，1992）以简洁的语言介绍了主体间理论的观点。Lawrence Josephs 的《性格结构与自体组织》（*Character Structure and the Organization of the Self*，1992）有效综合了精神分析人格理论、自体理论、关系概念，及这些理论的临床应用，Fred Pine 的著作（1985，1990）也做了相同的工作。

对于控制－掌控理论，可参阅 George Silberschatz 的《变化中的关系》（*Transformative Relationships*，2005）。Mitchell 和 Aron 的著作《关系取向的精神分析治疗》（*Relational Psychoanalysis*，1999）可提供关系理论与精神分析的互相影响。Paul Wachtel（2008）也著有相关的论述。如要纵览主流精神分析理论，强烈推荐 Mitchell 和 Black 的《弗洛伊德及其后继者》（1995）一书。若想集中了解精神分析人格理论的实验研究，《精神动力学诊断手册》（PDM Task Force，2006）可提供非常精彩的综述。Morris Eagle（2011）近期出版了一本著作，历史性地回顾了精神分析理论的进化和演变。Deborah Luepnitz（2002）在《刺猬的爱情》（*Schopenhauer's Porcupines*）一书中，通过对五个个案的描述，生动再现了分析师在实践中对精神分析理论（尤其是 Winnicott，Lacan 和 Klein 理论）的应用，阅读此书，赏心悦目。

第 三 章
人格形成的性心理发育阶段观点

人格形成过程与性心理发育过程互相重叠，性心理发育过程如若出现问题，就必然会影响人格的形成。弗洛伊德把这类发育过程出现的主要问题定义为固着（fixation）。后人称之为发育受挫（developmental arrest）——许多分析师认为，早期心理发育阶段中的未竟事宜，将植根于性格深处，阻碍个体的心理成熟。精神分析各学派关于人格形成具有一个普遍的假设，即发育受挫愈早，对今后的影响就愈大。这寥寥数笔倒也言简意赅，对理解人格特征很有价值，但这一简述漏洞颇多（参阅 Fischer 和 Bidell，1998；Westen，1990）。我会在详述传统精神分析理论的基础上，结合近期的研究结果，来探讨人格的形成与心理健康的关系。

精神分析理论已勾勒出个体总体精神状态的连续发展过程（"连续统"，continuum）。包括发育不良可能导致的异常。这一发展理论表明：个体不同的人格特征形成于不同的发育阶段，受个性特定的防御方式的影响。这样形成的人格结构可从两个方面来描述，一方面可观察人格结构有否病态（精神病性、边缘性、神经症性、"常态"等）；另一方面，用这种人格结构来解释个体的人格特征类型（偏执型、抑郁型、分裂型等）。

我有一位非心理治疗专业的密友，他无法想象怎么有人会喜欢成天倾听别人倾诉，并且他试图理解我撰写本书的意图。"这太简单了，"他说道，"我对别人只有两种判断：(1)疯子；(2)没疯。"我告诉他，精神分析理论看待每个人都或多或少是非理性的，但也有两种基本判别：(1)有多疯？(2)怎么疯？正如我在第二章所述，尽管当代分析理论认为：儿童早期发育阶段的驱力作用，已不再像弗洛伊德强调的那么重要，但发育阶段对人格形成的影响依然是分析学派的主要理论之一。儿童期的基本经历、内心冲突和精神创伤是成人神经症、心身疾病和精神病的原因。

以成长过程的不同阶段来划分儿童所经历的挫折，有助于我们更好地理解个体人格的全貌。有趣的是，不同的精神分析学派对人类心理发育的前三个阶段的划分惊人地相似：(1)0至1岁半或2岁（弗洛伊德称之为口欲期）；(2)1岁半或2岁至3岁（肛欲期）；(3)3岁到6岁（俄狄浦斯期）。这些阶段的发育状况不同，个体成人后的人格差异显著。发育阶段的顺序是由遗传决定的，发育状况的优劣则与环境因素相关。许多学者看待早年发育阶段的侧重点不同，如：强调驱力或防御、强调自我的形成；或着眼于自体和相关因素，也有强调不同阶段的行为特征或认知水平，或情感成熟度。

有学者（如，Lyons-Ruth，1991；D.N.Stern，2000）在婴儿研究的基础上，对发育阶段论提出质疑。这些研究提示：婴儿早期具有的能力，比多数发育理论学者们认为的要强，而且亲子依恋关系比发育阶段对人格形成的影响更为重要。后现代理论取向的分析师（如，Corbett，2001；Fairfield，2001）指出："正常发育"过程中隐含着社会文化的因素，这些文化因素参与形成人格，形成个体判断是非的相对标准。尽管发育阶段理论具有局限性，但我认为，这些理论中的许多观点仍体现在我们临床诊断的假设中。这样的假设也使经历过相似发育阶段的治疗师能对来访者感同身受，更容易产生治疗性共情。我将在下文对Erikson，Mahler和Fonagy的发育阶段观点进行详述，以此全面展现精神分析理论对于人格诊断的不同观点。

弗洛伊德用驱力理论这一推论性假设来命名前三个发育阶段，十分直观，也与人格类型息息相关（抑郁人群趋于口欲期特征；强迫性人群都有肛欲期特征——参阅第十三章），但迄今为止，尚无实验数据表明，口欲期发育不良的个体，比肛欲期或俄狄浦斯期发育不良者具有更为严重的心理问题。

然而，为数众多的临床评论（如，Volkan，1995）和实验研究（如，Fonagy，Gergely，Jurist，Target，2002；L.Silverman，Lachmann，Milich，1982）表明：个体的自我水平的发育与今后个体将自我与外界有效区分相关，也与成年个体人格特征有关。这些研究结果的某些方面，显示出高度相关性和可重复性（也就是说对个体发育早期的自我状况和客体关系进行评估，意味着对这一个体成年后心理状况的预估）。当然，个体如果具有强迫倾向或分裂状态，未必一定会发展形成精神病理。这种基于自我心理学及后期关系理论的分类方法，不仅对心理健康和心理疾病进行定义，也涵盖了各种性格类型，因此仍具有深刻的临床意义。下面简要介绍精神分析的历史背景，并分析这种理论如何基于来访者心理问题的程度或"深度"，而非人格类型，来对不同个体进行诊断甄别。

历史背景：人格异常的诊断

19世纪初，在精神病症状的描述性定义（descriptive psychiatry）诞生之前，许多特定的精神现象已成为当时"文明社会"的判断标准，根据这些判断标准，推断性地将人们分成正常和失常两类，恰如我那非心理学专业的朋友所言。正常人或多或少具备彼此认可的现实观，而失常者则否。

具有癔症性（包括如今的创伤后应激障碍）、恐怖、强迫、冲动、躁狂和抑郁倾向的人，他们有着不同程度的心理困扰，但尚未达到精神病理的地步。而那些具有幻觉、妄想和思维逻辑障碍者，则属精神失常。当时被诊断为"悖德症"（moral insanity，Prichard，1835），如今被称为反社会人格障碍者，仍能与现实保持一致。这种简略的分类法至今仍能作为司法部门量刑的参考，多用于判断疑犯作案当时，是否具备现实检验的能力。

克雷佩林（Kraepelin）：神经症-精神病的区分

被尊为当代精神病学之父的艾米尔·克雷佩林（Emil Kraepelin, 1856-1926），曾对精神疾患群体进行了长期细致的观察，辨识出具有共同特性的常见精神症状，并对这些常见症状进行了相关的病因学归因，将这些症状区分为外因性、可治愈的症状和内因性、难治愈的症状（Kraepelin, 1913）。（有趣的是，他将重性双相障碍["躁狂-抑郁型精神病"]划分为前一类，而将精神分裂症["早老性痴呆"-被认作一种大脑的器质性病变]划分在后一类。）自那时起，人们开始认识到，"疯癫"其实是一组精神不同程度受损的医学疾病。

弗洛伊德在前人描述与分类的基础上，提出了更多的推理性假设。他的心理发育阶段理论包含了复杂的外因性解释，超越了克雷佩林的症状内外归因理论。即便如此，弗洛伊德仍然按照当时流行的克雷佩林式分类来区分精神病理现象。他会将有强迫问题的患者(如，他的"狼人"患者[Freud, 1918；Gardiner, 1971])归为强迫性神经症。在弗洛伊德的职业生涯后期，他开始区分伴随或不伴随强迫症状的神经症和以强迫人格为主的强迫症。但直到弗氏的后继者（如 Eissler, 1953；Horner, 1990），才真正对下列三种情况做出明确的区分：(1)存在妄想，因此用反复思虑来削弱精神病性思维的强迫患者；(2)伴边缘型人格的强迫性神经症（如"狼人"案例）；(3)介于神经症和正常人格之间的强迫症状。

在20世纪中期"边缘型"这一名称出现之前，精神分析取向的治疗师多数认同弗洛伊德的理念，仅对神经症与精神病进行区分。神经症患者基本具有现实检验能力，而后者则缺乏与现实的基本联结。一个神经症患者能够认识到是自己的想法偏离轨道；而精神病患者则坚信完全是外界出了问题。当弗洛伊德在评价心理状态时，是否具有现实检验能力成为判断两者的分水岭：神经症性痛苦是来自于患者的防御过于僵化，缺乏灵活性，以至于他们的本我的能量无法疏泄，更无法创造性地抒发；精神病性痛苦则是因为自我防御过于薄弱，任强大的本我无情地肆虐。

神经症与精神病的鉴别具有十分重要的临床意义。考虑到弗洛伊德的理念，我们知道：治疗神经症患者时，应尽量弱化其防御机制，使本我能量尽可能地通过建设性途径得以疏泄；相反，对于精神病性患者应增强其防御能力，抑制本能冲动，改变现实环境压力，从而缓解症状，进而提高患者的现实检验能力，将本我冲动压抑回潜意识。神经症就像高压下的热锅，治疗需要释放蒸汽，缓解压力；而精神病则好比锅热汤沸，治疗应降温捂盖，小心溢出。

督导师常提出，遇到相对比较健康的患者，应适当削弱其防御强度，但对于精神病性患者，应给予更多的支持。随着抗精神病药物的不断改良，心理治疗的应用范围也在不断扩大；在联合应用药物治疗的同时，心理治疗常常作为对精神病性焦虑的协同治疗，即便对终生服药的患者也同样适用。心理治疗师不应对潜在的精神病性症状进行任何形式的"激化"（uncovering），因为这样很容易扰乱他们脆弱的防御机制，使其陷入危机。以上述理念来理解精神病理的方法并非一无是处，它提供了应对不同精神疾患的基本思路。尽管这种思路尚需进一步发展成能适用于各种症状，以及区分各种症状细微差别的具体应用方法。当然，思路都必然提纲挈领。这种对神经症与精神病的二分法，即便有弗洛伊德的优美理论作支撑，也具备临床的可行性，却仍然只是推论性诊断的初级阶段。

自我心理学：神经症性症状，神经症人格，精神病

在精神分析治疗过程中，除神经症和精神病的区分之外，对适应不良程度和非典型精神病性症状的鉴别，逐渐成为诊治神经症的重要因素。在临床治疗方面首位对此进行鉴别的学者当属 Wilhelm Reich（1993）。他对"神经症性症状"（symptom neuroses）和"神经症性人格"（character neuroses）分别描述。治疗师们认识到，临床上那些出现神经症性症状的患者与具有神经症人格患者的症状是不一样的。这种区别也体现在 DSM 诊断系统中，

其中的"障碍"类别即分析师们常说的神经症性症状,而"人格障碍"即所说的神经症人格。

为了判断患者是神经症性症状还是神经症性人格,治疗师需要在访谈时,尽量获取如下信息:

1. 有否前驱刺激因素,或是对刺激事件的记忆?
2. 焦虑症状(尤其是神经症性焦虑症状)是急剧变幻还是每况愈下?
3. 来访者是独自来诊,还是他人伴诊(如亲戚、朋友或是司法部门)?
4. 症状属于自我不协调(ego alien/dystonic)(症状被来访者看作是不恰当或不合理的),还是自我协调(ego syntonic)(症状是理所当然,合情合理的)?
5. 来访者能否部分觉察自己的问题("观察自我"observing ego)?能否建立治疗同盟,有否将治疗师视作宿敌或救星?

上述几点信息的前半段是关于推断神经症症状的依据,后半段则是推断神经症人格的依据(Nunberg, 1955)。这种鉴别对于治疗和预后都十分重要。如果某个来访者具有神经症性症状(相当于"轴Ⅰ中的障碍,不合并人格障碍"),那么便可以推断,来访者当前生活中可能存在某些应激事件,这些事件激发了他的潜意识冲突,而他的防御方式又运用不当。这种运用不当或许来自患者童年解决问题的经验,但这种经验在当下只会弄巧成拙。治疗师的任务便是通过帮助来访者理解并处理与冲突相伴的情绪,寻找这种冲突的起源,根据目前新的处境制定新的解决方案。这种神经症性症状的治疗预后相对乐观,疗程也比较短(参阅 Menninger, 1963)。治疗互动也相应顺畅。在此互动中可出现强烈的移情(及反移情),但治疗联盟常常根基牢固。

如果来访者属于神经症性人格,那么治疗难度将显著增加,不仅耗时耗力,预后也相对差强人意。常言道:江山易改,本性难移。帮助来访者寻求人格的改变,比改变适应不良要困难得多。精神分析理论比常识更胜一筹,即能区分出改变基本人格与对症治疗的差别。

首先，治疗神经症性人格患者时，来访者的诉求（即刻缓解痛苦）和治疗师的努力，不一定能最终促成良好的治疗结果；引导来访者处理今后类似问题的努力也不一定被来访者认可。有时候如果来访者的诉求与治疗师的治疗目标存在偏差，治疗师须教育来访者改变看法，改变来访者看待自身问题的方式，即"将自我协调转变为自我不协调。"例如，一位三十岁的会计师前来寻求心理治疗，他希望能让自己的生活"变得更加平衡"。从小他就被视作家庭的希望，肩负着父亲未实现的理想和抱负，他驱使自己竭尽全力。他虽不愿意错过与自己孩子共享天伦的时光，但这样就需暂停自己为之努力的工作。因此他希望能和我一起制订"规划"，每天匀出部分时间来锻炼身体，陪孩子玩耍，满足兴趣爱好，等等。他还希望能有时间做义工、看电视、做饭、做家务及夫妻私密生活。

第二次访谈，他带来了一个日程表，上面事无巨细地标注了所有他想要完成的计划。他觉得，假使我能施加压力，催他完成计划，那么他的问题便可迎刃而解。而我所做的第一步，是提议：这张日程表恰恰是他的问题所在——驱使他前来治疗的压力也正是他所抱怨的压力——自己必须竭尽全力维持内心的平衡。我告诉他，他的生活看起来非常不错，但他却很难享受这种不错的感觉。他很理性地思考着我的话。尽管倾诉自己的烦恼暂时缓解了他的抑郁情绪，但他很难回忆出生活中类似的强迫自己努力的事例，因此对我将信将疑。我向他指出：他必须清醒地看到，他需要改变指导自己生活的重大信念，才能不至于重蹈覆辙。

其次，面对典型神经症性人格的来访者，不能急于与之建立"工作联盟"（working alliance, Greenson, 1967），而应先着手营造适合建立联盟的氛围。工作联盟意指咨询师与来访者之间的合作状态，具有了这种咨访合作关系，即使治疗中出现强烈且频繁的负性情绪，联盟仍得以继续。实验研究表明，稳固的治疗联盟与良好的治疗效果呈正相关（Safran & Muran, 2000）。并且联盟的建立（或联盟的修复）应优先于其他治疗目标。

有神经症性症状的来访者则无需多久便会与治疗师站在同一战线，与治疗师一同面对自己的困境。但是，这类来访者的问题如与神经症性人格交织在一起，问题就会复杂化，他们更容易感觉被孤立、被攻击。如果治疗师触及他们顽固、自我协调的不良模式时，他们会觉得自己整个人受到了重创。对治疗师的怀疑便油然而生。此时，咨询双方都必须耐心等待，直到再次获得来访者的信任。有时候建立这样的治疗同盟要耗费一年以上的时间。若治疗师急于向来访者呈现问题所在，则会欲速不达，对联盟造成损害。

第三，面对神经症性人格的来访者时，与神经症性症状来访者不同，治疗过程相对平淡，很少出乎意料或急剧变化。无论咨访双方如何努力挖掘那些深深压抑又栩栩如生的潜意识冲突，但访谈最终都会变得缺乏生气。治疗师必须与来访者一起艰难地搜寻线索，寻找导致来访者心结的原因。这种心结会被来访者看做是理所当然，因而避而不谈。意识到这一点后，来访者才能开始学习新的思维和情感方式，逐步接近潜意识内容。

与特定刺激导致的神经症性症状截然不同，人格障碍在形成过程中，更多地与认同、习得和强化有关。若人格异常源于创伤，那么，这种创伤应属"耗竭式创伤"（strain trauma，Kris，1956）而非好莱坞式的"震惊式创伤"（shock trauma）（震惊式创伤是指：未经同化、未引起哀悼的伤害。如，希区柯克的电影《爱德华大夫》）。因此，与神经症性人格患者工作的访谈气氛，常常枯燥乏味、令人生倦、治疗师容易产生过激或消沉情绪。此时，治疗师应加强共情，体察来访者长期挣扎的苦楚，鼓励来访者畅所欲言。

即便来访者无法接受性格改变所必需的长程治疗（如，D. Shapiro，1989），对神经症性症状与神经症人格的鉴别仍然十分重要。如果治疗师能够深入理解来访者固化的人格问题，就能为短程干预找到行之有效的办法，同时避免来访者产生误解和感到被攻击。例如，对具有疑似精神病性人格特征的患者，治疗师应努力防止发生破坏性结果。宁愿附和患者的自吹自擂，也不应纵容患者对他人的恶意猜忌。

长久以来，对神经症性症状、神经症人格和精神病的分类，构成了理解人格异常严重程度的主要依据。神经症症状程度较轻，人格障碍相对较重，精神病程度更甚。这种理解是旧时正常与疯狂二分类的延续，只是正常中又细分出两种：神经症性症状和神经症人格。随着时间的推移，这种粗放的分类渐显片面，甚至产生误导。

这种分类的缺点之一，是在病理性方面，暗指所有人格问题都比症状性问题更加严重。我们至今仍能在 DSM 中辨识出此类观点，其中，多数人格障碍的诊断都须伴有显著的功能受损，但实际上，部分神经症反应相比某些人格障碍（如癔症性和强迫性人格障碍），对个体的应对能力造成更大的损伤。我的一位男患者，有广场恐怖症，虽是自我不协调的，但病情严重，他与朋友关系融洽，同家人和睦相处，居家、工作都效率颇高，但从来无法走出家门。在我看来，此人的症状对生活的影响，远比人格障碍者甚至精神病患者的影响更为严重。

进一步分析此分类的缺点：在分类的纵向维度，某些人格障碍似乎比一般意义上的"神经症性"更严重、更原始化。可以认为，这种单一维度的三种类型，根本无法鉴别人格扭曲（轻度能力丧失）和人格障碍（造成严重后果）。来访者的问题可以从人格异常的不同严重程度来认识，从中性的人格"特质"或"风格"，到轻度的人格"障碍"之间，界限其实并不清晰。而另一方面，某些人格障碍存有确凿的自我缺陷，更接近精神疾病。例如，精神病性症状与重度自恋型人格一直以来都被人们视为异端，对之仍缺乏行之有效的干预方法。也很难将之定位于"神经症－人格障碍－精神病"这一连续谱系中的任何位置。

客体关系：对边缘型病症的界定

即使到19世纪后期，精神医学的医师们对身处心理"边缘状态"的患者是否属正常仍莫衷一是（Rosse, 1890）。至20世纪中期，人格理论家们认为，在神经症与精神病之间存在一个中间地带。Adolph Stein（1938）指出：那些具有"边缘"特征的来访者在标准的精神分析治疗中不仅不见好转，反而病情加重。Helene Deutsch（1942）提出了"近似异常人格"（as-if personality），来形容我们所称的自恋型或边缘型人群；Hoch 和 Polatin（1949）则对"假性神经症性精神分裂症"（pseudoneurotic schizophrenia）进行了个案研究。

20世纪50年代中期，受上述观念的影响，整个精神卫生学界开始关注这种神经症－精神病二元模型的局限性。大批分析师开始抱怨一些来访者看似是人格障碍，但行为表现却超出这一范围。这些来访者较少，甚至从未有过幻觉或妄想，所以不适合被诊断为精神病；但他们又缺乏神经症患者的那种协调性，他们的症状更为严重、更难以理解。在治疗中，他们可能出现短暂的精神症状，比如坚称治疗师就是自己的母亲。而在治疗之外，表现为出尔反尔。换句话说，他们神志清醒，不能被称为疯子；但又过于疯狂，不能归为正常人。于是一种全新的诊疗名称开始出现，以便更好地描述那些介于神经症和精神病之间的患者。Knight（1953）针对"边缘状态"发表了一篇极有见地的文章。几年后，T. F. Main（1957）也提到住院患者中的精神失调（The Ailmait, Frosch, 1964），并将他们归为"精神病性性格（psychotic character）"患者。

Roy Grinker 及同道（Grinker，Werble，和 Drye，1968）共同发起了一项对后来影响极其深远的学术讨论。他们归纳出一种"边缘综合征"（borderline syndrome）人格，它包括一组从神经症至精神病不同严重程度的临床现象。Gunderson 和 Singer（如，1975）将这些概念应用于临床并进行了实验研究。经过大量研究和临床探索，再加上 Kernberg（1975，1976）、Masterson（1976）和 M. H. Stone（1980，1986）等学者的明确阐述，边缘型人格结构（a borderline level of personality organization）这一概念最终在精神分析领域得到了广泛认可。

至1980年，经过大量研究的检验，这一名称作为一种人格障碍诊断术语被收入 DSM（DSM-Ⅲ；美国精神病学协会，1980）。这一进展实际是某种妥协：一方面，这个有价值的精神分析概念得以合法化，但另一方面，也只作为功能水平的指标，失去了这一概念的原初意义。DSM 中的边缘型人格障碍的诊断主要得益于 Gunderson 对一组患者所进行的研究（如，1984）。这组患者常被分析师诊断为边缘状态的癔症或表演型人格患者。此概念的提出者之一 Kernberg（1984）后来不得不对"边缘型人格结构"（borderline personality organization，BPO）和 DSM 的"边缘性人格障碍"（borderline personality disorder，BPD）进行区分。

我一直试图保留"边缘"这一术语的原本意义（比如，我在撰写《精神动力学诊断手册》中人格章节时所表达的观点 [PDM 小组，2006]），这也许注定是一场失败的战役。但我认为，为使这一名称与特定人格类型相吻合，其实这一名称已经放弃了许多含义。"边缘"作为心理功能的一种动态变化，在临床实践的数十年间得到了广泛的共识，常用于描述游离于神经症与精神病之间的恒定的不稳定状态。其特征包括：缺乏认同的整合；在未完全丧失现实检验能力的前提下，过度应用原始防御机制，（Kernberg，1975）。我很担心随着 DSM 的推广，人们将很难深刻理解某些临床心理现象，例如边缘水平的强迫型患者和分裂样患者等（如，Sherwood 和 Cohen 在 1994 年提出的"临界边缘型"患者 [quiet borderline patient]）。如果所有关于边缘状态的理解，都只狭隘地局限于边缘型人格中戏剧性变化的部分，那么我们对其他人格障碍的边缘状态的病因和治疗的探究将走入死胡同。

20 世纪下半叶，许多治疗师在帮助边缘型患者的时候，从英国客体关系和美国人际学派的理论中受到启发，用患者童年时期的重要人物特征来解读其当下的体验。这些理论家强调患者与童年重要人物之间的关系体验：患者的优势的情感集团究竟来自共生阶段的主题，还是属于分离－个体化阶段的主题？是个体独立的竞争需要，还是出于认同的动机？埃里克森（1950）将弗洛伊德的婴儿心理发育的前三阶段修正为儿童发展人际关系的若干过程，这一转变具有重要的临床意义。根据新的阶段论，患者的症状可被解释为：在早期依赖（信任对怀疑）、分离－个体化（自主对羞怯和怀疑）以及更高级的身份认同（主动对内疚）阶段出现了固着问题。

这些心理发育阶段理论有助于治疗师更好地理解精神病、边缘型及神经症患者之间的差异：精神病状态的患者似乎固着在分离－个体化之前的阶段，他们无法分辨内在主观与外在客观之间的差别；边缘状态的患者则固着于二难冲突之中，要么希望混迹人群但又不甘人微言轻，要么隔绝他人但又感形单影只；神经症患者虽然完成了分离和个体化，但会陷入趋－避冲突之中，这种典型的冲突其实来源于俄狄浦斯期的人际经历。上述这些复杂的心理现象造就了临床上的疑难杂症。它能够解释，为何同样患有恐怖症的患者，有的濒临精神失常，有的具备恒定的反复无常，而有的除去恐怖症状，表现与常人无异。

　　至20世纪晚期，精神分析领域和其他学科领域普遍出现了针对边缘型病理现象的争论，对其病因众说纷纭。部分研究者（如，M.H.Storem，1977）强调先天和神经素质因素；另一些则关注心理发育过程中（尤其是Mahler在1971年提出分离－个体化阶段后）所遭遇的挫折；一些理论家（如，Kernberg，1975）推测病因与婴儿发育早期的亲子关系不良有关；另一些（如，Mandelbaum，1977；Rinsley，1982）则指出，应归咎于功能失调的家庭系统中，成员之间边界混乱；还有部分分析师（McWilliams，1979；Westen，1993）从社会学视角进行了病因学归因；其他人（Meissner，1984，1988）则根据上述各种理论，提出了病因的综合观点。随着依恋学说的不断发展（如，Ainsworth，Blehar，Waters，和Wall，1978）一些学者认为婴儿期的依恋关系或许与成年后的边缘状态存在关联。到20世纪90年代，更多人开始相信，创伤（尤其是乱伦）对于边缘状态的形成，可能十分重要（如，Wolf和Alpert，1991）。

　　近年来有关边缘型人格的实验研究（多数按照 DSM 的诊断标准）试图验证上文所述的各种观点。部分研究结果表明，这种人格的成因与先天生物性因素有关（Gunderson 和 Lyons-Ruth，2008；Siever 和 Weinstein，2009）；也有结果显示，与依恋分离等养育方式有关（Fonagy，Target，Gergeley，Allen 和 Bateman，2003；Nickell，Waudby 和 Trull，2002）；还有一些临床研究结果提示，创伤（尤其是早期依恋关系受挫 [Schore，2002]）及性侵犯的体验（Herman，1992）对边缘状态的形成作用不可小觑。也许边缘状态和其他复杂的心理现象一样，是由多因素所决定的，而非单一病因。当前，精神分析理论（尤其是边缘型的动力学特征）受上述实验研究结果的影响，认为边缘型人格的形成与婴幼儿发育、依恋及创伤高度相关。原先关于边缘型人格的理论重点也悄然改变。"边缘状态源自发育阶段中的固着"这一观点受到挑战。而依恋关系及重复的创伤体验，都可能是边缘状态的成因。甚至依恋、创伤问题的产生也可以出现在比以前所认为的更晚的发育阶段。

边缘型人格结构的病因究竟为何，因人而异。但病因学观点相左的临床工作者们对边缘型人格结构的临床表现却众口一致。有经验的治疗师根据临床客观表现和自己的主观判断，不难进行诊断或鉴别诊断（如，可参考 Kernberg［1984］提出的结构式访谈，或其后他的同事们根据实验研究结果制订的评估方法——结构式人格评定量表［Structured Interview for Personality Organization，STIPO；Stern，Caligor，Roose 和 Clarkin，2004］）。

尽管边缘状态的成因复杂，但我们依然有理由推断：精神病易感素质的患者具有早期发育受挫的潜意识创伤体验（尤其是信任感的缺失）；边缘型人格结构的患者可能存在分离－个体化阶段发育受阻；而神经症患者则多半源自"俄狄浦斯期"，更倾向于将冲突内化。精神病性焦虑来自对毁灭的恐惧（Hurvich，2003），他们大脑中的"恐惧系统"（FEAR system）尤其活跃（Panksepp，1998），这一系统是大脑进化过程中形成的应对捕食者的保护机制；边缘型患者最常出现的是分离焦虑，即激活 Panksepp 所称的"惊恐系统"（PANIC system），这一系统是人类早期形成依恋关系所必须的；神经症患者的焦虑主要与潜意识冲突相关，尤其是冲动以及因之引起的内疚感。

神经症性－边缘型－精神病的连续谱系

在随后的章节中，我将从个体惯用的防御、认同整合水平、现实检验能力、自我反省、原始冲突本质以及移情与反移情等多个角度，分别讨论神经症性、边缘性和精神病性来访者的人格结构。我将重点阐述在初始访谈或治疗访谈中，这些抽象因素如何以可辨识的言谈举止显现。在第四章中，我将展开讨论这些因素，以促进心理治疗的效果和预后。在此我必须强调，这些因素的划分是人为的，我们每个人或多或少都具有某些因素方面的问题；再者，无论来访者出现哪方面的问题，治疗师都不应忽视个体的整体协调性及个体的其他优势领域。

神经症性人格结构

颇具讽刺意味的是，"神经症"一词如今常被分析师用于形容情绪健康者。他们是难得的理想来访者。在弗洛伊德时代，这个名称却用来形容另一类患者，他们属于非器质性障碍、非精神病态及双相障碍的心理异常者。也就是他们虽然没有精神病态，但却出现各种情绪的困扰。在今天看来，当时被弗洛伊德定义为神经症的来访者，实际上是边缘型人格甚至精神病患者（当时"癔症"被认为可伴随明显的非现实性幻觉体验）。当我们对某些特定问题有了越来越多的了解，以及这些问题是如何造成根深蒂固的人格特征时，我们对弗洛伊德的诊断名称也产生了越来越多的异议。神经症性人格应是指那些有情绪困扰，但仍能高度保持良好功能的人群。

那些被当代分析师诊断为具有神经症性人格特质的来访者，主要应用较为成熟的次级防御机制。尽管他们在应对特殊的应激情境时，也会使用原始防御，但这种原始防御对于维持个体的整体功能并不占有主要地位。因此个体是否应用原始防御，不能作为判别神经症型人格的标准，但若个体整体缺乏成熟的防御机制，则倾向于不诊断神经症型人格。传统精神分析理论提示，相对健康的人群应善用压抑作为基础防御方式，较少应用非针对性的防御机制，如否认、分裂、投射性认同等较原始的防御机制。

Myerson（1991）发现，充满共情的父母，能使孩子经历并体验强烈的感情互动，婴儿无须以幼稚的方式应对父母。成人后，这些强烈的（多半也是痛苦的）情绪互动常常会被搁置或遗忘，不会被反复体验，并引发否认、分裂或投射。在精神分析治疗的长程、高频的访谈作用下，加之咨访关系的安全体验，那些被搁置或遗忘的情感体验会被激发，渐渐突破压抑，重新进入意识，即"移情性神经症"（transference neurosis）。但一般来说，对强烈情感体验的原始性防御并非神经症性人格来访者的特征。即便随着治疗的深入，即使出现剧烈的情绪波动和认知扭曲，神经症性人格患者仍能保持某种程度的理性和客观。

拥有较为健康的人格结构的来访者，具有清晰的认同整合，能给治疗师留下深刻印象（Erikson, 1968），他们言行协调，随着时间的推移，其内心体验也连贯有序。当被要求作自我介绍时，他们甚少茫然失措，也很少片面偏激，言谈举止中透出整体稳定的气质、品味、习惯、信念、价值观及优缺点。他们能够联系孩提经历，也能筹划未来。当被要求描述生活中的重要人物（如，父母或配偶）时，人物特征常常复杂多样，即冲突又统一。

神经症性人群通常与日常现实保持密切联系。他们一般不伴有幻觉或妄想（除非受药物，器质性因素影响，或创伤后的闪回），他们也无须编造谎话来使治疗师相信他们是谁。治疗师与这样的来访者沟通顺畅，主观上较少压力。神经症患者常常因为无所适从而寻求帮助。换句话说，神经症性来访者的问题大多是自我不协调的，来访者通常言辞清晰、表达适切。

神经症性来访者在治疗早期便有能力形成"治疗性分裂"（therapeutic split, Sterba, 1934）。这种能力使自我产生分离，形成观察性自我和体验性自我两部分。即使他们的问题属于自我协调的，他们也能接受治疗师与之相左的观点。比如，一个偏执性神经症患者，相信他人对己的迫害更可能是自己的猜疑。与之相反，偏执性边缘状态或精神病患者则会试图说服治疗师：自己的困难完全起源于外界，是他人设计陷害。若治疗师表示怀疑，他们便会觉得与治疗师相处会影响到自身安全。

与之类似，强迫性神经症来访者会主诉自己的重复性仪式化行为十分恼人，但对之置之不理会更加焦虑。而边缘或精神病性来访者则坚信这些重复行为是基本的自我保护，并随之精心编织一套合理的解释。神经症性来访者会同意治疗师的观点，认为强迫行为大可不必。但边缘性或精神病性来访者对治疗师的观点则看作是恶意中伤，他们会指责治疗师要么缺乏常识，要么缺乏道德。一位强迫清洗的神经症患者会羞于坦言洗涤床单的次数，但边缘性或精神病性来访者则坚称，清洗够多才能保持洁净。

边缘性或精神病性来访者需要经过很长时间的治疗，才可能会提及自己的强迫、恐惧或冲动行为，因为他们认为这些行为顺理成章。我有一位长程的边缘性来访者，治疗十年之久，她才偶然提到自己每天早晨都有一个复杂且耗时的"鼻孔清洁"仪式，她视此为良好的卫生习惯。另一位症状颇多的边缘性患者，从未提起过她的暴食行为，在治疗5年之后，有一次才顺口提到"顺便告诉你，我现在已经不再反胃了"。在那之前，她从未意识到暴食行为是她心理问题的表现之一。

根据来访者的既往经历和访谈行为可推测，神经症性来访者基本顺利地度过了埃里克森提及的最初两个发育阶段，即建立了基本的信任感和自主性，认同和独立性方面的发展也相对顺利。他们前来寻求帮助，并非因为安全感或自主性受到困扰，而多半是陷入冲突：欲达目的却每每受阻，而自己正是制造障碍的罪魁祸首。弗洛伊德认为此类治疗的目标应是：解除他们对爱和创造的抑制；部分神经症性来访者还需积极提升独处与休闲的能力。

处于人格谱系中较为健康一端的来访者具备较为健全的观察自我，这种观察自我常常能与治疗师结成有效的工作联盟。通常从初始访谈起，双方就能感觉得到战线统一，可联手对抗来访者的神经症性问题。社会学家Edgar Z. Friedenberg（1959）将这种联盟比喻成两人共同修车：一位是专家，另一位是满怀兴趣的学徒。因此，无论治疗师的反移情为何，正性或负性，都不至于使对方望而却步；神经症性来访者不会置治疗师于死地而后快，也不会企盼治疗产生魔幻般的治愈奇迹。

精神病性人格结构

人格谱系的另一端——精神病性患者的内心体验相对极端。这些身陷困境的来访者在访谈中，时而兴趣盎然，时而冷漠攻击。尤其在20世纪50年代抗精神病药物出现之前，很少有心理治疗师能凭借优良的直觉天赋和坚韧的情感毅力，对精神病性来访者进行有效治疗。精神分析对此类群体的有益帮助，即是对此类人格患者进行排序——人格谱系的另一端——他们很容易因为绝望无助或难以理喻而从治疗中脱落；这为理解此类精神病性患者的特点提供了思路（Arieti，1974；Buckley，1988；De Waelhens 和 Ver Eeclce，2000；Eigen，1986；Ogden，1989；Robbins，1993；Searles，1965；Silver，1989；Silver 和 Cantor，1990；Spotnitz，1985；Volkan，1995）。

具有明显精神病状态的来访者很容易被识别：他们出现幻觉、妄想及牵连观念，思维逻辑混乱。然而，日常生活中具备精神病性状态的人，平时并不一定具有上述精神病性表现，只有身处某种刺激时，才会激发症状。因此治疗师必须准确判断来访者的正常状态是否属于"补偿性"精神异常状态，或者，来访者虽目前无自杀意念但会不会正受周期性死亡妄想的支配。这些对于防止激化症状是生死攸关的。通过治疗及督导长程难治性案例（包括"无法治疗"的案例），我坚信，治疗师的尽心竭力，是能够使案情起死回生的。敏锐地察觉精神异常的迹象，干预自杀和伤人事件，制止恶性事件爆发（这些治疗的功绩常常默默无闻，因为有人可以说：如果症状爆发可以预防，那么很可能爆发本身并不存在）。

我和许多同道都认为，有些人可能永远够不上被诊断为精神疾病，但常处在共生-精神病状态，多少存在一些精神病性症状（或用 Klein [如，1946] 的话说，长期处于"偏执-分裂样"[paranoid-schizoid] 状态）。他们的日常生活平静，工作效能颇高，但内心总透露出困惑和恐惧，思维混乱或偏执。我有位男性来访者曾深怀恐惧地告诉我，他再也不会去某个健身房锻炼了："我的东西三次被人挪了位置，很明显这是针对我的。"另一位来访者总在悲伤的时候突然转换话题，当我向他指出这一点时，他答道："啊，是的，我知道。"我追问他为什么这样做，以为他又会避而不谈说"我还没准备好谈论这些"，或是"谈论这些是对我的伤害"，抑或"我不想说，一说就会哭"。但出乎意料，他却用一种理所当然的语气说："瞧，我伤到你了！"他虽能看见我脸上的同情与悲伤，却无法理解我对他的情感。

若想深入精神病性来访者的主观世界，治疗师应首先关注其惯用的防御机制。在此只做简单列举：回避、否认、全能控制、原始性理想化或贬低化、原始性投射或内摄、分裂、重度解离、付诸行动及躯体化等；我将在第五章进行详细介绍。这些防御机制属于前语言和前理性期，它们可以在"莫名恐惧"（nameless dread, Bion, 1967）袭来之时，对个体产生一定的保护。这种恐惧如此令人胆战心惊，使防御本身所导致的极度扭曲显得如小巫见大巫。正如 Fromm-Reichmann（1950）所言，精神病人对自己幻想中的超自然破坏力，常抱有一种难以名状的恐惧。

其次，本质上属于精神病性人格的群体在认同方面举步维艰，甚至不能完整地感觉自己的存在，更无法感受自己的存在满意与否。他们深深困惑于自己到底是谁，只能凭借身体感受、年龄、性别和性取向来定义自我。"我如何才能知道自己是谁？"甚至"我怎么才能知道自己确实存在？"精神病性患者常常真切地询问这类问题。他们既不能依赖自己认同的连续性，也无法相信别人具有自我的连续体验：他们一直活在"转向恶变"（malevolent transformations, Sullivan, 1953）所带来的恐惧之中，他们会对身边值得信任的人突然冷嘲热讽。当被要求进行自我介绍，或是描述生活中的重要人物时，这些人往往含糊其辞、张冠李戴，甚至明显的歪曲事实。

我们通常可以从一些细枝末节上感受到精神病性人格的来访者与现实的格格不入。尽管我们多数人也会存留一些奇怪的观念（比如，祸不单行，福无双至），但精神病性人格者会把这类观念奉为神明，他们通常无法融入自身的文化背景，与日常"现实"若即若离。即便他们偶尔能成功地辨别出情境背后的部分含义，但通常也无法完整解读，而是牵强附会地把自己的意愿填入其中。

举例来说，一位接受长程治疗的偏执性来访者，她的精神状态极不稳定，但对我的情绪却有神奇的感知力。她能够准确地读出我的感受，但随即将之与她的问题联在一起。比如，"你看上去有点生气，肯定是因为你觉得我是个不称职的妈妈"。或是，"你看上去有点厌倦，肯定是为上周我提前5分钟离开而生气"。直至治疗进行了数年，她有了足够的安全感，她才将对我表情的猜测和理解告诉我。又过了几年之后，她才得以转变，把"邪恶力量将要灭我，因为他们憎恶我的生活方式"转变为"我憎恨自己的生活方式"。

精神病倾向的来访者很难察觉到自己的心理问题。他们缺乏"反省能力"（reflective functioning），Fonagy 和 Target（1996）认为：这一点是界定认知是否成熟的标志。这种缺陷可能与大脑缺乏编码能力有关，类似于精神分裂患者的缺乏抽象化思维（Kasanin，1944）。但长期接受治疗的来访者会因久病成医而积累了不少心理学术语，表现得仿佛像是出色的自我观察者（如，"我知道自己容易反应过度"甚或"我的精神分裂妨碍了我的判断力"）。遇到敏锐的治疗师，这类患者也许会坦言，自己只是为了缓解焦虑而鹦鹉学舌地对自己做出评价。我有一位多次入住精神病院的来访者，曾在精神检查（评估患者是否具备抽象思维能力）时被要求解释"一鸟在手，胜于二鸟在林"这个谚语，其实在那之前她早已熟知答案（当我对她不假思索的回答表示兴趣时，她自豪地向我透露了这一事实）。

早期精神分析学派认为，精神病性患者对于现实困境缺乏反省会加剧他们面临困境时的压力，他们旷日持久地与生存恐惧作斗争，而再也无力应对现实。自我心理学强调，精神病患者缺乏能力去区分本我、自我和超我、也无法区分观察自我与体验自我。受到人际理论、客体关系理论和自体心理学理论（如，Atwood，Orange 和 Stolorow，2002）影响的精神病学理论也提出，精神病患者对内外部体验之间的划分迷惑不清，并且依恋关系发育不良使他们感到现实世界危机四伏。

近期，一项功能性磁共振成像（fMRI）研究显示，创伤对发育期大脑的影响与精神分裂症患者大脑成像的异常有许多相似之处。基于这一发现，John Read 及其同事（Read, Perry, Moskowitz 和 Connolly, 2001）认为精神分裂症的病因可能与创伤有关。因此精神病性来访者缺乏"观察自我"也可能是遗传、生化及环境因素的共同作用。治疗师应当理解的重点是，仔细观察精神病性来访者，就能发现他们强烈的死亡恐惧和缺乏内省的混沌状态是并行不悖的。

精神病性患者最主要的原始冲突基本都与存在意识相关：生命与死亡，存在与湮没，安全与恐惧。他们的梦境充斥着触目惊心的死亡与毁灭的景象。"生存还是毁灭"（To be or not to be）成为永恒的主题。Laing（1965）形象地称之为"本体危机"（ontological insecurity）。20世纪50年代至60年代，精神分析思想指导下的对精神病患者家庭环境的研究表明，这类儿童自小受家庭情感交流方式的潜移默化，逐渐认为自己并非一个独立个体，而是某位家庭成员生命的延续（Bateson, Jackson, Haley 和 Weakland, 1956；Lidz, 1973；Mischler 和 Waxier, 1968；Singer 和 Wynne, 1965a, 1965b）。之后，抗精神病药物的问世，因研究伦理的原因，影响了对精神病成因的直观研究，但人们深信：精神病患者缺乏自己作为独立个体存在于世的觉知，甚至完全不了解独立存在意味着什么。

尽管精神病性来访者存在许多异于常人甚至出现令人望而生畏的举止，但仍可能会引起治疗师的正性反移情。这种反移情与神经症性来访者所引发的轻微反移情有所不同：治疗师会被激发出强烈的拯救欲望、父母般的保护欲望，以及对患者由衷的同情。"可爱的分裂症病人"（the lovable schizophrenic）一词在很长一段时间内颇为流行，用以表达精神卫生工作者对重性患者的热切关怀。（与之形成鲜明对比的是边缘性人群，我将在后文予以讨论。）精神病性患者极度渴望尊重与希望，因此对于那些给予诊治并格外关怀他们的治疗师心存感激。这种感激常常感人肺腑。

精神病性来访者对真诚十分看重。曾有位女性精神分裂患者在康复后告诉我，哪怕治疗师犯了最严重的错误，只要她认为这属于"诚实的错误"，也会选择谅解。精神病性来访者同样喜欢治疗师的教育作用，治疗师对他们的问题的普同化和讲解作用，可缓解他们对自己症状的紧张感。上述现象，连同来访者亲近、理想化的倾向一起，常会滋生治疗师的拯救欲和保护欲。来访者对治疗师的强烈依赖也会带来治疗师的责任感的不堪重负。实际上，治疗师的这种反移情酷似母亲对婴儿的情感：依恋会带来母性的满足，但过度索求会让人力不从心。曾有位督导师告诫道：对于接诊精神病性患者，不知深浅，切莫下水。

许多治疗师不愿接诊精神分裂症及其他精神病患者的原因之一，正是基于担忧自己心理的"耗竭"（consuming）。此外，正如 Karon（1992）所言，对精神病患者深陷其中的困境，人们往往避之不及、也难以承受。而这类患者有敏锐的直觉，能看透治疗师的弱点与畏惧。尽管他们能唤起治疗师的拯救欲和保护欲，但治疗师望而却步的原因，还与治疗师本身缺乏对精神异常者进行心理治疗的相关技能培训有关（Karon, 2003；Silver, 2003）；追求经济效益的行政条例也使人们过多地依赖有限的医疗资源和医疗保险管理，而轻视长程的心理治疗（Whitaker, 2002）。这种行政条例还使治疗师们更愿意接诊神经症性来访者，而非精神病性患者。但是，我将在后一章强调，若能清醒地认识精神病性患者问题的心理本质，可使治疗更富有成效，获得更多效益回报。

边缘型人格结构

边缘型人格最引人注目的特征之一是对原始防御的运用。正因为他们如此退行，过度依赖那些古老、笼统的防御机制（如否认，投射性认同和分裂），因此，很难与精神病患者区分开来。两者的重要鉴别指标是：当治疗师指出来访者原始性防御体验时，边缘型来访者至少会暂时承认其不合理性,而精神病性来访者则可能会更加焦躁不安。

我们拿原始性贬低(primitive devaluation)来举例,每一个治疗师都曾经经历过被来访者贬低的沮丧感,这种潜意识策略常用于维护自尊,但常以放弃赢得自尊为代价。为了使来访者意识到这种防御的危害,可以试着说:"你抓住我的缺点不放,因为这样就不必承认需要我的帮助了,说不定你心里窃喜'又搞定一个',或者搞不定时你很不好受,所以你会尽量抓住机会。"边缘型来访者可能会对这样的解释嗤之以鼻,有时也会勉强承认或默然接受,但无论哪种情况,他们的焦虑都会有所降低。而精神病性来访者对这样的干预会更加焦虑。因为具有生存恐惧的个体,贬低治疗师或许是唯一幸免被湮没的手段,而治疗师攻击这种防御,会使他们因被解除武装而感到恐慌不已。

边缘型来访者在认同整合方面与精神病性患者存在相似之处。边缘型人格来访者的自我体验充满了不协调性和间断性。当被要求介绍自己的性格时,他们会像精神病性患者那样不知所措;当被要求描述生活中的重要人物时,他们的描述都缺乏生动的立体感。典型的例子:"我妈妈?我觉得她就是一个普通的妈妈"。他们常常一概而论,轻描淡写,"一个酒鬼,仅此而已。"但与精神病患者不同,他们没有具体的、匪夷所思的怪诞内容,他们也不愿意与治疗师一起探究思维的复杂性。Fonagy(2000)提出,边缘型来访者属于不安全依恋类型,且缺乏"反省能力",即无法识别自己和他人行为的含义。他们也很难达成"心智化"(mentalize),无法理解别人主观上的独立性。用哲学的话讲,他们缺少心理理论能力*(a theory of mind)。

当边缘型来访者感受到自己的断续性认同时,会局促不安并涌起敌意。一位来访者曾被门诊登记时的一份常规问卷弄得怒不可遏。问卷中有一题要求来访者填空,"我是一个_____的人。"她大怒道:"谁晓得这狗屁

---

* 心理理论能力指:人在不同程度上,都会基于潜在的心理状态——包括信念、情绪以及欲望来理解自己和他人的行为。——译者注

玩意儿怎么填！"（经过数年的治疗之后，她思忖道，"现在我可以完成那份问卷了，我当时怎么会那样生气？"）边缘型来访者一般在情感容忍和调节方面存在困难，在别人容易产生羞愧、嫉妒、悲哀或其他微妙情绪的境况下，他们会迅速爆发愤怒。

边缘型来访者的自我认同在两个方面有别于精神病性患者。首先，前者所感受到的自我不协调性与认同间断性未达到精神分裂症那种生存恐惧的程度，他们或许会有认同混淆，但至少能够确认自己的存在。其次，遇到有关自我认同与他人认同时，边缘型来访者更容易产生激惹症状。他们较少担心自己的存在感，而在乎自我的认同是否协调，因此对治疗师询问认同问题十分敏感。

即便存在上述差异，相同的是，边缘型与精神病性来访者都极度依赖原始性防御机制，也都缺失自我感受，而神经症性来访者则否。边缘型与精神病性人群二者间的本质区别在于现实检验能力。前者无论症状如何丰富，经过缜密的访谈，仍能感受到患者的现实感。以往我们常用"对病情的自知力（insight into illness）"这一精神病学判断方法，来鉴别来访者是否患有精神病，这似乎不妥，因为边缘型来访者可能会矢口否认自己的病理状态，但同时展现出对事物真相、常识的理解，从而与精神病患者区分开来。Kernberg曾（1975）建议，用"现实检验的适度性"（adequacy of reality testing）替代自知力来作为精神检查的手段。

为便于对边缘型和精神病性来访者的诊断进行鉴别，Kernberg（1984）建议测试来访者的常识认知，具体方法是：指明来访者自我印象中的某种特征，并询问有否意识到别人如何看待这些特征（如，"我看到你的脸颊上纹了'死亡'两字，你觉得别人会感到奇怪吗？"）。边缘型来访者会意识到纹字的不同寻常，理解他人对此的反应。而精神病人则会变得怒气冲冲，不能理解他人的反应并为此十分沮丧。Kernberg及其同道（如，Kernberg, Yeomans, Clarkin 和 Levy, 2008）对这种差异化反应的临床观察和实验研究，也许可支持这样的精神分析假设：边缘型人群的核心问题是分离－个体化，而精神病性人群则在潜意识层面存在将自我与他人区分开的缺陷。

边缘型人群反观自身病理状态的能力——哪怕是显而易见的异乎寻常——是相当有限的。他们前来就医时，常常诉说惊恐、抑郁或"压力"，或是拗不过亲友劝说而来，但他们很少主动希望转变人格以适应环境。近年来，他们开始熟知"边缘型人格障碍"的名称，也能接受自己符合 DSM 的诊断标准，但依然对自己的异常毫无察觉，也不希望改变。要不是被某种情境所激发，他们很难有足够的动机去了解认同整合、成熟防御、延迟满足、容忍矛盾和困惑等，也无法调整自己的情感。他们只希望自己能不再处处树敌，或不至于使自己四面楚歌。

他们在常态下的现实检验能力尚可，言谈举止善于博取同情，因此恍若"正常"。有时要待治疗到一定程度，治疗师才恍然大悟，意识到来访者的边缘型人格特征。例如：来访者会把治疗师的帮助理解为对自己的攻击，也即是：来访者缺乏自我反省的能力。（从专业角度讲，治疗师努力激发来访者的观察自我，这种观察自我并不一定被来访者意识到，特别是当来访者的情绪处于焦躁不安的状况时。）来访者只能部分意识到自己某些方面的不尽如人意，治疗师为创建治疗联盟做出的努力常常付诸东流。而这样的努力在神经症性来访者身上常常能开花结果。

治疗师终将明白，只有适当处理治疗初期来访者的情感风暴，才能使他们体验到与早年体验截然不同的感受。缓解他们拒绝帮助的习性。只有在治疗过程中来访者的人格产生某些转变，才能真正理解治疗师的帮助意图。这样的结果来之不易，常常需要经年累月的工作积累。但令人欣慰的是，他们的适应不良的边缘行为会逐步消失。Clarkin 和 Levy（2003）的调查显示，经过一年的移情焦点治疗（transference-focused therapy），来访者的症状得到显著改善。当然，对咨访双方而言，这仍是一个漫长而艰辛的过程。

Masterson（1972）曾生动地描述了边缘型来访者的两难窘境，得到业内人士的一致认同：当试图亲近某人时，他们会望而却步，因为害怕被湮没、被掌控；但若孤身独处，又难免饱尝辛酸，担心被抛弃。这种情感冲突导致他们在人际关系（包括治疗关系）中进退维谷，远近亲疏皆苦楚。这种状况无论是对于边缘型来访者还是其亲友或治疗师，都为之感到爱莫能助。治疗性干预也很难立竿见影。边缘型来访者也是精神科急诊部的常客，他们常常危言耸听，胁称自杀，但随即展现出"寻求帮助－拒绝帮助的行为"（help seeking-help rejecting behavior）。

Masterson 认为边缘型来访者固着于分离－个体化阶段中的"依附期"（rapprochement subphase, Mahler, 1972b），在这一亚阶段中，儿童已经获得部分自主性，但仍需确信拥有养护者强有力的保护。这种情形多见于 2 岁左右的儿童，他们时而断然拒绝母亲（"我自己来！"），时而与母亲如胶似漆。Masterson（1976）推断边缘型个体的母亲可能在亲子分离的初始阶段挫败孩子的独立愿望；或是对获得自主性、想要退回母亲怀抱的儿童置若罔闻。这种对边缘型群体在分离－个体化阶段两难境的解释，无论准确与否，都将有助于治疗师更好地理解来访者表现出的善变、索求和迷惘的特质。

边缘型来访者的移情常常汹涌澎湃、不加掩饰，令治疗师束手无措，治疗师也被他们解读为非好即坏。如果治疗师仅凭朴素的良好愿望，像对待神经症性来访者那样解释这种移情（如，"或许现在你对我的感受恰似你曾对父亲的感受"），会发现这种解释是如此苍白无力，根本无法唤起边缘型来访者心灵的回应和内省；实际上他们最多承认治疗师和自己的早年客体行为相仿。但更经常的是，把治疗师奉若神明，又德行兼备，旋即急转直下，斥责治疗师卑鄙无耻，又软弱无能。

自然，治疗师的反移情也同样强烈而沮丧。即便是正性反移情（如，幻想着正在拯救堕落的来访者），治疗师也会觉得力不从心或几近枯竭。在医院内工作的分析师们（Gabbard, 1986；Kernberg, 1981）指出，面对边缘型患者，医护人员有时难免过度倾心（认为他们一无所有、脆弱，需要额外的保护），有时又因痛恨而施加惩罚（觉得他们索求无度，玩弄伎俩，需要节制）。他们对边缘型患者的治疗，常会自动分成两个阵营，或会因为患者的某一短暂行为而左右为难（Gunderson, 1984；Main, 1957）。治疗师常感觉自己像个手足无措的妈妈，面对一个2岁的孩子——既拒绝帮助，又因缺乏帮助而一败涂地。

小　　结

本章扼要、渐进地描述了人格结构的不同理论观点。从 Kraepelin 对精神异常的区分，到早期精神分析学派关于神经症性症状和神经症性人格的差别，再到神经症性、边缘性和精神病性人格结构的分类，最后根据依恋模式和创伤影响来形容来访者的特征，治疗师们一直致力于寻求来访者对治疗产生差异反应的人格因素。我坚持认为，对个体核心的固有观念(安全感、自主性或认同感)、焦虑体验的特点（毁灭焦虑、分离焦虑或针对惩罚、伤害及失控的具体焦虑）、发育阶段的基本冲突（共生时期、分离-个体化时期或俄狄浦斯期)、客体关系（单方、双方或多方）及自体感受（自我崩溃、四处树敌或自责）进行综合评定，才能构成较有价值的精神分析诊断。

进一步阅读建议

Phyllis 和 Robert Tyson（1990）对20世纪后期的精神分析理论进行了综述。Gertrude 和 Rubin Blanck（1979，1986）的两本经典著作阐述了发育与诊断的关系。Stanley Greenspan 的《发展心理治疗》(*Developmentally Based Psychotherapy*, 1997) 对于从事儿童临床工作的医师而言，是一本十分有用的教材。而将发育阶段和临床实践相结合（尤其是针对边缘型患者）的当代著作，我推荐《情感调节，心智化与自体发展》(*Affect Regulation*，*Mentalization, and the Development of the Self*, Fonagy 等，2002），这是一部综合性巨著，且平装版也已上架。近期出版的自体心理学与发育阶段互相影响的有关读物中，Russell Meares 的《亲近与疏远：记忆，创伤和个体存在》(*Intimacy and Alienation: Memory, Trauma and Personal Being*, 2002)将是一个不错的选择。

Fenichel 在《精神分析之神经症理论》(*The Psychoanalytic Theory of Nenrosis*, 1945)的"性格障碍"一章中对神经症性症状与神经症人格之间的差异作出了经典的注释，堪称该领域之范本。最近，Josephs（1992）和 Akhtar（1992）联手出版了一本综合性著作，对本章涉及的性格问题进行了深入的探讨。若想探究 Klein 学派有关发育阶段的临床意义，建议阅读 Steiner 的《精神退缩》(*Psychic Retreats*, 1993)但对于初学者来说，该书未免有些晦涩。

纽约大学出版社推出了一本精神分析学派有关人格结构的经典文献合辑，包括神经症性人格（Lax, 1989）、精神病（Buckley, 1988）和边缘状态的各种观点（M. H. Stone, 1986）。Laing《分裂的自体》(*The Divided Self*, 1965)是业界绝无仅有的从现象学角度对精神疾病进行论述的著作。Eigen 的《论精神疾病的核心问题》(*The Psychotic Core*, 1986)读来费力，但回味无穷。Elyn Saks（2008）以伴随精神分裂症患者生活的角度所撰写的传记，用感人而诙谐的语言向读者描述了精神病患者的特殊体验，使我们了解到，这类人群假使能够得到悉心的医学照料和心理治疗，将完全有可能生活得充实而富有成效。

有关边缘状态的文献也许汗牛充栋，Kernberg 及同道（如：Clarkin, Yeomans 和 Kernberg, 2006）和 Fonagy 及同道（Bateman 和 Fonagy, 2004）将经典理论与近期研究成果有效结合，应用于实践。Paris 所著的《边缘型人格障碍的治疗》(*Treatment of Borderline Personality Disorder*, 2008)从边缘人格的分类出发，提纲挈领，避免了细节的赘述并大量结合了 John Gunderson 的经典研究结果，可读性强。

自本书首版发行至今，依恋相关的临床及实验研究不断涌现。边缘型患者的依恋焦虑在 Wallin 的《心理治疗中的依恋》(*Attachment in*

Psychotherapy, 2007) 和 Mikulincer 与 Shaver 的《成年期依恋》(*Attachment in Adulthood*, 2007) 这两本书中有详尽的描述。若要进一步了解创伤对边缘型患者的影响，可尝试阅读 Judith Herman 的《心理创伤和痊愈》(*Trauma and Recovery*, 1992)。具体请参阅本书第十五章文末的阅读建议。

第 四 章
心理发育阶段对人格形成的影响

　　心理治疗和政治相似,是把"可能"变为"现实"的一门艺术。从个体既往发育阶段来看待个体人格特征的形成,有利于我们对个体目前可能的行为做出预估,并制定相应的治疗方案,使其产生预期的新的行为。治疗师应当根据个体人格发育水平的差异,判断来访者预后的不同。正如医生根据个体整体健康状况,判断疾病的康复速率;或是老师根据学生的聪明程度,判断学生学习能力的优劣。这种符合现实的预期不仅可以增强来访者的求助动机,也可使治疗师能预测疗效,免于耗竭状态。

　　本书第一版时此章的内容相对简练,毕竟在20世纪90年代初期,精神分析领域对于人格结构在各个发育阶段的形成过程有相对统一的意见。之后,情况有了转变。关系取向的分析师首先对传统分析治疗技术提出质疑,对分析师是否必须保持客观中立而言辞激烈,他们对经典理论关于人格结构形成的假设持有异议,并提出:咨访关系是由咨访双方共建,咨访互动是一种双向关系。如今,咨访互动模式已成为主流。因此,尽管本书主要描述来访者的心理特征,但咨访互动的观点仍充斥全书。

　　与此同时,针对边缘型人格的治疗方法也开始崭露头角,精神分析理论在这一领域也融合了更多其他心理治疗的理论。比如辩证行为治疗的创始

人 Marsha Linehan（1993），虽一直称自己的理论传承自 Otto Kernberg，但她的疗法实际上并未涉及动力学潜意识假设，而是将认知行为的概念与禅宗佛教思想进行了结合。Jeffrey Young 的图式疗法（如，Rafaeli, Bernstein, 和 Young, 2010）对边缘型人格障碍的疗效较好，其理论受精神动力学的影响颇大，但主要秉承了认知行为心理学的思想。在边缘型人格障碍的治疗领域，Kernberg 的表达式疗法的最初理念曾一度占据主导地位，但如今许多经过实践检验的疗法如雨后春笋般涌现，Kernberg 的移情焦点疗法（Clarkin, Yeomans, 和 Kernberg, 2006）和 Fonagy 的心智化疗法（Bateman 和 Fonagy, 2004）成为了其中的佼佼者。

国际精神分裂症心理治疗协会（the International Society for the Psychological Treatments of Schizophrenia）汇聚了对治疗精神病患者感兴趣的心理治疗师们，他们的合作为治疗重性精神病增添了新的方法。当今，精神卫生学界重药物、轻心理的治疗现象尤为严峻。因此我认为，通过心理治疗更有效地改善重性精神病患者的病情，如今显得更加刻不容缓。

和之前的顺序相同，我将依次介绍神经症性、精神病性及边缘型来访者的心理治疗，尽管叙述的内容远比先前复杂，但我仍按照临床严重程度的区分来依次论述。虽然我无法证实每一种特定方法的有效性，但我会结合个体发育阶段的主要挫折，来讲解特定治疗方法的工作原理，鉴此使读者理解发育阶段评估的价值所在。精神动力学心理治疗的目标就在于促进来访者的心理发育——激发创造力的充分展现和增强自身存在意识的不断完善。

神经症性来访者的心理治疗

人们常以为，精神分析治疗只适用于那些"有病即呻吟"的患者。这一说法隐含的意思是，精神分析特别适用于表达欲望较强的神经症性来访者，他们寻求治疗的目的在于转变性格或提高内省。这也决定了经典的弗洛伊德式分析疗法（高频次治疗，自由联想，利用躺椅，关注移情和阻抗，开放式疗程）特别适合这类患者。尽管在精神分析运动早期，弗氏的分析疗法被试用于多种患者，但经典的分析方法经过形式多样的改良后，才慢慢被广泛应用。另一方面，弗洛伊德的经典分析方法频率颇高（起初每周6次，逐渐降至每周5次，至每周3—4次），来访者需要有一定的财力，否则难以承受。

选择适宜人群将使分析疗法起效更快、更为深入。就好比良好体质之于医疗，聪明之于教育。相比于边缘型或精神病性来访者，分析疗法对相对健康的人群疗效更佳，这一点已得到多方面支持。借用埃里克森的基本假设，因为相对健康的人群具备基本的信任感、适度的自主性和可靠的认同感。而我们治疗的目标正是移除潜意识障碍，使来访者在爱、工作和娱乐中得到快乐和满足。弗洛伊德将精神分析治疗的疗愈等同于自由，他遵循柏拉图的理念，相信真理将最终引领我们获得自由。对于神经症性来访者来说，相信隐藏在内心深处的真相是可以企及的，这可以使他们具备足够强大的自尊，能容忍治疗的挫折。正如Theodor Reik（1948）所言，从事或接受精神分析治疗首先必须具备足够的道德勇气。

开放式精神分析疗程

神经症性来访者能迅速与治疗师结成工作联盟，治疗师将与来访者的观察（理性）自我竭诚合作，共同探究位于潜意识之中或经过防御而扭曲的感受、信念、冲动和焦虑。如果来访者希望深入了解自己的人格，那么应考虑增加治疗频率，以最大限度地促进改变和成长。接受精神分析培训的学生常常偏好高频次治疗疗程，治疗可达3—4次/周（多半也出于培训机构的要求）；多数社会咨询机构的来访者在经过一段时间低频次（每周最多2次）的精神分析取向治疗后，希望"更深入"地了解自己，从而转向精神分析开放式治疗疗程。但这种情况在美国比较少见，这并非由于缺乏需求，而是出于保险公司的限额，限制了高频次治疗带来的费用额度。

尽管精神分析疗程通常会持续数年，但因人而异。相对健康的人群的症状和行为改善较快。有时，来访者为提高辨别行为与思想是否协调的能力，他们也会选择长程分析治疗。正如一个酒精滥用的男性在戒酒过程中，可以感受到抵制嗜酒欲望的痛苦，也可能感受到思想转变后的逐渐自制。其实在两种感受状态中，戒酒行为都是一样的，但在心理控制能力方面不可同日而语。戒酒者参加戒酒匿名协会（AA），或许要经历数年的互诫和自律训练才能改变酗酒恶习，但心理治疗使来访者的行为和思想逐渐达成协调统一，这将使他们受益终身。

若神经症性来访者因时间、金钱和精力短缺而无法维续高频次的分析治疗，那么以问题为中心的、改良的精神分析（精神动力）治疗将是一个不错的选择。这种治疗访谈每周不超过三次，治疗师也较少鼓励来访者的退行，更多聚焦于帮助来访者识别问题的主题和模式。而在高频次分析治疗中，常常由来访者自己悟得这些内容。但无论经典精神分析还是改良疗法，都具有"挖掘"（uncovering）、"探究"（exploratory）或"表达"（expressive）的特征，都要求来访者尽可能地敞开心扉，聚焦于自身感受，并改变过去不恰当的防御。鉴于分析疗法以促进内省和领悟来减少冲突并助人成长，因此这类疗法也被称作"洞察式"（insight-oriented）疗法。

短程治疗和非动力学疗法

短程分析疗法对神经症性来访者同样适用（Bellak & Small, 1978；Davanloo, 1980；Fosha, 2000；Malan, 1963；Mann, 1973；Messer & Warren, 1995；Sifneos, 1992）。短程、聚焦冲突的高强度分析，对于边缘型或精神病性来访者可能并不合适，但对于神经症性来访者可能因为它具有足够的冲击力而富有成效。同样，功能良好的来访者在分析取向的团体或家庭治疗中也收益颇丰。而边缘型和精神病性来访者则否。（功能不良的来访者会过多占用团体和家庭治疗成员的情绪能量，使其他成员一边报怨会哭的孩子有奶吃，一边又为自己这种怨恨而心生愧疚——为怨恨如此痛苦不堪的功能不良者而内疚。）

第四章　心理发育阶段对人格形成的影响　79

事实上对于多数神经症性来访者而言，几乎所有的治疗方法都将产生一定的效果。他们在认知行为治疗中会尽心完成治疗师布置的作业，在生物取向的治疗中也会配合药物治疗。他们充分经历过与关怀人士的交往，愿意相信治疗师是满怀善意的，因此积极配合，自然成为最受欢迎的来访者。经典精神分析治疗的疗效卓越的原因之一，即接受分析的来访者自一开始便对治疗充满依从和期望，他们也使治疗师的信心陡增。而边缘型患者，即便在治疗中获益，也还常常对治疗师无情地抨击，抑或对治疗师阿谀奉承，让人误以为他们受治疗师的蛊惑或因迷恋精神分析而走火入魔。

多数精神动力学家都认为密集的精神分析将使神经症性来访者获益匪浅。有条件接受深层次、高频度治疗的人，尤其是青春期发育转折的年轻人，都应该体验这种分析的洗礼。我早年曾接受过经典的精神分析，至今一直从中获益，因而对此观点深以为然。但正如我们所见，神经症性人群可以从多种体验中受益，即便身处逆境，也能获取心灵的滋养。

对精神病性患者的治疗

理解精神疾病或精神病理，最重要的是理解患者心中的惶恐。因此许多抗精神病药物的功用在于去除焦虑和恐慌。精神缺陷且紊乱的个体缺乏对外界最基本的安全感，他们相信弥天大灾迫在眉睫。若按传统精神分析治疗神经症患者那样，在治疗中允许出现模棱两可，这对精神病性患者的症状无异于是火上浇油。因此，对精神病性患者的治疗通常限定在"支持疗法"范围内，这种方法强调对患者尊严、自信和自我力量的积极支持，并给患者提供必要的信息和指导。

所有形式的心理治疗都具有支持性作用，但自我心理学综合过去数十年精神动力学治疗重性疾患的经验，为"支持"作出了明确的定义（Alanen, Gonzalez de Chavez, Silver 和 Martindale, 2009; Arieti, 1974; Eigen,

1986；Federn，1952；Fromm-Reichmann，1950；Jacobson，1967；Caron 和 VandenBos，1981；Klein，1940，1945；Lidz，1973；Little，1981；Pinsker，.1997；Rockland，1992；Rosenfeld，1947；Searles，1965；Segal，1950；Selzer，Sullivan，Carsky 和 Terkelson，1989；Silver，2003；Sul-livan，1962；R. S. Wallerstein，1986）。人们普遍认为，支持性到表达性（或"挖掘"、"探究"）治疗是一个连续谱系（Friedman，2006），其中挖掘式治疗鼓励来访者充分表达内心冲突，从而引发顿悟，解决问题；而支持性治疗则"支持自我在包容或压制内心冲突时所作的努力，进而阻止症状的出现"（R. S. Wallerstein，2002，p. 143）。我在本节中提及的多数内容可应用于各种来访者，但对重性精神困扰尤为重要。

表达安全、尊重和坦诚

我认为支持疗法的关键在于治疗师的可信赖程度。精神病性来访者通常表现得十分顺从，但不代表他们对治疗师的充分信任。事实上顺从可能恰恰意味着怀疑：他们担心权威会因他们的离经叛道或思维怪异而置他们于死地。精神病性来访者常常自然就将治疗师视作敌对或无所不能，因此时刻提心吊胆，治疗师应注意避免强化他们的这种印象。但给人安全感却并非易事，对于神经症性偏执型来访者可用移情来解释敌对行为（例如：来访者将治疗师视作过去某个敌对个体或来访者把自己的自我的负面部分投射到了治疗师身上）。但这类解释对重性精神障碍者如隔靴搔痒，他们甚至会认为这类托辞是治疗师的居心叵测。

相反，我们应该直接面对患者的恐惧心理。一个表示尊重的面部表情或可宽慰神经症性来访者；但对于精神病性患者，我们必须积极地、反复地主动表达接纳，对待他们应像平等地位的伙伴关系，包括坦诚、关怀地与他们沟通，询问他们治疗室的温度是否舒适，共同评价对一幅新画的看法，创造机会让他们展示个人专长，甚至从他们奇特的症状中挖掘创造性和积极性的一面。Karon（1989）对此提供了如下注解：

第四章 心理发育阶段对人格形成的影响

告诉来访者"你的解释很精彩"通常会有意想不到的治疗作用。他们会为专家重视自己的观点而感到惊讶,"您的意思是,我是对的?"如果治疗师认为来访者承受力够强,通常可能会说,"不,因为专业原因,我对人类心理的了解比你多一点,若你有兴趣我也可以解释给你听。但就你所了解而言,这的确是一个很棒的解释。"这种表达方式十分温和,即便是最多疑的来访者,也很可能愿意接受当下的事实和谈话的含义,并尝试去努力摆脱由病症或过往经历所造成的困境。(P.180)

另一个让来访者信任的方法是持之以恒的真诚相待。面对精神分裂症患者时,我们应能识别出他们细微的情感需求和变化,从而使他们确信治疗师情感上的可信赖性。精神病性来访者更加渴求表达自己的情感,若受到阻碍,便容易产生沮丧和引发猜忌,难以自持。这也正是支持性疗法的区别之处。在传统精神分析疗法针对神经症性来访者时,治疗师会节制对情感的流露,从而促使来访者投射他们对治疗师的情感状态的幻想;但在支持性治疗中,治疗师必须清晰地表达自己愿意理解对方的意图。

以被激怒为例,治疗师经常会对来访者产生愤怒情绪,特别是当他们一意孤行时更是如此。当感到治疗师被激怒,任何来访者都会感到紧张,但重性精神病患者会陷入极度恐慌。如果神经症性来访者询问,"您在生我的气吗",那么"如果我确实生气,你认为我为什么生气?你怎么感受?"这样的回答将比较恰当;但若精神病性患者如此询问,最好回应:"你看得很准,我可能确实有点生气,大概是我急于求成,而治疗进程又慢得让我着急。你为什么要问我是否生气呢?"

需要注意的是:即使在支持性治疗中,也应该引导来访者探索他的自我认识,但治疗师必须提供一些特定信息来消除他们潜在的恐惧和不安。在上述例子中,治疗师首先明确尊重来访者敏锐的直觉,确认来访者建立在现实基础上的观察力,然后悄无声息地将来访者对治疗师全知全能的本能恐惧,转化为对普通人的急于求成的理解。若治疗师觉得承认人性的弱点会浑身不自在，那么最好不要和精神病人打交道，这类患者能够及时嗅出你的虚伪，并因此使本来举步维艰的治疗雪上加霜。

根据上述原则，向精神病性来访者解释治疗原理是十分必要的，这些解释有利于来访者产生情感上的理解。日常功能良好的来访者通常对治疗事宜能达成共识，对治疗过程中的不理解之处，也会立刻提出疑问。拿治疗费用来说，神经症性来访者，无论他们对金钱的态度或认为治疗师对金钱的态度为何，都能够理解治疗付费是理所应当。而且来访者的理性层面也会意识到，咨访双方是一种付费服务的合同关系。

而精神病性人群则恰恰相反，他们对于金钱交易抱有许多讳莫如深的古怪想法，且很少建立在合理推论的基础之上，多属于个人的专属观念。我有一位精神病患者在接受几个月的治疗后称，如果我真心要提供帮助，就应该给他免费治疗，否则我俩间的关系就带有污秽。他解释说，在治疗中他之所以竭力配合，是希望能够赢得我的感情，我便会用真爱治愈他那不招人喜爱的性格。这种满脑子奇异幻想的来访者在精神病性人群中并不罕见，治疗时应当即刻纠正，直言不讳。如果像对待神经症性来访者那样去"分析"幻想的象征，是无济于事的。因为精神病性患者这种信念具有自我协调性，并非婴儿期潜意识的显现。

因此，当这类患者提及费用问题时，可以直截了当："帮助人们解决情感问题是我的谋生之道，收费是我的付出的回报。如果收费过低，会造成我心理的不平衡，而这种不平衡对于治疗毫无益处。"这种解释不仅道出了社会规则，也表明了心理治疗的互惠本质（这种明晰本身即有助于矫正重性精神病患者的人际边界不清的认知，也有利表达治疗师的坦诚）。最终，即便来访者对费用仍有异议，也不至于妨碍治疗进程。

我对于大多数精神病性来访者都比较开诚布公，我会在治疗中谈论我的家庭、个人经历、观点评论等任何有助于来访者放松的话题，让他们感觉这是普通人之间的交流。但这样做也存在一定风险，并非每位治疗师都自然愿意自我暴露，有时这种自我暴露还容易招致患者的精神病性反应。我的经验是注意区分"共生型患者（Symbiotically organized）和"独立型患者"（individuated）。前者的移情毫无保留、不加掩饰，只有当现实客观铁证如山时，他们才会认识自己先前对现实的扭曲；而后者的移情则相对隐蔽、处于潜意识层面，只有在治疗师的镜映作用下，它们才有可能浮出水面。

患者由于太过担心自己落入权威之手、受冷落或者被迫害，才畏惧对治疗师敞开心扉。但我们应认识到：治疗如果一味干预，完全有可能引发患者的精神病性反应。但如果掩盖症状也并不能使情况好转。对于治疗重性精神病患者而言，偶尔出现意外状况在所难免，并没有完全"保险"的治疗技术可防患于未然。有一次我在一位患有偏执性妄想症的患者面前随手打死了一只虫子，他竟完全陷入了妄想之中（"您竟然谋害了一个生命"）。

治疗师还能通过表达基本的关怀，从而获得来访者的信任。例如使用明确的解决问题的方式来帮助重性患者。面对神经症性来访者，我们一般不会直接给出建议，因为这并无益于功能良好个体的成长。Karon 和 VandenBos（1981）就曾提出疑问：教导患者改善失眠的具体做法是否具有价值？但对于精神病性患者的某些具体情况，治疗师可能不得不提供具体的建议，比如，"我觉得你选择参加姐姐的葬礼对你来说确实很不容易，但若选择逃避，我担心你会一直不能原谅自己，因为不再有第二次机会了，参加仪式之后如果你感觉心里难受，我会尽可能地帮助你。"这个时候，治疗师将不得不替来访者充当权威。

相信读者也会同意：相比于功能良好的来访者，治疗精神病性患者应采取更加权威（而非专制）的方法。但要让患者知道，治疗师同时也是一个普通人，这样会令他们感到更加安全。地位平等是对患者的尊重，权威感则能让患者相信治疗师有强大的能量去对抗他们幻想中的魑魅魍魉。当然，这就要求治疗师充任权威时拥有足够的自信。只要假以时日，重性精神病患者也能随着治疗关系的进展而产生足够的安全感，并敢于表达异议。这才是对治疗师帮助患者朝向心理独立的真正回报。

教育

　　治疗师的教育者角色是支持性治疗所不可或缺的。精神病性个体有多方面的认知缺陷（尤其在涉及情感或幻想时）。精神分裂症的早期家庭动力学研究表明（Bateson 等，1956；Lidz，1973；Mischler 和 Waxier，1968；Singer 和 Wynne，1965a，1965b），多数精神病患者的早年生活经历中，家庭成员间的情感交流经常变化莫测，使人无所适从。成员间常常语言表达关爱，行为却剑拔弩张；声称为患者着想，却不顾患者安危。因此，精神病性人群需要直截了当的教育，使他们学习理解自己的感受，认识自己的自然反应，自己的感受与行动的曲折离奇，以及人们将如何看待他们的反应性行为。许多精神病性患者的感受并非来自于潜意识，而可能根本没有形成体系（D. B. Stern，1997）。

　　教育的方式之一便是普同化（normalization），鼓励来访者说出心中关切之事，然后将他们的忧虑重新构建成正常的人类情感反应，这种普同化对于严重困扰的个体十分有效。比如有位精神病性双相障碍的女性患者，会因称赞了我的腿型而感到焦躁不安，她担心会被人误解为同性恋者。若对于神经症性患者，我会认为她在性取向方面的焦虑是可以理解的，因此我会进一步引导其对自己的焦虑产生联想，帮助她发现被其否认的自我部分。但对于这名女性，我只能是温和地表示感谢她的赞美（她有些吃惊，原以为我会对她的引诱之举而惴惴不安），然后告诉她，尽管每个人都会对同性和异性产生性的好感，但根据我对她的了解，她根本不是同性恋，并且她与别人唯一的不同是：她会对此念头耿耿于怀，而其他人可能只是一念之闪。接着我将她的担心归为她的情感细腻，并重申我对她的治疗就包括帮助她接受这样的事实：即她常能体验到人们通常不会刻意注意的他人的心理活动。

　　在治疗过程中，治疗师将自己对人性的理解，潜移默化地传输给患者。传统的精神分析观点认为精神病患者毫无防御能力，与之相对，神经症患者拥有过度的防御，这一观点为区别对待二者奠定了基础。（如今认为，精神病性个体也有防御，只是更多倾向于原始防御。分析治疗常常需要让来访者部分放弃这些原始的防御机制。）精神病性来访者常在早期经历中体验过创伤性刺激，而将这些创伤经历普同化，有可能帮助他们克服困扰。

例如：我的一位男性来访者，他在父亲去世时产生了精神病反应。他向我坦言，有时会觉得自己已经死了，父亲占据了他的躯壳——自己变成了父亲。他常常反复做一个噩梦，梦中有怪物不断追赶他，然后那怪物突然化身父亲，并试图杀了他。我看得出他确实害怕苛刻而严厉的父亲会从坟墓里出来，化身侵入他的身体。于是我很坚定地告诉他，人们在丧亲后常会自然涌现类似的想法，但不是每个人都能意识到。并且随着悲痛逐渐褪去，这种感觉也将慢慢消散。我还向他解释，认为父亲附体，其实是丧失至亲后的一种正常反应。首先，否认父亲的死亡是正常的悲痛反应；其次，也反映出他作为一个幸存者的愧疚感，希望去世的是自己；最后，这也是他下意识地尝试减少自己的焦虑，假使父亲驻于自身体内，也许父亲就不会为怨恨死亡而要加害于他了。

这种积极教导的方式对于平复精神病性个体的焦虑情绪十分关键，它有利于缓解来访者对自己是否会日益怪诞的担忧。也将引领他们了解心理活动的复杂性，并让他们感受到自己正常的一面。许多精神病性个体从小就被视作是病态的，他们被原生家庭和周围群体定义为异类。当他们前来寻求治疗时，自然认为治疗师会另眼相看。此时，善待他们而非持有偏见，能唤醒他们内心的自我认同感。治疗师在教导式谈话中，重在促进来访者的整体理解，而切忌要求来访者对每一细节的准确领会。人无法做到完全理解他人。治疗师也要注意修饰权威性语调，避免过于绝对，尽量使用"很可能是"或"暂时可以这样理解"等折衷的句式。

上述干预方法最初用于具有原始性先占观念伴退行性恐惧的儿童（B. Bornstein，1949），并曾被称为"积极性重构"（reconstruction upward；Greenson，1967；R. M. Loewenstein，1951）、"积极性解释"（interpreting upward；Horner，1990）或简称"教诲"（interpreting up）。从这些名称便可看出，

对精神病性来访者的解释和对神经症性来访者是截然不同的，对于后者我们往往采用"由浅入深"的诱导性干预（Fenichel，1941），优先处理靠近意识层面的防御方式。而在教诲过程中，我们通常单刀直入，直击问题要害。并解释来访者的想法是由当下的刺激所触发的儿童期的创伤体验。奇怪的是，这种针对重性患者的动力学技术却极少见诸各类文献。

"导火索"的识别

支持性心理治疗的第三条原则是，对来访者的感受和压力的重视要甚于对患者的防御的关注。例如，我们在治疗重性精神病患者时，常常需要关注他们的恶劣心境和忍受他们的长篇抱怨。受到精神病性来访者的敌意攻击时，也需克制住自己想解释他们防御行为的冲动和想纠正他们扭曲现实的愿望。因为这样做恰恰会令来访者更加担忧治疗师欲加害于己。但对精神病性患者的行为紊乱袖手旁观也非良策。因此我们应该：

首先，不应急于打断来访者，而是静心等待，耐心倾听。来访者毫无保留地分享他的感受，至少说明了对治疗师的信任。其次，可以对来访者做出评价，诸如"你今天似乎心情特别差"，但注意不要暗示这种情绪与病情有关。最后，应试着帮助来访者弄清楚是什么原因促发了他情绪爆发。通常这些促发因素与情绪爆发似乎并不相关。比如某个分离情境（如孩子将要上幼儿园，兄弟将举办婚礼，或治疗师将要去休假）。此时我们便可以顺势向来访者强调分离事件如何激起了情绪的波动。

在这一过程中，治疗师的思维有时也应超越常规，甚至应该以夷制夷。像 Robert Linder 的娱乐小说《喷气沙发》（*The Jet-Propelled Couch*）中所描述的夸张情景那样，积极接受来访者的思维套路，还治其人之身。只有这样，患者才会感到被充分地理解，才愿意接受随之而来的反思（参阅 Federn，1952）。"现代精神分析"学派（Spotnitz，1985）将这一做法发挥到极致。这种做法早期被称作"范式精神分析"（paradigmatic psychoanalysis；Coleman 和 Nelson，1957），与后来系统家庭治疗师们所推崇的"悖论法"（paradoxical intervention）具有异曲同工之妙。治疗性迎合来访者并非矫揉造作，在精神病性患者的荒诞想法中也会存在一定的合理之处。

例如：一个女患者旋风般冲进治疗师的办公室，指责治疗师参与谋害她的阴谋。此时治疗师并不急于否认，也没有指出来访者实际上投射了自己的杀戮冲动，而只是答道："我很抱歉！假使我真的卷入这样一个阴谋，也是毫不知情的。发生什么事了？"另一例子，一位男患者在勉强承认自己应为中东地区大屠杀负责后，陷入悲痛的沉默之中。治疗师这样回应他，"这样的愧疚一定让你不堪重负吧，什么原因你要为此负责呢？"再或，一位患者称治疗师的同事——一位病房护士想要毒害他。治疗师会问，"那太可怕了。为什么你会觉得她恨到要杀你的地步呢？"

需要注意的是，治疗师在上述案例中并未赞同来访者对事件的理解，也没有挫伤来访者解释事由的自信感。最重要的是，治疗师会引出与治疗有关的话题。来访者通常在发泄之后，会逐渐恢复理性。治疗师有时通过温和地询问他们是否对事由还有其他解释，也能达到同样的效果，但前提是必须让来访者充分表达。这样在访谈结束前，来访者通常会恢复平静。

可以看出：精神分析治疗中，对待精神病性来访者和神经症性来访者存在巨大的差异。对于治疗精神病性来访者的治疗师来说，治疗所需的勇气和个性特点必须与之相适应，否则，不适合这一领域的工作。治疗师接受培训时应做出选择，哪类人群是自己乐意并擅长治疗的，以及哪样的来访者应转介治疗。

与健康的来访者相比，对精神病或精神病倾向的来访者的治疗目标和治疗满意度应有不同的标准。尽管医疗费用的削减使这样的治疗难以维续（在我看来这就如同癌症患者只能服用阿司匹林），但不可否认，心理治疗对精神病患者卓有成效（Gottdiener，2002，2006；Gottdeiner 和 Haslam，2002；Silver，2003）。（参阅，如 *A Recovering Patient*，1986；Saks，2008）。在上个世纪90年代中期，认知行为治疗师们（如，Hagarty，1995）创建了对精神病患者的教育、支持和技能训练的综合疗法，这种疗法在操作上与精神分析的支持性疗法极为相似。心理治疗可以挽救重性精神病患者，尽管无须像治疗神经症群体时那么需要更为专业的知识，但这是一种智力和情感的双重投入，也可激发治疗师的创造欲望。同时这种投入也挑战治疗师的能力极限，使人精疲力竭，甚至产生职业倦怠。

作为结尾，向治疗精神病群体的工作者们推荐 Ann-Louise Silver (2003, p.331) 的工作规则：

1. 即便无法帮助，也不能加害于来访者；
2. 肢体动作仅用于防止来访者自伤或他伤，不能用于惩罚，或"负强化"。
3. 决不能羞辱来访者。
4. 尽可能全面地收集个案史，不要妄下定论。
5. 与来访者保持工作和社会关系。
6. 最重要的是，竭尽努力视来访者为独立个体。

对边缘患者的治疗

"边缘"一词在用于形容人格结构水平时，内涵极其丰富。例如伴边缘特性的抑郁性神经症人群与自恋、癔症或偏执的边缘型人格障碍是大不相同的；同时在边缘型人格结构的谱系中，各种状况的严重程度可以差异悬殊——从神经症性一端延续至精神病性的另一端（Grinker 等，1968），有时患者可能从两极的任一端开始表现出症状。来访者越接近神经症性，对"揭露式"治疗的反响也越好，而越接近精神病性的来访者将更适宜使用支持性疗法。同时，每个来访者都具有多种可能。例如：神经症性来访者可能多少带有边缘型人格倾向，反之亦然。但总体而言，边缘型人格的来访者更适合高度结构化的治疗。下面我将提到认知、行为及动力学疗法，三者在临床实践中具有显著的共通之处。

针对边缘型来访者的治疗目标是：发展兼具整合、可靠、复杂和正性评价的自我感受。在这一过程中，来访者逐渐培养出友爱、接纳他人的能力（不因他人的缺点和矛盾而改变）和忍耐、调节情绪的能力。因此对他们而言，尽管困难重重（尤其是治疗开始时），但将适应不良的应对方式逐步转变为以体验、情感和价值观为基础的交往模式，是完全有可能的。

许多治疗师对边缘型人格的组成结构持不同意见，这使他们的治疗重点也略显不同。起初，它被广泛地视作一种发育受挫（如，Adler 和 Buie，1979；Balint，1968；Blanck 和 Blanck，1986；Giovacchini 和 Boyer，1982；Masterson，1976；Meissner，1988；Pine，1985；Searles，1986；Stolorow，Brandchaft，及 Atwood，1987），其表现与先天气质有关（Gabbard，1991；Kernberg，1975；M. H. Stone，1981）。最近，它又被认为是创伤所导致（如，Briere，1992；C. A. Ross，2000），尤其是依恋创伤（Blatt 和 Levy，2003）。这些观点并不冲突，毕竟"边缘型人格"本身就是一个复杂的概念，可能由多种因素决定。

尽管在多数针对边缘型患者的心理治疗的实验研究中，对患者的界定是按照 DSM 中边缘型人格障碍（BPD）的诊断标准来进行的，但实验结果仍令人鼓舞，为治疗提供了经验支持。Linehan 的辩证行为治疗（如，1993）堪称此类治疗方法中的翘楚。当然，还有许多其他方法严谨的研究（如，Bateman 和 Fonagy，2004；Levy 等.，2006），比如 Fonagy 的心智化疗法（mentalization-based therapy，MBT），和 Kernberg 的移情焦点心理治疗（transference-focused psychotherapy，TFP），后者其实已在本书第一版中的"表达性疗法"栏下集结成册。近期，Young 的图式焦点疗法（schema-focused therapy，SFT）已得到实验研究的检验（Van Asselt 等，2008）。这些多样的疗法，都源于人们对边缘型人格的病因学和治疗方法上的不同观点。文献中也不乏针对边缘型人格的疗法上的争论，限于篇幅，我们在此不一一列举。如果暂不考虑理论取向和病因假设的差异，仅就治疗实践达成治疗原则的统一，我将择取部分治疗原则作简要介绍（参阅 Paris，2008）。

维护边界，忍耐情绪

尽管边缘型来访者在信任他人方面要优于精神病性患者，较少需要治疗师反复促使他们确信治疗环境的安全，但他们仍可能需要很长时间才能与治疗师建立治疗联盟，而这一过程对于神经症来访者也许只需极短的时间便可完成。从专业角度看，边缘型来访者缺乏整合的观察自我，看待事物总是与治疗师的观点有些出入，他们的自我状态容易变幻，混乱莫测，缺乏统一和综合的能力。精神病来访者倾向于将自我与治疗师的自我融合，神经症来访者的自我则与治疗师界限分明，而边缘型来访者的自我飘忽不定——在共生性依恋与敌对性孤立之间左右摇摆，他们摇摆在两种状态中忐忑不安：前者预示将成为他人的附庸，后者则意味着被遗弃。

鉴于边缘型来访者的自我状态的不稳定性，治疗时应特别注意营造恒定的治疗环境——Langs（1973）称之为治疗框架。它不仅包括时间和收费的固定安排，更重要的是咨访边界的清晰界定。所有针对边缘型人格障碍的主流治疗都有严格的设置（契约、合同、守则及自杀/自伤告知义务等）；在治疗神经症性或精神病性来访者时，这些设置会相对灵活。

边缘型来访者一般会试探："我能拨打你的家庭电话吗？""要是我想自杀怎么办？""你会违反保密协议吗？""我什么时候取消治疗可以不用付费？""我能在你的候诊室睡一会儿吗？""你会写信给我的导师告诉他我压力过大，不适合参加考试吗？"有时，来访者只是提问，而有时则木已成舟（如，来访者真的在候诊室睡着了）。与边缘型来访者确立边界是一场"战争"。治疗师需要知道：设置的内容并不重要（可根据来访者的情况、治疗师的偏好及情境需要而制订），重要的是设置的意义——没有规矩，不成方圆。一旦违规，必定承担责任。对于分离-个体化出现问题的边缘型来访者来说，纵容比惩戒危害更大。从小娇养溺爱的儿童尤其如此。缺乏边界，他们便得寸进尺，直至身败名裂。

边缘型来访者常常对边界的设定愤愤不平，但至少他们能从中获得两个有利于治疗的信息：（1）他们被视作为成年人，相信他们有承受挫折的能力；（2）治疗师拒绝不合理要求，为维护自尊树立了榜样。边缘型来访者的成长经历显示：他们常常被迫接受矛盾的信息，即表现非分时反被纵容，而表现成熟时反遭忽略，人们可以对他们随心所欲，他们也可以对人肆意妄为。

执业之初，我曾震惊于边缘型来访者所遭受的无数剥夺和伤害，因此认为他们一定会更加渴求与索要，而不是表达攻击和愤怒。于是我那时常打破设置的界限，希望挽救他们于危难之中。但事实很快告诉我：给得越多，他们退行越甚，这一结果使我充满怨气。后来，我学会了坚持设置，有时甚至显得有些严酷。比如，来访者正深陷悲痛，我也按时结束访谈。我会温柔但坚定地告诉他们时间已到，然后在下次治疗时与其讨论被逐出门的愤怒。我发现，与其让他们感激我的慷慨，不如让他们抱怨我的不近人情，因为过度满足可能使人退行。

治疗师初涉边缘型个案时，常常一筹莫展。不知治疗前的那些假设何时才能见效，怎样才能建立好治疗联盟，治疗何时起效。对于新手治疗师而言，所有这些有关治疗的想法本身就是治疗。初学者总是想要知道边缘型来访者何时"开始好转"，其实，来访者病情的跌宕起伏会贯穿治疗始终。所以治疗师对这种变幻莫测能否容忍变得至关重要，即便在治疗并不顺利的情况下也应如此（Bion，1962；Charles，2004）。一旦治疗联盟开始建立，来访者才是在真正意义上迈出一大步。来访者通常会夸夸其谈、巧言善辩，治疗师会禁不住被那些话题吸引，而治疗师应牢记边界的重要性，坚持设置，哪怕可能时常激起来访者的愤怒反应。也许因为初涉治疗领域，没有预料到界限问题的琐碎，所以首次接触边缘型来访者的治疗师，甚至可能会开始质疑自己的专业能力。

有时，边缘型来访者看似精神分析理论的忠实粉丝，主动要求"深度治疗"，在面询过程中，他们不会像精神病性群体那样深陷强烈的移情之中，但如果治疗师脱离他们的视线，仍将引发一定的焦虑。面询中让他们有机会揣摩治疗师的非语言交流，对这类来访者的疗愈也极有好处。Krause及其同道（如，Anstadt, Merten, Ullrich和Krause, 1997）发现与先前治疗无效的来访者进行访谈时的录像显示，无论治疗师的理论取向属何派别，来访者捕捉治疗师面部表情"不对称"的能力，与治疗效果呈正相关（比如，当来访者面带愧疚时，治疗师或许会为来访者曾遭受羞辱而表露出愤怒；在来访者面露惧色时，治疗师或许会流露出好奇的神情）。此外，再次强调：边缘型来访者的状况的变幻无常会贯穿始终，无须操之过急。因此，只有在特定情况下（如，治疗物质滥用而产生戒断反应的边缘型来访者），才需按经典精神分析疗程，每周安排三次以上的治疗。

语言的差异

治疗师在面对边缘型来访者时，还需注意说话的方式。针对神经症来访者，我们应尽量言简意赅，力求掷地有声（"言多必失"）。若来访者自我功能较为良好，我们常常直言不讳地指出他们言行背后隐藏的冲突（Colby, 1951；Fenichel, 1941；Hammer, 1968）。例如，一位神经症性来访者可能会滔滔不绝地谈论她的竞争对象，言辞间并无丝毫负面情绪。此时，治疗师可以提示"但你却想杀了她"。又或者一位来访者一直在标榜自己多么独立，不拘小节，治疗师可以反馈，"但你却总想知道我对你的评价"。

在上述案例中，两位神经症性来访者都会意识到，治疗师正审视着他们的主观感受，逐渐抽丝剥茧，展露潜意识内容。他们能够明白治疗师并无恶意，治疗师也不会把他们的表现推断为他们的真实感受，或者怀疑他们是否存心撒谎。他们可能会因为治疗师的解释而扩充自己的认知和感受。这样，即便有些难堪，来访者依然会感受到自己被理解。但如果治疗师以同样地方式应对边缘型来访者，会使后者觉得自己受到指责和贬低。措辞的不够谨慎，会让这样的来访者觉得自己一无是处，这种反应源于他们缺乏承受困惑和矛盾的心理能力，缺乏自我整合功能。

基于上述原因，初出茅庐的治疗师常常对边缘型来访者不知所措。自已的行为常被来访者曲解。其实，我们应认识到边缘型来访者缺乏反思能力，很难将治疗师的解释作为自身以外的信息进行加工，因此治疗师必须在解释前做好充分铺垫，提高来访者的反思能力。这样将使来访者更好地感同身受，比如"我能理解 Marry 对你来说有多重要，但是不是你的另一部分会这样想——当然你并不会真的去做——有时候你会想要除掉她，毕竟她是你的竞争对手"或"你确实挺独立，但有趣的是，你身上还存在另一种完全相反的特点，比如特别在意我对你的看法"。这种言语的干预显得有些累赘，不那么直击要害，但这样更容易让缺乏反思能力的边缘型来访者所接受。

解释原始性防御机制

精神分析法治疗边缘型来访者的第三个注意点，是解释他们在人际关系中惯用的原始性防御机制。这一点与自我心理学派人士治疗神经症性来访者所使用的方法原则相同：治疗师对移情中出现的防御过程进行分析。但边缘型来访者使用的防御方式通常比较原始，且随自我状态的变化而变幻，因此，需要着重强调分析这类防御机制时的特殊方法。

如果根据精神分析理论，去解释边缘型来访者目前的情感和行为起源于他们童年早期与重要人物的交往体验，这种"遗传性"（历史性）解释通常对他们收效甚微。而对神经症性来访者解释："也许你对我如此愤怒是因为你觉得我像你的妈妈"，便可使治疗得到极大进展。因为来访者能够区分治疗师和母亲之间的异同，一般会理解治疗师的假设，甚至饶有兴致地产生类似联想。可是，边缘型来访者对上述解释的反应可能是"那又怎么样？"（意即"你确实很像我妈，所以我为啥不能这么做？"），或"然后怎么样呢？"（意即"你的这些空话对我有啥帮助？"），再或"没错！"（意即"你终于找到门道了！问题就出在我妈那儿，你看怎么改造她？"）。这些回应会让新手治疗师感到困惑无措，尤其当治疗师以往惯用经典理论解释现象时屡试不爽，会更加无计可施。

我们应聚焦边缘型来访者此时此刻的情感状态。例如，当咨访关系中弥漫着愤怒气息时，边缘型来访者也许不会像神经症性来访者那样把母亲移情直接投射到治疗师身上；而更可能产生投射性认同。他们试图将不能接受的"坏我"自我部分（Sullivan, 1953）转嫁到治疗师身上，然后针对治疗师的那部分坏我进行攻击。同时，由于内部自我和情感并未转嫁"干净"，投射之后仍然残留对自己坏我的愤怒。边缘型来访者为此付出了惨痛的代价，也让治疗过程充满艰辛。

边缘型来访者与精神病性或神经症性来访者的关键区别在于：精神病性来访者与现实完全脱节，根本不在乎投射是否合情合理；神经症性来访者的观察自我能够觉察自己的投射；而边缘型来访者则很容易陷入被投射的境地。他们无法真正区分现实和他人对自己评价，他们比精神病性来访者具有较多的现实检验能力；但他们仍不足以厘清两者的关系，因为他们的自我状态不像神经症性来访者那样稳定，无法启用压抑这一自我防御机制。所以边缘型来访者倾向于将他人的投射照单全收，并且对号入座，以减轻内心的认知失调。因此，来访者常常坚称自己的愤怒来源于治疗师的敌意，治疗师只得被动接受来访者的这种愤怒（或其他强烈的情感），并由于被误解而怨气冲天，甚至会真的产生敌意。上述交互作用使我们看到，尽管边缘型来访者并非总是令人生厌，但他们在精神卫生业内确实名声不佳。

治疗师遭遇这种艰难处境，或许可以这样来化解尴尬："看起来你似乎确信自己是坏人，而且非常恼火。但你会觉得我是那个坏人，是我的愤怒传染给了你。其实，你想，你我都有优缺点，应该不至于如此耿耿于怀。"这是以此时此刻面质原始性防御的一个实例，也表示出治疗师愿意提供帮助的努力。如果我们这样持之以恒地对来访者进行干预，就能帮助他们从非黑即白、全或无的心理状态，转变为辩证地看待自己，与自己的各种情感和谐共存。治疗边缘型患者实属不易，经验的积累将有利于治疗效果的增强。

向来访者请教

据我了解，治疗边缘型来访者需要注意的第四个方面，是有时可以请他们帮助治疗师走出两难困境。之所以需要向边缘型来访者请教，是因为他们经常全或无地看待事物。他们常常令治疗师面对某个情境时，必须在两种相互排斥的情况中做出选择，且出于不同的原因，两种选择都不正确。这对治疗师是种考验（Weiss, 1993），无论治疗师做出哪一种选择，都将违背来访者内心非黑即白的某个端点，因此总归是错误的。

　　例如，我曾有位22岁的男性来访者，他的父亲嗜酒如命，似乎从不关心他的存在，母亲则控制欲强，成天焦躁不安，喋喋不休，对儿子的干涉细致到安排他的日常穿着。（我曾见过他的父母，因此得以深入了解家庭环境对他这样一位边缘型患者的真实影响。）随着治疗的发展，他在治疗室里变得越来越沉默，起初似乎只是需要时间来整理一下思绪，但当每次沉默的时间增至15~20分钟时，我开始意识到哪里出了问题，再不及时处理，便是我的失职。

　　如果这是一位神经症性来访者，我会引导他不断说出自己脑中的想法，并与他一起探索导致他沉默的原因；换句话说，我会尽快对阻抗进行分析。但这位年青人的防御似乎更加原始，包括湮没恐惧和遗弃恐惧，而我们的治疗联盟还不够稳固，我无法直接与他探讨沉默的原因。假使此时我也一言不发，就会像他父亲那样，加重对他的伤害；但如果我开口说话，他可能又会觉得是来自母亲的掌控。我的两难窘境可能正映照出他平时的感受，即无论是否开口说话，都会受到责罚。

　　正在权衡哪种伤害更小，我忽然意识到应该请他帮忙解决这个难题。这样无论结果如何，至少是他的自主选择。于是我询问他，沉默的时候他会期望我怎样回应，他说希望我用提问将他拉回。我告诉他我很乐于这么做，但请他理解，我很可能会顺着自己的思路去揣摩他的想法，我并不知道他头脑中的真实想法。（我们曾讨论过他的梦境和幻想，那时他认为别人可以阅读他的思想，就像他小时候认为妈妈能做到这一点。因此我在这里希望能向他传递一种与他想象的相反但更加现实的信息。）

　　他变得高兴起来，并因此萌生了一个想法，让我耐心地等待直到他准备好开口。接下来的连续三次治疗，他都开心地走进咨询室，热情地和我打招呼，然后坐下，45分钟什么也不说，并在我宣布时间已到后，礼貌地告别离开。有趣的是，以前他的沉默一直让我窘迫不已，自从向他请教后，我内心平静了许多。几年之后，他终于告诉我，正因为当年我尊重了他的决定，才使他开始真正意识到在权威人士面前，自己是一个独立的个体。因此，向来访者请教有利于治疗师缓解不安的情绪，更重要的是，治疗师面对接纳不确定的事做出了示范榜样，也肯定了来访者的尊严和自主性，且提醒了双方工作的平等协作本质。

应用这种方法需要注意的是，我们讨论的并不是推断来访者的动机，而是治疗师对自己的动机的思考。此时，表述自己的动机犹如与朋友或恋人交心。向来访者表述"作为你的治疗师，我想尽我所能去帮助你，但现在治疗好像进入了瓶颈期，我担心向左走会毫无进展，又害怕向右走会令你失望"是解释自己的动机。而对来访者抱怨"你让我无路可走"或"你这个样子，我做什么都是错的"，只会于事无补。

促进个体独立和遏制退行

边缘型人群需要共情，但他们的情绪起伏不定，自我状态变化莫测，因此治疗师很难把握共情表达的时机和程度。治疗师在他们抑郁或恐惧的时候常常能唤起自己的爱的反移情，又在他们敌对的时候激起恨的反移情，因此治疗师时常会发现自己正无意识地纵容他们的退行，并阻碍了他们个体化发展的进程。治疗师在接受培训时曾被告知，对神经症性来访者应适度容许退行，这种习惯会不知不觉带入对边缘型来访者的治疗，并滋生了边缘型来访者的一些不良行为。觉察到这种心理互动效应，有助于治疗师克服自然而然的反应方式；即选择性地忽视来访者的主观无助感，转而关注他们那些决断性行为——即便这种决断性行为表现为愤怒和反抗。

我在第三章曾经提过，Masterson（1976）注意到，如果在儿童早年，边缘型来访者的母亲曾对他们缠人的行为表示赞赏，那么他们将来成人后，对退行且依赖的人际关系会感到安全。一旦独处，他们便会被痛苦和绝望所包围，Masterson 称之为"遗弃性抑郁"。这一结果与依恋关系的临床研究不谋而合（M. Main, 1995），后者认为，某些不安全型依恋类型与母亲早期焦虑的、阻止儿童自主性的教养方式有关。由于分离最终在所难免，Masterson 建议治疗师在面对边缘型来访者时，应不同于早年母亲的形象来对待他们。换句话说，应积极地与他们的退行和自毁行为进行对抗（如，"你为什么要在酒吧勾搭男人呢？"），并对他们的独立和励志举动给予共情式地认可（如，"很高兴你因为生我的气而责备我"）。他还告诫我们应遏制来访者缠人的行为，因为这对他们的自尊并无半点好处，还应尽量对他们的进步和适应能力给予关注，即便这种进步和适应有时可能矫枉过正，来访者变得过度的自负。但只要来访者对治疗有所回应，这些进步和适应能逐渐整合，形成个体康复的独特风格。

沉默时的干预

在治疗神经症性来访者的分离-个体化问题时，Pine（1985）提出了一条重要的格言："趁热打铁"。向神经症性来访者解释的最佳时机是在他们情绪唤起的时候。因为此时治疗师可以观察到较少修饰的情感内容，所以处理情感内容时将更加准确无误。但边缘型来访者则恰好相反，他们在情绪激昂时充耳不闻。因此治疗师只能静观其变，待雨过天晴后，才能对他们刚才激烈的情绪展开讨论，探索愤怒、惊恐、绝望的退行后面究竟隐藏着什么。

治疗师可以对边缘型来访者说："我在想，现在你说自己正嫉妒得发狂，还想要为此去攻击别人……是不是和上周你对我发火时的感觉很相似？那时候似乎无论我给你什么，你都会立刻摧毁它。"在心平气和的状态下，边缘型来访者或许会愿意——甚至欣然地——接受治疗师的动力学说法，并努力理解。但在强烈的情感驱使下，他们只会把这样的解释当作是对他们的谴责，并认为这是治疗师对他们的轻视。指责一位在嫉妒的苦海中沉浮的来访者欲加害于治疗师，无疑会增加他无助的愤怒感和羞耻感。因此等待

他们的情绪云开日出,实为上策。

关注反移情信息

最后,在边缘型来访者的心理治疗中还需要注意,治疗师对反移情的解读扮演着重要的角色。边缘型来访者往往比神经症来访者使用更多非语言交流来传递信息,这一特征或许源自婴儿期亲子间"右脑对右脑"的交流(Schore,2003a)。因此我认为,即使他们在治疗中交谈自如,最关键的信息很可能在言语之外,隐藏于他们情感状态的"言下之意"中。治疗师与边缘型来访者交往时,关注自身的情感状态、直觉和意象,也许比关注自己的内省和理论技术,更能体现二者间互动的实质。

若治疗师突然意识到自己感到无聊、愤怒或恐慌,或燃起性的幻想,或想竭力拯救来访者,那么,可能预示着来访者的心理状态正潜移默化地影响着你。例如,一个偏执型男性患者在面对一位年轻女性治疗师时,表现得自以为是,专横跋扈。治疗师感觉到自己显得软弱、渺小,担心来访者的指责,甚至为担心被攻击而无法集中注意。此时她应该意识到,这些感受可能恰是患者将难以接受的自我部分用分裂防御机制,以躯体感受的形式投射到她身上。如果这种意识在某些情境中得到验证,那么她此时应该说"我知道你感到愤怒,浑身紧张,但我想可能你的另一部分却感到脆弱、焦虑,害怕受到攻击。"这样,将使治疗双方获益匪浅。

治疗师如何有效利用自己的反移情在实际应用中比较复杂,因为治疗师的许多思维和情感并非都源于访谈时边缘型来访者的"投入"。有时,我们会以投射性认同来理解来访者;治疗师的这种理解后的反应,也会影响来访者,最终使双方共同构建了互动的氛围。而有时,治疗师却甚至与边缘型来访者就某种结果究竟应该"怪罪"谁而发生激烈的争论,出现这种局面总归是治疗师反应过度。数十年的临床研究告诉我们,反移情和移情都是内部主观感受和外部客观刺激的混合物,时而内部感受占优,时而外部刺激居多(Gill,1983;Jacobs,1991;Roland,1981;Sandier,1976;Tansey & Burke,

1989)。因此，作为治疗师应时时察觉自己的内在心理驱力，觉察自己内在动力驱使下的言行，以及识别来访者激起了我们何种内在冲动。同样，若确信无疑的假设和推论遭到来访者的强烈攻击，也应邀请他们一同参与讨论。

有时治疗师会走极端，认为反移情是"自身的欠缺"，这种看法也对治疗不利。一些精神分析督导师会过度要求学生反思自身的心理驱力，结果会导致学生在治疗中为了探索自我而心神难定，而对于通过觉察自身反应来认识来访者反而心有余而力不足。关注自我本末倒置地取代了现实的咨访互动，一些有才华有激情的治疗师渐渐无法相信自己的本能直觉，担心会不自觉地产生出格的举动。比如在上述案例中，治疗师通过内省，了解到自己面对一位愤怒的男性时感受到的渺小和恐惧，是因为患者唤起了对自己的严父的内心记忆，这样的内省对治疗帮助甚少，有可能有助于治疗师进行防御而减轻被蔑视感，但并不能引导治疗师更好地帮助来访者。更糟糕的是，如果我们把自己的感受（感到渺小和恐惧）误认定为是来访者的想法（投射性认同），那么就可能弄巧成拙。当然，如果我们通过来访者来验证假设，那么来访者将非常乐意指出我们的失误。

每位治疗师对边缘型来访者的治疗风格各有侧重。我的风格与我的性格相统一，倾向于从情感上更加"真实"地对待边缘型来访者。我认为，若对他们保持"中立"，尤其当他们有自伤害行为时，听起来既冷酷又虚伪。例如，一名已治疗数周的年轻女性，自残行为已明显减少。一天她走进治疗室，腼腆地笑道，"唉，我知道咱们一直对这事努力工作，但我还是割伤了自己。"或是"我知道你劝我坚持使用安全套，但这周我跟一个酒吧遇到的男人还是没有采取安全措施，他看起来人不错，应该不会有艾滋病吧。你会生我的气吗？"遇到这种时候，治疗师通常会怒不可遏。

以我的经验，如果这时候假装平心静气地说，"请说说看，你猜我的反应会是怎样的，"一定不会有利于治疗。因为这不是一位为了赢得认可而付诸行动的神经症性来访者。相反，治疗师最好这么说："其实你知道我的工作就是让你减少伤害自己，所以听你这么说，我确实很生气。我现在对你发火，你是什么感受？"正如 Karen Maroda 在1999年强调的那样，治疗师若能适当地表达真实情感，常常会有利于来访者感到被理解，尤其是边缘型来访者，因为他们深知自己的问题积重难返。

曾有一本描写诊断的著作，试图剖析个体所有关系中那些维持不变的独特因素，我认为这一观点非常有价值，因此不免与某些关系理论意见相左（参阅 Chodorow，2010）。但在治疗中，我们更需要牢记 Heisenberg 的心理对等原则：即当我们开始观察时，自己也就是被观察的一部分。一旦开始治疗，我们就是和一个和你共处一室的来访者产生了关系。情感思维、右脑与右脑的沟通、主体间互动等知识都在提示我们，任何对独立个体的"客观"观察，其实都与我们的主观想象有关（Wachtel，2010）。所有人际关系都出自双方互动的结果，这意味着我们必须为治疗室中发生的事情承担自己部分的责任。治疗师主动承担责任将使来访者担心遭受不公的情绪得以缓解。就这一点上达成共识对消除边缘型来访者的疑虑尤为重要。

以上内容是有关发育水平对治疗的影响的简述。只是浮光掠影，若要作为这一内容的专著，那么本章的每一小节都应独立成章，自成体系。作为上述内容的补充，接下来我将介绍人格发育阶段和人格类型之间的相互作用和复杂关联。

性格的成熟度和类型的相互作用

表4.1形象地展示了分析取向治疗师认识来访者人格结构的思维方式。尽管发育维度被分成三个主要的水平类型，但它通常应是一个连续的谱系状态，由量变到质变。个体的成熟状态是不断改变的，在遭受重大刺激时，即便是健康的个体，也会出现短暂的精神病性反应；而最严重的精神分裂症患者，也会有神智清明的时光。我们应该对发育成熟这一连续过程中的各种人格类型有所了解。这部分内容将在本书后面的章节得到系统的阐述，

类别维度

发育维度	精神变态	自恋	精神分裂	偏执	抑郁	自虐	强迫	癔症	其他
神经症-健康水平 认同整合和客体稳定性 弗洛伊德的恋母情结 埃里克森的主动与内疚									
边缘水平 分离—个体化阶段 弗洛伊德的肛欲期 埃里克森的自主对羞怯									
精神病水平 共生阶段 弗洛伊德的口欲期 埃里克森的信任对怀疑									

表 4.1　人格的发育维度和类别维度

由于人格结构类型反映出个体惯用的防御方式或防御方式的组合，因此我将在第五、六两章详细介绍防御机制的概念。

上述纵坐标中，包含了从神经症至精神病之间的一系列人格的病理性改变。但个体倾向于某一发育水平，并不表示这一个体具有这一水平的全部类别维度，这些分类仅能说明：a. 偏爱使用原始性防御的个体更有可能"靠向"精神病一端，例如，具有妄想色彩的人，习惯使用"否认"和"投射"，将落在轴上发育成熟度偏低的位置；b. 偏向使用成熟防御的人将落在轴的神经症一端，例如，偏重强迫思维的个体会落在神经症末端的强迫维度上，而非精神病区域。若适应不良十分明显，已不仅仅只是性格偏差，而达到DSM诊断的人格障碍标准，那么多半归于边缘水平范围。

人类的性格具有多样性，即使个体具有良好的自我和认同整合，仍有可能运用原始性防御来抵抗焦虑。如：典型的偏执型患者具有明显的偏执性人格，同时具有很强的自我力量，明确的自我独立感和稳定的认同感，能与人保持长久的关系。他们常常选择侦探或秘密工作为职业，这有利于他们充分发挥偏执的特长。日常功能更为良好的偏执性人群一般不会主动寻求心理的帮助（这也与其偏执特性颇有关联），但并不意味着他们不需要。人们寻求心理治疗的概率及需要精神卫生服务的统计数字与个体的人格类型并不直接相关，因为寻求帮助所反映出的是个体的基本信任和希望品质的特征，以及追求精神领悟的动机。

同样，有理由相信：平常主要应用理智化等"成熟"防御机制的人们，有时也会出现现实检验能力低下，分离独立不足，认同整合欠缺，以及客体关系不良。因此，也常常看到相对健康的强迫思维个体比精神病性个体更多地前来就医，住院部医务人员也遇到过这些患者出现短暂的精神病性症状。

因此，从临床角度掌握来访者整体发育水平的状况，不应简单地将来访者划归为某种类型的异常。心理健康的特征之一是灵活性地应用防御机制，因此相对健康的个体常常呈现出多种人格类型的特征。人格类型的评定与发育水平的评估不可偏颇，我将在第七至十五章进一步阐明二者对鉴别诊断的意义。

小　结

本章主要探讨来访者的神经症性、精神病性或边缘型性格对心理治疗产生的影响。神经症性来访者无论对于精神分析治疗还是其他心理治疗，都是最佳人选；他们有足够的自我强度，能够适应治疗中的多种干预方法。

共生期－精神病性来访者通常需要支持性治疗，治疗应更加强调安全、尊重、真诚、教导及关注他们特定的外部刺激因素。

边缘型来访者将会从清晰治疗边界、指明自我状态的两极分化及解释原始性防御的治疗模式中获益良多，应鼓励他们参与治疗问题的解决。应有效地抑制来访者退行并促进其个体化进程。治疗师应通过促进双方理解来建立治疗联盟，并重视自身反移情中的宝贵信息。

最后，以纵横坐标来图示性格结构，形象地说明了人格在发育和类别两个维度上的相互关联。

进一步阅读的建议

经典精神分析针对神经症性人群的权威著作仍属 Greenson 的《精神分析技术与实践》(*The Technique and Practice of Psychoanalysis*, 1967)。Schafer 的《分析的态度》(*The Analytic Attitude*, 1983)这两本著作中的大量内容是许多书籍未曾叙述到的。若要寻找根据来访者性格类型进行一般心理治疗的文章，我推荐 Fromm-Reichmann（1950），Hedges（1992），Pine（1985），Charles（2004），和我自己的作品（McWilliams, 2004）。从客体关系理论出发，根据发育水平进行心理治疗的最佳读本，要数 Horner 的《精神分析客体关系治疗》(*Psychoanalytic Object Relations Therapy*, 1991)。E. S. Wolf 的《自体的治疗》(*Treating the Self*, 1988)为我们钻研自体心理学提供了极佳的视角。关系取向的优秀教科书包括 Maroda 的《心理动力学技术》(*Psychodynamic Techniques*, 2010)和 Safran 以研究为基础的初级读本（已付诸印刷）。

据我所知，有关精神病性患者的心理治疗方面（这一领域的成果很难出彩），最优秀的作品包括 Arieti（1955），Searles（1965），Lidz（1973），Karon 和 VandenBos（1981），Selzer 及其同道（1989），以及 Geekie 和 Read（2009）等人的著作。Alanen 和同事（2009）共同撰写的教科书对精神分裂症的心理治疗进行了很好的概述。Rockland（1992）和 Pinsker（1997）终结了支持性心理治疗长期以来缺乏综合性著作的现状。若希望从患者视角看待精神分裂症案例，建议阅读经典故事《从未许诺给你一个玫瑰园》(*Never Promised You a Rose Garden*, 1964)，作者 Joanne Greenberg，笔名 Hannah Green，他在接受 Freida Fromm-Reichmann 的治疗后痊愈，至今依然健在。

目前，关于边缘型人格心理治疗的文献有些杂乱，因为边缘型人格的定义不明。Hartocollis(1977)的著作对我们了解这个概念的历史背景十分有益。至于经典精神分析治疗的技术研究，Masterson在1976年出版的著作，其行文优雅流畅。G. Adler（1985）的著作深受自体心理学影响，对团体治疗中如何理解团体成员并进行干预进行了深入探讨。

  Kernberg的研究小组（Clarkin等，2006）已经出版了一本综合性的移情焦点心理治疗手册，对原始性防御（尤其是分裂）进行了重点阐述。Bateman和Fonagy的《边缘型人格障碍的心智化治疗》(*Mentalization-Based Treatment for Borderline Personality Disorders*, 2004)同样对该领域长期以来的研究和实践进行了综合论述，主要强调认知与依恋的缺失。Linehan的认知行为研究（如，1993）则关注边缘体验的情感维度，读来朗朗上口，对临床各种派别的心理治疗师都将大有裨益。

第 五 章
初级防御过程

接下来的第五章和第六章我将主要介绍常用的防御方式。防御概念是精神分析人格诊断的核心要素，分析师在诊断人格类型时，即是指明了个体惯用的特定防御方式或特定的防御方式组合。因此，可以说人格诊断名称实际上是个体惯用防御方式的简称。

很多时候，"防御"一词的含义都比较消极。我们所说的成人防御最初是指个体在体验周围环境时整体的、自然的、适应性的方式。弗洛伊德是最早对这一过程进行观察和命名的人；他当初选择"防御"这一词汇至少反映了两个方面的偏好。首先，他喜欢用军事用语比喻心理层面，以迎合公众对精神分析理论的解释；又因为教学所需，他将心理机制类比作军事行动的运筹——在妥协和决胜之间灵活斡旋。

其次，他初涉防御（压抑、转换、分离）概念时，是从临床上的令人印象深刻、极富戏剧性的症状中，识别出的症状的防卫作用。他极富洞察力地发现，那些情绪异常、歇斯底里的患者，其实是试图以此避免再次体验难以忍受的痛苦。虽然防御性表达造成了患者的痛苦不堪，但对痛苦体验的防卫迫使他们乐此不疲。因此，治疗即是寻找最初导致不良防御的情景，使患者对这种情景的体验意识化，从而削弱这种体验的负性作用，改变防御，更好地适应环境。

因此，减弱或消除个体适应不良的防御，其道理不证自明。弗洛伊德的远见卓识使整个学术界为之雀跃。但流传于公众之中的观点则认为，防御即是天生的适应不良。指出某人"防御"无异于一种贬低。甚至一些分析师也以讹传讹，错误地使用这一术语。然而在学术讨论和理论假设时，防御表现从来都并不一定与精神病理现象并行不悖。实际上，某些特定的问题（如，精神失常或近似精神失常的"失代偿"）完全有可能是由于防御不足而造成的。

防御也有许多有益的功能，它作为健康的、创造性的适应方式，贯穿个体融入环境的整个人生，它保护个体远离威胁。我们能从以下两种情境中清晰地感受到防御的存在：(1)回避或掌控那些强烈且恐怖的情感，通常是焦虑，但有时也可能是极度悲痛、愧疚、嫉妒及其他错综复杂的情感体验；(2)维护自尊。自我心理学理论主要强调防御处理焦虑的功能；客体关系理论关注依恋和分离，但也重视压抑内心悲痛的防御作用；自体心理学则坚称防御有助于个体维护强大、稳定、正性的自体感受；关系取向的分析师也强调伴侣之间或团队成员之间共用的防御方式。

精神分析学家时常假设：个体都有自己偏爱的防御方式，依此形成稳定的、具有个人特色的应对方式。人们对特定的防御方式或防御方式组合形成自然的依赖，是由于以下四个因素及它们间的复杂交互作用所导致：(1)气质；(2)早年经历；(3)模仿或受教于父母及其他重要客体的防御方式；(4)使用特定防御后的获益（学习理论称之为强化）。根据动力学理论，个体潜意识水平上对防御方式的选择应用实际上是一种"越权使用"（overdetermined），即儿童期应对创伤情境的习得性防御一旦固定下来以后，就会对各种刺激产生类似的反应。从而提示我们，分析最主要的原则是解释防御的"多重作用"（multiple function, Waelder, 1960）。

如今，对防御的研究已数不胜数。Phoebe Cramer（2008）回顾了精神分析实验研究的观察结果得出下列结论：即防御(1)工作于意识之外；(2)其发展与儿童的自我成熟度的发育一致；(3) 正常人格中的组成成分；(4) 应激情境会增加防御的应用；(5) 有助于减少消极情绪；(6) 受非自主神经系统支配；以及(7) 过度使用可出现精神病理现象。精神分析学界几乎一致赞同：不同的防御方式出现在不同的发育阶段，成熟度也不一样（Cramer, 1991；Laughlin, 1970；Vaillant 等, 1986）。例如, Cramer (2006) 已经证实，否认这一防御方式出现得极早, 较为不成熟；投射则稍晚一些, 认同更晚（但我认为, 投射与认同的原始结构都属于初级防御过程）。总体而言, 被称作"原始性"、"不成熟"或"低层次"的防御主要是指自我与外界的边界较为模糊；而那些"次级"、"成熟"或"高层"的防御则是指个体内部的界限相对清晰，如自我与本我、超我与本我, 或观察自我与体验自我之间的界限相对清晰。

原始性防御以混沌的、边界不清的形式存在于个体的感觉、认知、情绪和行为之中，而成熟的防御则能够调节思维、情感、感觉、行为, 及互相间的特定转化。这种初、次级防御之间的概念区分似乎过于绝对。例如：自从 Kernberg（如, 1976）指出边缘性来访者惯用原始性投射和内摄（认同的初级形式）之后，许多治疗师开始追随他的脚步，认为退缩、否认、全能控制、原始性理想化和贬低化、投射性认同及分裂等防御都具备"原始性"防御的特性。1994年本书第一版时，我也建议将极端解离也纳入这一类别，但后来通过阅读 Vaillant（如, Vaillant 等, 1986）及其他相关研究，并听取同道们的意见，我决定增加躯体化、付诸行动和性欲化（sexualization）作为原始性防御的补充。这几种防御过程虽然具有成熟性的成分，但更多地表现出原始性防御的特性，例如原始性理想化和退缩特性。

原始性防御具有与个体前语言发育阶段有关的两点特征：缺乏现实检验能力（见第二章），缺乏对自身之外的事物的独立性和恒常性的鉴别。例如，否认被视作比压抑更加原始，因为但凡被压抑的事物，至少得先被个体意识到，然后才能被推入潜意识；而否认则是个即刻反应，缺乏思考过程。当自身之外的客观创伤突然降临时，自动把愿望认作事实——"这不可能"。而压抑则是"这是事实，但我得忘掉它，不然太痛苦"。

同样，人们运用"分裂"（splitting）的防御机制时，会将体验绝对地分为或好或坏两种，无法容忍困惑或矛盾。当儿童感到舒适满足时，会将母亲知觉为"好妈妈"；而感到挫折烦恼时，又会将母亲知觉为"坏妈妈"。这种思维方式常常形成于儿童发展出多维统一的客体之前，因此我们将这样的防御称之为原始性防御机制。在婴儿认知发育到一定程度才能整合两种情境中的母亲的形象，在这之前，好和坏的认知有可能是统一的，也有可能是分离的。相比之下，合理化防御就相对成熟，因为它需要成熟的言语和思维技能，即个体必须与现实更加协调，才能对自己的感受做出较为合理的解释。

部分防御机制有时会兼具原始或成熟的特性。例如，"理想化"可以使人虔诚地相信他人是完美的，也可以表现为一种隐忍而节制的态度，认为他人尽管有缺陷，但依然可爱且值得赞赏。"退缩"则既可指为符合心理需要而脱离现实，也能指应对巨大压力时的权宜之计。鉴于本章主要介绍原始性防御，我将涉及伴有成熟特性的原始防御机制时，用"极端"一词加以标明。

所谓原始性防御，即婴儿本能地感知世界的方式。其实无论有没有明显的病理特征，我们都会用这样的方式体验生活；我们会使用否认、分裂，也会力求全知全能。只有当我们缺乏更多成熟的心理技能，或只是僵化地依赖某种原始防御时，才会导致不良后果。即便成熟的防御有许多优点，但很多时候，我们仍然习惯于利用原始性防御来抵御痛苦，来躲避复杂而残酷的现实。原始性防御并非洪水猛兽，缺乏成熟的防御机制才是真正导致边缘型或精神病性特征的元凶。

原始性防御机制比成熟防御机制更难描述。它们更具前语言、前逻辑、繁杂性、意象化以及离奇性（原始加工思维的一部分）等特征，因此比较难以表达清楚。实际上，用文字来表达前语言表征，从某种程度上说，本身就是一种矛盾修饰。下面我将阐述通常意义上的原始性防御机制。

极 端 退 缩

婴儿遭受极度刺激或痛苦时，只需进入睡眠便可解脱。因此，退缩至另一种意识状态是可观察的、人类最基本的自我保护措施。成年人的退缩常见于社会或人际情境，用沉溺于内心的幻想来替代与他人交往时的压力；习惯性使用药物来改变意识状态同样可被视为一种退缩；有些专家（包括最新版DSM的编者们）认为"自闭幻想"也属于退缩，它从另一角度反映了人际接触的全面退化。

婴儿本性喜欢采用退缩来处理应激；据研究者观察，越是敏感的婴儿越容易产生退缩行为。此类素质的个体有丰富多彩的内心幻想，并认为外部环境艰难险阻，因而望而却步。养育者及其他早年重要客体的过度关注和情感侵入都将强化个体的退缩；反之，对儿童的要求置若罔闻，任其自流，也使他们只能依靠自己的内心想象去应对外部刺激，这种忽视和隔离也将加速退缩的形成。分裂型人格正是长期依赖退缩性防御而产生的恶果。

退缩的明显弊端在于，它阻止个体去积极寻求解决人际问题的方法。与这样的分裂型伴侣相处时，人们常常很难激起他们的情绪反应。我们常会听到这样的抱怨，"他只会不停地摆弄电视遥控器，毫不理会我"。尝试与长期退缩于内心世界的人进行情感交流是对伴侣的耐性的挑战。治疗过程中，这类受到严重情绪困扰的群体也很难与治疗师互动，面对治疗师的努力尝试，他们常常会将其拒之门外。

退缩的主要优势在于，能使个体在较少扭曲现实的情况下逃避心理压力。个体通过退缩来逃离现实，获得内心慰藉。因此，他们通常需要对现实危机异常灵敏，这经常会令那些认为退缩者迟钝且隔离的人刮目相看。尽管他们对自身情感普遍缺乏表达，但却对他人的感受超乎寻常地敏锐。心理量表也显示：具有这类特质的人常常具有非凡的创造能力，如：艺术家、文学家、科学家、哲学家、神秘教派的信徒及其他才华卓越的人们,他们能处事不惊,冷眼旁观,从平凡的世事得出独特的见解。

否 认

婴儿早期用于处理不愉快体验的另一种方式,是拒绝承认负性体验的存在。否认是所有人面对灾难时的本能反应;个体面对突如其来的灾难的第一反应通常是"啊,不可能吧!"这源自儿童自我中心式的原始反应,这些前逻辑信念令儿童掌握了这样一个经验:"如果我不承认,这事就没有发生"。这类防御过程启发了 Selma Fraiberg,将描写自己童年早期的经典畅销著作命名为《神奇的童年》(*The Magic Years*, 1959)(也有翻译为《孩子,妈妈知道你的心理》)。

Hodgman Porter 于1913年创作的系列儿童小说《Pollyana》中的主人公,即是将否认作为基础防御的典型(Pollyana 是一个小女孩,因过度否认、盲目乐观被视为愚蠢的人)。这样的人坚信所有事物都会朝向好的方面发展。我有一位来访者的父母,有三个孩子出生时都因基因缺陷而夭折。但他们却熟视无睹,也不顾夭折的可能,继续坚持生育。也无视幸存子女的健康,一味寻求基因方面的咨询以支持自己的行为。并坚称自己的境遇源自上帝的意志。若个体在明显消极的环境中,反而产生欣喜若狂和过度愉悦的体验,那么我们认为这是否认防御机制在起作用。

多数人偶尔会用否认来抵御生活中的不快,许多人也频繁利用它来应对无法抗拒的压力。若某人伤感而又不被允许哭泣,那么最好否认自己的悲痛。在危急关头否认自己身处绝境,有时可以救人于危难之中:否认可以激发个体的现实效能,甚至英雄举动。战场上常有这样的传奇——英雄临危不惧,从而虎口脱险。

但否认也常酿成恶果。有人拒绝接受每年的乳腺检查,好像如此便能神奇地阻止癌症的生发。再如，人们不承认伴侣的施虐行为；酒鬼抵赖自己的酗酒问题；母亲对女儿遭受性骚扰视而不见；老人否认视力下降而拒绝停止驾车，都将面临严重的后果。无论如何，"否认"和"退缩"一样通俗易懂，这一精神分析术语如今已经融入我们的日常生活。这一术语能够被大众接受的另一原因可能与匿名戒酒协会（AA）的"12步疗法"有关（12-step programs，是广泛使用的戒除成瘾的治疗方式）。这些方法使人们正视自己的否认行为，从而帮助他们解脱自己亲手设下的圈套。

其实在许多成熟的防御机制的应用中也可以看到否认的影子。例如，我们在劝慰别人的时候常说：拒绝你的人其实是喜欢你的，只是可能还没做好承诺的准备。这种劝解中便包含了否认，我们实际在将他人的拒绝和托辞进行合理化。反向形成机制也与否认有关，在这一防御过程中，情绪颠倒反转（如，由恨转爱），构成了一种更特别、更复杂的否认，人们不再简单地拒绝感受某种情感，而是与之针锋相对。

否认防御机制的典型病理例证便是躁狂现象。个体在躁狂状态下会用匪夷所思的方式否认自己的躯体限制、睡眠需求、财政危机、个人弱点，甚至即将来到的死亡威胁。若说抑郁是将痛苦无限放大，那么躁狂便是将事实看得无足轻重。分析师会将主要应用否认作为防御的人群归为"轻躁狂"（hypomanic，用以区别重度躁狂）。这类人群同样可被称为"环性心境"（"变幻的情绪"），因为他们的躁狂和抑郁心境，虽也循环出现，但尚未达到双相障碍的诊断标准。我们将这种心境摇摆理解为个体反复使用否认的结果，他们因为躁狂状态而精疲力竭，心境随之不可避免地瓦解至抑郁状态。尽管从第二版 DSM 开始，所有与心境有关的现象都被纳入"心境障碍"部分，因此已不存在这类人格诊断，但 PDM 和本书第十一章仍对此有所保留。

成人自然而然的否认与大多数原始性防御一样，都源于抵制焦虑和痛苦。尽管如此，轻度躁狂患者却颇讨人喜欢。许多喜剧演员和娱乐圈艺人机智幽默、精力过人、言语诙谐，且具有高度的感染力，这些特征有助于他们长时间地掩盖和转移痛苦情绪。但他们内心深处的抑郁情绪只有至亲好友才能知晓，这种魅力非凡背后所付出的艰辛，应该不难理解。

全能控制

在新生儿的眼中，自己与世界融为一体。Fonagy 的研究（Fonagy 等，2003）表明，生命的前18个月，婴儿一直处于"心理等同"（psychic equivalence）的精神状态，认为外部环境与自己的内心世界是相同的。Piaget 在解释"原始利己主义"（primary egocentrism，一种认知阶段，与弗洛伊德[1914b]的"原型自恋"[primary narcissism]基本类似，本阶段占主导地位的是初级过程思维）这一术语时，也意识到这种心理等同现象（如，1937）。尚没有发育出完善的现实检验能力的新生儿认为，外界事物源于自己的内在，即：如果他们感到寒冷，而养育者也恰好读懂了他们的意思，并及时给予温暖，那么前语言阶段的婴儿便会认为自己具备控制外界的力量，能够随心所欲地得到温暖。

相信自己能够影响周围环境、具有自主能力，是个体自尊的关键。这种感觉可能源于婴儿期的不切实际，但又是发育必然的全能幻想。Sandor Ferenczi（1913）是首位开始重视"发育阶段现实感"的研究者。他注意到婴儿在原始性全能感时期，通常都会觉得自己具有掌控外界的幻想；当婴儿逐渐发育成熟，这一幻想会降低级别或转变为相信自己的养育者无所不能；而发育成熟的儿童终将无奈地接受现实：全知全能的人实际是不存在的。长大成人的前提是意识到人的局限性，颠覆婴儿期的体验。婴幼儿期的安全环境能让人自由幻想——自己能够掌控世界，之后，自己的养育者是无所不能的。

成人心中多少会保留一丝婴儿期的全能感，以唤发我们的胜任感和效能感。每当愿望得以实现，自然体验到一种"超能"感。任何凭借预感而赢得好运的人，都会品尝到全能控制的美妙滋味。在美国存在这样一种信念：人可以去做任何自己想做的事。虽然这公然违反了社会常识和人类经验，但它确实具有积极的意义和促进自我实现的作用。

有些人无时无刻不在渴望体验全能控制的感受，愿意将所有的经历都归功于自己无限强大的力量。如果个体一味追寻并享受这种全能控制的感受，而将现实和伦理都抛在脑后，那么他的人格便已达到病态的标准（"社会病态"或"反社会人格"）。精神变态和犯罪行为有所重叠，但又不完全相同（Hare，1999）。外行人通常假设多数犯罪分子都是精神变态，反之亦然。但实际上正如 Babiak 和 Hare（2007）对"衣冠禽兽"（snakes in suits）的描述，许多道貌岸然者常常具有全能控制的防御特性，他们用有意识地控制自己作为基本防御方式，以避免内心焦虑和维持自尊。

对于具有全能控制特性的个体而言，"战胜"别人既是人生首要，也是乐趣所在（Bursten，1973a）。这类人雄心勃勃、阴险狡诈、勇于挑战、目标明确，不惜一切地扩大自己的影响。他们可能是商业、政治、秘密机构的领军人物，是邪教或宗派的领袖，或是广告业和娱乐圈的佼佼者，或是高度集权的人物。我曾有次在军中进行心理咨询，用我的专业知识为军人们答疑解惑，一位基地指挥官希望占用我一个小时的时间，他的问题是："我们怎样才能阻止精神变态者当上将军？"

极端理想化和贬低

Ferenczi 提出，婴儿早期对自我的全能幻想会逐渐被养育者是全知全能的信念所替代，这一观点如今依然很有价值。我们可以看到，婴儿确实强烈需要相信自己的父母能够保护他们远离生活中的所有危险。这样，成年后，我们就很难回忆起当年的惊恐、疾病和伤害袭来时的脆弱，甚至面对死亡威胁时的恐惧（C. Brenner，1982）。帮助我们抵挡这些难以忍受的恐惧的有效方法之一，便是当时即相信那些无比仁慈且能力超群的权威正在掌控全局。（实际上，我们大都希望相信：掌控国家的人比普通平民更加睿智而强大，这种信念在我们身陷囹圄时尤其强烈，虽然事实一再证明这仅仅是一个美好的愿望。）

对于父母而言，被年幼的孩子视作无所不能是一把双刃剑。它毫无疑问会增加孩子对父母的仿效，也没有什么比孩子纯真的依赖和爱戴更能打动人心的。但另一方面它又容易唤起孩子对父母深深的失望。我记得小女儿在2岁半的时候有次大发脾气，仅仅因为我告诉她，自己没法让雨停下来，好带她去游泳。

每个人都有理想化倾向，我们习惯将儿童期全能感的残余赋予我们情感依赖的对象。正常的理想化是成熟爱恋的必要条件（Bergmann，1987）。然而随着个体逐渐发育长大，将童年时的依恋对象逐渐去理想化，也是分离－个体化的必要程序。成熟少年若过度恋家，当属异常。有些人似乎不愿改变自婴儿期沿袭的理想化倾向，这说明个体用原始的心理结构孤注一掷地对抗内在的恐惧，不断确认自己的依恋客体是全知全能的，并通过自己与理性客体的心灵合一来确保安全无虞。理想化还能有助于摆脱羞耻，使自我的缺陷通过与理想客体的融合，可以得到很好的补救。

对全能养育者的渴望自然体现在人们的宗教信仰中。但它也会招致麻烦，例如：让人认为伴侣应该完美无缺，宗教领袖永不犯错，自己的学校最为优秀，自己的品位无可挑剔，自己的政府永远正确等类似的幻想。总之，个体越是缺乏独立，依赖感越强，便越容易诱发理想化。许多孕中的女性朋友都曾宣称，在她们因软弱无力而感到孤立无援时，她们的产科医生是那样的"神奇"，简直是"世上最棒的专家"。

具备理想化特征者也具有自恋型人格特征。他们终其一生根据自我价值评价他人，并通过依赖理想客体来努力使自己完美，与丑恶形成鲜明对比。自恋型人格的特征在许多精神分析文献中都有详细描述，但确定这类群体心理构造的主要依据，是他们对原始性理想化和贬低的习惯性使用。他们只有依靠这样的防御，才能持久地保住自己的吸引力、权力、名誉和对他人的价值（如，完美的榜样）。对于使用理想化和贬低防御的个体，自尊已不再意味着接受自我，而沦为使自己日益完美的工具。

理想化防御将不可避免地导致原始性贬低的结果。因为人生不可能十全十美，所以理想化注定带来失望感。理想化后的客体越是伟岸，优点越丰满，幻想的破灭也越彻底。自恋型来访者起初会对治疗师抬举奉承，认为治疗师是神奇的高人，等到幻想破灭，即贬低治疗师为平庸之辈。这种落差使自恋型来访者与治疗师的关系岌岌可危，无论先前的咨访关系多么融洽，瞬间会变得危机四伏。治疗师这才意识到：被奉若神明不过是坠入地狱的序幕。我的同事 Jamie Wallcup（私人交流，1992 年 5 月）为此提出补充意见，认为理想化无疑给治疗师加上一道紧箍咒，逼迫治疗师否认自己能力极限，逐渐丢弃以往那些切合实际的治疗方法，进一步形成固定思维，只允许自己处处表现得完美无缺。

在日常生活中，与上述情境十分相似的是：若某人承诺太多而无法兑现，将必然收获愤怒和怨恨。一个人若相信某位肿瘤科医生是治愈他妻子癌症的唯一希望，那么治疗一旦失败，他便很可能将愤怒转向这位医生。有些人一生都在寻觅一段又一段亲密关系，不断希望又不断失望。一旦发现伴侣失去光环，便迅速另觅新欢。改变原始性理想化防御，是所有长程精神分析治疗的共同目标，但这一目标的实现常常与改变自恋型人格休戚相关，与自恋型人格者的生活满意度，以及其社会支持系统的状态有关。

投射、内摄和投射性认同

我将投射和内摄这两个原始性防御过程放在一起讨论，是因为它们代表了同一枚硬币的正反两面。二者都呈现出区分内心主观与外界客观之间的模糊不清。如前文所述，发育正常的婴儿在能够辨别体验来自内部还是外界之前，曾经有过"我"与"世界"等同的心理感受。生了疝气的婴儿很可能只体验到"我痛！"而非"我肚子里很痛。"他们尚不能区分来自体内的疼痛（疝气）和外界刺激（尿布裹得太紧）导致不适的不同。这种难以鉴别的状况会逐渐衍生出婴儿的防御功能，我们称之为投射和内摄。二者同时运行时便合为一种防御方式——投射性认同。有些学者（如，Scharff，1992）对投射性认同和内摄性认同加以区别，但它们的运作方式其实大同小异。

投射发生时，内部心理过程被个体误认为来自外部。良性的、成熟的投射都可构成共情的基础。由于缺乏足够的信息而无法完全了解他人时，我们都倾向通过投射自己的体验来理解别人的主观世界。人们的直觉（即非语言同步性跳跃（leaps of nonverbal synchronicity）、与他人心灵相通时的高峰体验，都包含将自我投射至他人的过程，这种投射也会引起双方强烈的情绪反应。如，陷入爱河的人都十分善于用自己也无法解释的方式洞察伴侣的内心。

投射的负面效应是导致可怕的误解和人际冲突。若投射的内容与客观事实严重不符，或被投射的内容是自我的消极和不能接受的部分，那么人际适应困难便会接踵而至。被投射对象会因为被误解而恼怒不已，感觉受到批判、嫉妒或虐待（这些态度多半是由于与投射者的自我相左，因此归咎于被投射者）。个体如果惯用投射来应对环境，并惯于失口否认并抵赖，那么多半具有偏执型性格。

我必须强调，偏执和多疑（多疑是以现实、非投射性体验为基础，或出于创伤后的戒备心理）并无半点内在关联，偏执观念与事实是否相符也毫无关系。偏执的想法即使反映了事实也仍是一种投射。当然，偏执观念与事实不符，就更容易识别。但不排除有时偏执观念中也会含有对他人动机误解的非防御因素。公众对偏执一词常有误用，常将它与恐惧或凭空怀疑混为一谈，尽管人们投射的内容多半为不能接受的负性内容，这些负性内容常能引起恐惧或疑心反应（参阅 McWilliams，2010），但对偏执的这种用法仍有失偏颇。

内摄是将外部信息归为内部心理的过程。它的好处在于，通过内摄可对重要他人形成原始性认同。幼儿会惟妙惟肖地仿效生活中重要客体的态度、情感和行为。许多学者对这一微妙而神秘的过程用镜像神经元和其他大脑机制进行解释。远在婴儿能够有意识地模仿双亲之前，他们似乎已经用某种原始的方式"融合"了父母。

内摄在使用不当时，会像投射一样产生高度的破坏性。病理性内摄最典型的例子便是与"攻击者认同"（A.Freud，1936）。这一病理性防御因其原始性而显示出不合时宜性。我们都知道，无论是自然观察（如，Bettelheim，1960）还是实验研究（如，Milgram，1963），在恐惧或受虐的情境下，人们会通过努力接纳施虐者的特性，来控制自己的恐惧和痛苦。"我不是无助的受害者，我才是施暴的强者"这种潜意识的愿望是形成这种防御机制的基础。这种病理性内摄可见于多种疾病状态，但是在施虐、暴虐及冲动控制障碍者中更为常见。

内摄与某些抑郁心理存在关联（Blatt，1974，2004）。当我们与人深度依恋时，便会产生内摄，在内心将依恋对象的表征融入自我身份（"我是 TOM 的儿子，Mary 的丈夫，Sue 的父亲，Dan 的朋友"等）。如果我们因为死亡、分离或拒绝而丧失心中依恋的对象，那么生活会变得黯淡无光，自我的一部分也随之而去，生活仿佛毫无意义。当然我们可以故作坚强，反复质问自己，究竟犯了什么错，才会让亲爱的人离我而去。这种自我谴责和自我拷问能使我们心中的依恋对象显得栩栩如生。如果缺乏哀伤过程，潜意识的自责会始终萦绕心头。弗洛伊德（1917a）精辟地将哀伤看作是个体用一段时间来接受丧失的过程，是与"匍匐在自我身上的客体的灵魂逐渐分离"（p.249）。如果一个人在丧失所爱对象之后，不能随时间的流逝逐渐与其内摄映象成功分离，又因为悲痛而无法自拔，那么将持续感觉到被贬低、无价值、遭遗弃和被剥夺。

与之相似，成长于功能不良家庭的儿童，更容易产生自责心理（自己若能改变，情况就有改善），而不愿接受这样的事实：自己必须依赖的养育者是那么的冷漠且暴虐。Fairbairn（1943）称这一过程为"道德防御"（Moral defense），提示我们"宁可沦为上帝的奴隶，也不屈从魔鬼的统治"（pp. 66-67）。如果我们经常用内摄来减轻焦虑和维持脆弱的自我，用这样的方式与早期客体保持心理联结，那么形成抑郁特质也便不足为奇了。

Melanie Klein（1946）是最早提到"投射性认同"的分析师，她发现这一防御方式在较重的心理障碍者中普遍存在。Ogden（1982）对这种融合了投射与内摄的机制进行了简要描述：

在投射性认同的过程中，不仅来访者会根据既往的客体关系而扭曲地看待治疗师，后者因受到压力，也会不由自主地应用与来访者的幻想相契合的方式来体验自我。（pp. 2-3）

换言之，来访者在投射的同时，也会驱使被投射者的言行与之相似，仿佛被投射者也使用了内摄。投射性认同是一个复杂的抽象概念，在分析领域产生了许多争论（如，S. A. Mitchell，1997）。我在前文也已提及对这一概念的理解，即投射和内摄各自都具有自原始至成熟的一系列演变过程（参阅Kernberg，1976），其原始形态比较混沌，个体难以区分内心想法与外部现实，这种混沌即可见于投射性认同。我在第四章曾对投射性认同在精神病性和边缘型来访者身上的表现进行了简要讨论。

为了说明投射性认同与成熟投射的不同之处，我们模拟了两个年轻人参加初次面谈时的情境，请读者体会其中区别：

来访者 A：（带着抱歉的语气）我知道我没有理由觉得你在批评我，但我还是忍不住会去这样想。

来访者 B：（用指责的口吻）你们这些人就知道高高在上地评判别人，我他妈才不管你是怎么想的呢！

困扰 A 和 B 二位来访者的内容大体相同，他们都担心治疗师会以严厉且批判的姿态对待自己，所以都将内部批判性客体投射在了治疗师身上。即使治疗师以真诚、关注和客观的态度对待上述两位来访者。但他们各自与治疗师的交流在以下三方面存在巨大差异：

首先，来访者 A 表现出自我反省能力（观察自我，反思能力），能够意识到自己的想象可能与事实不符，他的投射具备自我不协调性。来访者 B 则与之相反，坚信投射的内容准确反映了治疗师的心理状态，他的投射具备自我协调性。实际上，他对自己的猜测十分有把握，甚至在估摸治疗师将如何谋划攻击自己，自己应该如何先行反击。来访者 B 的这种内部认知、情感和行为三个维度的融合正是原始性防御过程的典型特征。

其次，两位来访者之间的区别，很大程度上取决于其投射能否达成防御的目的，即能否帮助个体摆脱焦虑。A 通过把批判态度投射出去，并如实告知对方而获得解脱；但 B 将批判态度投射出去，并且，同时把投射的内容认同回来，把别人的态度认作是批评自己。因此，使自己无法从被批评的阴影中走出。Kernberg（1975）认为：投射性认同实际上是与被投射的部分"保持共享"。

最后，A、B 两人的交流态度将导致治疗关系谬之千里。治疗师很容易能与 A 建立工作联盟；但 B 这样的来访者一开始就会使治疗师不自觉地感到：自己正像来访者认为的那样：心不在焉、吹毛求疵、缺乏关心。总而言之，治疗师对来访者 A 的反移情会比较积极、柔和，而对来访者 B 的反移情则会比较消极、紧张。

已故的 Bertram Cohen 曾向我解释投射性认同的"自证预言"（self-fulfilling prophecy）特征，这是个体的焦虑强烈到一定程度，以非常原始但又非精神病性的表达所导致的必然结果。如果一个人的现实感比较强，便能预测自己的行为所引发的他人的情绪，可能是与他人原先就已存在的情绪有关。而典型的精神病性患者则无须认识到自己的投射是否"匹配"现实。如果这种投射与他人的情绪并不匹配，会迫使对方检点自己，或开始怀疑投射者的精神状况是否正常。

分析投射性认同耗时费力、极具挑战性，是对治疗师功力的考验。本章涉及的所有防御都具有原始性特征，但投射性认同和后文将要介绍的分裂防御机制，会令治疗师头痛不已。一旦来访者自以为了解治疗师的"真实"想法，他们便会不遗余力地穷追不舍，这常使治疗师难以招架。而且，由于我们都具有普通人的思维，常人所具有的情绪、防御和态度，所以常常使来访者的猜测得以印证。但即使应验，仍反映出来访者的投射特征。在治疗中，有时很难区分来访者的投射与治疗师的真实想法的互为因果。这种投射性认同会影响治疗师对自己心理状态的自信。投射性认同和分裂常见于边缘型人格结构。同时，因为两者中包含的投射更加强而有力，所以常见于边缘水平的偏执型人格障碍中。

　　投射性认同并非边缘型人格所专有，这一说法与学院派的专业解释恰好相反。这种防御机制在日常生活中也大量存在，而且不易被人察觉。例如，当投射性认同应用于乐趣、爱的情感时，美好的感受将波及他人，产生积极的效果。有时，投射的内容比较消极，但只要投射的方式比较温和，那么如果是在成熟的人际交往的情景下，也能化险为夷。近期美国精神分析学界掀起了一股热潮，即将潜意识重塑理解为主体间互动的结果（参阅 Aron，1996，或 Zeddies，2000 关于关系潜意识的讨论），同时重视潜意识的创造性和积极性层面，摒弃了弗洛伊德对潜意识满足本能欲望的描述（Eigen，2004；Grotstein，2000；Newirth，2003；Safran，2006）。这些观点向我们阐明了投射性认同的积极方面。

自我的分裂

　　自我的分裂（spliting of the ego 常简化为"分裂 spliting"）是形成于前语言时期的重要的人际过程，此时婴儿经历着与养育者之间"好"和"坏"的互动关系，但尚不能理解养育者同时具备好与坏的特征。我们可以从 2 岁左右的幼儿身上观察到，他们通过把事物评价为"好"或"坏"来厘清自己的认知。

这一倾向连同对大与小的辨别（如，区分成人与儿童），都是人类形成认知的基础。个体在发展出客体统一性之前，很难容忍客体的矛盾性。因为矛盾性意味着对同一客体的互相对立的感受。因此，幼儿会顺遂自己单向的观念，对某一客体要么保持友好、要么保持敌意。

成人在日常生活中，尤其是陷入困惑或受到威胁时，也会不自觉地求助于分裂方式来理解自己的复杂体验。政治学家宣称，所有处于逆境的团体都会奋力营造出一个形象鲜明的假想敌，从而迫使对方不得不应战。摩门教的善与恶、上帝与恶魔、牛仔与印第安土著、自由世界与恐怖分子、孤胆告密者与万恶的官僚等对立面的观点，无一不披上了当代西方文化的神话色彩。类似的分裂意象广泛分布于各种民俗与信仰之中。

分裂防御机制能暂时减轻焦虑和维持自尊。当然，分裂往往以扭曲事实来掩盖真相。二战后期学术界对"权威型人格"（authoritarian personality，Adorno, Frenkl-Brunswick, Levinson 和 Sanford, 1950）的研究向我们揭示了，使用分裂（当时并非用的这个术语）的方式来理解环境及个人，会给现实带来深远的社会影响。最初对权威主义进行研究的学者们相信，部分右翼信念与刻板的分裂性思维密不可分，随后又有研究者发现左翼信念与自由独裁主义同样存在分裂思想（参阅 Brown，1965）。

在临床上，当来访者表现出绝对的态度，且认为其对立面（多数人所认可的矛盾对立面）根本不存在时，我们称之为分裂状态。例如，一位边缘型女性来访者认为自己的治疗师是无懈可击的好人，与她的工作单位中的冷漠、敌对、愚蠢的领导截然相反。再或者治疗师会突然成为发泄愤怒的靶子，只因来访者将他们视作邪恶、怠慢或无能的化身，而一周前，来访者还视治疗师为完美无缺。此时，即便指出这种前后表现的矛盾性，他们仍会觉得理所当然而不改初衷。

众所周知，在精神病专业机构中的边缘型来访者不仅惯用分裂防御机制，还经常制造（通过投射性认同）机构内部工作人员之间的分歧（G. Adler, 1972; Gunderson, 1984; Kernberg, 1981; T. F. Main, 1957; Stanton

和 Schwartz，1954）。治疗边缘型来访者的精神卫生工作者常会发现自己不知不觉地被卷入无休止的争论之中。有些治疗师会对这样的来访者产生强烈的共情，希望能够解救并照顾他们；有些治疗师则产生强烈的反感，态度强硬或限制他们。惯用分裂防御机制者常常名声不佳。若儿童惯于这种方式来缓解自身情绪，通常会令养育者精疲力竭。

躯 体 化

若儿童未能在养育者的帮助下逐渐学习用语言表达感受，他们便可能倾向于用躯体形式（生病）或行动来替代语言。分析师们认为，躯体化是情绪转变为躯体形式的过程。躯体化和诈病有时容易混淆，但前者是由难以言说的情绪所导致的躯体体验，而后者是通过假装生病以获得利益或逃避责任。躯体化也不是指所有身体疾病都是"想"出来的。心身分离与心灵"控制"身体是启蒙运动时代的奇思异想。认为人是主宰，能随心所欲地支配其他物种和自己的躯体，只是人们自欺欺人的假想（参阅 Meissner，2006）。

幼年时我们遇到外界刺激会引起自然的躯体反应，这种自然反应多半仍会保留在我们的体内。如，羞愧即脸红、战斗－逃跑反应等。创伤袭来，激素分泌，引起一系列反应。消化、循环、免疫、内分泌、皮肤、呼吸和心脏——在情绪压力下都会出现不同程度的激活。而个体的成熟，即体现于个体能使用语言描述体验，而逐渐取代躯体自然反应。如果个体在这一时期未能得到适当的指导，导致成熟受阻，那么自动化躯体反应便会成为情绪波动时常用的表达方式（Gilleland，Suveg，Jacob 和 Thomassin，2009）。

通过 Mattila 及其同事（2008）近期进行的综合性研究证实：治疗师们长期以来认为躯体化障碍的来访者具有述情障碍（alexithymia，缺乏用文字表达情感的能力）是有证可循的（Krystal，1988，1997；McDougall，1989；Sifneos，1973）。Waldinger，Shulz，Barsky 和 Ahern（2006）发现，不安全型依恋和早年创伤经历都与躯体化障碍存在关联。创伤研究一直以来都备受关注（Reinhard，Wolf 和 Cozolino，2010；Samelius，Wijma，Wingren，和 Wijma，2009；Zink，Klesges，Stevens，和 Decker，2009），多数研究结果与之前的假设相反，例如，尚无证据表明父母对儿童躯体化反应的回应将增强儿童的躯体化的形成（Jellesma，Rieffe，Terwogt，和 Westenburg，2009）。反倒是早年的恐惧经历、不安全型依恋及自我整合感的欠缺与躯体化障碍密不可分（Evans 等，2009；Tsao 等，2009）。

个体在遭遇生命中难以承受的刺激时，免疫系统将随之分崩离析。我至今仍能忆起（比经历当时更加清晰）自己不堪情感重负而病倒的那些日子，也曾耳闻朋友或来访者描述他们在心灵旅途困顿时期，身体状况如何每况愈下。部分研究已注意到 DSM-Ⅳ 中定义的躯体化障碍与多数人格障碍存在共病现象（Bornstein 和 Gold，2008；Garcia-Campayo，Alda，Sobradiel，Olivan，和 Pascual，2007；Spitzer 和 Barnow，2005），表明躯体化现象在病理性人格之中十分常见。个体若习惯性选择用躯体反应来应对压力，或可诊断为躯体化人格（somatizing personality，PDM 小组，2006）。尽管 DSM 从未将躯体化人格纳入人格障碍类型，但 DSM-Ⅳ 的"躯体化障碍"已囊括在多种情况下具有多个器官症状的个体，这点与人格障碍极为相似。

我们熟知身边有一些惯以身体疾病应付压力的人。许多内科医生对这类患者的慢性、非典型症状束手无策，最终只得将他们转介来心理治疗。心理治疗师也常遇到来访者由于紧张性头痛、过敏性肠炎、皮疹或慢性疼痛而反复寻医。四处碰壁后来找心理治疗师碰碰运气。精神分析或人本主义治疗需要来访者具有表达感受的基础，但躯体化来访者正因为缺乏表达能力而出现自动化躯体症状，因此很难获得帮助——尤其是他们先前的求医经历中充满急躁、恼怒、挫败等不愉快体验，因此使躯体症状更加扑朔迷离。

治疗师听到来访者抱怨躯体疼痛或精疲力竭，不应立马武断地判定他们正在使用躯体化防御机制。一方面心理困扰所产生的压力会引发退行反应，人们很可能由于潜意识的压抑而导致躯体病痛；而躯体疾病又可以产生抑郁情绪。此外，在某些来访者的文化背景中，用躯体疼痛或机能失调的方式表达心理痛苦是可接受的。在这种文化氛围中，即便是心理发育成熟的个体也难以免俗。这时，诊断原始性退行的躯体症状就显然难以立足（Rao，Young 和 Raguram，2007；So，2008）。

付诸行动（行动化）

付诸行动（acting out）是幼儿无须借助语言便能表达内心想法的另一种方式。在本书第一版中，我将付诸行动与其他成熟防御列于同一章，因为当时对原始性防御的定义采用的是 Kernberg（1984）的观点，即认为原始性防御与边缘型和精神病性状态存在关联。如今我的看法有所改变，尽管防御性付诸行动对健康人和病人同样适用，但将它纳入次级防御过程仍有不妥，毕竟付诸行动缺乏语言表达，显然应该归为个体前语言阶段的运作。但我仍需告诫大家："付诸行动"常被不恰当地用于描述那些人们不喜欢的行为。这与这一术语创建之时的不含贬义的初衷相悖。许多读者可能见识过这一术语被肆意胡用之处，却较少能看到它恰如其分的应用之时。

据我所知，精神分析学派最初是用"付诸行动"来描述来访者在治疗室以外的行为，当治疗师在场时，这些对治疗师的情感，常出于下意识原因或因过于焦虑而无法意识化（Freud，1914b）。之后，这一术语被广泛用于描述潜意识驱使下控制焦虑的行为，这些焦虑往往由内心冲动、欲望、恐惧及创伤性回忆所激发（Aichhorn，1936；Fenichel，1945）。再后来，用与之相关的术语"行动化（enactment）"来表明个体把无法用语言表达的情感，通过不自觉的行为来演示的过程（Bromberg，1998；D. B. Stern，1997）。强调人际关系的治疗师认为，由于咨访双方会在潜意识层面互相影响，而治疗师主要承担将这种互动转化为语言和回应，因此治疗双方存在大量的行动化过程。如果把个体付诸行动看做是一种防御，个体将令人烦恼的情境用行动表达出来，变被动为主动。因此，无论行动化的过程有多么艰涩，都可能将无助和脆弱的感受转变为自主和力量的体验。

一位有着严苛母亲的女教师，因母女关系紧张和对亲密关系既惧怕又渴望而前来就诊。治疗几周后，她便与一个名为 Nancy 的女同事发生了性关系。我猜她可能是在治疗中渐渐产生了亲近我的愿望，潜意识中认为我会（像她母亲一样）蔑视她的渴望，因此选择了一个与我同名的人，通过将内心的渴望和恐惧付诸行动，来抵制自己潜意识中向亲近者攻击的冲动。正如我所料，这种付诸行动在治疗中频繁出现。这类情况尤其多见于早年常担心权威人士会拒绝自己的需要和感受的来访者。

因此，"付诸行动"或"行动化"可见于任何反映来访者移情态度的行为。这些移情可能来自于缺乏足够的安全感，无法用语言清晰地描述自己的感受。这种付诸行动也可指治疗室内外借助行为表达的、抵制潜意识冲动的任何情感态度。付诸行动可能带来自我毁灭，也可能有助于成长，或二者兼备；付诸行动本身并无善恶，而付诸行动所表达的潜意识或解离的情感的性质，是导致个体采用强烈的、自动化的方式表达的原因。目前，公众间流传着对精神分析的讹传：许多不被公众接受的行为——如吵闹的儿童或无礼的成人——都被贴上了"付诸行动"的标签。这种倾向将带来负面效应，如：良性的付诸行动不被人重视，而不良的付诸行动却备受关注。

精神分析师为描述各种受潜意识驱使的行为制作了一些严谨的标签，均划归于付诸行动：裸露癖、窥阴癖、施虐狂、受虐狂、变态狂及所有以"对抗"做前缀的术语（"对抗恐惧症"、"对抗依赖"、"对抗敌意"）。但我并不认为这些行为本质上是消极甚或防御性的，我们都有正常的裸露和窥探的需求，只不过通常会以社会能够接受的方式表现出来；我们的受虐和施虐心理大多也能以积极的方式得以释放，如自我牺牲或领导行为。上述这些倾向都可获得愉悦的性的满足，而一旦这些行为用作防御功用，便会呈现出潜意识恐惧或解离的情感的特征。弗洛伊德的早期观察发现，付诸行动不是回忆，这一发现至今仍具启发意义，当我们因痛苦而忘却时，却又不经意间演示着我们的忘却。

这类特征的人群时时依赖付诸行动来处理心理问题，我们将他们纳入冲动性人格类型。如此命名其实具有一定误导性，它暗示着此类个体会随心所欲、肆意妄为。其实许多看似简单的自发性冲动行为绝非随意率性，通常隐含深刻且复杂的动机。癔症患者十分擅长将潜意识的性冲动付诸行动；成瘾者其实可被看作是不断重复与所爱物质的体验（当然，在这种情况下，成瘾物导致的躯体依赖使原本存在的心理依赖更加复杂）；强迫型个体屈从内心压力而重复强迫行为时，即是付诸行动；而精神变态患者则会重复演示复杂的操纵行为。由此可见，付诸行动可见于各种不同的临床表现。

性欲化（本能化）

性欲化（sexualization）通常以付诸行动的形式出现，或可被认作是付诸行动的亚型，但我还是选择将它们分开阐述，因为可能存在性欲化但并不伴有付诸行动（更确切地说，应该称为色情化），另外，由于性欲化的普遍性和其有趣的意义也值得我们单独探讨。

根据弗洛伊德（1905）最初的假设，基本性欲（他称之为"力比多"[Libido]）实际上是人类所有行为的根源。（后来由于对人类的毁灭行为印象深刻，他决定将攻击本能和性本能并列为重要的基本驱力，但他大部分的临床理论都建立在性本能的假设之上。）这种建立在生物驱力基础上的理论，直接导致他倾向于将性驱力视作一种原始欲望的表达，而非附属于其他情感或作为防御的手段。性欲望虽然是强大的基本驱力，而且性行为也与种族繁衍有关。然而在弗洛伊德之后，许多临床经验和研究已经证实（参阅Celenza, 2006；Ogden, 1996；Panksepp, 2001；Stoller, 1968, 1975, 1980, 1985），性欲望和性幻想很多时候其实是一种防御方式：用于控制焦虑、维持自尊、补偿羞愧或回避死亡恐惧。

人们可能会经由潜意识，将恐惧、痛苦或其他难以接受的感受随时转换为性兴奋，我们将这一过程称为性欲化。性冲动是感受自身存在的可靠依据。儿童从被抛弃、虐待或其他灾难中体会到死亡的恐惧，而将创伤体验转化为充满力量的感受，可使儿童获得心理上的掌控感；因此，许多儿童会用手淫来降低自己的焦虑。通过对性取向异常的个体进行研究后发现，他们通常在婴儿期有过严重创伤，并最终形成了将这种创伤自发地性欲化。例如，Stoller（如，1975）曾治疗过性受虐者，对于他们，痛苦是满足性欲的条件之一，他们多数在儿童期遭受过侵害性伤害或有过痛苦的医疗体验。施/受虐倾向的另一个极端，是暴力的性欲化——强奸。

性欲化也常作为应对方式来调节生活的烦恼，但在性欲化方式上存在着一定的性别差异：如女性更多倾向于性依赖，男性则偏向性攻击。有人将金钱性欲化，有人将脏话性欲化，还有人将权利性欲化，不一而足。我们很多时候还会将学习知识性欲化；至少从苏格拉底时代起，人们便发现才华横溢的教师容易激起人们的性欲。这种对权威产生性欲望的现象或许能够解释为何政要名人拥有大量的性崇拜者，以及为何性腐败和性丑闻在权贵人士中如影随形。

相对弱势的群体出于敏感，容易将自己的嫉妒、敌意和担心遭受不公的恐惧，表达为带有性的色彩。他们会借助自己性欲化的幻想，以弥补自己相对比较缺乏的权势力量，这也是我们需要法律和法规来保护那些依赖他人的弱势方的原因（如雇员之于雇主、学生之于教师、士兵之于军营、来访者之于治疗师等）。生活中不仅他人的权势可能会使我们气馁，我们自己性欲化的防御也可能使这种气馁雪上加霜。

我必须再次重申，所有防御机制（特别是性欲化）本质上都很难直观地评定孰优孰劣。人们的性幻想、反应模式及实际行为都具有特异性；能唤起某人性欲的事物可能对别人则否。如果有人抚摸我的头发能够唤起我的性欲（即便我产生性欲的原因是童年期对母亲撕扯我的头发而产生的性欲化防御），且我的性伴侣也正好喜欢用手在我的发间摩挲，那我就无须接受心理治疗。但如果我是因害怕遭受异性的虐待而产生性欲化防御，反复与暴力男性发生情感纠葛，那么最好尽快寻求治疗师的帮助。正如其他防御一样，只有了解性欲化的内容和后果，我们才能判断这种防御（对于该个体或他人）是否是合理适应、属于日常小节还是病态反应。

极 端 解 离

　　极端解离在所有类型的人格中普遍存在，但多数的完全解离状态本质上属于精神病，因此我将解离归为原始性防御。但自从本书第一版面世时起，我便日益关注解离反应的范围，且逐渐发现"解离"这一术语仅限用于描述对重大刺激和创伤的防御是很不明智的。1994年我在书中提到，解离看起来与其他低级防御有所不同，它只在个体应对重性创伤时表现得十分明显，因此大多数人可以庆幸自己在成长过程中幸免于难（而其他防御过程多代表常规的应对方式，当个体长期僵化地使用某种防御，或抗拒使用其他方法面对现实的时候，才容易出现问题）。但现在我开始赞同许多当代分析师的观点（如，Bromberg，1998；Davies 和 Frawley，1994；Howell，2005），即个体的轻微痛苦到创伤感受是一种渐变的过程，自常态－轻微－严重－极度严重的谱系上，解离始终存在。

　　解离是人们面对创伤的"正常"反应。当面对超乎能力范围的重大灾难、难以忍受的疼痛或恐惧时，人们可能都会以解离的方式应对。我们常常听说，在危急的战场、命悬一线的灾难以及生死攸关的抢救中，英雄临危不惧，大义凛然。这些事实很难使人不去联想到解离现象的存在。任何年龄段的个体在遇到灭顶之灾时，都难免会出现解离状态（Boulanger，2007；Grand，2000）；那些童年时期曾反复遭受虐待的个体，更是会习惯性地以解离来应对刺激。如果上述观点成立，那么这类遭受虐待的成年幸存者必然难逃慢性解离障碍的折磨，这类现象曾被我们称为"多重人格"，如今改称"解离性认同障碍"。

近几十年来,针对解离和解离性认同障碍的学术研究和临床报告数量迅速增加,大量研究结果显示,使用解离这种原始性防御的人群数量远比我们想象的更加庞大(参阅 I. Brenner,2001,2004)。其原因可能是儿童期遭受虐待而导致解离的人数有所增加;也可能是公众开始接受《女巫》(*Sybil*, Schreiber,1973)一书中的观点,使更多怀疑自己可能有解离习惯的个体去寻求专业帮助。神经—精神研究已经开始关注解离状态下个体大脑细胞的变化(Anderson Sc Gold,2003;Bromberg,2003)。

应对难以忍受的情境,解离的优势是十分明显的:人们可以借此隔断痛苦、恐惧、憎恶和死亡威胁。任何有过致命危险经历的人,哪怕未曾经历且难以共情的人,都完全能够理解身陷绝境而试图置若罔闻的心态。短暂或轻微的解离能够使人置安危于不顾。但解离的危害也是巨大的,它会在尚未真正受到致命威胁时自动运行,从而严重损害个体适应现实危机的整体机能。这种状态下的个体可能会把普通压力理解为危机情境,对自己和他人的认知出现混乱,瞬间意乱情迷,仿佛"灵魂出窍"。

如果没有经历过同样创伤的亲朋好友,很难将个体这种突如其来的变化与解离联系到一起,他们更容易误以为是情绪化、幼稚反应甚至有意做作。因此,惯用解离防御的个体将不得不在人际关系方面付出惨痛的代价。

小　结

本章介绍了原始性或初级的防御:极端退缩、否认、全能控制、极端理想化和贬低;原始形式的投射、内摄、分裂、躯体化、付诸行动、性欲化和极端解离。我对每种防御可能具备的常规起源进行了回顾,并提及它们的适应及非适应功能,同时对主要依赖原始性防御将导致何种人格问题及相关综合征进行了描述。

进一步阅读的建议

对原始形式的投射和内摄的一系列著作都颇具参考价值（Grotstein, 1993; Ogden, 1982; Sandler, 1987; Scharff, 1992）；其他原始性防御的论述在不同作者的有关精神发育的文献中均有体现。Klein 的《爱，愧疚和补偿》（*Love, Guilt and Repara-tion*, 1937）和《嫉羡与感恩》（*Envy and Gratitude*, 1957）对原始性防御过程进行了启蒙式的介绍，这两本书与她以往的作品有所不同，即使初学者也不会觉得晦涩难懂。Balint（1968）对个体早期驱力的描述做出了贡献。Bion（1959）则最早以团体为背景探讨这些驱力的作用。Grotstein 的《分裂和投射性认同》（*Splitting and Projective Identification*, 1993）同样对 Klein 学派提出的相关概念进行了精彩的诠释和有力的扩展。

Phoebe Crame 的《保护自我》（*Protecting the Self*, 2006）回顾了既往关于防御的一些卓尔不凡的研究及发展历程，为长期持续的精神分析观察工作提供了实验支持，表明防御方式的成熟化与心理健康密不可分，愈是原始的防御，与心理病理学相关程度愈高。George Vaillant 将毕生精力用于理解防御的过程，他于 1992 年出版的著作《防御的自我机制》（*Ego Mechanisms of Defense*）对治疗师而言价值非凡。

第 六 章
次级防御过程

任何心理成分实际上都可用作防御，因此我们很难罗列所有的防御机制的种类。在分析治疗中，甚至自由联想也可化作防御，用以避开特定的话题。Anna Freud 在其著作《自我和防御机制》（1936）中，涵盖了否认、压抑、反向形成、置换、合理化、理智化、退行、反转、攻击自身、攻击者认同和升华等防御机制。Laughlin（1970）描述了22种主要和26种次要的防御机制；Vaillant 夫妇（如，1992）命名了18种成熟的防御机制；DSM-Ⅳ同样根据成熟水平列举了31种防御机制；Cramer（2006）根据潜意识、自动化和非刻意性特征，对防御机制与应对策略（coping）进行了比照。

本章所述防御机制的种类介于 Anna Freud 和 Laughlin、Vaillant 之间。我将根据以下两个标准来定义"成熟的"或"高级的"防御机制：（1）精神分析临床文献和经验丰富的治疗师所公认的；（2）与特定性格类型相适切的。其他学者列出的类别也许有所不同，可能是由于强调的方面不同，以及作者的分析理论取向和临床实践的经验不同。

压　抑

　　压抑（repression）是最早受到弗洛伊德关注的防御之一，压抑这一概念已久经临床实践和实验研究的锤炼，其本质是潜意识地遗忘或忽略。根据早期驱力理论的观点，即本能冲动和情感会渴求释放，但同时被某种力量所抑制。弗洛伊德（1915b）认为"压抑本质上不过是回避，可使人从意识上远离烦恼"（p. 146）。如果内在心理或外部刺激令人烦恼或无所适从，那么就会被压抑进入潜意识。这一过程适用于所有心理成分，包括情绪体验及相关的幻想和愿望。

　　并非所有的忽视或遗忘都意味着压抑，只有当某种观念、情感或认知确实引起焦虑和痛苦、从意识上难以接受时，才有可能产生压抑。其他注意或记忆缺陷则可能由大脑机能失调导致，或只是个体筛除琐碎事件的常规心理过程。（如今我已年过花甲，常常忘记上楼要干什么。我忽然想到，根据弗洛伊德的理论，恐怕只有遇到与初恋情人相关的事情，遗失的记忆才可能被本能唤醒。）

　　弗洛伊德发现在创伤体验中存在大量的压抑，比如遭受强奸或虐待的受害者会在事后难以回忆当时的情境。再如一度被我们称为"战场神经症"的创伤后应激反应，也符合精神分析学派常用的压抑的概念。在这些案例中，个体无法自主回忆特定恐怖及危险事件的经过，但又时常闪回创伤场面的记忆片段。这一现象被弗洛伊德生动地形容为"压抑后的重现"（the return of the repressed）。根据当前对大脑机制研究的进展，并不能完全用压抑来解释这类创伤导致的记忆缺陷。因为在极端压力情境下，用以存储情景记忆（包括"事情是这样发生的……我当时……"等情景）的海马功能会因创伤而停止运行。创伤发生时，肾上腺皮质激素持续升高，导致海马功能受抑制，情景记忆失去作用。而创伤之后将会出现语义记忆（以第三者视角回忆事件)、步骤记忆(对事件的客观体验,或"身体记忆")及情绪记忆(对事件身临其境的感受或回忆起当时的情绪),但一定不会出现情景记忆(Solms 和 Turnbull,2002),我将在第十五章详细介绍这类现象的临床意义。

目前,分析理论更多地将"压抑"一词作为内部心理机制,而非创伤的概念,这一变化对治疗师非常有益。我们认为,儿童通过压抑这一防御机制,来应对发育阶段中那些自然出现但难以实现且被禁止的欲望。比如,最终将俄狄浦斯期弑父娶母的愿望压抑进入潜意识。个体只有在形成连续和完整自我的过程中,才能逐渐减少使用压抑来处理冲动烦恼。如果个体早期认同缺陷,将倾向于更多用原始的防御(如,否认、投射和分裂)来处理不良感受(Myersong,1991)。

还有一类无伤大雅的压抑,弗洛伊德将之视为"日常生活中的精神病理现象"。例如,突然忘记某人的名字,而实际上潜意识中对那个人心存不满,便可称作压抑。人们在成长过程中必然经历压抑过程,这样,儿童才能逐渐推开早年亲密客体,在家庭以外去寻找新的伙伴。我们可以从一些微小(但有趣)的实例中看到压抑对适应环境的作用。如果我们总是完全觉知自己的冲动、感受、记忆、意象和冲突,必然会不堪重负。与其他防御相似,压抑只有在下列情况下才会导致不良后果:(1)压抑失败,同时又无法根据现实来应对;(2)不恰当地使用压抑而妨碍生活;(3)妨碍了其他有效的应对方式。对压抑的过度依赖,连同与之相关的其他防御过程,通常被视作为癔症人格的显著标志。

弗洛伊德起初曾努力促使癔症患者回忆创伤性事件,唤起那些不被接受但又无法自拔的渴望和感受(Breuer 和 Frued)。如本书第二章所述,弗洛伊德总结了此类患者的治疗经验后发现:压抑会导致焦虑。根据他最初的防御机制模型,焦虑之所以频繁地伴随癔症出现,是由于强烈的驱力和情感受到了压抑。而这些感受急于寻求释放,因此导致持续的紧张状态(一些学者形象地比喻为"抑制射精"[coitus interruptus])。后来弗洛伊德根据临床观察修改了自己的理论,将因果关系倒转过来,认为压抑及其他防御机制是为了抵制焦虑而产生的结果。换言之，对非理性冲动的抵制，催生了遗忘的发生。

根据上述理论，压抑逐渐成为一种基本的自我防御机制，自动处理着人们日常生活中不计其数的焦虑，这也是自我心理学派中的经典精神分析观点。但弗洛伊德最初认为压抑导致焦虑的直觉也并非一无是处，毕竟过度的压抑也可能导致继发性焦虑。Mower（1950）曾在"神经症悖论"中提到，试图遏制一种焦虑会导致更多焦虑，这也是神经症的核心特征（神经症一词在当时的应用比如今更加宽泛）。Theodor Reik 曾对情绪健康的群体和神经症群体有一个形象的比喻：前者能够在珠宝名品的橱窗前驻足欣赏，幻想自己能够占有；而后者则只能遥望橱窗而落荒而逃。当精神分析最初在文化程度较高的公众之中获得关注时，人们发现病理性压抑的案例比比皆是，人们争先恐后地想要消除压抑、摆脱禁忌，甚至将解除压抑误解为是精神分析治疗的根本。

许多高级防御之中都存在压抑的成分（在某些案例中，我们无法确定个体在压抑之前是否确实具备对事物的意识，如是，那么否认似乎比压抑更适用此情况，这一点至今仍存争议）。例如，在反向形成防御中，是将某一态度反转，由恨转爱，崇拜变蔑视，其原始情绪其实受到了压抑（或否认，取决于它是否曾被意识所察觉）。在隔离防御中，与某种观点相联结的情感，受到了压抑（或否认，同上）。在反转中，将最初的情景压抑形成本末倒置。与此不谋而合的是，弗洛伊德一开始就认为压抑是所有防御的"鼻祖"。尽管我在第五章所介绍的那些原始性防御在儿童期发育过程中至少比压抑早一年半出现；在第十五章中我将讨论当代分析理论的观点，该观点认为解离是一种比压抑更加基本的防御，但本章我仍采纳比较经典的论点——压抑是许多防御机制的基础。

退 行

退行（regression）是一种相对比较简单的防御机制，每位父母都不会陌生：孩子因疲劳或饥饿而退至早年的幼稚行为习惯。社会发展与情感发育并不是一条直线；个体成长的波动性会随我们年龄的增长而逐渐变缓，但永远不会消失。比如哀怨是所有人遭受挫折后的正常反应。Mahler（1972a，1972b）将分离－个体化进程中的"和解阶段"视作儿童2岁末时的普遍特征，蹒跚学步的孩童一会儿逃离母亲，一会儿又跑回母亲，躲在裙后。人类能力无论如何发展壮大，仍会时常退守回心中熟悉的领域。

这种防御在长程心理治疗或精神分析治疗中时常出现。有时，当来访者鼓起勇气改变自己与治疗师的态度（如，表达批评或愤怒、坦白手淫幻想、要求暂停付费或希望更改咨询时间），常常会在随后的治疗中迅速退回原先的思维、感受和行为习惯。治疗师若难以觉察他们成长中的起伏变化，就会为之感到沮丧（这种反移情就如同父母对顽皮孩子的恼怒）。而如果能确定来访者的短暂退行，肯定治疗的总体进步，才会有所释然。

严格意义上说，若个体有意识地寻求更多抚慰和保证，或有意通过竞技运动等方式来释放自己的精神张力，都不应该被称作退行。只有潜意识层面的过程才能划归防御机制的范围。比如，某位女性一遇到强势力量便不知不觉地立马变得温顺驯服；又或是，某位男性才与妻子亲密无间，但转眼又恶语相向，这些都是精神分析眼中的退行的事例，因为这些行为都出自无意识。躯体化常被认作退行的一种，因为如果个体已经具备语言能力，但仍退至前语言期用躯体症状表达，这无异于退行。

有些疑病症患者会不顾治疗师的劝阻，反复唠叨与治疗无关的身体疾病。他们正是以这种退行至病人角色的原始方式来应对来自生活的不快。他们前来寻求治疗师的帮助，但同时会自动筑起一道坚固的心墙作为防御，以保持他们一直以来被当作受宠小孩的习惯身份。他们会担心治疗师怀疑他们诈病而不厌其烦地证实自己的病痛。所以治疗师遇到此类退行的来访者时，一定要富有机智和耐心——尤其对于那些因退行而获益的个体（"继发性获益"），更应如此。

尽管疑病和躯体化可能同时呈现，我们仍然应当区别对待。前者并无真正的医学疾病，尽管来访者对此甚是担忧，甚至确信。后者则可能存在因心理因素而产生的躯体症状。当然有时两者容易混淆。有时，治疗师确信的疑病症状，随时间的推移，最终可能被证实为罕见的疑难病症。因此治疗师应对此类来访者时应持开放态度，认识到顽固的疑病或躯体症状可能与某种未知疾病有关。

疑病与退行都可能构成个体的人格特征。如果个体在面对生活困境时，以退行作为核心应对策略，那么无论是否伴随疑病观念，他/她都可能具有婴儿型人格（infantile personality）。这种人格类型自DSM第2版之后便不复存在，许多分析师对此深表遗憾。

情 感 隔 离

将情绪从认知中剥离开来是个体应对焦虑和痛苦的另一种方式。更确切地说，伴随体验或观念的情感部分可从认知整体中游离出来。情感隔离（isolation of affect）可能具有许多实际的价值：外科医生如果时刻挂念患者的痛苦，或在手术中产生厌恶、怜悯的情绪，就无法有效医治病患；将军如果瞻前顾后，就难以制定决胜的策略；警察如果不能杜绝情绪化，也很难将暴徒绳之以法。

Lifton（1968）用"精神麻痹"一词描述了重大灾难之后幸存个体的社会层面的情感隔离。如：大屠杀幸存者在描述惨绝人寰的暴行时会神情淡然。政治学家Herman Kahn（1962）在一部颇具影响力的著作中探讨了核战争可能造成的后果，他在描述最为惨烈的部分时却用了一种超越现实、近乎欢快的语调。对于适应极端环境，隔离比解离更为有效：个体的体验并未真正从意识中抹去，但其情感部分却飘然渐失。

对于某些养育方式之下形成特殊气质的个体，隔离可能会成为其处理创伤的核心防御方式。面对激发强烈情绪反应的事物，有些人会置若罔闻；这些人通过对情境的隔离和理想化，变得十分理性。从公众对《星际迷航》的主角瓦肯人 Spock 的崇拜可以看出，社会文化普遍推崇理智和情感的分离。隔离实际上是个体的一种防御机制而非自然反应，但《星际迷航》系列的作者却违背了这一事实，把 Spock 描述成能自然控制自己情感的超人。

许多当代分析师将隔离视作解离的一种亚型，但坚守传统自我心理学的分析师将它作为原始的"理性防御"，作为诸如理智化、合理化、道德化等防御机制的基本单元。这些防御机制的共同特征是：将由情境、观念或事件引发的个人情愫压抑进入潜意识。若个体把隔离作为基本防御，生活中注重思维而忽视感受，那么很可能具有强迫型人格结构。

理 智 化

理智化（intellectualization）是把情感从理智中隔离开来的高级版本。使用隔离防御的个体表现为置若罔闻，而理智化的个体会处事不惊地谈论感受。例如，他们会说"嗯，那件事我自然是很生气的"，语调随意且平和，表明他们确实感到愤怒，但深藏于心。在精神分析治疗中，来访者会用单调的语气叙述自己的经历，而非伴随情感的倾诉。2004 年美国总统竞选时，Al Gore 因其枯燥而晦涩的演讲惨遭落选；若候选人缺乏激情，选民普遍会对其实用心持有疑虑。

理智化防御处理过度情感的方式与隔离应对极度刺激的方法相同。理智化防御所需要的强大的自我力量，有助于个体在消极情绪中保持理性，并能在确认情感获得妥善处理之前，保证思维持续有效地运行。许多人都会同意，若个体面临压力时，能够理智应对，较少冲动，那便是成熟的一大标志。如果个体不能脱离防御的桎梏，对情绪持排斥态度，那么即便他表现得富有情感，人们仍然会不由自主地联想到作态。习惯以理智化应对生活的个体，对性、幽默、娱乐等情趣类事物毫无兴趣。

合 理 化

合理化（rationalization）防御如今已广为人知，无须赘述。它不仅是精神分析理论的概念之一，也逐渐成为一种人们喜闻乐见的现象——至少发生在别人身上是十分有趣的。"合理化是如此地简便易行"，Benjamin Franklin 感叹道，"它使人们可以尽情地创造理由"（引自 K. Silverman，1986，p. 39）。当我们无法得偿所愿，便自然觉得原先的追求毫无意义（"酸葡萄效应"）；或是某些不幸降临，感觉其实也并没有那么糟糕（"甜柠檬效应"）。这些都是合理化在发挥作用。合理化还包括：无力买房，便觉得房价甚不合理；饱受学习之苦，但常常自嘲："嗯，起码这是一种人生经历。"

聪明且富有创造力的人对于合理化更是得心应手。这种防御使个体身处劣势但较少怨言。但它的危害是，过度使用合理化可以泛化至所有事件。人们凭一时热情干事，合理化后就很少承认自己做事缺乏考虑。父母将打骂孩子合理化成"为他们好"；治疗师将提高诊费合理化为提升来访者的自尊；节食者则将虚荣合理化成有益健康。

道 德 化

道德化（moralization）与合理化有些类似。当个体使用合理化时，会无意识地寻找意识层面可接受的理由；当个体使用道德化时，则会无意识地寻找意识层面与责任有关的理由。合理化认为欲念合情合理；道德化则把欲念看做符合道德和责任。合理化个体会认为失败只是增长了"学习经验"，而道德化个体则坚称失败能够"塑造品格"。

这种自说自话的方式常常会令人啼笑皆非；但有时一些别有用心的人士将自己摆在道德至高点，利用特定的社会或政治环境，操纵公众的意愿。如：殖民主义者坚信为殖民地民族带来了更高水平的文明，这是道德化的典型范例。阿道夫·希特勒正是通过对无数追随者鼓吹，灭绝犹太种族及其他劣等民族是改良人类的必然手段，进而为血腥杀戮鸣锣开道。在当代美国，废除人权法案的企图一直堂而皇之地冠以"反恐"的美名。

更为贴近生活的例子，即主管领导粗暴地训斥下属，并辩称对员工的过失直言不讳是自己的职责；论文答辩中，苛刻的评委宣称"如果我们不实事求是，那么只会对你有害无益"。我的一个从事室内装潢的朋友，不惜重金做了面部整容手术，"我要以良好的面貌接待顾客"，她用道德化掩盖了自己的虚荣。Betle Davis（著名演员）曾在二战时期考虑是否中止自己的演艺生涯，最终她意识到，"我的退出可能正中敌人的下怀——他们想要摧毁美国人的精神。因此我决定坚守自己的岗位"（引自 Sorel，1991，p. 25），从而解决了内心的冲突。

道德化有时被视作分裂防御发展的高级形式。尽管我从未在任何精神分析文献中看到过这一观点，但道德化确实是个体早期发育开始区别好-坏后持续进展的结果。在儿童尚不能够整合自我的阶段，分裂会自然发生。而道德化能借助规则的力量，处理自我被唤醒之初所要面临的复杂情感。个体也可以用道德化来完善超我的形成，但最初开始形成的超我多半刻板且严厉，因此道德化的形成过程中必然需要伴随出现一个缺乏伦理道德的对立面——"别人"，经分裂防御后，形成对他人道德的谴责。

道德化是"道德受虐狂"型人格者的主要防御方式（Reik，1941）。有些强迫症患者也会善用这一防御方式。在心理治疗中，道德化的来访者会给治疗师带来道德上的两难。比如：来访者在道德化的自我攻击时，会因为治疗师与他们的看法不一致而认为治疗师品行不端。我有一位边缘型强迫性神经症的来访者，一直逼迫我对他的强迫性自慰行为做出道德评判，希望能借此降低他的道德性冲突。"如果我说这种行为妨碍你结识异性，你的感受如何？"我问道。"我觉得你批评得对，我感到非常羞愧，恨不得钻到地缝里，"他答道。我又问："如果我说，鉴于你十分压抑，任何一种性满足都可以算是一种成功的解脱，自慰则代表你的性发育向前迈了一大步，你又感觉如何？"他回答："我觉得你真是卑鄙无耻。"

因此，道德化防御的例子告诫我们：即便是"成熟的"防御机制，也很可能在治疗中顽固不化。对于长期而固定地使用某种特定防御的神经症性来访者，其治疗的艰辛程度堪比治疗精神病患者。

间　隔　化

间隔化（compartmentalization）是另一种理性防御机制，其过程更近似于解离，而不同于合理化或道德化，尽管间隔化需要合理化作为支撑。它与情感隔离有些类似，但比后者更加原始；它的功能在于能够允许两种相互冲突的情感同时存在，并能避免个体在意识层面感到困惑、内疚、羞愧或焦虑。隔离是将认知和情感互相割裂，而间隔化是将互不相容的认知成分间隔开来。间隔化的个体会同时拥有两种以上的观点、态度或行为，尽管这些态度和观点无论本质还是现象都相互冲突，但个体却浑然不晓。在旁观者看来，间隔化和伪装几乎难分仲伯。

日常生活中也有间隔化，比如我们偶尔会因为自己两种相对立的态度而自责：既声称自己信奉"乐善好施"，但又争抢出人头地；或一边赞同畅所欲言，一边自己又守口如瓶；再或反对歧视但同时大讲种族笑话。当间隔化出现在团体或文化中时，其作用会因群体驱力而增强。在美国，有些强势的政治集团会持有相互矛盾的信念，比如反对提高税收但支持增强国防。

有些个体具备更为极端的间隔化特征，他们会在公众场合尽显道德风采，而在家中虐待子女；我们也常会发现那些声严色厉的道德卫士，背地里干着令人发指的勾当。不少反色情斗士实际上是色情作品的收藏家。如果个体在犯罪的同时伴随强烈的内疚，或是伴随某种情感解离，便不能被冠以"间隔化"防御。只有个体在意识层面能够同时兼容彼此矛盾的活动或观念，这一名称才适得其用。在治疗中，使用间隔化的来访者常常会将矛盾之处进行合理化。

抵　消

正如道德化被视作比分裂更为高级的防御形式，抵消（undoing）也可被看做为全能控制防御的必然结果。尽管个体能够通过自我反省，感受到全能控制的不切实际，但使用抵消防御的个体仍会幻想这一防御机制的神奇力量。"抵消"是指通过个体的行为与内心体验达到平衡，即：个体潜意识中指望通过某些态度或行为恰好消除某些情感（通常是内疚或羞愧），从而达到心理的平衡。日常生活中的例子：如丈夫或妻子买礼物给对方，试图补偿昨夜脾气暴戾带来的内疚。如果行为的动机存在于意识层面，理论上我们就不能称之为抵消，而如果个体未能意识到自己的内疚情感，自然也未能意识到想要补偿的愿望，那么此时可称作抵消。

抵消也出现在许多宗教行为之中。以行动和理念来努力赎罪，是人类普遍的愿望。当儿童逐渐对死亡有所理解，就会自然出现大量含有抵消理念的奇特仪式行为。比如小孩子会避免踩到人行道板块的缝隙，以避免踩伤妈妈的后背（一首德国儿歌，大意是"踩啊踩，踩到妈妈的背上去"），从精神分析角度理解，这其实是儿童对潜意识中希望母亲死去的愿望的抵消，随着对死亡理解的逐渐成熟，这些恐惧才会逐渐消退。抵消行为的背后也隐含着全能幻想，即自身的敌意感受十分危险，只要心有所想便事有所成。

有位来访者以往偶尔会送花给我。很长一段时间我没有与她讨论这一行为的意义，因为她当时处境很糟，我估计讨论会被她误解为我的拒绝，或被她看作是以怨报德。最终，我使她能够意识到，每次送花都与前次咨询时她对我的愤怒有关。理解这些后，她自嘲地解释道："我想，这是给你的坟前的花束"。

如果个体对曾经的罪恶、过错和失败悔恨不已，无论是否真实、恰当，甚至有时只是一个非分的欲念，都可能竭尽全力来抵消。我在进行利他人格心理研究时（McWilliams，1984），曾遇到一位79岁的中产阶级欧裔老太太，她数十年来一直投身于争取有色人种的平等权利。那是因为她大约9岁时，曾无意间冒犯了一位她非常爱戴的非裔女性，至今仍无法释怀。Tomkins (1964)对坚定的废奴主义者进行研究发现，他们都具备与抵消防御相关的人格特征。

若个体以抵消作为核心防御，且通过潜意识的赎罪行为来支撑自尊，那么我们考虑其人格可能具备强迫特征。我必须强调，尽管"强迫"这一术语通常不受人欢迎，但强迫这一概念在道德层面应该是中性的。换言之，具有强迫人格特征者可以表现为强迫性酗酒，也可能表现为笃信人道主义。同样，尽管强迫观念或强迫行为是指强迫和冲动的病理性状态，但它应用于人格结构时，并非全然贬义。那些遭受自我不协调的、挥之不去的想法或动作困扰的个体，确实急需寻求帮助。但若是潜心执着地从事研究，或是愉悦认真地进行园艺劳作，则很难与"病态"产生联系。我们在描述适应良好且行为健康的性格特征时，也常用强迫来描写这种思维或行为方式。

攻 击 自 身

Anna Freud（1936）喜欢用浅显易懂的语言来创造术语，比如"攻击自身"（turning against the self）。此概念的涵义与字面意思相同，即个体把对外部客体的负性情感或态度转而施加到自己身上。如果某人对领导不满，而领导又很难开门纳谏，那么他会将批评转向自己，以化解焦虑。对于儿童来说，生长环境造成他们对养育者的绝对依赖，如果养育者十分苛刻、严厉，为避免来自无法依赖的养育者的惩罚，他们会采用攻击自身这种防御机制（Fairbairn, 1954）。自我攻击固然令人难受，但把无力回天的事实认作为自己的过失，能有助于个体在情感危机中的幸存。

我有一位来访者，在她的成长经历中，母亲时常要自杀，父亲反复无常且自我中心。整个家庭摇摇欲坠，难以维续：在她的记忆中，父母曾因付不起房租而被扫地出门。因此她常想，如果自己能表现得更好些，或许父母会给她更多的关爱和保护。这种在童年期形成的坚定信念，令她每当置身于困境时，都会不断自责，而不去设法改善自己的处境。经过数年的治疗，她才从情感上接受自己早已不再是不良家庭中的柔弱女孩，不再用攻击自身来处理所面临的困境。

多数人都会残留将不良情感、态度和认知转为攻击自身的倾向，攻击自身会令人产生错觉，能借此增强自己在不良情境中的掌控感。攻击自身其实可视作比内摄防御更为成熟的形式。攻击自身的过程中，外部威胁并没有像内摄那样被全盘吸收，但在一定程度上，个体认同了外部威胁。上述现象可常见于健康人群，他们能够意识到自己对负性刺激的否认、投射或抵制。但他们又常常错误地将问题归咎于自己而非他人。抑郁性人格及自虐相关人格特征的个体常常不由自主地使用这种防御。

置　　换

从精神分析的技术层面来看，置换（displacement）是一种广为人知且较少被曲解的防御机制。我家的宠物狗会在受到惩罚之后攻击它的玩具，11岁的女儿看到这一情景后大声嚷道："看哪！它正把气撒到玩具头上——就和人一样！"。"置换"是指将驱力、情感、关注或行为从初始目标客体转向其他客体，因为若将其施加于前者，将引发焦虑。

关于置换的经典的画面：男主角在受到上司的训斥后，回家对妻子发脾气，接着，妻子斥责孩子，而孩子气愤地一脚踢向宠物狗。Murray Bowen（如，1993）等家庭治疗师所强调的"三角关系"（triangulation）正是一种置换现象。我注意到夫妻之间如有一方不忠，另一方通常不是将怒火直接指向伴侣，而是转移到"第三者"身上。那些对"破坏家庭者"的口诛笔伐，其实暗示出轨的伴侣是被勾引的受害者，如果矛头直指不忠的伴侣，将使本来岌岌可危的夫妻关系更加危在旦夕。

性欲同样可被置换；恋物癖就可被理解为将性欲从性器官转移到潜意识的相关领域，比如双足甚至鞋子。如果既往经历让人感到阴道是危险的，他便会用与女性相关的物品来加以替代。焦虑本身也可置换，弗洛伊德那位著名的来访者"狼人"因担心鼻子疾患而接受了Ruth Mack Brunswick的治疗，才发现他担心鼻子其实是担心阴茎遭到阉割而进行的置换（Gardiner，1971）。当人们置换焦虑时，把紧张刺激源转移至象征着恐怖的特定物体时，便可称作恐怖症（Nemiah，1973）。例如，害怕蜘蛛，是人们潜意识地对母性的恐惧；或者害怕刀具，是潜意识的阉割恐惧。

若个体惯用置换防御，并使生活时常陷入恐惧，我们称之为恐惧性格——多数人拥有单一恐惧症状，但也偶见广场恐惧伴发其他恐惧症状，并伴有广泛性恐惧性格。恐惧心理与创伤导致的害怕有所不同：如果对高桥产生恐惧是由于曾在桥上发生过严重的交通事故，那么这种回避属于创伤后应激现象。但如果回避高桥是潜意识对某种恐惧的象征和置换（比如将桥视作重大生活转变的象征，而这些转变最终将指向死亡），并且期待回避行为能够保护自己免受时光和死亡的侵袭，这便是恐惧症了（phobic）。

有些负面的文化传统，如种族歧视、性别歧视、同性恋歧视，以及弱势群体对社会的不满，都包含了大量置换的成分。我们在许多组织机构和亚文化群体中也常能观察到类似的替罪羊现象。咨询中的移情现象与咨询以外的移情(即 Sullivan 所称的"逻辑失调 parataxic distortions"),都包含了(对早年客体感受的)置换和(对内在自我部分的)投射。置换也有一些正面的形式,包括将攻击转化为创造力(当人们心绪不宁,会忙碌不停地工作),以及将难以允许的性冲动转移到合适的伴侣身上。

反 向 形 成

反向形成(reaction formation)是一种耐人寻味的防御现象。显然人类有能力将事物反其意而用之。传统的反向形成包括正/负性情绪的相互转换。例如,由恨转爱、崇拜变蔑视或妒忌变吸引,此类情况在日常生活中俯拾皆是。反向形成较易识别的例子是,一个三四岁的幼儿,如果有弟/妹出生,他们便已拥有足够的自我力量将愤怒与嫉羡转化为有意识的爱,并将这种爱投注在新生儿身上。反向形成中常常会夹杂着内心隐情的"渗漏",令旁人能够觉察到个体的意识行为似乎有些虚假或过分。比如家人对小女孩的宠爱被刚出生的弟弟所取代,她会很有意思地表现得"爱死了宝宝":她时常过分用力地拥抱弟弟,危险地摇晃,吵闹地歌唱,等等。许多兄长也曾对年幼的手足狠搂猛掐,直至听到尖叫才罢手;或者送他们整蛊玩具——冠以爱的名义。

反向形成与其说是情感的两极调换,不如更精准地称之为否认情感的矛盾性。精神分析的基本观点之一便是:人的情感体验都具有矛盾性。我们可以对人爱恨交织,也能对可意之人怨声载道;我们的情感状态总是左右徘徊。(弗洛伊德认为情感的普遍矛盾只有一个例外,即母亲对儿子的爱是一成不变的,但我们怀疑这种误解源自弗氏的自恋情结。)常会有分析师洋洋自得地指出,来访者所谓感受到的 A,实际应该是 B;但我们认为,个体在感受到 A 时,同样(可能从潜意识层面)感受到 B。因此说,使用反向形成的个体常常会坚持认为自己的感受只有一种,但实际上,这只是所有复杂情感反应的某一个方面。

被新生儿取代地位的孩子们会主动避免负性情绪，并令自己沉浸在积极的情绪之中，由于他们精细区分相反情感、（更重要的是）感觉与行动之间的能力尚未成熟。这时，反向形成这种否认矛盾性的防御实在不可或缺。该防御的益处也还体现在其他情境中。比如在竞争中，谋害和敬佩的感受将同时出现，反向形成会引导儿童去效仿而非诋毁对手。成人世界也同样，但通常我们认为成人更多了解和接受多种情感体验，并更能规范自己的行为而非克制感受。

反向形成也是病理性心理现象中比较常见的一种防御，它常被用于转化敌意情绪和攻击冲动，尤其当这些情绪被体验为失控的恐惧时。经此防御后，偏执者通常只能感受到仇恨和猜疑，但观察者不难发现他们其实具有渴望和依赖；强迫性个体常认为自己对权威言听计从，但人们常同时能观察到他们的怨恨。

反　　转

当自我面临心理威胁时，还有一种应对方式：即是自编自演心理剧本，并将主角与配角颠倒逆转。例如，个体羞于接受或不能承受他人对自己的照顾，便会去悉心照料他人来间接证明自己的独立，并在潜意识层面认同被照料者的感激之情。上述反转（reversal）防御在治疗师人群中常常屡试不爽，治疗师们很不喜欢依赖别人，但很享受被人依赖的乐趣。

一旦儿童发育至能够利用玩偶或影视人物玩耍时，便已具备反转的能力。反转的优势之一在于个体能够随意调动互动中的力量，从而使自己成为主动发起而非被动接受的角色。控制－支配理论学派的学者将之称为"反客为主的转换"（Slberschatz, 2005）。这种反转防御具有积极意义的时候，会得到颇具建设性的结果；当具有消极意义时，则会起到破坏性作用。例如，兄弟会成员入会时曾遭受捉弄或虐待，他们会将自己当时的羞辱体验转化为对新人入会时的主动出击，从而由受害者反转为加害者。

有时候，临床上会遇到来访者用反转来挑战治疗师。我的一位长期治疗的男性来访者，他的母亲重度抑郁且酗酒成性。在童年时期，他每天早晨走进厨房都能看见她慵懒地喝着咖啡，指间夹着残烟，一副可怜相。而今他的问题也是经常陷入抑郁，与他悲哀的母亲如出一辙。每次当他走进治疗室，都会仔细打量我，然后宣称："你今天肯定十分疲倦。"或"你一定是某些方面遇到了困难。"有时候他的判断是正确的，但多数时候我其实心情不错，但多少会因他的胡乱猜测而受影响。随着此类情况的日益增多，我开始不断反驳他对我疲乏、消沉状态的无端猜测。但他非但没有意识到这种猜测的荒唐，也未以我的反馈去反思自己的置换和投射，而是在心理上与我的角色进行了对调，声称尽管我自以为状态不错，但实际并非如此；还号称自己具有非凡的洞察，一眼便可认出抑郁者。

这位男士实际上逆转了咨访关系，对自己难以掌控的情境进行了反转。早年母性权威的不可靠，不能给他足够的安全感去依赖。之后，每每遇到女性客体即感觉如此。本案例中，尽管反转防御多少可使他减轻内心伤痛的困扰，但其弊端是，他难以与这类客体建立情感的联结。造成他产生抑郁的部分原因是一系列与异性的友情与爱情的失败经历，在这些经历中，他原本可通过重演早年缺爱儿童与冷酷母亲互动的心理剧，从而尝试修通。但由于他总是扮演后者的角色，导致知己好友一个个众叛亲离。

我在进行利他主义研究（McWilliams, 1984）时，曾遇到一位四十多岁、风度翩翩的成功男士，他生活中最重要的慰藉是志愿参与一个国际组织，为无家可归的儿童（部分源于种族歧视，部分由于生理残疾或畸形的儿童）安排领养对象。他觉得，"当把一个孤儿交给养父母，知道他即将重获新生，那种喜悦实在无法言表。"他自己的母亲在他2岁时突然离世，他极度悲痛。女管家随后照料他并嫁给了他的父亲，成为他真正意义上的妈妈。每当他成功地帮助一个孩子找到养母，便能重新体验自己当年获救般的感受（尽管我们的治疗持续至今，他依然无法将自己的早年经历和现在的人道关怀联系起来），并通过反转由衷地感到解脱：他才是力量强大的救世主，而那些渴求母爱的孩子才是孤单无助的。

读者可能已经注意到，并没有哪一种人格类型只使用高级防御。心理相对健康的人群一般不仅使用成熟的防御（比如反转），他们会灵活运用多种防御方式去应对焦虑和其他负性情绪。因此，我们不能绝对地下定论：高级防御必定与某种健康人格相关联。

认 同

将认同（identification）列入防御机制看起来有些古怪，多数人认为，对他人或他人的某些方面进行认同，是一种有益无害、且与防御无关的能力。如今已经证实，有些认同的确极少包含防御成分（例如，被社会学习理论取向的心理学家称为"模仿"的那一类认同，或是如今被我们归因于镜像神经元作用的认同），但精神分析派别的学者们一直坚持认为，多数认同的动机仍在于规避焦虑、忧伤、羞耻或其他痛苦的情感；或是修复岌岌可危的自我统一性和自尊感。认同与其他成熟的防御过程相似，都是正常心理发育过程的一部分，只在特定情境下才可能出现问题。

弗洛伊德（1923）在对自己提出的"依附性"认同（源自希腊语中的"依附"[to lean on]）与"攻击者认同"进行区分时，首次发现了非防御性认同与防御性认同之间的差异。他认为，前一种认同只是单纯地想成为和被仿效者一样的人（"妈妈既慷慨又慈祥，我想成为她那样的人"）。后一种认同虽同样出于自然，但却是受被仿效者的权势威胁所产生的防御性反应（"我害怕妈妈因为我不乖而惩罚我；如果我成为她，就可以拥有她的力量，不用怕她"）。弗洛伊德认为，不少认同行为其实同时包含了两种成分：直接吸纳爱的客体，同时以防御为目的而模仿恐惧的客体。

分析师使用"认同"一词时，意在形容一种成熟、刻意，但多少带有潜意识的希望成为某人的过程。这种能力的发育包含一系列由婴儿期的内摄（或"吸纳"，成为他人）至更为隐晦、精确、主观地吸收他人性格特征的过程（Cramer，2006；Schafer，1968）。认同过程贯穿终生，并且持续进化和修整，成为心理发展的情感基础。实际上，人生经历中的亲密关系都可为双方提供增进认同的机会，由此也可推论分析过程中咨访关系的重要性。亲密关系中形成的自然性投射持续不断地促进人们发展共情能力，因此，这种原始的认同使人们的情感变得日益敏锐而精准，从而自身不断积累偶像的优良品质。

弗洛伊德最广为人知的防御性认同范例当属恋母情结。幼儿达到一定年龄（通常是3岁左右），内心想要独占母亲的愿望被父亲拥有母亲的全部这一残酷的现实所摧毁（弗氏只描述男孩是基于他对性取向正常的男孩的观察，这种性别的局限性在分析界一直遭人诟病）。他担心，强大的父亲会因为他有攻击父亲的愿望而寻求报复，从而伤害自己。因此，儿童会用认同父亲来缓解这种幻想所带来的焦虑（"也许我除不掉爸爸，反正我也挺爱他，并非真想害他，再说，我也不一定能完全得到妈妈，但我可以成为像爸爸那样的男人，这样长大后就能够找到像妈妈一样的女人"）弗洛伊德认为这种幻想司空见惯，是攻击者认同的原型——是与想象的攻击者认同。

认同本质上是中性的，它的好坏取决于所认同的对象。心理治疗最主要的工作正是识别来访者过往和目前所出现的认同导致的问题，也许这些认同曾有助于顺利解决儿童期的冲突，但如今却成为矛盾的来源。例如，我曾治疗过一位牧师，他幼年时父亲酗酒且常虐待他，母亲患有恐惧症生活不能自理，他经常靠模仿自己那位凶狠的 Harry 叔叔，用拳头解决问题，才得以在坎坷中幸存。这种解决问题的方式在他的不良家庭和充满敌意的邻里环境中游刃有余，最终无人敢招惹他。这种方式也帮助他赢得周围人的敬畏，缓解了他的焦虑情绪，释放了在家中受到的憋屈。但成年后，当他故伎重演，殴打他人时，却失去了许多教会成员的尊重，众口谴责他的行为与教会精神相悖。这促使他意识到自己行为的不适当而前来寻求心理治疗。之后，他了解到自己的不当行为是为早年认同而付出的代价。

认同与生活的各方面都有关联，所以当个体面临压力时，尤其遇到似曾相识的主观感受时，认同便油然而生。如：死亡或丧失多半会引发认同，因为二者都与消逝的爱恋客体有关，当面临客体丧失，个体常常通过认同类似客体来填补自己的情感空白。所以，当类似客体丧失的事件发生时，常会引发幸存者的认同。青少年崇拜偶像，可以是努力适应迫在眉睫的、复杂的成年人生活的自然反应。这种现象亘古不变。西方当代青少年对英雄偶像的不满与最近数十年青少年自杀率显著升高可能不无联系。

有些个体似乎更自然、更容易产生认同，仿佛对符合自己心理状态的所有人和事来者不拒。不管这种认同程度的深浅，他们都会因此而深陷认同所带来的混乱。崇拜行为包含大量防御性认同的元素。即便是非常健康的人群，如果存在某些认同方面的困扰（比如一位癔症性格的女性，潜意识中对自己的性别不甚满意），也更容易对此方面较为成功的人士产生深深的认同。

对新的爱的客体的认同或许是人类走出痛苦情绪的主要途径，这一途径也是所有派别的心理治疗期望达成的目标。对治疗过程的研究已经反复证实，在咨访进程中，情绪品质与治疗效果的相关程度远高于其他因素（Norcross，2002；Strupp，1989；Wampold，2001，2010）。我们从近期有关分析治疗过程的文献中也可以看出，强调咨访关系的重要性远远超过了强调解释的作用。而解释曾一度被视为精神分析治疗的首要因素（如，Buechler，2008；Fosha，2005；Maroda，2010；Safran，出版中）。

在精神分析治疗中，来访者对治疗师的认同是十分宝贵的康复资源，得当地利用这种认同，对来访者的康复十分有价值。行业内，有些治疗师推崇在特定情境下对来访者暴露自己的反移情。但应注意，要避免误用来访者的认同，应尽量避免表现个人品味、评判价值或给予指导。而应表现出普通人的良好品德（如，同情、好奇、包容、责任感）。弗洛伊德（如，1938）曾反复告诫分析师，不要在来访者面前将自己塑造成救世主、神医或先知。这至今仍是业内遵守的金科玉律；自恋式地利用来访者的认同永远是业内禁忌，不幸的是，与其他禁忌一样，被打破的频率或许比我们承认的多得多。

升　华

升华（sublimation）曾一度为高知阶层所追捧，为解释个人倾向提供了一种流行说法。如今，随着精神分析理论的进展，驱力理论在精神分析学说中的核心地位日益衰减。升华概念在文献中出现的频率也逐年减少。最初将升华视作"优良"防御是在于：当原始欲望和道德约束之间产生冲突时，升华可催生富有创造性、健康的、易于被社会接受的良好防御行为。

弗洛伊德起初认定升华为：有社会价值地释放生物冲动（包括吮吸、撕咬、排便、打斗、性交、窥探和被窥视、忍受疼痛、护犊等欲望）。比如将施虐欲望升华为疗伤的医生；将表演欲望升华为剧作的艺术家；将攻击冲动升华为辩护的律师。依据弗氏的理论，本能驱力在个体早年经历的影响下不断改变；有些驱力或冲突会推动个体朝向卓越，创造性地参与有益的活动。

升华被看作是解决心理困境最健康的方式的原因有二：首先，它可促进有益于人类的行为；其次，它既能释放相关的冲动，又无须过度耗费能量用于改变冲动的形式（如反向形成），或调动力量与之对抗（如否认，压抑）。通过升华释放能量是对个体有益的：它有助于人类保持机能的稳定状态（Fenichel，1945）。

升华这一概念出现在分析性文献中时，作者通常用来表示个体能创造性地应用有价值的方式来应对问题。许多人误以为分析治疗的目标是帮助来访者摆脱婴儿期的欲望，但其实恰恰相反，个体的健康与自婴儿期至今一直保持活跃的本能休戚相关。我们永远无法摆脱欲念和冲动，但我们能以和谐的方式与之共存。

分析性治疗的目标包括全面了解自己，包括接纳自我中最为原始和痛苦的部分，逐渐理解自己（或同情他人——通过将先前被自己否定的自我部分的投射和置换），更加自由地运用新的思维方法解决旧的固有矛盾。这并不意味着个体用这种方法否认自己的冲突或欲望。升华是自我发育进入了新的高度。这样的观点也表现出精神分析理论关于人类潜能和局限的基本态度。更突出强调了精神分析诊断的潜在价值。

幽　　默

尽管幽默（humor）可算作升华的一种亚型，但将它也列为成熟性防御是因其特点而值得一提。儿童在年纪极小时便会有幽默情趣（我见过8个月大的婴儿刚刚学会"热"这个词，就会突然将手从妈妈的乳房上挪开，并大声喊"热"，然后咯咯大笑——显然是有意的）。这类玩笑并不具防御性质，纯属玩乐。另一类幽默则截然相反，如：强颜欢笑的背后是极度的防御；常常有些人一旦谈论严肃的话题，便开始不停地搞笑。轻躁狂的特征正是驱使自己不断制造欢乐，以回避生活中无法避免的苦楚，这种人格特征在重度边缘型人群中十分常见。

有些幽默确实能够增强我们忍受苦痛的能力。"黑色幽默"即是典型例子，它一直被视作是抵御残酷现实的一种心理机制。多数幽默是一种积极的防御，展现出受人欢迎的一面，比如解嘲、轻描淡写、苦中作乐，等等。幽默感（特别是自嘲的能力）很久以来一直被视作精神健康的核心要素。如原先缄默或恼怒的患者出现幽默，常常意味着内心出现了显著的变化。

总　评

　　总之，防御方式的选择对理解个体性格十分有益。必须强调，本书着重描述人格结构，而非局限于人格障碍。尽管人格结构的内容最终应用于临床诊断，即假设来诊的个体罹患某种人格缺陷，但仍然应该牢记，某种人格缺陷并非都归因于个体的基本人格，它们有可能只是某种境遇性反应，这种境遇下任何性格结构的人都会耗竭心力。

　　但从另一角度看，个体的痛苦感也反映出其人格特征，我们需要对个体的人格特征保持敏锐的洞察，才能真正帮助他们减轻痛苦。仙人掌和常春藤在阳光和水分充足的条件下都能茁壮成长，但园丁在培育时如果不区别对待，便会影响它们的开花结果。无论问题是否源于人格特征，对人类性格多样性的理解，都是促成高效心理治疗的核心要素。治疗师对待抑郁性强迫症的态度，应有别于对待癔症人格的抑郁症患者。

　　每个人的童年期恐惧和欲望都十分强烈，彼时使我们能够得心应手的防御策略，会习惯性地延续用于此时的其他类似情境。一个细致敏锐的性格诊断并不在于判断某人"异常"的程度，也不在于评定某人的人格背离社会标准的距离（McDougall，1980），而是了解每位来访者独特的痛苦和能力，进而针对性地缓解痛苦，增强能力。

　　我将在随后的章节从心理动力学意义方面介绍主要的人格类型。对个体人格差异进行分类的方法不胜枚举，但依据来访者心理问题而分类的方法始终为治疗师所秉持。（如果以其他社会角色对来访者进行分类一定十分有趣，例如：作为发型师、酒吧招待、教师、乐师、会计，用不同的眼光审视人性。我相信，上述人群能够对形形色色的人格类型了如指掌。）我认为：每种人格的形成都是防御或防御组合作用下的结果。每种人格特征的范围也都包含了从精神病态至心理健康的演变过程。随后，我将从主观和客观两方面来描述治疗各种人格障碍的问题,并尽可能用临床实例来解释精神分析那些抽象的概念。

小　　结

本章主要介绍最为常见且与临床相关的次级（或"高级"）防御：压抑、退行、隔离、理智化、合理化、道德化、间隔化、抵消、攻击自身、置换、反向形成、反转、认同、升华和幽默。每一种防御我都列举了适应良好和适应不良的例证，及与此种防御相关的性格类型。最后，我对防御和人格之间的关系作了简要评述，以便与下一章进行承接。

进一步阅读的建议

正如我在第五章末尾所提到的，对防御的评价通常包含在其他话题之中，也极少有专著对防御作单独介绍。Anna Freud（1936）和 H. P. Laughlin（1970, 1979）的作品倒是个例外，也相对比较通俗易懂。Fenichel（1945）迈出了勇敢的一步，在其《精神分析的神经症理论》（*The Psychoanalytic Theory of Neurosis*）的第八、九两章中，用他一贯的细致入微的手法对防御机制进行了描述。若想从实证角度了解防御，Vaillant 于1992年编写的《防御的自我功能》（*Ego Mechanisms of Defense*），以及 Phoebe Cramer 在1991年和2006年的两卷著作：《防御机制的发展》（*The Development of Defense Mechanisms*）和《保护自我》（*Protecting the Self*）都是非常不错的选择。

第二部分
性格组织的类型

引　言

　　第二部分每一章介绍一种主要的性格类型。选择介绍这些性格类型是基于其临床出现的频率，以及我对它们的熟悉和掌握程度。本书未能涉及的人格类型可见于《精神动力学诊断手册》(*Psychodynamic Diagnostic Manual*, PMD 小组, 2006)。

　　介绍人格类型时，顺序不分先后。但大体是从与客体相关度较低的人格开始，直到对治疗师产生强烈依恋（这种强烈依恋造成许多问题）的人格。在描述每种人格时，我会涉及如下内容：(1)驱力、情感和气质；(2)适应性和防御性自我功能；(3)早期关系的内化过程对人格发育的影响，及其目前在人际关系中的反映；(4)自我体验，包括个体有意和无意识的自我体验，及其自尊的基础；(5)对自我、他人及与他人互动模式的内部表征，以及这些内部表征对移情和反移情的影响；(6)治疗；(7)鉴别诊断。

章节组织的思路

我的主要思路是沿用 Pine（1990）的四个方面来组织章节：驱力、自我，客体关系及自体心理学。如下：

从广义上讲，我用上述四个术语分别指代下列四个领域：(a) 驱力、冲动和欲望；(b) 防御、适应和现实检验，及它们的发育缺陷；(c) 与重要他人的实际或想象的关系，无论这些体验或记忆伴随何种歪曲；(d) 与边界、自尊、真诚和执行力相关的自体感觉。(p.13)

我认为 Pine 的观点与传统精神分析的理论十分契合，对于厘清复杂心理现象的各个方面非常有用。

我将情感因素补充入 Pine 的第一个领域（参阅 Isaacs，1990；Kernberg，1976；Spezzano，1993；Tomkins，1962，1963，1991，1992）。而之前弗洛伊德将情绪只归入驱力范围（参阅 Solms 和 Nersessian，1999），这也是分析理论对情感的研究一直进展缓慢的原因。Blagys 和 Hilsenroth 调查了 2000 名精神动力学派的治疗师后发现，探索情感在他们的治疗中具有决定性作用。分析师们早已发现，对情感的觉察比理性思维更具治疗意义（参阅 J. G. Allen，1980）；尤其是最近，许多理论家都将情感置于人类心理和临床治疗的中心位置（如，Chodorow，1999；Fosha，2000，2005；Maroda，2010；D. Shapiro，2002）。

潜意识情感的强大作用已被无数临床研究所证实（参阅 Westen，1999）。最近20年对早年经历和大脑机能的研究（如，Damasio，1994；Lichtenberg，1989；Panksepp，1999；Solms 和 Bucci，2000）表明，若要探索人格差异，识别和理解内隐的情感是十分重要的。Rainer Krause 的研究（如，Anstadt 等人，1997）表明，每个人都具有独特的面部表情模式（情绪"拼图"），或独特的情绪表达方式（情绪"印章"）。因此，特定的情感成分显然是稳定的人格结构的重要组成。

除了情感，我还将气质因素加入第一领域。弗洛伊德喜欢从驱力的朝向和强度来强调个体间的先天差异，这些先见之明与当今遗传学和神经科学的发现，以及对气质的研究成果不谋而合，（Kagan，1994）。临床治疗师通常更多地关注可改变因素，更关注症状表现中有利于治疗改变的部分，而较少考虑那些先天的"既定事实"，其实考虑个体的先天因素有助于制定适切的治疗目标，也有利于帮助来访者调整，适应难以改变的事实。

以下两个主题（性格性 vs. 情境性）可体现在各种人格类型中，可用于说明在该种状况下个体的人际交往风格，以及有效的治疗步骤。我对反移情的探讨将基于诊断和治疗两方面的考虑。治疗师的情绪反应包含了重要的诊断信息，特别是在对治疗需求差异巨大的两种性格类型进行鉴别时，治疗师的反移情甚至可能是（尤其对病情严重的来访者）唯一的线索。此外，了解自己的反移情信息也有助于治疗师更好地与来访者互动（为应对来访者可能产生的感受做好准备）；提高处理自己情绪的能力。在第二部分的一些章节中，我也加入了一些控制－掌握理论学派用以鉴别人格类型的一系列性格"测试"的观点（Weiss，1993）。

最后，我还增加了鉴别诊断的部分，以提醒读者有时看上去特征明显的人格组织实质上可能属于另一种人格类型，尤其，当诊断关系重大时更应慎重鉴别。误诊会引发灾难性后果，比如将癔症患者误诊为自恋性人格，或是将自恋型患者错认作强迫性人格，再或将解离障碍患者视作精神分裂症。然而，误诊仍不可避免，DSM 症状清单式的诊断方式，也对误诊起到了推波助澜的作用。

性格病理和情境因素

每一种性格类型都包括病态和常态两个方面。人格由个体的成长经历和应对方式共同构成。多数情况下都不适合用"异常"来描述。无论个体属于哪一种人格类型，都会同时兼备其他人格的某些特征。许多人并不单纯属于某一种人格类型，而是兼具两种人格特征（如，偏执－分裂型，抑郁－受虐型）。即便没有达到人格障碍的程度，对来访者的性格特征进行评估也非常有价值，如：来访者倾向于接受哪类信息，与来访者如何互动将有助于治疗，等等。尽管临床评估切忌照本宣科，但这样归类便于治疗师大致确定治疗方向。

驱力绝不等同于病态。只有当个体的人格过于刻板以致阻碍其心理调适时，才可能出现病态性格或人格障碍。如：具有强迫倾向的个体在生活中常常思维缜密，并可以通过将创造性想象的付诸实施（学术成就、逻辑分析、细致规划和明智决定）来获得自尊。而病态强迫的患者则反复思虑、优柔寡断、好高骛远，最终一事无成，并为如此恶性循环而自责自罪。同样，具有抑郁倾向的人会通过照顾他人而获得慰藉；但病态抑郁患者甚至连自己的生活都无法料理。

为了进一步区分人格倾向与人格障碍，我们必须对性格行为和境遇反应做出鉴别。多数情况下深藏不露的某种人格特质，或许会在某一种特定情境中得以显现。比如丧失会导致抑郁情绪的爆发；争夺控制权容易产生强迫性穷思竭虑；性虐待常常会诱发癔症样反应。治疗师需要注意衡量情境因素和性格因素所产生的相对影响。当人们长期处于无法摆脱的困境时，常常表现为人格异常。但这类行为可能更多与情境相关，而非性格使然。例如，在"天性偏执"的上司或老师监管下的职员或学生，会表现出DSM中描述的偏执性人格障碍那样的稳定特质，而一旦离开原先的环境，这种特质便可能消失（参阅 Kerngerg［1986，2006］关于天性偏执者的观察报告）。

　　我的同行曾治疗过一位来自东方文化背景的学生，她满脑子都是强烈的顾影自怜式的观念：十分敏感他人看待自己的方式，整天想着如何维持尊严，对别人能够轻松学习充满嫉妒，时常担心自己是否"合群"。在她与治疗师建立了真诚而友善的关系后，使治疗师对她产生了与她类似的反移情，这促使治疗师重新考虑对她的自恋型人格的诊断。适应新群体的境遇性压力激发了个体对于接受、认同、自尊的潜在关注。移居文化差异显著的陌生他乡，都会产生这种内心冲突。上述案例也体现了治疗师识别自己主观感受的重要性，并告诫我们不要混淆人格因素与情境反应。

人格改变的限制

　　临床经验表明，尽管心理治疗能在很大程度上修正人格偏差，但很难改弦易辙（驱力理论有句话说得好，"你可以扭转财力，但无法撼动驱力"）。因此，治疗师能够减轻抑郁症来访者的毁灭性且冥顽不化的低落情绪，但却完全不可能将他们改变成瘾症型或分裂型人格。尽管新的体验和感悟能极大地拓展他们的自主性和现实自尊感，但人们仍善于固守自己的内部"工作模型"（Fonagy，2001）——核心的心理表征以及冲突、期望、情感及防御。对原先自然而然的行为得以掌控，能增进人的自由感；了解自己人格形成的过程有助于个体接受自我。因此，无论治疗能在多大程度上修正性格的偏差，对性格特征的探索都将于心理治疗大有裨益。

　　我希望本书能尽量面面俱到，但又不过于赘述。第二部分将对精神病、自恋、分裂、偏执、抑郁、轻躁狂、受虐、强迫、癔症及解离型人格进行深入描述。如前所述，人格的形成涉及多个主题，但上述内容于我最为熟悉。在我看来，我未能涉及的人格主题更像是心理治疗优美旋律中的变奏曲，而非主旋律。比如：较为次要的施虐人格，人们即使知道自己的性格具有施虐性，也很少自愿前来就诊。我们更常将施虐倾向视作其他人格障碍的症状之一，如精神病或解离症。再如：有些人属于被动攻击型性格，但更多时候，被动攻击只是其他驱力特征的附庸，包括如：依赖、强迫、偏执和受虐倾向。

第 七 章
精神变态(反社会性)人格

　　我从精神卫生临床实践中那些最不受欢迎、最令人恐惧、本质上属于精神病性的来访者入手,展开对人格类型的讨论。我赞同 Meloy(1988)的做法,用"精神变态"来形容这种人格类型。而"反社会性"术语则指从旁观者角度审视同一现象,后者着眼于外显行为,且强调所导致的社会后果,而我在此着重探索精神变态的主观体验和内部驱力。

　　既往研究已经证实 Kernberg(1984)关于自恋状态(自体障碍)的谱系概念,其中最为严重的一端便是精神变态*(psychopathy,如 Gacano,Meloy 和 Berg,1992)。Robert Hare(如,Hare 等人,1990)将真正的精神变态者(psychopaths)与反社会倾向(antisocial tendercies)的人群作了细分,并使用"精神变态"(psychopath)来指代反社会人群中的一小部分极端人群。这种鉴别对于该领域的研究极有价值,同时也具有十分关键的实用效果,比如用于甄别雇员时。我会更加普遍地使用形容词"精神变态性"(psychopathic)作为"反社会性"(antisocial)意义上的等价词汇,但为了全面讨论反社会性

---

* 本书将 psychopath 译为"精神变态",与 psychotic 一词区分,后者译为"精神病";有其他学术著作也将 psychopath 译为"精神病态",为使读者明确区分 psychopath 和 psychotic 所指的不同范畴,故本书采用前一译法。——编辑注

人格的动力学特征,我会用名词"精神变态"(psychopathy)代表整个反社会性人格谱系。并且我修正自己在1994年的观点,转而与Hare的观点保持一致,使用名词"精神变态"(psychopath)指代这种心理上的极端状况,而避免使用"社会病态"(sociopathic)的称法,因为这种称法已经过时。

尽管有证据表明,重性精神变态者极难治疗(M. H. Stone, 2000),但心理治疗仍可对许多反社会倾向的个体产生一定效果。属于精神变态人格结构的个体,可以从严重的一端,如:重性精神变态、思维混乱、冲动、施虐者,(如Richard Chase, Biondi和Hecox, 1992; Ressler和Schactman, 1992描述的:随意杀人、肢解、并饮下受害人的鲜血。他幻想自己的血液中流淌着毒素,需要用这种方式维持生命),到轻微的一端,如:温文尔雅,处事圆滑的人,[如Babiak和Hare(2007)在调查美国企业病理现象后写下的令人不寒而栗的著作《衣冠禽兽》中的诸多角色]。精神变态谱系中,边缘型和精神病占据较大比重,因为从理论上讲,这类诊断特指缺乏依恋,偏好原始性防御的人群。

但我和Bursten(1973a)的意见相同:我们认为有一类人情况严重,人格中精神变态特征最为明显,而且具有高度的反社会性,但他们拥有健全的身份认同和现实检验的能力,也能通过使用较为成熟的防御方式来掩饰自己的边缘型或精神病性人格,而其核心思维方式和应对方式却明显具有反社会性特征。这些成功人士整体上应属于精神变态;他们自认为强大无敌、对他人冷漠无情。时常,这些人在竞争中要比那些忠诚、善良的人更容易脱颖而出。

Henderson在1939年对"被动-寄生型"精神变态患者与攻击暴力型患者进行了鉴别。发起庞氏骗局的人(Ponzi scheme,指诱骗他人向虚设的企业投资,骗取资金)便是"被动-寄生型"精神变态的典型案例,这些人看似都拥有温暖的家庭和美好的友谊(至少骗局被揭穿前是如此)。在社会现实中,我们似乎对意想不到的丑恶更为惊讶,而对具有明显攻击的恶行见怪不怪,其实二者对他人的侵害都是相同的。Bursten(1973a)对精神变态个体的诊断标准是：具有"战胜他人"或有意操纵他人的固有观念。这一定义准确抓住了精神变态心理的精髓。因此，精神变态人格的诊断与外显罪恶行为并无关联，而与内部动机密切相关。

精神变态人格的驱力、情感和气质

婴儿自出生起气质便有差异（育有多个孩子的父母往往对此十分明了），这一观点如今已得到科学验证（Kagan，1994；Thomas，Chess 和 Birch，1968）。婴儿天生在不同领域会发展出各种多样性，比如活跃性、攻击性、反应性、安抚性等，上述发展也可能导向精神变态。早期关于双生子和领养儿的研究（如，Vandenberg，Singer 和 Pauls，1986）显示，具有反社会性倾向的儿童先天性比同龄人表现出更多的攻击性。自从本书第一版面世以来，越来越多的脑科学研究表明，之前我们对先天遗传和后天习得所作出的区分的假设显然十分幼稚，其实早期经历可以改变基因表达，基因可被激活或抑制，大脑中的化学物质可随个体感知而发生变化，且上述因素都存在交互作用。在一项设计巧妙的纵向研究中，Caspi 和他的同事（2002）发现，因基因表达的改变导致去甲肾上腺素及相关神经递质（单胺氧化酶 A 浓度的改变，可对 X 染色体产生永久性影响）降解，将使个体更易于在遭受困境时产生暴力倾向和反社会行为模式（参阅 Fonagy，2003；Niehoff，2003）。

童年遭受忽视和虐待会对个体前额叶皮质的发育产生影响，而这一区域正是大脑的伦理中心（Damasio，1994；Martens，2002；Yu，2006）。因此，反社会性人格者的高情感、掠夺性攻击的生物学基础可能并非直接源于遗传，更可能受早年经历和基因表达的交互作用所"锚定"。反社会性人格无论原因何在，5-羟色胺水平都比较低（Coccaro，1996），而被确诊的精神病患者也具有相同倾向（Intrator 等人，1997；Lykken，1995），上述生物学事实或许可以部分解释这类人格者偏好追求刺激且"迷途不知返"的特性

（Cleckley, 1941, p. 368）。

Louth、Williamson、Alpert、Pouget 以及 Hare（1998）发现，精神变态患者的大脑回路中管理语言和情感的区域存在明显异常，这表明极端反社会性群体无法像正常人一样通过实际关系来习得各种体验，他们的情感表达并非出自内心，而是作为"第二语言"用来操纵他人。精神变态个体管理情感的能力普遍较差，其感受愉悦的阈限值也高于平均水平（Kernberg, 2005）。多数人都能从美妙的乐曲、缠绵的性爱、自然的美景、机智的玩笑或是工作的胜任来获得情感的满足，但他们需要更加激烈而震撼的体验，才能感受自身的存在。

由于精神变态人群缺乏清晰表达情感的能力，使人很难逐一描述他们的主要感受。他们往往用行动代替语言，无需特定情感就能唤醒感受。一旦产生感受，不是暴怒便是狂喜。在本章的关系模式部分，我为 Modell（1975）提出的"严重的情感阻滞"（massive affect block）现象找到了几点理由。治疗精神变态来访者与其他人格类型者的不同之处在于，治疗师不能指望通过镜映来访者的潜在感受与之建立治疗联盟。

精神变态患者的防御和适应过程

精神变态性个体的主要防御机制是全能控制。他们也会使用投射性认同、解离和付诸行动。他们使出浑身解数来抵御羞愧，特别是残暴型精神变态个体还会努力调虎离山，以此掩盖自己变态的恶念（Ressler 和 Schactman, 1992）。众所周知，精神变态患者普遍缺乏良知（Cleckley, 1941），这不仅体现在超我的缺陷（Johnson, 1949），也体现在他们缺乏对他人的基本依恋。对于重性反社会人格者而言，他人的存在无非是自己展示实力的舞台。

如果精神变态个体觉得听众为自己的魅力而折服，便会变本加厉地大肆吹嘘、招摇撞骗。这些举动完全是有意而为之，是恬不知耻。执法人员常

第七章 精神变态（反社会性）人格

会感到诧异，他们对自己的严重罪行供认不讳，却对轻微情节闭口不谈（如，强迫性性行为或是顺走死者小额钱财），后者显然被他们视作为软弱无力（N. Susalis，私人交流，1993年5月7日）。Kernberg（1984）将精神变态患者的这种行为称作"恶意自大"（malignant grandiosity）。分析治疗中，这样的人会以蓄意破坏治疗为乐，称谓他们"恶意自大"再贴切不过了。

将精神变态患者的操纵与癔症及边缘型患者的操纵行为区分开是很有必要的。前者利用他人是经过深思熟虑且自我协调的；而后者虽然有利用他人的表现，但属无意而为之。正如我在第四章所言，"操纵"一词应特指有意为之的精神变态现象。癔症和边缘型患者利用他人达成目的的方式可能会被归结为操纵，但他们行为的潜意识含义可能与维系关系的愿望有关。

观察发现，许多精神变态个体在侥幸逃脱自我毁灭和牢狱之灾后，人到中年时会突然"金盆洗手"，出人意料地成为守法良民（Robins，Tipp 和 Przybeck，1991）。他们或许会对心理治疗更有兴趣，从而比年轻的精神变态个体更可能获益。这种改变可能是因为生理改变、激素水平降低或体力不支，从而导致了冲动减少。只要这类个体的全能防御没有改观，个体就很难发展成熟的适应功能。所有人格类型的青年－成年交接期的健康个体，都或多或少具备典型的全能感：此阶段死亡遥不可及，成人的掌控感大权在握，婴儿期的自命不凡会再度显现。（我认为精神变态个体之所以男性多见，是女性在面临自身局限时，更多地从实际考虑：身体柔弱、易遭侵害、生理、家务和养育之累）。但无论成年早期的全能感有多强烈，现实总会如期而至。人到中年，身体渐衰，反应迟缓，死亡日益逼近。这些生活的真相也可催人成长，有助于人们认识人生的局限性，寻找新的生活价值。

精神变态个体对投射性认同十分依赖，这不仅反映出他们发育迟滞导致的对原始性防御的依赖，也是他们不善言辞及情感幼稚的表现。由于他们不能或不情愿用语言表达（除非以操纵为目的），因此获得别人理解的唯一方式便是激起他人身上与自己相同的情感。精神变态患者的解离防御已众所周知，但具体到某个情景时却往往很难评估。解离现象可以轻至低估他人,也可以重至彻底忘却恶行。逃避责任具有解离的属性,是诊断精神变态的重要依据之一;对伴侣施暴的人辩称只是"闹矛盾","只是情绪有点失控",或者劣迹斑斑的骗子声称自己"判断失误",其实都是典型的避重就轻。此时治疗师应当细细追问:"你在情绪失控的时候究竟做了些什么?"或"哪个判断?怎样失误?"(回答者通常会流露出被逮着的懊丧,但很少自责)。

当精神变态个体在某些时刻(尤其是实施侵犯行为时)出现情绪解离或短暂失忆,此时很难肯定这究竟是否真正属于解离体验还是有意逃避责任。由于历史上常把严重的虐待行为诊断为反社会性,加之虐待和解离之间的因果关系,因此,解离症状与精神变态人格是如影随形。而且精神变态个体不善言辞的特征使本来复杂的现象变得更加扑朔迷离。我将在本章末尾的鉴别诊断部分和第十五章对此进行详述。

付诸行动是精神变态个体的典型特征。反社会性人格者一方面会生性冲动,另一方面又难以体会控制冲动后的自尊感受。许多人士曾就精神变态患者是缺乏焦虑还是深藏焦虑而争论不休。Greenwald(1974)认为他们确实具有焦虑,但由于很快将之付诸行动,因此观察者自然难以捕捉(即使询问,他们也从不承认,只是诡称"有点虚弱")。从调查结果来看,他们确切地存在焦虑感的缺失,对于真正的精神变态患者而言,他们的恐惧不安的感受远低于非精神变态个体;他们对"强奸"这类词汇的反应并不比对"桌子"的反应程度更高(Intrator 等人,1977),也很少出现惊吓反应(Patrick,1994)。具有反社会倾向、但相对比较健康且能够参加心理治疗的个体可能会具有些许焦虑(Gacano 和 Meloy,1991,Gacano,Meloy 和 Berg,1992),这种焦虑可能有助于促使他们寻求治疗,并从中获益。

第七章 精神变态（反社会性）人格

精神变态个体的关系模式

反社会性人格者的童年常常充斥着不安和混乱。教条式的严厉管教夹杂着过分的纵容和忽视，形成了令人迷惑不堪的生长经历（Abraham，1935；Aichhorn，1936；Akhtar，1992；Bird，2001；Greenacre，1958；Redl 和 Wineman，1951）。尤其在暴力型精神变态个体的童年经历中，很难发现恒定一致的爱怜和保护。他们经常有个软弱、抑郁的母亲和暴躁、残酷的父亲，或者家庭成员有酗酒或其他成瘾行为。这样的家庭中，充满动荡、分离和丧失。生活在这种风雨飘摇、胆战心惊环境下的个体，本该发育形成的早期自我全能感和后期相信全能他人会保护自己的那种自信，将难以形成。儿童若在这一发育阶段没有完成应该完成的任务，将不遗余力地用尽余生去确认自己的全知全能。

精神变态个体即使意识到情绪的流露，也不愿意承认，因为他们将情绪视作软弱无力的象征。或许童年经历中无人鼓励他们将情绪外化。因此他们缺乏用语言表达内在体验的动机，也缺乏通过对话理解他人的心理能力。临床观察显示，言语在他们家庭中常被用于控制他人。养育者对儿童的情绪缺乏回应也会加剧情感表达的受阻；精神变态个体的童年通常不乏物质的满足，但多有情感的剥夺。我的一位反社会性来访者，每当她烦躁不安时，父母都会赠予她贵重的礼物（如立体音响或小轿车），却从未理会过她的情绪，或是倾听她的感受。父母这种"慷慨"极具破坏性。就拿我的这位来访者来说，她从来都无法清楚地阐述什么是怅然若失的内在感觉。

近来精神分析领域出现了一些对精神变态人格颇具洞察力的观点（如，Kernberg，2004；Meloy，1997）这些观点均强调依恋及随之而来的内化（包括气质和养育原因导致）的失败所产生的影响。反社会性个体似乎很少产生心理上的依恋，也很少合并好的客体或是认同养育者。他们很难体会爱与被爱，相反，他们会认同自己内部原始的"自体客体"（"stranger selfobject"，Grotstein, 1982）。Meloy（1988）将这种情况描述为"天生缺乏对原始父母形象的深层潜意识认同，最终难以对社会、文化乃至整个人类形成意象和指导性的认同"（p. 44）。

领养了孤儿的父母都会知道，孩子若来自穷困潦倒或充斥忽视/虐待的环境，通常会具有依恋障碍，无论之后对他们照料得多么尽心，他们仍表现出缺乏爱的能力。这类儿童常呈现混乱型依恋，明显缺乏内化的、条理分明的依恋策略（D. Diamond, 2004；Main 和 Solomon, 1986），这种情况下，儿童依恋的客体变成恐惧或愤怒的来源，孩子会出现依恋—攻击的矛盾行为，如笑着咬妈妈。失调－控制型是混乱型的一个亚型，一般出现在6岁左右的受虐儿童身上（Hesse 和 Main, 1999），这与临床心理师长期实践观察的结果相吻合。

全能幻想和反社会性人格的另一来源，可能与父母或其他重要客体竭力助长儿童的全能幻想有关。他们反复传达这样的信息：即生活不应限制个体与生俱来的特权和优势。这类家长不仅赞同孩子的挑衅心理，自己也会付诸行动地表达对权威的仇视，他们会反抗老师、咨询师或执法机构对孩子的管教。精神变态人格及其他性格类型，会通过孩子不断模仿父母而得以"代际传递"。如果某人的精神变态人格是源自对父母的模仿或是受父母行为的强化，那么其治疗预后也许会好过由于家庭混乱和忽视所产生的精神变态人格。因为，这些被溺爱和纵容的孩子至少具有对父母产生认同和与重要客体建立关系的能力。或许这类家庭能够培养出相对比较健康的个体但伴有反社会倾向，而那些严重混乱的家庭则容易催生精神变态或精神疾病。

第七章 精神变态（反社会性）人格

精神变态的自体

精神变态倾向者的生物学基础之一是某种程度的攻击性，这种攻击性导致儿童难以自恃、安抚或镜映他人情感。照顾这种天性好动、难以满足、注意涣散且固执己见的儿童比照顾安静、乖巧的儿童更费精力，更加需要父权角色的直接干涉（Cath，1986；M.J. Diamond，2007；McWilliams，2005a；J. Shapiro，Diamond 和 Greenberg，1995），攻击性强的儿童也更需要获得家庭之外力量的帮助。但据我所知，若给予这类儿童足够的刺激和充满爱意的管教，也可帮助他们形成牢固的依恋。鉴于目前西方社会越来越多的单亲家庭，这种社会结构很可能会导致更多的精神变态者。

除了上述社会学猜想，从小就被视作问题儿童的潜在精神变态患者，很难通过养育者的常规渠道的爱和赞赏而获得自尊。当外部客体难以作为产生自尊的来源，那么，内部自我便成为唯一能够投注感情的对象。而个体的自我表征常常会在全能控制和极度恐惧状态之间不断切换。因而精神变态个体常会以攻击行为和施虐行为来维持自我感受或减少痛苦和恢复自信。

连环杀手 David Berkowitz（"山姆之子"）正是在知晓生母原来是个妓女之后，开始了杀戮之旅（Abrahamsen，1985）。一位被领养的孤儿将其自尊与幻想维系于身份高贵的"亲生"母亲，因此在幻想破灭之后顿生攻击恶意。类似例子，如自恃清高却伴随极尽邪恶，也是人们耳熟能详的。观察生活中喜欢操纵的人，我们发现，其实上述模式并非精神变态杀人狂所专属。任何脱离现实的自命不凡者，都可能试图通过暴力来维持自尊。

此外，家庭环境越是混乱，养育者越是缺乏能力或管教不当，儿童便越是无法无天，无视冲动的后果。从社会学习理论的观点来看，自命不凡的特质源自成长过程中缺乏恒定的约束。儿童永远精力旺盛，他们常常无视他人的需求，随心所欲地逃避责任和掩盖事实，还时常教唆或欺负他人。

精神变态患者的另一个值得关注的点是原始性嫉妒（envy），即得不到就毁灭的原始欲望（Klein，1957）。尽管反社会性个体很少用言语直接表达嫉妒，其行为却欲盖弥彰。如果我们不能接受现实世界是不公允的，便无法真正具有爱的能力。在生活中追逐目标失败后转为对目标的诋毁，是所有反社会性个体的共同特征；其中处于谱系一端的精神变态状态的个体甚至会摧毁吸引到他的事物。比如连环杀手 Ted Bundy 就用残酷的杀戮行为来表达自己对年轻貌美女性（即与他母亲相似的女性）的渴求，用毁灭来达到真正的占有（Michaud 和 Aynesworth，1983）。Truman Capote 的小说《冷血》（*In Cold Blood*）中的杀手们会"毫无缘由"地将一个快乐家庭的成员尽数杀害，有理由推测，这种疯狂杀戮是源于无法忍受对快乐家庭的强烈嫉妒。

治疗中的移情和反移情

精神变态来访者对治疗师的移情基调是他们人格中掠夺倾向的一种投射，即他们会假设治疗师试图利用患者来满足私欲。反社会性来访者由于极少具有关爱和同情的体验，因此非但无法理解治疗师热忱、善意的一面，反而会疑惑地搜寻治疗师行为背后"阴谋诡计"的蛛丝马迹。而如果他们认为可以利用治疗师来达成某种目的（比如向法官或假释官递交有利的报告），便会竭力展现魅力，以至于很容易使缺乏经验的治疗师遭受蒙蔽。

来访者针对治疗师的投射以及随之而起的对治疗师的攻击或利用，常常使治疗师表现出无可奈何的震惊，以及努力维持自己竭力帮助来访者的初衷。涉世未深的治疗师可能会急于证明自己的清白，当这种尝试失败，继之会对精神变态来访者产生敌意、蔑视和道德上的疏离。但奇怪的是，治疗师这种缺乏共情的感受，会被精神变态患者理解成是对自己行为的共情反应。因为这类来访者没有能力领会治疗师的感受，治疗师也很难唤起他们的情感体验。治疗师将敌意直指来访者的情况也并非罕见，但似乎无须忧虑，对这类来访者来说，憎恨也算是一种依恋表现（Bollas，1987）。如果治疗师能够识别和承受内心的憎恨，尽管并不愉快但却十分有利于产生共情，借此体会精神变态来访者的内心世界。

其他反移情反应则相对处于辅助地位（Racker，1968；参阅第二章），如治疗精神变态来访者时，治疗师常常有一种不祥之兆。治疗师常常能感觉到精神变态来访者的冷漠，并担心被他们"玩弄于股掌之间"（Meloy，1988）。再次强调，治疗师需识别和承受这些令人不悦的反应，而非否认或进行补偿，因为否认精神变态患者的威胁是非常不明智的（既出于现实防范，也因为否认可能会刺激来访者真正实施破坏）。最后，治疗师在受到有意贬低的攻击时，将会激起强烈的敌意或无助的屈从。但治疗师如能识别这种贬低是来访者对嫉妒的防御，那么冷静地指出精神变态患者的这种恶意轻蔑，将有助于治疗。

对精神变态人格诊断的治疗意义

反社会性来访者确实名声不佳，但许多精神变态个体仍能从心理治疗中获益匪浅。治疗师应该对精神变态人格的诊断十分慎重，应更加重视诊断评估的准确性，也需鉴别该精神变态患者是否适合心理治疗。有些患者情况严重、有危险行为，蓄意破坏治疗，这时心理治疗便显得徒劳无益且过分天真。Meloy（1988）谈论到识别精神变态患者对治疗的意义，这种识别和治疗的分别讨论对其他人格类型的来访者而言意义不大，因为其他类型的来访者很少像精神变态患者那样对治疗具有破坏性。Meloy 对于精神变态患者无法治疗的观点的看法（Lion，1978）也与我的个人经验相符：

以往的固有观念认为：具有精神变态或同类的反社会性人格障碍的个体，不适合进行心理治疗。这种论点不仅无视个体间差异，也忽略了精神病理学中轻重程度的连续变化规律。我常常发现部分精神卫生工作者具有这样的观点的原因，可能是他们长期面临转介而来的缓刑犯、假释犯或法院送来的来访者，因此认为鉴于这种转诊治疗的强制特性……任何心理治疗都不可能取得成效。

上述反应极少是治疗师自己从工作实际案例中总结而来，而常常是通过接受培训时的"言传身教"而获得。这在一定程度上是公众的道德评判和报复性态度影响了专业评估。某种程度上，治疗师也认同了精神变态患者的病理性行为——贬低和羞辱他人——是治疗师对这类人群的以牙还牙。(Meloy，1988，p.325)

Karon 和 VandenBos (1981) 也对未经证实的精神分裂症不可治疗的经验主义论调提出了类似的批评；这种论调令精神变态人格患者身受双重打击。

精神变态个体天生无可救药的态度可能反映出下述事实：在多数培训项目中，学生会去监狱、少管所和戒毒所这些较多精神变态个体的地方实习，如果缺乏进行治疗该类患者的专业技巧培训，而让新手治疗师照搬其他类型患者的治疗方法，常常会导致治疗失败，新手治疗师也很可能首先怪罪于患者的不可救药，而非自己训练不足。

虽然对治疗有效性的评估超出了本文的范围，但我建议使用 Kernberg 的结构化访谈（B.L.Stern 等，2004）来评估特定的精神变态来访者是否适合接受心理治疗。DSM-Ⅳ在此并不适用，其反社会性人格障碍的诊断标准较适用于犯罪人群，且更多倾向于科学研究而非心理治疗的临床实践。DSM-Ⅳ用以评估反社会性人格障碍的所有条目都以外显行为为主，未经训练的人员也可观察诊断（除了其中："缺乏悔恨心理"这条）；缺乏对患者关键的内心主观状态的重视。因此，这一诊断标准容易对家境贫寒、受压制和被边缘化的人（这类人可能由于非个人原因与权威很难相处）造成误诊，而又对精神变态的成功人士和社会名流造成漏诊。在我撰写本书的时候，DSM-5似乎正考虑重新将反社会人格归入自恋栏目之下，并增加诊断标准的心理成分。

第七章 精神变态（反社会性）人格

治疗师在诊治精神变态来访者时，或意识到来访者呈现出显著的反社会性特征时，必须坚持毫不妥协的方针：包括治疗师的坚定态度、治疗设置的稳固，以及治疗方向的不容置疑。治疗师宁肯因顽固不化而犯错，也不能为展示共情而被来访者视作胆怯。因为精神变态个体很少能领会共情，他们只擅长利用他人，享受施虐的满足，对动摇治疗边界的治疗师幸灾乐祸。治疗师的任何可能被解读为软弱的行为都会激起他们的上述感觉。电影《沉默的羔羊》中，Anthony Hopkins 对精神变态患者入木三分的刻画令人不寒而栗，剧中患者对侦探的利用，展现出拿捏他人致命弱点的惊人天赋。美剧《嗜血判官》的编剧与《黑道家族》的编剧一样，巧妙地向观众展示了这些人的阴险毒辣，令观众见识到领导人物的极其严重但伪装良好的精神变态的性格特点。嗜血判官有能力产生某种程度的依恋行为，但画外音对其内心世界的解说却将其典型的反社会性的冷酷情感展露无遗。

指望反社会性个体体验爱意是很不现实的，但毫不妥协的态度会赢得他们的尊重。在接诊精神变态来访者时，我会坚持要求他们每次都先付费再治疗，并对不愿付费的来访者拒之门外——无论他们有如何充分的理由。和大多数治疗师一样，我也会对某些来访者的特殊需求做出让步，但经验告诉我，面对反社会性来访者的索求，绝不退让才是明智的对策。在治疗早期，我并不去分析这类来访者尝试打破治疗设置的潜在动机，只是告诉他们照章办事，按约付费。并以身作则，以此展示：只有双方遵守约定，才能使旨在帮助他们摆脱困境的治疗得以进行。

与毫不妥协相对应的是绝对坦诚：实话实说、信守承诺、心怀善意，并始终实事求是。诚实包括治疗师认识自己对来访者的消极感受。这既是反移情，也是对现实威胁的自然反应。如果否认这些情绪，反移情便可能通过付诸行动表现出来，而自然的恐惧反而受到压制。在治疗精神变态来访者时，我们必须识别和搁置自己的反社会倾向，如此才能区分识别来访者的反社会倾向和心理特征。比如讨论付费及收费原因，我们应该非防御地承认自己的功利和贪念。有些治疗师很难意识和承认自身的某些反社会特征，因而很难与这类患者产生共鸣，自然无法治疗精神变态来访者。

诚实并不等同于自我暴露，强调上述治疗合约的内容应该除外；自我暴露只会被这类患者视作意志薄弱。诚实也不是说教，对于来访者的破坏行为，教导他们表达悔意或愧疚是徒劳无功的。精神变态来访者的超我薄弱，甚至对所犯的恶行会自我感觉良好（全能）而非深感歉意（虚弱）。治疗师应该放弃以伦理道德来激发这类来访者的良心谴责，以此种方式盘问来访者将会激起下述反应，当 Willie Sutton（美国著名银行抢劫犯）被问及为何要去抢银行时，他答道："因为那里面有钱。"

尽管治疗师应明确治疗计划每一步骤的可能风险，但也不必草木皆兵，使治疗变得艰难晦涩。我有一位擅长治疗反社会性来访者的女同事，我摘录下她与一个法庭遭返的盗车贼之间的有趣对话：

"当时他吹嘘他那功亏一篑的抢劫计划是多么英明神勇，如果不是一个小小的意外，几乎称得上犯罪史上的极品。他越说越激奋。我承认他说的使我略有些崇拜。渐渐地我似乎成了同谋，最后他忘乎所以地问道，'你会做这样的事吗？'

'不，'我答道。

'为什么？'他有些泄气地问道。

'两个理由，'我说道。'第一，再精妙的计划，也难免出现纰漏。世事难料，到时只能深陷牢狱，或被强制困于精神病院，像你现在一样不得不和一个指派来的精神科医师谈话。第二，我拥有你所没有的一样东西：良知。'

'是啊，'他答道。'我怎么才能拥有它呢？'"

当然，获得良知的第一步是重视他人的意见。治疗师引领来访者发展更负责任的行为，无须通过说教，而需以身作则、言行一致、不带偏见、不追逐名利来赢得来访者的尊重。Harold Greenwald（1958，1974）曾治疗洛杉矶底层社会的反社会型个体，他向我们描述如何用精神变态患者能够理

第七章 精神变态（反社会性）人格

解的方式与之交流。他解释道，既然能力是反社会性个体唯一尊重的品质，那么它也应该成为治疗师首要展示的内容。他用下述案例来说明自己展现能力的方式：

> 一个皮条客和我聊到了他的生活方式。他说，"你知道，我不好意思说出我的职业，但其实这种生活还不赖，大多数男人都还挺羡慕我们，你想，让姑娘们出去拼命为你赚钱，有什么不好呢？谁会不乐意呢？"我回答道，"你脑子不好使。"他追问原因。我告诉他，"你看，我也靠应召女郎谋生。我为她们写了本书，我还出了名，人家还给我的书拍了部电影。因此，我赢得了尊重，我靠这些姑娘们赚的钱比你多得多。而你这个傻瓜，随时都有可能被抓进牢里待上个十年，而我却名利双收。"这些话他是能够理解的，他可以借此看到，某些看似能力相仿的人用更加高档的方法达到了相同的目的。（1974, p.371）

Greenwald 的自由谈论的方式虽自成一派，其核心仍与毫不妥协有相似之处。他并不是唯一使用"震慑法"或"因势利导"赢得尊敬的治疗师。比如我之前提到的那位同事，他可使自己具备足够的精神变态冲动，来感受来访者的情感世界。值得一提的是，他告诉我们在对患者进行高强度治疗的第2~3年间，精神变态患者常常会陷入严重的、甚至精神病性抑郁的状态。他认为这意味着患者开始用真实的态度对待自己，不再将治疗师视作可利用的玩偶，而当患者意识到自己沦为治疗师的附庸时，会陷入苦恼。这种抑郁会慢慢出现，本质上类似 Klein（1935）所描述的7—12个月的婴儿的感受，开始痛苦地发现母亲和自己并非一体，也根本不受自己控制。

与治疗其他种类的人格障碍的方法不同，对于精神变态来访者，治疗师可能不得不采取一种强硬的、不露声色的态度。我推断这种态度同样适用于认知行为治疗，也有实验证明在两种疗法中，这种态度针对此类来访者的良好效果（M.H.Stone, 2000）。治疗师不能对反社会性来访者有太多感情流露，因为后者一旦觉察这种流露，便会不遗余力地蓄意破坏来证明治疗师的无能。因此治疗师应将重点集中于增强来访者对自己行为的理解，形成各自恪尽职守的基调，并由来访者选择，是否想从治疗中获益。正如所有警察都会在犯罪刑侦课程上学到的那样：永远不要让犯罪嫌疑人知道他的供述对你有多重要。

从小我就知道，我们镇上最擅长与反社会性个体打交道的角色，是一位经验老道的探长，他在侦查强奸、虐童、谋杀和连环杀人疑犯方面赫赫有名（常常使疑犯泪流满面地供认罪行）。我们在回放他的审讯录音时，对他尊重疑犯的态度印象深刻。他坚信，即使最凶残的罪犯也有向人倾诉实情的需求。嫌疑人明知道问讯者的目的是要将他们送上法庭，但出于受到尊重对待后的原因，仍对犯罪事实供认不讳——令人扼腕叹息。他所审讯过的罪犯很少翻供，甚至当他站在法庭上根据供述作证时，罪犯仍称："他对我很公道"。

上述现象也带来了这样一些疑问，精神变态患者的冷酷无情会不会是对虐待（儿童期虐待，以及成人期重现虐待情境）或无法理解情境（无法体验治疗师的帮助愿望）的一种回应。罪犯会向司法人员坦白供认，说明即使屡教不改的重犯的天性中也仍存有责任感，并能从与人交往中获益。虐杀犯 Carl Panzram（Gaddis 和 Long，1970）与一位狱警维持了终生的友谊，是因为对方有尊严地对待他。严厉而坚定的态度和基本的尊重是赢得反社会性个体合作的决定要素。（上述说法并不等同于姑息养奸，而是把精神变态个体作为人，提供某种程度的帮助，也并不意味着将罪犯转变为模范公民。无论他们的罪行可否在心理动力学层面去理解，也不管他们能否从治疗中获益，他们的罪行仍然不可饶恕。）

治疗精神变态个体的总体目标是帮助来访者逐渐靠近 Klein 所提出的抑郁状态，这时候来访者将认识到他人有别于自己，并值得自己去关心（Kernberg，1992）。在治疗所营造的持续的、尊重的气氛中，随着治疗师逐渐解除精神变态来访者的全能控制、投射性认同、破坏性嫉妒以及自我毁灭等行为，来访者将会发生实质性的改变。从利用语言来控制他人到运用语言诚实地表达，来访者也开始尝试抑制冲动，逐渐体会自我控制的成就感。来访者的每一细微变化，都是重大的进步，这种进步需要治疗师真诚地、持之以恒地与反社会性个体互动、并促使其不断自我暴露。精神变态患者向好转迈出一小步，都可能使周围人获益良多，治疗师所付出的艰辛不会是徒劳的。

鉴别诊断

从精神变态人格的来访者中辨认出反社会性特征并非难事。但这些特征能否将个体从性格上圈定为精神变态则要另当别论。偏执、分裂和自恋等心理状态经常容易被误判为反社会性本质。瘾君子的行为通常类似于精神变态。有时候某些癔症人格的个体也会被误诊为精神变态，这一点我将在第十四章进行讨论。

精神变态 vs. 偏执型人格

在精神变态与重度偏执人格之间其实存在很多重叠；很多人同时具有两者的大部分特征。精神变态和偏执人群都对能力之争高度关注，但关注的角度有所不同。偏执性格者与精神变态患者不同，可产生强烈的负罪感，对这种负罪感进行分析，有助于帮助他们从痛苦中康复。因此，面对同时具有偏执和精神变态特征的来访者，评估哪种倾向占优是非常重要的。

精神变态 vs. 解离型人格

精神变态与解离型人格之间同样存在许多重叠。对于治疗师而言，能否鉴别来访者究竟是使用解离防御的精神变态个体，还是具有反社会人格或被害妄想人格的解离型个体，是非常重要的。前一类患者的预后估计不容乐观，而解离型的个体对治疗的反应相对良好。不幸的是，诊断评估很难

实施。因为这两类个体都对他人抱有深深的抵触,且出于不同的原因(对虐待的恐惧 vs. 全能感),二者都对评估提问文过饰非,阳奉阴违。

如果诊断可能导致某些重要结果,我建议尽量不要对两者进行鉴别。比如,若诊断一名男性杀人犯为解离认同障碍,他就可能会因精神失常而逃脱法律的制裁。令人遗憾的是,鉴别诊断即使在普通情境中也已经十分困难,如果涉及重要的司法鉴定,不能依赖鉴定者不太可靠的主观判断而影响司法公正。目前,人们正致力于研发更为可靠的评估程序。即便训练有素的司法心理学专家也对这类任务感到头痛不已。我将在第十五章对此进行详述。

精神变态 vs. 自恋型人格

最后,精神变态与自恋人格之间也存在紧密联结:这之间存在轻微自恋—重度自恋—精神变态状态的一系列变化。精神变态与自恋者的明显症状都包括:主观空虚感,需要依靠外部因素来维持自尊。我一直认为Kernberg(1984)提出的不同维度的评估方法很有道理,近期也有许多研究支持这一方法。然而,在我撰写本书的同时,DSM-5的编者正计划将这些与自体相关的障碍归为一类。但鉴于反社会性人格与自恋型人格之间的差异十分明显,我建议可以考虑两者分别单独设立疾病种类。

多数精神变态个体不会重复使用理想化,大部分自恋型个体也并不完全依赖全能控制。很多人同时具备两者的性格特征,两者都具有自夸自大的特性。但对两种类型的治疗重点存在显著差异(例如,共情性镜映[sympathetic mirroring] 会令大多数自恋型个体感到舒适,但会遭遇反社会性个体的对抗)。尽管两者共同之处颇多,也可共存于同一个体,但我认为对它们进行区分将于临床十分有益。

精神变态人格 vs. 成瘾

物质滥用者因控制欲和剥削性而臭名昭著，对他们而言，获得成瘾物质胜过人际关系或个人尊严。鉴于其反社会行为，人们通常会将他们的人格归为精神变态。尽管有些成瘾者具有反社会性特征，但治疗师需掌握他们成瘾之前的人格特征信息，或观察他们康复一段时间后的表现，才能有效诊断物质滥用者的人格结构特征。

小　　结

我在本章将精神变态人格描述为：强烈渴求自己对他人的影响、操纵他人、"战胜"他人的感受。我总结了反社会行为的素质倾向，也提到了可能暂时打破反社会性个体情感隔离特征的两种状态：暴怒和躁狂。我对精神变态人格者的全能控制、投射性认同、解离和付诸行动等防御进行了讨论；这类患者的客体关系具有不稳定性、迎合性、情感误解、剥削利用及偶尔的暴虐行为；其自我结构：用夸大来掩盖虚弱和嫉妒。我还提到公认的非共情性移情和反移情反应，并强调治疗师持续的不容妥协性，以及治疗师不露声色的重要作用。我对精神变态人格与偏执、解离、自恋及成瘾者的人格特征进行了区分。

进一步阅读的建议

遗憾的是，心理治疗的教科书很少涉及精神变态来访者，这一领域优秀的分析治疗书籍也相对匮乏。我向大家推荐一本极佳的有关精神变态的精神分析讨论文集，即 Meloy 主编的《该隐的印记》(*The Mark of Cain*,

2001）。Bursten 的研究《操纵者》（*The Manipulator*，1973a）和 Meloy 的《精神变态心理》（*The Psychopathic Mind*，1988）这两本书在治疗方面的探索都比较通俗易懂且可读性较强。Akhatar 在《破除陈规》（*Broken Sturtures*，1992）中也有一章专门提到这部分内容。Hare 的《毫无良知》（*Without Conscience*，1999）写得极好，他在《衣冠禽兽》（*Snakes in Suits*，2007）中对 Babiak 的刻画可谓十分传神。

第 八 章
自恋型人格

"自恋"型人格，是指个体需要不断从外部获得认可来维持自尊的一种人格特征。我们并不总是能够全然知道自己究竟是谁，有何价值。因此我们努力经营生活，期待获得更好的自我感觉。受到赞扬会提升我们的自豪，反之则令人挫败。有些人过度忙于寻求"自恋的补给"（narcissistic supplies）或自尊的支撑，映衬出其他需求黯然失色，我们称之为自我沉溺。"自恋型人格"和"病理性自恋"这类术语是用于形容这种比例失调的自我关注，而有别于人们对赞扬或批评的普遍态度。

弗洛伊德（1914a）一直关注自恋（包括常态自恋和病理性自恋）的话题。这一术语源自希腊神话中纳西索斯（Narcissus）的故事，少年纳西索斯爱上了自己的水中倒影，最终因倒影无法满足他求欢的渴望而溺水死亡。但弗洛伊德却很少提及对自恋为特征的个体如何进行心理治疗。Alfred Adler（如，1927）和 Otto Rank（如，1929）都曾讨论过如今归为自恋的现象，但他们的理论与弗洛伊德分道扬镳，使得许多治疗师很难接触到他们的作品。从早期精神分析时代起，人们就已经注意到，有些人的自尊问题很难用驱力或潜意识冲突来解释，因此也难以参照精神分析的冲突理论对之进行干预。对自恋现象的解释似乎用缺陷模型反倒更为贴近：他们的内心世界似乎若有所失。

自恋型个体十分在意自己在他人眼中的形象，时常感到自己因名不副实而招人厌恶。精神动力学理论有待拓展至弗洛伊德尚未深入的领域，才能帮助这类人发展自我接纳和深入的人际交往。对下列概念的关注将促进我们对自恋的理解：基本安全感和认同（Erikson，1950，1968；Sullivan，1953）；比功能取向的自我（ego）概念更为宽泛的自体（self）概念（Jacobson，1964；Winnicott，1960b）；*自尊管理（A. Reich，1960）；依恋与分离（Bowlby，1969，1973；Spitz，1965）；发育固着和受挫（Kohut，1971；Stolorow 和 Lachmann，1978）；羞耻感（H. B. Lewis，1971；Lynd，1958；Morrison，1989）；以及情感调节、创伤和依恋（Banai，Milculincer 和 Shaver，2005；Schore，2002），等等。

后弗洛伊德时代新生理论如雨后春笋。原先的理论被不断修正，使得对自恋的治疗不断完善。客体关系理论家（Balint，1960；Fairbairn，1954；Horney，1939）首先挑战弗洛伊德提出的"原始自恋"，原始自恋概念是指：假设婴儿对自我的专注（情感的投注）优先于对他人的关注。而强调早期关系的学者们并不认为自恋是婴儿期固着于"自命不凡"的感受，而是儿童早期对关系失望的一种补偿。与此同时，容器概念（Bion，1967）、抱持性环境（Modell，1976；Winnicott，1960b），以及镜映概念（Kohut，1968；Winnicott，1967）都深深影响着心理治疗的实际操作。相比于早期精神病理学模型和治疗方法，这些思想更适用于自我的连续性及相应的价值感出现问题的个体。

也有可能我们如今十分普遍的自恋现象，在弗洛伊德时代还很少见。受精神分析影响的社会理论家（如，Cushman，1995；Fromm，1947；Hendin，1975；Lasch，1978，1984；Layton，2004；Slater，1970）曾就此提出，当代生活的急剧变革强化了人们的自恋意识。世界日新月异，人口加速迁徙；公众传媒弱化个人隐私，同时也迎合个体的虚荣与贪婪；世俗观念逐渐淡化传统

---

* 为避免重叠，一般将 Self Psychology 译为自体心理学，以区别于 Ego Psychology 自我心理学。自体是指心理活动的整体和心理活动的总和。——译者注

和宗教的内心准则。在这行色匆匆的时代，人们的短时印象比持久品质更引人注目，而持久的品质只会在小范围、相对稳定的人群中才会受到褒奖，人们才会依据个人的历史和声望对他做出评判。在美国，对自恋的普遍认可并不新鲜。1831年，Alexis de Tocqueville（2002）指出，一个提倡机会均等的民主社会将会促进公民关心如何表现自己的特殊性。如果缺乏明确的地位分级体系，人们只能依赖努力表现，来证明自己的优越，而处于劣势等同于个人的失败。

弗洛伊德年代，很多患者都深受内心对自己评判的折磨，弗洛伊德称这种状态为个体的"严厉的超我"（harsh superego）。与之相反，如今人们普遍缺乏批判性内化，因此时常感到内心空虚；他们担心自己"不能融入社会"甚于担忧违背道德原则。人们更注重自己的美貌、名望、财富或合乎潮流，而相对忽视内心的价值认同和整合。外在印象逐渐取代了内在本质，正如荣格（1945）笔下的人格面具（人们展现给世人的自体）表现出的现象也许与真实的个体相去甚远。

Ernest Jones（1913）算得上第一位给恬不知耻的自恋者写照的分析师。他描绘了一个爱出风头、天马行空、情绪飘忽、狂妄自大、颐指气使的男性形象。他认为这类人物可能患有精神疾病，或可属正常人群，他评述道："这类人精神失常时，倾向于吹嘘自己即是上帝，这样的个体在精神病住院病人中十分常见"（p. 245）。W. Reich（1933）在《性格分析》（*Character Analysis*）中用了整整一章来描述"俄期自恋型性格"（phallic-narcissistic character），表现为"自信……傲慢……精力充沛，特立独行……这类人当预感到威胁来临，常常先发制人"（pp. 217-218）。这些特征是DSM-IV中自恋型人格障碍诊断标准的基本成分。

随着精神分析理论对人格连续谱系的阐述的逐渐深入，我们发现外表浮夸的人格只是"自体障碍"众多形式中的一项（Kohut和Wolf，1978）。现代分析理论认为：围绕认同和自尊的缺陷可出现不同的外在表现。Bursten（1973b）提出了一种自恋人格的分类法，包括渴望型、偏执型、操控型及俄期自恋等自恋亚型。很多人已经意识到，每个虚荣而浮夸的自恋者心中都隐藏着害羞而怯懦的阴影，而任何抑郁且自责的自恋者心中也都潜伏着自命不凡的幻象（Meissner，1979；A. Miller，1975；Morrison，1983）。临床工作中早已形成了对两种自恋的鉴别，并将它们分别命名为"潜隐型（oblivious）"和"高敏型（hypervigilent）"自恋（Gabbard，1989）；外显型和内隐型（或"羞怯"型）自恋（Alchtar，2000）；展露型和"藏匿"型自恋（Masterson，1993）；以及（我最为赞同的）"厚脸皮"型和"薄脸皮"型自恋（Rosenfeld，1987）。Pharis（2004）描述了一种"高尚的自恋者"（virtuous narcissist），通常指具有激励品质的政治人物，他们能创造历史功绩，但却悄悄地将失误的责任转嫁他人。

所有形式的自恋者都有一个共同点，都觉得或担心自己不够优秀、蒙羞、懦弱、低劣（Cooper，1984）。尽管不同自恋者的补偿行为或许全然不同，但仍然强烈地显示出这种相似性。因此，像Janis Joplin（美国著名摇滚歌手，歌唱热情且不拘一格，27岁时因吸毒过量去世）和苏格拉底的学生Alcibiades（谋略家、将军和演说家，与奥古斯都和佩里克并称古代欧洲三大美男子）这样迥然不同的两个人物，很可能都具有自恋型人格特征。

自恋者的驱力、情感和气质

我对于自恋型人格的体质和气质方面的研究了解甚少。反社会型个体会对社会造成明显的妨碍，因此会引起人们的足够重视，建立精神疾病科学研究基金会。但自恋者却不同，其病理特征通常比较隐蔽，对社会的危害也不甚明显。（在金融、社交、政治、军事，或任何能够彰显成就的领域）获得成功的自恋型个体，都可能受到尊崇和效仿。但自恋者为追求大众认可所付出的代价却很少有人能够看见，就连他们因自恋而沽名钓誉所造成的对他人的伤害，也常被解读为成功所必需的付出（"舍不得孩子套不着狼"）。

直到最近几年，自恋的负面效应才逐渐进入公众视线，我们才能够从隐蔽的自恋行为中去了解其性格问题。

尽管Shedler和Westen的研究（如，2010）表明，分析治疗师具有一定的能力辨别自恋者的驱力状态，但他们对自恋病因学的讨论依然仅限于临床假设。比如假设之一是：自恋性格的个体，天生对内隐性情感可能更加敏感。具体地说，某些类婴儿与自恋关联甚密，他们似乎天生具备不可思议的能力，善于觉察他人尚未言表的情感、态度和期待。例如，Alice Miller（1975）指出，许多家庭中可能都会有直觉天赋较高的孩子，养育者们时常觉得孩子是自己的一部分，对自己的心意心领神会。这类孩子长大后会产生困扰，不知自己究竟应该遵从内心的想法，还是外界的要求。Miller相信这样的天才儿童比寻常儿童更容易沦为养育者"自恋的延伸"，也更易于成长为自恋型个体。

从另一方面看，Kernberg（1970）认为典型的、浮夸的自恋型来访者可能内心具有一种强烈的攻击驱力，或者内心对攻击冲动引发的焦虑先天性的无法忍受而促发攻击行为。这些心理倾向能够部分解释自恋者试图回避自己的驱力和欲望：他们可能对自己的力量感到恐惧。除了上述推测，我们对自恋型性格结构的成因仍然所知甚少。

至于与自恋型人格相关的主要情感，临床文献主要将重点放在羞耻和嫉妒这两个因素上（如，Steiner，2006）。自恋者的主观体验中充满了对遭受羞辱的羞愧感和恐惧感。早期分析师们低估了这种情绪的力量，常将其错认为内疚感，并运用内疚导向的方法实施干预，因此治疗毫无用处。因为内疚是一种认为自己有罪或已然做了错事的感受；内疚很容易通过严苛父母或超我的内化而完成。而羞愧则是一种被当做坏人或被认为有过错的感受，来源于外界。内疚中潜伏着犯罪的冲动，而羞愧则隐含无助、丑陋和懦弱的感受。

Melanie Klein的研究（Segal，1997）也支持了上述观点，即自恋者容易产生嫉妒心理。如果我内心确信自己在某些方面存在缺陷，而这些缺陷又随时可能暴露,那么当我面对那些看起来踌躇满志的人,具备我所缺乏的特长的人,嫉妒之心会油然而生。嫉妒也促使自恋型个体擅长对他人评头论足。自己的不足之处遭遇对方的完美无缺,最好的方法即是竭力谴责、蔑视或嘲弄,直至摧毁对方的拥有。

自恋者的防御和适应过程

自恋者会利用各种各样的防御方式,但他们主要依靠理想化和贬低这两种防御。而且两者一吹一唱。一旦自我得到理想化,他人自然受到贬低,反之亦然。Kohut(1971)最先使用"浮夸的自体"(grandiose self,又译为"夸大的自体")一词来描述自夸和优越感的个体。这种感觉体现出自恋者内部两极世界的一个极端。这种浮夸可以是一种内心感受,或可能被投射于外界事物。自恋者对待现实事物的方法,通常以"排名"来衡量:谁是"最好"的医生?什么才是"最棒"的幼儿园?哪里才有"最严格"的训练?对他们而言,现实的优劣已经完全被浮夸的功利所取代。

比如我认识的一位女士,执意要让她的儿子念"最好"的大学。她带他参观了几所名校,尽她所能动用了各种关系,甚至给面试评委写致谢卡片。八月中旬的时候,她的儿子收到了几所名校的录取通知书,也在耶鲁的考虑录取的名单上。而她因为儿子未被哈佛录取而感到前功尽弃。男孩最终选择进入普林斯顿,而且进入了很不错的专业。但她仍然不断恳求哈佛收他为转校生,当哈佛最终向这位不屈不挠的母亲妥协时,他只能转去哈佛。

这里我们需要注意的自恋者在理想化和贬低化上的泛化行为。这位母亲明明知道在儿子所读专业方面,哈佛的学术地位要低于普林斯顿;而且哈佛本科生的知名度不如普林斯顿的本科生;也知道孩子错过了在哈佛的第一年会遭遇社交困境;但她仍然坚持己见。尽管她没有达到自恋型人格障碍的程度,但她儿子成为了她的自恋的延伸,因为她坚信,自己当年如果进入拉德克利夫学院（Radcliffe，创建于1879年，为美国七姐妹学院之一，1999年全面整合到哈佛大学），生命轨迹将会发生翻天覆地的变化，因为那是哈佛的"姐妹"学院，是她那个时代最好的女子学校。

再比如，我的另一位来访者的夸大和贬低带有浓郁的个人色彩，他是一个在艺术和文学方面很有天赋的大学生。但自命不凡的父亲声称他必须成为一名医生（最佳选择）或律师（假如他在自然科学方面没有天赋的话），其他任何职业都不予考虑。医学和法律将为他带来金钱和声望，除此之外的行业都不受这个家庭的重视。这位年轻人一生都充任父亲自恋的延伸，觉得父亲的见解是高瞻远瞩，这种立场在美国文化中是十分少见的。

受自恋倾向驱使的人容易陷入追求完美来达到防御目的。他们心中满存好高骛远的空想，要么装作已达成目标（华而不实），要么将失败归咎天命（令人沮丧）。在治疗中，他们可能抱有自我协调的期待，认为治疗即是让自己更加完美，而对通过认识自我或寻找更有效的途径来处理自我的矛盾毫无兴趣。他们一般通过对自己或他人习惯性的批评而表达对完美的需求（批评对象的不同取决于被贬低的自体部分是否投射于他人），这种对完美需求的防御表现也使他们无法欣赏人类充满缺憾的现实美感。

有时自恋者会把自尊的感觉转嫁他人，将恋人、导师或英雄视作完人，再通过认同此人（"我是他的部下，他棒极了"）来体验自我膨胀的感觉。有些自恋者终生实践着这种模式，将某人理想化，然后在发现其缺陷后一棒打死。他们对自恋困境的完美解决即是天性的自我攻击：用想象自己的完美来补偿自体的缺陷，这种缺陷如此可鄙，似乎只有尽善尽美才能掩其卑劣。然而，完美并不存在。因此这一策略注定失败，于是遭到鄙视的自体会再次浮现。

自恋者的关系模式

通过对自恋者驱力的理解,读者应该可以推测,自恋者与他人的关系必定会受自恋者固有的自尊困扰所累。尽管自恋型人格障碍者很少会有明确的治疗目标,但确实也有许多此类来访者(尤其是中年以上者)意识到,他们在与人交往方面困难重重。比较棘手的是,治疗师很难让他们真切地体会以下做法:不带评判眼光,不含剥削性质地接受他人,不用理想化来防御,以及不畏惧真诚地表达自己究竟是何感受。自恋者缺乏想象上述情境的基础;治疗中,治疗师以身作则的接纳态度可以作为认同的榜样,有助于他们切身理解亲密情感。

自体心理学家用"自我客体"(selfobjects,又译为"自体客体")来形容用肯定、欣赏和支持来维护个体自尊的客体(参阅 Basch,1994)。这一客体可以是代表自我的外在客体,也可以是自我的一部分。人们通过确立自尊,使内心更加强大。我们都不同程度地依赖自我客体。一旦失去,我们便会自尊低下,丧失生命的活力。但现实和道德却要求我们优先关心他人,超越自我客体的狭隘的利己性(Benjamin,1988)。

自恋者们对自我客体极端依赖,以至于其他人际联系都相形见拙,或遥不可及。就像我那位来访者的父亲,他只限定儿子成为医生或律师。因此,自恋者付出的昂贵代价是爱的能力的缺失。对于自恋者而言,自我价值极其重要,他人只是维持自己心理平衡、被利用的对象。他人被视作自恋的延伸。因此,自恋者常常令家人和朋友十分费解:他们无休止地索取,却吝啬点滴的付出。Symington(1931)认为这种缺陷的根源在于:生命之初与养育者的基本"血脉"亲情的剥夺,以及之后长期情感交流的缺失,以至于心如死灰,情感缺乏活力。

有理论指出:自恋性附庸(narcissistic appendages)可导致自恋的形成。

自恋型来访者在儿童期有可能曾受到养育者的重视,那是因为儿童身上所附加的功能。例如,只有儿童成为某个特定角色的时候,才受到赞赏。这样令人困惑的信息会让儿童担忧:一旦自己暴露真实感受(尤其是敌意和自利的感受),就会引来拒绝和羞辱。上述情况助长了Winnicott(1960a)提出的"虚假自体"(false self)的形成,即个体在学习被他人接受的过程中所形成的自我部分。精神变态和自恋在病因学上的关键区别是,反社会心理源自明显的虐待和忽视,而自恋心理则起源于一种特定形式的关注甚至溺爱,这种关爱隐含的前提是,如果儿童能够配合自我中心的父母,便能如愿以偿。

我假设大多数父母都根据自己的自恋需求和真实共情来对待孩子。儿童也乐于适度地被当作自恋的延伸来对待。儿童的快乐源泉之一即是使父母为他们感到骄傲,子女得到认可时父母也会感同身受。关键在于,父母自恋的延伸的程度的把握。儿童的行为与父母的期望相背离时是否能得到关注?这种非自恋的养育态度令我忆起一位已故的朋友,她养育了12名儿童,尽管家境贫困,命运多舛,但子女们都得到了良好的养育:

"每当我发现自己怀孕,都会落泪。总要担心去哪里筹钱,才能哺育新生命,同时照顾好其他的孩子。但到怀孕四个月我开始感受到生命的力量,整个人会兴奋不已,不停地想:'快快出生吧,让我看看你长什么样!'"

我引用她的这段话,是希望将这种情感与那些颇有预见性、"知道"自己孩子的前程的父母进行对比:孩子将在他们的塑造下,延续父母的未竟事宜,光宗耀祖。

自恋者的教养环境与评头论足的家庭氛围相关。如果为孩子设定的目标对父母的自尊至关重要,那么孩子的努力一旦失利,必定招致非议和责难。这样的家庭很少用隐晦模糊的方式去暗示孩子不够优秀,常常是直接对孩子的行为进行评判。有时与此相反,在一些自恋儿童的家庭也不乏过度的表扬和夸赞,这种氛围同样不利于现实自尊的发展。尽管充满正性评价,儿童仍然会感到时刻被人评头论足,他们在某种程度上能够觉察到这种赞赏中的虚假。同时，还有可能发展出孩子虚假的胜任感，因此经常担心自己不够称职。Fernando（1998）指出，这种过度纵容其实是病理性自恋的根本成因。Fiscalini（1993）注意到自恋倾向的不同种类，并将羞愧型、被惯坏的、有特殊能力的儿童定义为成年自恋症的前体。

因此我们再次看到了特定性格结构的"传承"方式，即使父母本身不具备自恋型人格，同样会养育出重度自恋的子女。父母可能会对某个特定的孩子（比如上文提到的被母亲送去哈佛的儿子）产生自恋需求，这样的孩子逐渐无法辨认真挚感受与取悦他人之间的区别。不同的父母经历千差万别，但都希望一代更比一代强。但为人父母者唯有不把自己的意愿强加于孩子，这一愿望才是无害的。

Martha Wolfenstein 1951年在关于"享乐道德观的浮现"（The Emergence of Fun Morality）的文章中向我们呈现了自恋过程的一个有趣的现象，书中描述道：经历二战艰苦岁月的纽约知识分子们会向孩子们传达这种观点，如果他们不及时享乐，无异于浪费人生。如果人们曾因某些重大灾难（如战争或迫害）而无法自由选择生活，便很容易将希望寄托在下一代身上，由他们去实现自己未了的心愿。因此，饱受创伤的父母，常常会不知不觉地使孩子产生认同的困惑、模糊的羞耻感和空虚感（参阅 Bergmann, 1985；Fogelman, 1988；Fogelman & Savran, 1979）。父母潜移默化的信息："你和我不一样，你现在什么都有"是孩子困惑的始作俑者——没有人能拥有一切，每一代人都会面临不同时代的困扰。孩子将自信和自尊与父母的目标相连，是一种极其有害的传承。

自恋性自体

我已经介绍了许多自恋型个体的自体体验，包括模糊的虚伪、羞耻、嫉妒、虚妄及自卑等感受，或是与之对应的相反体验：浮夸、自傲、蔑视、防御性自立和虚荣。Kernberg（1975）将这些相对立的体验描述为自恋者内部的自体的两极状态：非此即彼。自恋者的内心体验常常是在两种极端状态中徘徊。而"足够好"（good enough）这样的整合性体验毫无立足之地。

自恋型个体其实能在某种程度上意识到自己心理上的脆弱。他们担心自己会支离破碎，害怕丧失自尊和自我完整性（比如受到批评时），有时候会突然觉得自己一无是处，丢弃一贯的自命不凡（Goldberg，1990b）。有时，他们还会觉察自己的内心过于纤弱而难以承受压力。这种担心内部自体的感受常被转换成对躯体健康的关注；因此他们的常见症状有：疑病观念，对死亡的极度恐惧。

自恋性完美倾向会导致隐晦的回避表现，自恋型个体一旦觉察他人的不信任或对现实的不适应，便会产生主动回避。具体而言，自恋者会竭力否认懊悔和感激的态度（McWilliams 和 Lependorf，1990）。因为对失误的懊悔相当于承认自己的缺陷，而感激他人意味着表明自己的软弱。由于自恋者奢望自己是无欲无求的超人，因此常常担心承认依赖和内疚，将会暴露自己无法接受的真实。他们因此而缺乏真心诚意的道歉和发自肺腑的感谢；进而导致与他人的交往日趋紧张。

从定义上看，自恋型人格者需要通过外部的肯定来体验内在的价值感。关于自恋者的主要自我体验是浮夸性还是虚无感，理论学家们对此莫衷一是。这种分歧与Kernberg和Kohut对于理解和治疗自恋性格的不同观点有关（稍后我将进一步详述这方面的内容）。对这一议题的辩论至少可以追溯到弗洛伊德（1914b）与Alfred Adler（1927）的不同看法。前者强调个体对自身的原始的爱，而后者强调自恋性防御对自卑感的补偿。浮夸状态和虚无感究竟哪一个更早出现在病理性自恋的形成过程中？这就像是精神分析领域"先有鸡还是先有蛋"的谜题。从现象学角度看，这种对立的自我状态其实也相互统一，正如抑郁和躁狂一样，二者其实是同一枚硬币的正反两面。

自恋型来访者的移情和反移情

　　病理性自恋症来访者与非病理性自恋性来访者的移情存在本质上的区别。即使机能健全、配合度高的自恋性来访者与治疗师的关系，也会有别于其他类型的来访者。典型的是，治疗师会很快发现自恋症来访者缺乏建立治疗关系的兴趣。早期的精神分析师们注意到了这一点，并断言自恋症来访者无法产生移情，因为他们的力比多能量都投向了自己。他们质疑自恋症是否适合接受精神分析治疗。当代分析理论提出，自恋型来访者其实能够产生移情反应，只是移情的方式与众不同。

　　探询来访者对治疗师的感受，可能会令自恋者感到分神、厌烦或根本毫不领会。自恋型来访者还时常会因此推断，治疗师之所以询问治疗关系的体验，是出于其自负或怯懦的心理。（这种想法可能属于投射，当然也可能反映出真实，但他们倾向于选择非语言的形式表达想法，因此很难识别和处理，至少在治疗初期确实如此。）但这并不意味着自恋者对治疗师缺乏强烈的反应。他们可能会产生极端贬低或理想化的态度，更奇怪的是，他们对自己的这些反应也毫无兴趣，因此更不明白治疗师为何对此穷追不舍。他们的移情可能极具自我协调性，不容置疑到使治疗师难以深入探究。自恋型来访者会认为自己贬低治疗师是由于后者明显不够专业，而赞赏治疗师是由于他们简直完美无缺。治疗师试图将这些反应扭转为自我不协调，但经常以失败告终，治疗初期尤其如此。被贬低的治疗师若探讨来访者的批判态度，将被对方视作抵抗；而被理想化的治疗师若去寻找来访者行为背后的意义，将得到对方更进一步的赞扬——钦佩治疗师不但完美，而且谦逊。

　　新手治疗师遇到来自他们的贬低移情远多于理想化移情。持续遭受隐性蔑视的治疗师如果知晓被自恋者理想化的治疗师的结局，可能多少会获得一点心理安慰。在贬低和理想化两种情境下，治疗师都会怀疑自己的情商、自己的真诚，甚至自己的基本存在感。实际上，这种被全盘抹杀、被视而不见的反移情感受，恰恰是对自恋症动力学诊断的有力依据。

相应的反移情还包括厌烦、激惹、困倦，以及隐约的无用感。接受督导时，报告案例者典型的叙述是："她每周都来，坐下后回顾一周发生的事情，然后批评一下我的穿着，对我所有的干预都不以为然，最后离开。为什么她还乐此不疲地来接受治疗呢？她从我这里到底得到了什么？"面对这样的来访者，治疗师恍若消遁。在这类反移情中，极度困倦是最令人不快的；每当我产生这种感受，便会发现自己正努力作出解释（"我昨晚没睡好"；"我刚才午餐吃的太饱"；"我肯定是感冒了"），而一旦这位来访者跨出门外，另一位来访者走进房间，我便会立刻神清气爽。有时面对使用理想化移情的来访者，治疗师会沾沾自喜，与来访者一唱一和，彼此吹捧。但这种情况应该并不常见，也很短暂，除非治疗师也有自恋型性格。

精神分析对自恋现象的解释与自恋者的移情特征有关。与其说自恋者将内部客体的部分（比如父母之一）投射在治疗师身上，不如说他们正在外化自体的一部分。具体而言，来访者并没有将治疗师视作父亲或母亲（尽管有时可能出现部分这样的移情），而是投射出理想化或贬低的自我部分。治疗师成为他们内心维持自尊的载体。对于来访者来说，治疗师是一个代表他们内在部分自我的自我客体，而非过去经历中的某个外在客体。

治疗师被当做他们维持自尊的工具，而非独立存在的人，这着实令人沮丧。自恋者这种剥夺人性的态度，在某种程度上致使治疗师产生负面的反移情反应。尽管认识到，这是治疗自恋型来访者不能回避的经历。这样理解后也可以提高忍受和控制，随之产生共情。但治疗师担心失误的心理总是挥之不去。其实这种反移情正是来访者所担心的自我价值感在治疗师身上的必然映照；此时，改进治疗框架，认识对失误的担忧，可能会对治疗有所裨益。

Heinz Kohut 及受他的自体心理学理论影响的分析师们（如，Bach，1985；Buirski 和 Haglund，2001；Rowe 和 MacIsaac，1989；Stolorow，

Brandchaft 和 Atwood，1987；E. S. Wolf，1988）描述了几种可能出现在自恋型来访者身上的自我客体移情的亚型，包括：镜映（mirroring）、孪生 (twinship)，以及变相自我 (alter-ego)，很多学者也已发现这些概念与当代婴儿大脑研究之间的对应关系（Basch，1994）。尽管我无法判别这类观点的是非，但如果读者发现这些描述自恋型人格的观点正符合自己之前的某个来访者，那么，试着用自体心理学观点去解释，将获益匪浅。

自恋诊断的治疗应用

治疗师如果能够帮助自恋者接纳自我，放弃自我吹捧和贬低他人，便属功德圆满，这一过程极其艰难。对治疗病理性自恋要保持耐心：试图迅速理解自恋者的心理只会欲速不达。虽然任何性格类型的修正都会是旷日持久，但治疗师在面对自恋型来访者时，将不得不忍受无聊和消沉的反移情，这是对治疗师的耐性更加深刻的考验。

鉴于自恋症的病理机理和治疗理论进展迅速，因此很难对自恋症的精神分析治疗内容进行归纳。其中大部分争议之处源自 Kohut 与 Kernberg 两人在20世纪70～80年代关于自恋理论的复杂分歧。Kohut（1971，1977，1984）倾向于用发育的眼光看待病理性自恋的形成（来访者的发育过程基本正常，但在解决理想化和去理想化的发展过程中，出现了一些问题），而 Kernberg（1975，1976，1984）则将之理解为一种心理结构的异常（个体在早年就出现了某些偏差，从而形成了原始防御的习惯性使用。与正常个体相比，这种防御应用的差别是种类而非程度的差别："病理性自恋个体将力比多投注在病态的自我结构，而不是正常的整合的自我结构" [1982, p. 913]）。Kohut 定义的自恋个体可以比喻为一株营养不良的植物，缺乏阳光和雨露；而 Kernberg 理论则认为，植物遭受基因突变，长成了异种植物。

这些理论分歧导致了对自恋症治疗方法的不同，部分治疗强调给予这株植物充足的阳光和水分，促进其成长；另一些则提出将畸变的枝条剪除，正本清源。那些赞同 Kohut 构想（如，1975，1976）的人建议，应当宽容地接受来访者的理想化和贬低，并对来访者持之以恒地共情。而 Kernberg（如，1975，1976）主张，无论来访者理想化自身还是投射至治疗师，都应机智而坚定地与之面质，并对其嫉妒和利己的防御进行系统剖析。自体心理学取向的治疗师会尽量停留在来访者的主观体验这一内部层面，而受自我心理学和客体关系理论影响的治疗师则会在来访者的内心体验和外部世界间转换（参阅 Gardner，1991）。

我认识的分析师们大多都表示他们一部分患者符合 Kohut 对自恋症的病理和治疗方面的构想，而另一部分患者则更符合 Kernberg 的理念。Kernberg 曾指出 Kohut 的疗法可作为支持疗法的一个亚型，适用于边缘型至精神病性范围内的一系列自恋症者（尽管 Kohut 在临床工作时，大多接触的是功能较为健全的来访者，这一点与 Kernberg 有所不同）。我的很多同道也发现 Kohut 的疗法更加适用于那些程度较重的抑郁－耗竭型自恋患者。鉴于上述议题尚无定论，且读者可以自行翻阅原始文献，所以在此我只在争论观点之外对治疗提供基本的建议。

我在前文提到了耐心。这一态度中隐含了对人性不完美的接纳，正是咨访二者的这些不完美令治疗师感到沉闷而疲乏。人非圣贤且秉性难移，治疗师实事求是的诚挚与自恋者内化的信念会形成尖锐的对立。这一态度人道、客观，而非批判、全能，有利于治疗的推进。尽管谦逊在所有临床工作中都十分重要，但面对自恋型来访者时，治疗师应尤为注意对自己的弱点展现不含偏见的现实态度。

Kohut 对治疗实践的最重要的贡献之一（1984）在于关注治疗师承认治疗错误（尤其是共情失败）后，来访者对此的反应。在他之前的自我心理学家（如，Greenson，1967）认为，治疗师对自己的错误应引发自己的内省，无需其他任何举措；应该一如既往地鼓励来访者对事件产生联想，并报告其反应。即便是卡尔·罗杰斯（1951）的治疗风格与 Kohut 的理念十分接近，

(Stolorow, 1976), 但他似乎缺少了 Kohut 的这一假设：即善意的治疗师也难免会给来访者造成自恋性伤害。来访者中心疗法并没有提及治疗师应否当面承认失误, 尽管根据罗杰斯疗法的真诚原则治疗师应该会这样做。自体心理学告诫我们, 治疗师共情失败会给来访者造成毁灭性的打击, 而唯一能够弥补这一伤害的方式就是当面表达歉意。道歉既表达接受来访者对失误的感受（肯定来访者的真实感受, 而非助长自恋者惯用的假意顺从）, 也能树立勇于承认错误, 同时维持自尊的榜样。

在承认错误的同时, 要注意避免过度自我谴责, 这也十分重要。如果来访者觉察到治疗师的懊恼不已, 便容易将其解读为：犯错是十分罕见的, 理应进行严厉的自责。而自恋者本身正深陷这种痛苦。Winnicott 建议, 承认错误时应遵从两个原则："我做出解释的目的有二：第一, 向来访者表明我已意识到错误。第二, 向来访者承认, 我确实错了。"同样, Arthur Robbins（私人信件, 1991年4月）这位擅长艺术治疗和其他表达性疗法的精神分析师也将自己的技术理论称为："搅局疗法：我把事情搞乱, 然后让来访者逐步纠正。"当代关系研究（如, Kieffer, 2007）借鉴了对婴儿的研究 (Beebe 和 Lachmann, 1994), 强调了被 Kohut（1984）视为治疗中不可避免的"破裂和修复"过程对治疗的关键作用, 我认为这一过程对于治疗自恋症个体尤为重要。

要使治疗对自恋型来访者有所帮助, 那么无论自恋者的外在表现如何令人生厌, 都需要对其内在的自体状态保持关注。因为即使是最为狂妄、最自以为是的自恋者, 在面对批判时, 也会恼羞成怒, 治疗师必须尽可能谨慎地考虑干预措施。与自恋型来访者之间的互动是如履薄冰, 因为他们脆弱的自尊无法承受任何打击。早期认定这类来访者难以治疗的原因, 部分源自分析师的经验, 因为即使保持了多年的治疗关系, 他们依然会在感觉受伤时, 突然终止治疗。

我在上文中曾提到羞愧在自恋者体验中的作用, 也谈及治疗师有效鉴别羞愧和内疚的意义。自尊较为脆弱的人会竭力避免消极事件。受自恋驱使的人不会轻易感到内疚，也不会努力补偿自己的过失，而是尽量回避自己的失误，并四处防范，唯恐被人揪出辫子。他们可能会诱导治疗师以非共情的态度指责他们咎由自取，或与他们同流合污，一起抱怨世道不公。上述两种立场都对治疗无益，尽管后种态度能够暂时缓解来访者的受辱之屈。

由于自恋者极度害怕暴露缺陷，因此他们十分擅长文过饰非（"错误它自己就这么产生了"）。而治疗师不得不面临艰巨的任务：促使自恋者觉察，并诚实对待自己的行为，但同时切忌过度刺激，以免他们退出治疗。自恋者时常试图让分析师相信，他们的问题是出在身边的人都头脑迟钝。当来访者抱怨或责备他人的时候，治疗师可以这样询问："你有没有表明自己的需求？"这种提问法的潜台词是，让自恋者逐渐意识：是自己羞于向他人寻求帮助；自己相信承认需求等于暴露弱点；最终陷入悲惨是由于他人没有及时了解、也没能及时满足自己的需要；他人不会因为自己的羞于启齿而自然估摸出自己的企求。因此不能明确表达需求这个事实，即能让自恋者体验到自己在寻求帮助时的耻辱感；同时也创造机会，使他们认识到自己对人际依赖的需要。

我在前文已经指出自我客体和移情之间的关系。这种对二者关系的理解可以使治疗师认识到：在探索自恋型来访者的移情反应时，无法套用治疗其他来访者时的卓有成效的方法。"我在治疗中充当了来访者的哪位客体"这一问题失去了作用。尽管治疗师的存在会被自恋型来访者视作可有可无，但实际上他们比自尊良好的个体更需要治疗师的帮助。缺乏经验的治疗师会惊奇地发现，对治疗师竭力诋毁和无视的来访者，在治疗时段以外却会满怀敬意地引用治疗师的话语。即便再傲慢、自负、看似无动于衷的来访者，也会无意中暴露自己对治疗师深深的依赖，比如当治疗师不够敏感时，他们会显得无比脆弱，有极强的受挫感。因此治疗师在面对自恋者时将不得不改变治疗习惯，相比治疗其他类型来访者，治疗师应更多地依靠自身的力量。

鉴别诊断

自尊受损会在短时间内造成任何个体的行为特征带有自恋色彩；所有人格类型也都多少具有维护自尊的功效：通过特定的防御来维持自尊。但若要将某人框定为自恋型性格，就必须具有长期性、自动化和非境遇性（situation-independent）的主观及行为模式。目前自恋型人格似乎有被过度诊断的倾向，这种倾向在动力学取向的治疗师身上尤为常见。这一概念常被误用于特定情境性反应的人群，以及精神病性、抑郁型、强迫型和癔症性人格。

自恋型人格 vs. 自恋型反应

我已经提出过诊断自恋型性格需要格外注意：自恋心境比人类其他情绪更易被唤起，随时出现且随情境转移。Kohut 和 Wolf（1978）提到了一类人群，他们（如第二部分导论中所提及的来自东方文化背景的学生）正面临着与先前认知截然不同的情境，并由于遭遇到这种"继发性自恋的困扰"而令自尊破坏殆尽，但这并非自恋型性格障碍。这种鉴别十分重要，因为任何非自恋型个体在认同和自信全面受限的情境中，都会表现出夸大或贬低、空虚或理想化的个性特征。

心理治疗培训项目很容易招收那些成功且独立的成人学员，而培训内容很快使他们觉得自己像无助的孩子。这时与此相反的现象：自吹自擂、断章取义、苛刻评价或将导师理想化等补偿行为在学员中会十分普遍。上述现象在精神分析文献中有时会被称作"自恋型防御"（narcissistic defense，如，Kernberg，1984），即有自恋型倾向的人并不一定属于自恋型人格。在面对以情境因素为主的自恋表现时，治疗师应根据个体的一贯表现及个体的移情特征，来推断来访者是否存在自恋型人格结构。

自恋型 vs. 精神变态人格

在前一章末尾我曾提到，区分精神变态人格和自恋型人格的重要性。Kohut 提出，如果治疗师像日常咨询访谈那样努力共情，对于治疗精神变态来访者是无效的，因为他们无法从情感上理解治疗师的态度，反将共情嘲讽为软弱的象征。Kernberg 倡导（如，1984）以面质来访者的浮夸为主，这种方法更有利于病理性来访者，这一观点也与擅长治疗精神变态来访者的治疗师们的看法相吻合 [Greenwald（1974）、Bursten（如，1973a，1973b）、Groth（如，1979）以及 Meloy（如，2001）]。

自恋型 vs. 抑郁型人格

程度较为严重的自恋者很容易被误诊为抑郁型人格。大量临床理论和观察都指向：这两类之间的本质区别在于，自恋型抑郁个体以主观空虚为主，而内摄性心理的抑郁个体（Blatt，2004）（即曾被认为是"内源性"抑郁或内疚型抑郁的患者）则内心充满内化了的批判和愤怒情绪。自恋型抑郁的感受源自于自我的内容不够充实；内源性抑郁者则具有现实的自我感，但充满负面内容。我将在第十一章对这些差异及其在治疗中的区别进行详述。

自恋型 vs. 强迫型人格

自恋者对完美的追求会令他们凡事锱铢必较，因此很容易与强迫型个体相混淆。早期精神分析治疗实践中，自恋型特征明显的来访者时常被视作强迫性人格障碍，因为他们经常展现出强迫思维或强迫行为，或二者兼有之。这时，治疗是以强迫症的病因学假设为基础的，即：强迫症患者的基础心理是追求控制，以及因愤怒和幻想性攻击而产生内疚感。

而以内心空虚为特征的自恋型来访者，就难以从上述疗法中获益；他们会对治疗师的喋喋不休置若罔闻，感受到被误解或受批判。尽管很多人会同时具备自恋特征和强迫特征，但那些以自恋人格为主的个体在20世纪70年代之前很难能从分析性治疗中获益。之后，有关病理性自恋的病因学研究和治疗方法迅速发展，从根本上拓展了治疗这一群体的思路。在此之前接受分析性治疗的这类来访者对分析治疗颇有微词。从公众对心理治疗的感知可以看出，对这两种类型来访者的诊断混淆给分析治疗带来的不良后果。我将在第十三章对这种鉴别及诊断错误引发的后果进行详述。

自恋型 vs. 癔症型人格

从某种程度上说，自恋型与强迫型人格之间的误诊多见于男性，而自恋型与癔症性人格的区分，则更多地针对女性来访者。癔症型个体由于经常使用自恋性防御而很容易被误认作自恋型性格。癔症性女性的表现：大量的表演行为；在与男性交往的模式中，理想化和贬低的快速交替出现，使人自然联想到自恋特征。但她们对性别相关的自我认同尤为关注，且在焦虑而非羞愧的情绪下更容易被激起。一旦离开那些特殊的性别相关的认同冲突，她们便会充满温情和爱意，内心也更充实（参阅 Kernberg, 1984）。

这种鉴别的意义在于，两类来访者具有截然不同的治疗需求：癔症型来访者渴求对客体的移情，而自恋型来访者则需要理解自我客体这一概念。我将在第十四章对此进行详述。

小　结

本章描述了自恋型人格个体的心理特征，以及他们为了维持可信和有价值的自体感觉而产生的补偿行为。我强调了羞愧和嫉妒的影响、理想化和贬低性防御，以及他们维持和修复自尊的人际关系模式。我也讨论了自恋者特殊的自我客体移情，以及被治疗师视而不见的反移情。我还提到治疗新技术的应用，这些技术来源于对自恋状况的新的理解，但我也承认现阶段精神分析领域对自恋的理解仍存在分歧，并且这些分歧也使许多治疗方法仍饱受争议。最后，我将自恋性格分别与自恋反应、精神变态、内源性抑郁、强迫性人格及癔症心理进行了鉴别。

进一步阅读的建议

20世纪70年代之后，自恋问题见诸许多精神分析领域的文献。这一时期，Kohut 出版了《对自体的分析》（*The Analysis of the Self*, 1971），Kernberg 也出版了《边缘状态和病态自恋》（*Borderline Condition and Pathological Narcissism*, 1975）。这两本书中都有太多专业术语，刚入门的读者未免感到晦涩难懂。相比之下，Alice Miller 的《童年的囚徒》（*Prisoners of Childhood*, 1975）（另一版本称为《天才儿童的悲剧》，*The Drama of the Gifted Child*），Bach 的《自恋状态与治疗过程》（*Narcissistic States and the Therapeutic Process*, 1985），以及 Morrison 的《羞愧：自恋的阴暗面》（*Shame: The Underside of Narcissism*, 1989）这几部著作会更通俗易懂。Morrison 也编写了一本合集，平装本已经开售，名字是《自恋入门》（*Essential Papers on Narcissism*, 1986），围绕自恋话题介绍了许多重要的精神分析论文，且多数品质精良。关于自恋人格者"空虚的自我"背后的文化倾向的学术研究方面，可参阅 Philip Cushman 的《构建自体，构建美国》（*Constructing the Self, Constructing America*, 1995）。

新近的自恋研究倾向于以 DSM-IV 的描述性诊断为基础，而在我看来，这与分析性思维相比，显得较为肤浅且维度单一。但概念的简化有助于普及：如今越来越多的公众读物开始涌现，帮助个体学习应对自恋型父母、恋人、同事、雇主及其他棘手的对象。

第 九 章

分裂样人格

在精神动力学领域，分裂样通常意味着病情严重和更多地使用原始性防御，因此分裂样人格的个体很容易被误解为精神分裂症。精神病学意义上的精神分裂症属于分裂人格谱系中极端紊乱的个体。由于分裂者的行为时常离经叛道，甚至荒诞不经，因此，无论具有分裂样人格特征的个体是否具有独立生活的能力，自我力量是否足够强大，人们都习惯于将他们视作病态。而实际上，分裂者中既有需住院治疗的精神分裂症患者，也可有极富创造力的分裂人格天才。

从另一角度看，如果一个人的心智能力明显高于或低于平均水平，也常被视为分裂现象。不过，由于分裂样人格者的典型防御较为原始（退至幻想世界），因此分裂者中的健康者可能比病态者数量更少，但这一观点至今没有被任何研究或严格的临床观察所证实。既往文献（E. Bleuler, 1911；M. Bleuler, 1977；Nannarello, 1953；Peralta, Cuesta, 及 de Leon, 1991）和近期神经学和遗传学的研究（Weinberger, 2004）都表明，那些最终被诊断为精神分裂症的患者，病前的人格类型确实是分裂性人格最常见。但也有人提出相左意见："所有分裂者都处于精神病的边缘状态"，但这一说法并无实证依据。

分裂者被归于病态的原因之一是他们属于相对小众的群体。人们多数认为自己的心理符合常规，然后将异乎常规的群体视作次等公民（比如多年来对待性取向偏离多数人的群体）。精神分析概念中的分裂者与荣格学说中的内倾性格颇为相似，尤其是经他发展的 Myers Briggs 测试确定为内倾/直觉/情感/判断型（INFJ 型）的个体，与分裂型吻合程度更高。在已经研究过的人格分布领域中，INFJ 型人群大约仅占总人口的1%，且常被人们视作"神秘人物"或"高深莫测"。

这类性格的人群最容易被吸引进入哲学、灵学、理论科学和艺术创造等行业。在分裂人格谱系中，我们或许会在功能健全的一端发现路德维希·维特根斯坦、玛莎·葛兰姆及其他伟人或怪人。阿尔伯特·爱因斯坦（1931）曾这样描述自己：

> 我一方面追求社会正义和社会责任，另一方面又明显缺乏接触他人和与人交流的热情，这两者之间总是形成古怪的对照。我确实是一个"独行侠"，从未将自己的心归属于我的国家、家庭、朋友，甚至我最亲密的家人；面对他们，我会一直保持距离，也一直需要独处……（p. 9）

1980年 DSM-Ⅲ 出版之后，我们发现：在多数分析师看来属于分裂人格谱系中的多种状态或分裂人格总纲下的小众群体，在 DSM 中却被分散在多种诊断名称之下。这样分类的理论依据很复杂（参阅 Lion, 1986），但这种理论依据实际反映出的仍然是早前对确定分裂人格的本质时的争议（Akhtar, 1992；E. Bleuler, 1911；Gottesman, 1991；Jaspers, 1963；Kraepelin, 1919；Kretschmer, 1925；Schneider, 1959）。很多分析师依然将分裂样（schizoid）、分裂型（schizotypal）和回避型（avoidant）人格障碍视为分裂人格的非精神病状态，而将精神分裂症（schizophrenia）、类精神分裂样障碍（schizophreniform）和分裂情感性障碍（schizoaffective）视作分裂人格的精神病状态。

常有人问我是否可将分裂者归为孤独症谱系，对此我不置可否。目前的分类标准仍然颇为武断且存在重叠，特别是从了解来访者的个体独特性来看，只注重某项症状的有或无，对临床实际操作并无益处。分裂样心理（可以是高度适应良好的表现）或许可以适当地置于孤独症谱系的健康一端。当然，只从行为现象来看，有些分裂者特立独行，古怪而疏离，与那些被诊断为孤独症或艾斯伯格综合症的个体十分相似。

那些被诊断为孤独症的患者，无法体会他人的思维、感受和动机。但分裂者尽管离群索居，却不可思议地能揣摩出他人的主观体验。我曾听一对患有艾斯伯格综合症的父母提到，他们是经人提醒后才知道孩子需要拥抱。而分裂样的父亲会很容易理解孩子的需求，尽管拥抱孩子对他而言并非易事。所以分裂者并不缺乏情感，他们更多地抱怨被感情控制。我认为这些都是分析师作诊断时应该考虑的问题。

分裂者的驱力、情感和气质

临床经验表明，分裂者在气质上容易反应过度活跃，对刺激过度警觉。他们常形容自己天生敏锐，而亲属们则称他们在婴儿时期会畏惧光亮、噪音或移动（参阅 Bergman 和 Escalona 在 1949 年观察敏感度异于寻常的婴儿的结果）。似乎分裂者的神经末梢比我们更接近于体表。Doidge（2001）认为他们其实是"高度渗透"了外界的影响。尽管多数婴儿会搂抱、黏人，或贴附在养育者怀抱中，但有些婴儿则体态僵硬或容易抗拒，好像成人会侵害他们的舒适和安全（Brazelton，1982；Kagan，1994）。有观念认为这样的婴儿本质上容易发展出分裂样人格结构，尤其当他们与主要养育者之间"严重不匹配"（"poor fit"，Escalona，1968）时，更是如此。

从经典驱力理论的角度来理解，分裂者似乎固着于口欲期。具体而言，他们一直努力避免被吞噬、被消亡。我所在的督导小组中有一个才华横溢的分裂型治疗师学员，他曾描述过一个生动的幻想：所有小组成员身体弯曲，连成一个巨大的嘴或一个巨形的字符 C。在他的想象中，一旦他将自己的观点坦诚相告，便会暴露自己的弱点，整个督导组成员便会向他聚拢，队形从 C 变成 O，他会闷在其中窒息而亡。

虽然我们可以将这种幻想解释为幻想者自身饥饿感的投射和转换（Fairbairn，1941；Guntrip，1961；Seinfeld，1991），但分裂者其实很难体验到内部自我的冲突。而更多地觉得外部世界充满险恶和毁灭性。Fairbairn 对于分裂状态的理解是"由爱而产生的饥饿"，他并未将重点放在分裂者日常的主观体验方面，而是着重强调那些明显对立的行为背后的动力机制：他们回避交往，从幻想中寻求满足，并排斥现实。Kretschmer 在 1925 年就发现，分裂者甚至外表看上去也显得瘦弱，这是他们拒绝满足自己的情感欲望的结果。

同理，尽管分裂者有时会有暴力幻想，但并不会表现出很强的攻击性。亲朋好友甚至会认为他们无比温顺。我有一位朋友，他才华横溢，超凡脱俗。这些都十分令人钦佩，但他的姐姐却在他的婚礼上亲切地将他称为"温柔的人"。这种温柔与他热衷于恐怖电影、犯罪记录以及世界末日形成鲜明的反差。很容易推断这些爱好是驱力的投射，但他给别人的印象，却都是亲善、低调、另类但可爱。许多分析师推断，这类分裂样人群会将自己的欲望和攻击深藏于防御的保护毯下。

机能健全的分裂者在情感方面令人吃惊地缺乏防御。他们往往会天真地对许多事物展示出浓烈的真情，使亲朋好友不得要领或是感到畏惧。分裂者常会疑惑，为什么生活如此艰难，人们却还一味自欺欺人、熟视无睹。分裂者与人格格不入的原因，部分源于他们自己的感觉、知觉和情绪难以得到验证——因为这些心理现象别人完全无法理解。而他们却能轻而易举地感知到他人对事实的否认或置若罔闻，所以分裂者无法对普通人经过自我防御后的内心世界产生共情。

分裂者似乎完全没有像自恋者对羞愧或内摄型抑郁者对内疚那样的苦苦挣扎。他们内心像是缺乏改变自己和世界的动机，甚至连逃避惩罚的意愿都没有，他们会因缺乏基本安全而感到焦虑。当他们不堪重负时就隐藏自己——有时真的离群索居，有时象征性地退缩回幻想之中（Kasanin 和

Rosen，1933；Nannarello，1953）。在他人眼中，分裂者无疑是个局外人，一个旁观者，或是一个人类的观察员。我的一个分裂样的朋友曾告诉我，他的墓志铭应该是，"×××在此处长眠。他对生命有着至深的思考和解读。"

"分裂样（schizoid）"这一术语暗含两方面的"分裂（split）"：自体与外界的分裂，以及自我体验与本能欲望之间的分裂（参阅 Laing，1965）。分析理论认为，分裂者的分裂体验，通常指的是一种疏远感，是对自体的某部分，或对现实生活的解离["解离（dissociative）"是形容分裂样心理的另一个术语，对这类心理较为熟悉的分析师，比如 D. W. Winnicott，会经常用到]。防御机制中的"分裂 Splitting"是交替表达相反的自我状态，或出于防御的目的，将现实生活分为全好或全坏两个对立面，这也是"分裂样"与分裂防御的异同之处。

分裂者的防御和适应过程

正如前文所述，分裂样人格所特有的防御是退缩到内心世界之中。他们会运用投射、内摄、理想化和贬低，也会具备其他多种防御。这些其他防御方式多半形成于自我和他人尚未完全区分开来的时期。至于更加"成熟"的防御之中，理智化是多数分裂者的最佳选择。他们很少应用掩饰情感和感觉的防御机制，比如否认或抑制；同样也很少使用以非好即坏（good-and-bad）为特征的防御方式，比如间隔化、道德化、抵消、反向形成及攻击自我。一旦遇到压力，他们可表现为对外界刺激和内心情感的同时退缩。因此，尽管对他人传递来的情感能有明显的察觉，但仍显得迟钝、平淡或不合时宜。

分裂者最具适应性和令人称道的能力，当属创造力。大多数真正的原创艺术家都有着强烈的分裂倾向——这一点几乎不容置疑。只有超凡脱俗，才可能独具慧眼。比较健康的分裂者可将自己的天赋用于艺术创作、科学探索、理论革新，或精神拓荒，而程度较重的分裂者则犹处炼狱，个人的潜能被恐惧和疏远抢先攫取。因此治疗分裂样患者的首要目标，是帮助他们将孤僻和退缩升华为创造性活动。

分裂者的关系模式

分裂者最主要的关系冲突包括亲近—疏远、爱恋—恐惧。在他们的主观世界中，充斥着深深的依恋矛盾。他们渴求亲密，但害怕被吞没；既想保持距离，又难耐孤单寂寞（Eigen，1973；Karon 和 VandenBos，1981；Masterson 和 Klein，1995；Modell，1996；Seinfeld，1991）。Guntrip（1952）描绘了分裂者的"真实写照"，即"他们不愿冒险失去客体，也不愿失去自我，因此，无法与人交往，又不能忍受孤寂。他将这种困境形容为"进退维谷（in and out programme）"（p.36）。

叔本华那个著名的"寒夜中的豪猪"寓言（Luepnitz，2002）足以贴切地形容分裂者的困境：当它们彼此靠近想要取暖时，便会刺痛对方；难以忍受疼痛而彼此分离，又不得不饱受寒冷之苦。这种冲突表现在生活中，可能先是热烈而短暂的关系，然后以长久回避而告终。A.Robbins（1988）将上述动力学现象概括为，"请靠近我，来慰藉我的孤独，但请保持距离，因为我不愿受到侵扰"（p.398）。从两性关系来看，尽管分裂者性功能正常，也能够享受快感，但仍明显存在性冷淡。他人越是亲近，他们越是担心纠缠。许多女性都曾爱上热情奔放的音乐家，怎料对方却将一腔情欲尽数献给了心爱的乐曲。同样，有些分裂者一心追求高不可攀的伴侣，反而将唾手可得的对象搁置一边。他们的配偶也时常抱怨他们在做爱时呆板无趣或心不在焉。

在我看来，客体关系理论关于分裂驱力的起源的探讨，在确定分裂状态起源于发育的哪个阶段的问题上莫衷一是。如前文所述，固着-退行的假设是否足以解释人格类型的形成，尚无定论。尽管这种假设的魅力无可厚非：它将复杂的现象简捷地视作婴幼儿期发育不良的残留。因此，梅兰妮·克莱因（1946）将分裂机制的起源追溯至婴儿早期普遍存在的偏执－分裂状态，那时儿童尚无法完全接受与他人的分离。其他早期客体关系学派的分析师在对分裂驱力进行解释时，也纷纷效仿，认为这类驱力等同于退行至新生儿的体验（Fairbairn, 1941；Guntrip, 1971）。长期以来，理论家们基本都承认发展理论的固着－退化模型，但对固着于哪个早期阶段却颇有分歧。比如在克莱因学派中，Giovachini（1979）就将分裂障碍视作"前心理状态"（prementational），而 Horner（1979）却将分裂的起源推至婴儿共生阶段之后的时期。

分裂样人格与回避型依恋（不安全型依恋）存在许多重叠（Wallin, 2007）。那些被依恋研究者认作为"回避"或"冷漠"的婴儿，在 Ainsworth 的陌生人情境实验中无论母亲是否在场都表现得漠不关心。尽管这些婴儿表现得若无其事，但与母亲分离时他们的心率有所增加，糖皮质激素（应激激素）水平有所上升（Spangler 和 Grossmann, 1993；Sroufe 和 Waters, 1977）。Ainsworth 及其同事（1978）发现这些儿童的母亲其实也会拒绝孩子的依赖需求。Grossmann（1991）还注意到这些母亲对孩子的悲伤也缺乏回应。Main 和 Weston（1982）认为回避型依恋儿童的母亲不仅粗暴无理、情感缺乏，同时也嫌恶与孩子的身体接触。

上述发现可用于解释分裂样人格形成的人际原因。忽视孩子需求的父母，可能会养育出自我满足、回避他人的孩子（Doidge, 2001；Fairbairn, 1940）。我们认为，这些早年遭受过隔离和忽视的个体出于无奈，会避免与人亲近，并根据自己的内心想象去应对外部刺激。Harry Stack Sullivan 和 Arthur Robbins 他俩早年都曾失去了亲人的陪伴，自身也具有分裂特质，因此这些经历激励他俩能更好地、更积极地向同道解释分裂体验（Mullahy, 1970；A. Robbins, 1988）。

还有一种养育方式与前文所述的关系类型完全相反，但同样对儿童形成人格的过程造成影响。即父母对孩子过度紧密、期望过高或过度卷入（Winnicott, 1965）。比如分裂样男孩与令人窒息的母亲，这种现象是通俗文学经久不衰的主题，也常见于学术研究之中。男性分裂样患者的家庭背景中，常会有一位关系紧密或逾越边界的母亲，和一位冷漠、严苛的父亲。尽管DSM-IV没有给出分裂样、分裂型及回避型患者的性别分布，但从我个人经验来看，前来寻求治疗的分裂样人格来访者中，男性多于女性。这一结果与精神分析理论一致，因为大部分儿童的主要养育者是女性，且女孩最终形成女性认同，而男孩则不然（Chodorow，1978，1989；Dinnerstein，1976），因此女性容易形成与过度依恋相关的障碍（如，抑郁、受虐、依赖型人格障碍），而男性多见与疏离相关的障碍（如，精神变态、施虐、分裂样状态）。

父母教养的内容也会对分裂者的冷漠和退缩产生影响。许多观察者在对精神分裂症患者的家庭进行研究后指出：矛盾和混乱的交流方式对精神病态的形成不容小觑（Bateson等人，1956；Laing，1965；Lidz和Fleck，1965；Searles，1959；Singer和Wynne，1965a，1965b）。我们通常所说的分裂驱力，很可能就源于这样的家庭互动模式。童年经历中充斥着家庭成员间的矛盾意向、彼此欺瞒、虚情假意的孩子，很容易在成人后遇到难以忍受的混乱和愤怒情境时，依靠退缩来保护自己，同时感到深深的无助，这正是分裂样患者常见的态度（如，Giovacchini，1979）。

由于精神分裂症所造成的社会影响十分明显，因此描写分裂现象的文献十分多见，各种文章对分裂现象的评述也互相矛盾（Sass，1992）。这种乱相恰好映照出分裂者支离破碎的自体状态。过度亲密和剥夺可能共同决定了分裂样人格：如果某人不仅孤寂且遭受剥夺，来自养育者的唯一关怀既缺乏共情又过度侵入，那么他极有可能在渴望与回避、亲密与疏远之间举棋不定。

Elizabeth Howell（2005）注意到，Fairbairn关于分裂样人格的概念也可帮助我们理解解离障碍、边缘状态和自恋现象（p. 3），因为这些现象都包括虚假、分裂、情感耐受困难以及内化恶人（toxic others）等因素。分裂样人格可以由微解离（microdissociations）现象衍生而来，由于养育者忽视儿童先天气质性的敏感和紧张，因此这种不敏感常常造成对儿童的过度刺激。作为对过度刺激的回应，儿童逐渐发展出解离能力，逐渐形成"分裂"性格。Masud Khan（1963，1974）对分裂样状态的研究表明，如果母亲对婴儿的现实保护不当（而这种母性的保护是原始母性关注的主要成分），则可能会对婴儿造成"累积性创伤"(cumulative trauma)。当代许多创伤和解离的研究（如，R. Chefetz，私人交流，2010年9月12日）显示，透过解离（情绪调节不良及躯体体验失调，慢性人格解体和/或现实感丧失，等），分裂心理可理解为是重复体验关系创伤的结果。一位才华横溢的音乐家生动地描述过这种体验，他的描述中带有典型的分裂意象，在他父亲去世之前（那时他9岁），世界是五彩斑斓的，在那之后，只剩黑白两色。

分裂样自体

分裂样人格的个体最为突出的是对社会期望的漠视。他们毫不在意自己对他人的看法，也不在乎外界对自己的评价。这一点与自恋者形成鲜明对比。无论分裂者是否沉浸于孤苦寂寞之中，都一定与驯服顺从绝缘。即便他们偶尔以顺应作为权宜之计，假意闲聊或参与公共活动，都会为自己的惺惺作态而尴尬不已。分裂者的自体永远和他人保持距离。

许多观察者都曾对分裂者的疏离、冷漠和傲慢作过评述（E. Bleuler, 1911; M. Bleuler, 1977; Sullivan, 1973）。如同我前文中的假设，他们这种卓尔不群的优越感，可能源于逃避他人控制或侵扰的态度。我们早已注意到，甚至在明显紊乱的精神分裂症患者身上，也存在故意作对的态度，仿佛将所有的社会期望颠倒过来，就是他们捍卫自体完整的唯一方式。Sass（1992）就"反礼节"(counter-etiquette)这一话题进行了如下评论：

> 跨文化研究表明……精神分裂症患者似乎普遍存在"极度抵制"，不惜违反一切最为庄严神圣的习俗和规则。因此，若在宗教信仰根深蒂固的尼日利亚，他们会破坏教规；而在日本，他们会攻击家庭成员。(p.110)

要理解这些明显有意的寻衅挑战行为,我们可以假设分裂者是在不遗余力地攻击社会的规定俗成,以此逃避心理的被控制和个性的被湮没。

由此可知,对于分裂者而言,被湮没甚至比被抛弃更为可怕。在参与 Blatt(2008)对自我和人际关系的两极性的综合性研究过程中,Michael Balint(1945)发表过一篇著名的文章,单看标题"善意的旷野——恐怖的虚空"(Friendly Expanses—Horrid Empty Spaces),文章主题便呼之欲出。文中比较了两种对立的性格:费罗白(philobat 疏远者),感到不安时选择享受孤独;欧肯农菲(ocnophil 亲密者),喜好交往,总是寻找可以依靠的肩膀。分裂者们归属于终极费罗白。人类总是被那些与自己截然相反且惹人嫉妒的性格所吸引。很容易推知:分裂者自然也时常招来(或被吸引)热情洋溢、能言善辩且善于交际的人(比如癔症人格者)。上述观点也可解释常见的现象,比如人们希望通过不断亲近来改善与分裂者之间的紧张关系,而对方却正因害怕被湮没而拒之千里。

我并不希望给读者留下分裂者冷漠且自私的印象。他们中有些人对人关心体贴,当然同时需要保持一定距离。也有些被心理治疗专业所吸引,他们会将他们擅长的细腻和敏感,合理地用于为来访者服务。Allen Wheelis(1956)就很可能有分裂样的体验,他撰写了一篇极具说服力的文章,谈及精神分析这一职业的诱惑和风险,指出有亲密和疏远冲突的个体如何容易被精神分析理论所吸引。作为分析师,可以对来访者的内心世界了如指掌,但自己的自我暴露又仅限于专业范畴。

具有分裂驱力的个体,通常需要通过创造性活动来维持自尊。他们的自我评价取决于自我整合与自我表达的优劣。精神变态个体苦苦追求个人能力,自恋者寻求外界仰慕。而分裂者渴望得到的肯定,是对自己真实本意、敏感性和独特性的肯定。这种肯定还必须来自内心,而非外在。而且他们对自己的创造努力一丝不苟,因此常常激起内心严厉的自我批评。由于这种追求确实非常极端,因此常常导致分裂者曲高和寡,他们的意志消沉也在所难免。

Sass（1992）犀利地将分裂状态描述为现代化的象征。现代公众渴望摆脱生活的喧嚣和欲望的桎梏。这种思潮通过当代艺术、文学、人类学、哲学和评论等领域的解构主义淋漓尽致地体现出来，现代人的疏离和异化与分裂性体验有着诡异的相似之处。Sass特别提到现代和后现代思维与艺术的典型特征：即疏离、高度反省（高度地自我觉察）、逃避与高度理性等态度几乎达到狂热的程度，这些与"态度朴实的世界、身体力行的世界、共享价值的社会和实际存在的社会"形成鲜明的对比（p.354）。他的阐述也对那些肤浅地、直白地对精神分裂症及分裂样体验的描述提出了有力的质疑。

分裂者的移情和反移情

根据直觉判断，分裂者会因退缩倾向而回避心理治疗和精神分析这种人际的私密接触。但其实当他们受到关怀和尊重时，也会在治疗过程中抱有感激之情并积极配合。治疗时段的间隔、治疗边界（时间限制、费用安排、与来访者在社交和性方面的伦理界限等）所产生的安全距离，似乎能够降低分裂者对亲密感的恐惧。

分裂样来访者在进入治疗时，难免带有惯常关系模式的部分特点，比如敏感、率真以及害怕湮没等。他们前来寻求帮助的原因，可能出于无法忍受孤立，或由于丧失亲密人物，再或因隔离而难以达成心中所愿，比如约会恐惧或无法从事某种社会工作。有时候分裂人格导致的心理缺陷并不突出；这时他们希望自己的抑郁、焦虑行为能够得以缓解。其他前来就诊的原因还包括担心自己崩溃，而这种担心有时并非空穴来风。

分裂样来访者在治疗初期会出现欲言又止、内心空洞、不知所措和痛心疾首等状态。我曾治疗过一位极度痛苦的分裂症女性（McWilliams，2006a），每次治疗她都会有很长时间的沉默，在后来她终于催人泪下地说道，"我希望你能理解，其实我很想向你诉说，但因为太难过了，所以没法说出口。"在来访者逐渐获得安全感的过程中,治疗师可能不得不静静等待。除非来访者因极度痛苦,或属于精神病状态,多数分裂样个体最终还是会积极配合治疗。他们对自己的内心反应能够清晰地觉察,如果不会引起恐慌、蔑视和嘲笑,他们将很乐意倾吐内心感受,他们对治疗师的理解和尊重也会心怀感激。也有看了本书后自我诊断为分裂样人格的读者给我发来热情洋溢的电邮,感谢我所作的工作,感激我分析了他们的人格特征,但并不冠以病理性标签,我被他们的谢意所感动。

治疗分裂样来访者时主要面对的移情-反移情挑战,是既要进入他们的主观世界,又要避免唤起来访者对侵入的焦虑。由于分裂者很可能因为退缩而使用疏离和隐晦的交流方式,治疗师很容易产生对抗疏离的行为,如:将兴趣转移至来访者的疾病症状,而不是来访者这一完整的个体。正如控制-掌握理论所言,分裂者在治疗初期的移情,其实是在"考验"治疗师是否对他们抱有足够的关怀,是否能够容忍他们的令人困惑,仍能坚持提供理解和帮助。当然,他们也会担心治疗师会像其他人一样,对他们疏远,视他们为无药可救的怪物。

长期以来对分裂状态的理解,充斥着"专家们"对孤独的患者的缺乏人文的颐指气使,他们一面对分裂现象津津乐道,一面又与患者的情感痛苦保持距离,还认为分裂者的语言表达微不足道,或因其过于神秘而干脆放弃解读。与此类似,当代精神病学热衷于探索分裂状态的生物学原因,而对分裂者的主观世界所知甚少。正如Sass(1992)所言,虽然我们应尽力探寻分裂症或分裂状态的生物学和神经学基础,但也不应放弃研究分裂样体验对于患者的意义。R. D. Laing(1965)在《分裂的自体》(*The Divided Self*)一书中,对Emil Kraepelin采访过的一位精神分裂症女性进行了重新评估。那些在Kraepelin看来难以理解的患者的词汇,Laing透过共情视角获得了许多信息。Karon和VandenBos(1981)列举了许多案例,这些患者本可以获得帮助,却由于临床医生未经训练或不愿接诊,而以不符合"医疗保险"项目为由被拒之门外。

具有分裂样性格且无精神疾病之虞的个体是分裂样群体的主要组成部分，他们很少像精神分裂症住院患者（这些住院患者是分析性文献对病理性退缩的研究对象）那样，激起治疗师的困惑或防御。但二者的治疗需求是同样的，只是前者程度稍轻。尽管分裂样来访者的内部体验异于常人，但仍具有现实检验能力，具有与他人安全接触且亲密相处的基础。治疗师必须牢记，分裂样来访者的超然离群不过是一种可被分析的防御，并非人际间不可逾越的鸿沟。如果治疗师能够避免受反移情的驱使去激化来访者的防范或是缺乏人文地敬而远之，那么一个稳固的治疗联盟将随之成型。

一旦治疗关系得以建立，双方特定的情结便会浮出水面。以我的经验来看，分裂者主观上的脆弱感恰恰可以反映为治疗师频繁显现的虚弱或无助。破坏和毁灭的幻想也可同时出现在咨访双方的情绪中。咨访双方还可能共享全能的幻象（"我俩之合，形成了宇宙"）。治疗师内心中将来访者看成思维特异、气质高雅且被埋没的天才或被曲解的圣贤，这种态度类似于过度卷入的父母看待将来必成大器的子女。

诊断的治疗意义

面对分裂样来访者，治疗师必须保持真诚和觉察，这种对情感和意向的觉察能力通常需要经过长期锻炼才能获得。尽管许多治疗师没有经过彻底的自我分析，也能很好地治疗多种类型的来访者，但我认为，除非他们自己具有分裂样心理，否则未经历过内心深层的治疗性暴露，恐怕难以对分裂样来访者进行有效的回应。

很多治疗师自身具有一定的抑郁心理，因此他们担心遭遗弃会甚过担心被吞噬。治疗师会自然而然地靠近那些需要帮助的对象。这样，他们将很难对分裂型来访者的情感需求产生共情。一位督导曾这样评论我竭力想要接近分裂样来访者的举动："他要的是苏打水，而你却坚持把南瓜饼喂给他。"Emmanuel Hammer（1968）认为，治疗师象征性地将椅子搬离来访者远一些，以躯体语言表明不会对其侵扰、催促、代替或压制，也具有一定的治疗效果。

在治疗初期，鉴于分裂样来访者会对侵入产生恐惧，因此治疗师应避免解释过多，应尽可能地了解来访者对自身内心活动的理解。在这一阶段，就事论事的评论和轻松自然的反应更利于被来访者接受，若是迫不及待地推动他们进一步深入，则很可能触发他们的惶恐和对抗，进而增加了退缩的风险。Susan Deri（1986）强调，用来访者的语言或想象来对他们的表述进行提纲挈领的复述是非常重要的，这种做法能够增强来访者的现实感及内部稳定性。Hammer（1990）进一步告诫我们，刺探、盘问，或只对来访者的症状感兴趣，而忽视人的整体性，这些皆不可取。

普同化是有效治疗分裂样来访者的一个重要环节。我在第四章针对精神病-边缘型-神经症轴线上处于精神病一端的来访者，曾探讨过"教诲"（interpreting up）这种通用的技术；它可能同样适用于心理健康水平的分裂样来访者，因为他们很难相信别人会理解自己的过激反应。即便他们明显机能健全，多半也会担心自己本质上异于常人或令人费解。他们渴望被自己在意的人完全理解，但又担心一旦完全敞开心扉，自己的荒诞不经便会一览无余。

分裂者对自己的知觉优势极为自信，同样对疏远他人可能造成的影响不会视而不见。如果治疗师能用实际行动表现出对分裂者内心世界的理解，借此帮助他们体验获得接受的感觉，最终分裂者将具备足够的自尊，即使有时来访者的感受难以获得别人的理解，他们也能意识到别人可能另有原委，并非自己的感受有多么荒唐。治疗师若将分裂者丰富的想象力视作天赋而非病态，可能深深挽救他们于苦海，因为在生活中他们的情感反应处处遭受粗心评论者的驳斥和贬低。

既要对分裂者予以肯定，又不令他们感到被吞噬或忽视，方法之一是利用艺术和文学中的意象来传递对他们问题的理解。A. Robbins（1988）对自己刚开始接受精神分析的情境描述如下：

> 很多时候，我完全不知道该说些什么，也不晓得该怎样表达自己对生活经历的感受，所以就这样长时间地沉默，所幸我的分析师没有放弃我。他有时会给我讲"睡前小故事"（Robbins小时候从来没有人给他念过），这些故事引自戏剧、文学和电影，且与我在治疗中呈现出的细节和想象很符合。这些故事勾起了我的好奇心，于是我决定去读那些书。对易卜生、陀思妥耶夫斯基和卡夫卡的喜爱，成为印证和阐明我自己内心体验的丰富素材。文学和艺术似乎帮我做出了许多象征性地表达。更重要的是，这些素材在我和分析师的互通方面发挥了很大的作用。(p.394)

A. Robbins 及其同道（1980；A. Robbins，1989）为富有创意的艺术治疗作出了卓越的贡献，他们从美学角度阐明了精神分析治疗对分裂样来访者的独特疗效。

在分裂样来访者的治疗过程中，一旦治疗关系得以确立，理解便接踵而至，此时最为常见的障碍是，咨访双方可能共同筑起一层情感屏障，两人在屏障包围中相互理解，悠然自得，并期待治疗能成为躲避残酷现实的缓冲区。分裂者竭尽所能让治疗关系成为他们外部生活的替代品，治疗师的共情常常不知不觉使自己成为来访者的同谋。很长一段时间内，治疗师不会意识到，虽然来访者的内省力不断提高，但毫无行为改变（如：与他人约会，改善性关系，或着手创造性活动）。

将分裂样来访者在治疗时段获得的安全型亲密关系延伸至治疗以外，无疑是一种挑战。治疗师将面临两难困境：一方面治疗目标是最终增强来访者的社会和人际功能，另一方面，敦促来访者去追随这一目标可能会被解读为侵入和控制。我们应能通过坦诚相告，帮助分裂者加深理解对亲密感既爱又怕的冲突所造成的行为后果。与治疗的其他方面相同，假以时日，成效可见。

A. Robbins（1988）强调，治疗师应作为一个"真实的人"，而不仅仅是一个移情客体,是十分重要的。这一建议对于分裂样来访者尤为适用,他们的经历中拥有大量"似是而非"(as if)的关系,迫切需要治疗师以常人的身份积极参与:支持他们在人际关系上的冒险;为他们的生活注入不曾有过的轻松和幽默;并在他们想要躲避、"放弃"或敷衍时,坚决地反对。真诚地对待每位来访者都很重要,但这对于分裂样来访者而言,是一种如饥似渴的需要。我们发现,这些来访者对他人的错误明察秋毫,他们的移情反应不仅因治疗师的积极回应而日渐清晰,而且,这种移情也使他们更容易与人交往。

鉴 别 诊 断

分裂样状态通常不难识别,他们漠视一切的态度很容易给治疗师留下深刻的印象。困难的部分是对来访者自我强度的评估:分裂现象严重程度评估的准确性,主要取决于他们愿意与治疗师合作的程度。另外,有时强迫症来访者,尤其是介于边缘型－精神病性之间的强迫症患者,他们的分裂样程度很容易被高估而造成误诊。

严重程度

评估个体分裂样状态的严重程度是十分重要的。或许正是鉴于这一点,DSM-Ⅳ的编者根据严重程度,制定出几种可供选择的分裂样诊断,其他类型的人格障碍虽也存在轻重不等的状况,但 DSM 并未加以标注。因此,在首次访谈时应特别注意掌握精神病性患者的病程;询问他们是否出现幻觉和妄想;注意他们有无思维联想障碍;是否具有区分行为和想法的能力;遇到难以鉴别的情况时,心理测验有时可为诊断分裂型患者提供辅助依据。若发现来访者具有精神疾病的倾向,便可作为服用药物或住院治疗的指征。

若把精神分裂症个体误诊为非精神疾病的分裂样人格,将贻误治疗时机,造成难以挽回的损失。而把分裂样人格错诊为精神障碍,同样也是令人遗憾的谬误。分裂者的外在表现通常看起来比实际情况严重，治疗师一旦判断失误，误将来访者的个性问题与精神失常画上等号，这样会使他们本来困难的处境更为艰辛。（实际上，即使对待精神病患者，若治疗师不"仅仅"将他们视作精神分裂症患者，而能够看到他们内心有利于治疗的一面，这种态度就能对精神病性个体的焦虑具有疗愈作用。）

一旦治疗师能认识到分裂者并非无药可救，便很容易欣赏分裂者思维的创意性和率真性，治疗师的这种态度本身就具备治疗意义。有些健康的分裂者前来就诊的问题与其人格因素关联并不紧密，因此他们并不希望暴露自己的怪癖。治疗师应尊重他们的权利。让分裂者以他们感到舒适的方式表露自我，努力聚焦于来访者希望解决的问题。

分裂样 vs. 强迫性人格

分裂者通常与世隔绝，沉溺于穷思极虑，或者不断幻想将来。他们还可能因为与亲密人物的关系冲突而变得清心寡欲，惯用理智化来面对生活难题。有些人行为怪异，看似与强迫症无异，他们会使用强迫性个体常用的防御手段应对生活事件，以一整套特定的仪式行为来保护自己免受他人侵入。结果他们很容易被误解成具有强迫性人格特征。虽然很多人同时具有分裂样和强迫性特质，但二者应被看作两种"纯粹"的人格特质，二者存在重要差异。

与分裂者独来独往的形象截然不同，强迫者通常善于交际。对尊重、赞许、认同和声望高度关注。强迫者还注重自己的道德形象，会细细审视自己所处群体的道德风尚，而分裂者则仿佛天生随遇而安，不太在意寻常小事的对错。强迫症性人格的个体会否认或隔离自己的感受，但分裂者会在内心认同自己的感受，但对表达这种感受却讳莫如深。

小　结

分裂样人格的个体通过避免与他人亲近来防止被吞噬，通过遁入内心幻想来维持安全感。当亲密和疏离产生冲突，分裂者会选择后者而承受孤寂，亲密将不可避免地招致过度刺激，从而危及自体。导致分裂倾向的先天原因可能包括自体的过度敏感或易受影响（hyperpermeability）。分裂者除了像孤独症患者那样容易退至幻想世界，还会借用其他的"原始性"防御方式，但同时也具有令人生羡的真诚和创造力。

儿童期家庭成员之间的互动模式，也就是剥夺和侵入并存，可能会导致分裂者的接近－逃离模式。成年后，分裂者的人际交往会受上述倾向的影响。我还论述了移情和反移情现象，包括治疗师进入来访者内心的困难；治疗师被唤起的、与来访者相同的脆弱感或浮夸的自傲感；以及不自觉地与来访者共谋，共同疏离他人。治疗师应尽可能地自我觉察，培植耐心，保持真诚，并"真实"地展现自己的人格。最后，我强调应该准确评估来访者在分裂谱系中所处的准确位置，以及对分裂样人格与强迫性人格的鉴别。

进一步阅读的建议

关于分裂样状态的观点大多出现在精神分裂症的文献之中。但 Guntrip 的《分裂样现象、客体关系和自体》（*Schizoid Phenomena, Object Relations and the Self*, 1969）当属一个特例，文章以理服人，文字流畅。Seinfeld 的《空核》（*The Empty Core*, 1991）是客体关系学派对分裂样状态进行分析的杰出代表。最近，Ralph Klein 在参编的一本自体障碍书籍（Masterson & Klein, 1995）中，用部分章节谈及"放逐的自体"（self-in-exile），对临床医师极有帮助。Arnold Modell 的《隐秘的自体》(*The Private Self*, 1996) 也是一本重要的著作。至于我个人对这一领域的思考，读者可参阅前文提到的有关缄默的分裂样女患者那篇文章（McWilliams，2006a），或查阅近期我在《精神分析评论》杂志上发表的文章（McWilliams，2006b）。

美国心理学会计划在 2011 年 8 月推出两套视频，命名为《三种心理治疗方法：新的一轮》(*Three Approaches to Psychotherapy: The Next Generation*, Beck，Greenberg 和 McWilliams，ab 双面 DVD），录制过程仿照著名的"Gloria"录像（Shostrum，1965）形式，当时 Carl Rogers，Fritz Peris 和 Albert Ellis 分别为一位化名 Gloria 的女性进行了一次心理访谈，而这次新一轮录像中，治疗师将换成 Judith Beck，Leslie Greenberg 和我，而且将分别录制男性患者和女性患者两张 DVD。读者若想观看我对分裂样人格结构（身处分裂谱系较为健康的一端）的来访者进行精神分析取向的短期治疗，可见这套 DVD 中我（以及 Beck 和 Greenberg）对一位名叫 Kevin 的男性患者进行访谈的过程（Beck，Greenberg 和 McWilliams，b 面 DVD）。

第 十 章
偏执型人格

很多人在心目中都能勾勒出偏执型个体的虚拟形象。比如 Peter Sellers 在经典电影《奇爱博士》(*Doctor Strangelove*)中传神地刻画了一个多疑、固执且自命不凡的人物，很容易使我们联想到生活中那些性格与之类似的熟人，以及自己身上那些偏执倾向所导致的戏剧性效果。而识别那些程度较轻的偏执表现则需要更深刻、更专业的敏锐观察力。从本质上看，偏执型人格是指个体习惯性地使用否认和投射的防御方式，将内部感受投射为外部威胁。而且，这种投射过程伴随有意识的狂妄自大。

对多数人而言，偏执即说明个体的精神状态存在严重的问题，其实这类人格也和其他人格类型一样，处于精神病态至健康常态的连续谱系中（Freud，1911；Meissner，1978；D. Shapiro，1965）。和前面几章所描述的人格类型相似，偏执型防御机制可能在儿童能够区分内心想法和外部现实之前就已开始形成，这一时期幼儿对内部自我和外部客体极易混淆，而偏执者的本质正是误将内部感受体验为外部刺激。"病态"偏执者比"健康"偏执者要更为多见，但许多具有偏执人格的人可以在自我强度、认同整合、现实检验和客体关系的任一水平都表现正常。

从临床实践看，DSM-IV中以特质为基础的人格障碍的诊断标准未免过于肤浅，但这本手册明确指出，对偏执人格类型的认识尚为有限。因为偏执者通常讳疾忌医，只有待到情感极度痛苦、病情达到严重程度、社会功能出现问题的时候，才会前来（或被带来）就医。这一点与抑郁、癔症或受虐性人格者恰好相反。由于偏执者对他人存有戒备，所以很难自愿参与治疗。

健康的偏执型人群经常热衷于在政治上有所建树，在这种追求过程中，他们与邪恶势力抗争的欲望能得到淋漓尽致的发挥。比如在小布什执政时期，副总统 Dick Cheney 被评论界讥讽为偏执狂，但尽管人们对他的所作所为嗤之以鼻，却也从未怀疑过他高明的外交手段。在偏执的病态一端，连环杀手固执地认定被害者试图谋害他们，在这种投射性认同的支配下，顿生杀念；这说明偏执者不仅缺乏成熟的自我控制，其认知还与现实严重脱节。近期许多臭名昭著的杀人狂似乎都具有偏执基础。

我必须再次强调第五章中的一个关键观点，仅因为来访者就诊时的描述与实际不符就将其归为偏执是十分不妥的。比如有些看似偏执状态的个体可能确实正受到某些邪教成员、单恋的追求者或恶意的亲属的追踪或迫害。（许多诊断明确的偏执者也会有现实困境；那是因为偏执特质很容易招致他人现实的攻击。）即便不是偏执人格的个体，在特定的羞辱或陷害情境中，也难免会呈现短暂的偏执行为。因此在诊断过程中，我们应该考虑如下可能性：是否有合理的刺激因素；是否受到别有用心者的迫害，致使来访者前来就诊。

相比之下，面对偏执者时人们很难以貌取人。无论是在社交场合还是治疗室中，人们都可能评论自己对特定人、事或现象（恐怖分子、资本主义、宗教领袖、色情文学、大众媒体、政府官僚、父权统治、种族主义——即所有与"正义"背道而驰的事物）的憎恨。从这种谈论中，很难识别哪些是外部客观，哪些是谈论者内心的投射（Cameron，1959）。如果国会议员 Allard Lowenstein 早点发现 Dennis Sweeney 的偏执性格（后者在19世纪60年代学生运动中受前者的保护，随后受幻想驱使将前者刺杀），就不会和他勾搭在一起，自然也可免遭杀害（参见 D. Harris，1982）。两人都拥有直面社会黑暗势力的勇气，只不过 Lowenstein 是基于客观事实，而 Sweeney 只是内心优势观念的投射。

当然也有人的优势观念恰好与现实吻合，但仍属偏执本质。在多数人对核辐射污染问题尚未重视之时，Howard Hughes 就已经提出了对内华达州原子弹试验后果的极度担忧。多年之后人们对核辐射的认识日益清晰，他的观点也被公众接受，但这些并未减轻他的偏执心理；他的晚年生活证明，他的真正痛苦来源于自己的投射（Maheu 和 Hack，1992）。我之所以指出上述可能性，是强调应该综合各种信息做出深思熟虑的诊断，而不应仅凭来访者固执、多疑、冷淡就主观臆断。

偏执者的驱力、情感和气质

重度偏执的个体由于认为痛苦源自外部环境，因此常常不会攻击自己，而是把攻击指向他人。尽管他们仍有一定的自杀风险，因为有时候会担心别人伤害自己而抢先对自己下手，但其自杀风险仍然要低于重度抑郁患者。许多偏执者脾气暴戾，我们据此推测偏执者的高度攻击性和激惹性是与生俱来的特征。可以假设，幼儿很难控制自己的攻击冲动，更无法将它转化成积极的自我感受，此时养育者对淘气哭闹的孩子做出负面的回应，会强化婴幼儿对外界的不良印象。目前针对偏执者的气质的相关研究尚为数不多；Meissner（1978）的一项实验表明，偏执与婴儿期的"活跃"（active）症状（不服管教、适应困难、反应过激，以及负面情绪）存在相关，同时也与对刺激高度敏感导致的兴奋过度相互关联。

偏执者不仅要与愤怒、怨恨、恶意及其他显而易见的敌意作斗争，还要承受难以抵挡的恐惧。Silvan Tomkins（如，1963）将偏执状态总结为恐惧和羞耻的混合体。他所做的比较个体眼动的实验表明：这类人普遍喜欢眼睛朝左下方看（"心里有鬼"），可视作为眼神水平向左（纯粹的恐惧感）和垂直向下（纯粹的羞耻感）两种眼动方向的折中（S.Tomkins，私人交流，1972）。即外表自命不凡的偏执者实际上内心饱受恐惧威胁，对身边的人时刻保持高度警惕。

长期以来，分析师一直将偏执者的恐惧感称作"毁灭焦虑"（annihilation anxiety, Hurvich, 2003）；即害怕自己土崩瓦解、彻底摧毁或完全消亡。任何有过极度恐惧体验的人都会对此感同身受。Jaak Panksepp（1998）对哺乳动物的情感进行研究时发现，上述焦虑其实隶属于恐惧（FEAR）系统，这种恐惧是动物进化过程中对可能发生的威胁的防御性情感反应。Panksepp 将它与依恋/分离焦虑加以鉴别，分离焦虑受5-羟色胺调节，在神经生物学上隶属于惊恐（PANIC）系统。5-羟色胺再摄取抑制剂（SSRI）一般对偏执性焦虑不起作用，而苯环类药物和酒精等"镇定剂"起效更快，或许这也是偏执型患者经常对这些物质产生依赖的原因。

偏执者也和自恋者一样视羞耻为巨大威胁，但二者体验危险的方式却有所不同。傲慢的自恋者，若感到自己将被揭穿会羞愧难当，他们会竭尽全力粉饰外表，掩盖内心的自卑。但偏执者却对羞愧矢口否认，或将羞耻感投射出去，自鸣得意。把心理的能量都用来对付那些一心想要羞辱他们的人。自恋性格的个体担心暴露自己的缺点；偏执人格的个体则揣测他人的恶意。偏执型来访者在治疗过程中太过专注估摸治疗师的心思，因而忽略聚焦自己的内部体验，使治疗寸步难行。

偏执者也有与自恋者相似之处，即强烈的嫉妒心理。不同的是偏执者会用投射来处理嫉妒，偏执者需要应付高度的愤怒和紧张。那些带有妄想成分的嫉妒和怨恨令他们觉得暗无天日，因此不得不将这些态度直接投射出去（比如深信"别人会因为嫉妒而加害于我"）；但这些嫉妒态度更多从属于对其他情感和冲动的否认和投射，比如一位偏执的丈夫会否认自己脑中常有的婚外情幻想，反而坚称妻子正受到其他男性的引诱。希望与同性亲近的潜意识欲望很容易引发这一类嫉妒——潜意识中会将这种欲望与同性性爱相混淆（Karon，1989），引起异性恋男士意识层面的恐慌，产生厌恶和否认。这种对同性的渴望如果趋近意识层面，会被投射成是妻子与男性的眉来眼去。

偏执者也背负深重的内疚，他们也像对待羞愧那样对之否认和投射。我将在后文中阐述产生这种深度内疚的原因和相应的治疗方法。偏执者难以承受的潜意识内疚心理也使他们难以获得帮助：他们十分担心，一旦治疗师了解他们的内心，会对他们的罪恶与堕落感到震惊、排斥或惩罚他们。他们一直极力避免这种羞辱，将所有的罪恶感转变为来自外部的威胁。其实他们潜意识地渴望被揭穿，但却将对被揭穿的恐惧投射成揭穿他人的"真实"意图。

偏执者的防御和适应机制

投射及对投射的否认占据着偏执者的大部分内心世界。基于其自我强度，可将偏执者定为精神病性、边缘型或神经症性。首先回顾三个水平之间的差异：精神病性来访者会将自体中令人烦恼的部分投射出去，无论这样的投射何等荒谬，他们仍然坚信不疑。比如偏执型精神分裂症患者坚称自己那位同性恋助理下毒要害他，这其实是他自身的攻击冲动、对同性的渴望，以及幻想拥有权利的潜意识投射。由于这种投射性信念很难在现实中找到实据，因此他更加确信自己是唯一明察秋毫的人。

边缘型人格的个体现实检验能力尚存，因此边缘型偏执者会巧妙地激惹被投射对象，令对方看上去似乎正像投射的那样。这便是投射性认同：如果被投射的个体试图摆脱某种感受，就会不由自主地觉得这种感受顺理成章，因此，偏执者自然觉得对方必定就是这种感受。边缘型偏执者始终致力于让投射对象与自己的想象更为"匹配"。因此，一位竭力否认自己的憎恨与嫉妒的女性来访者会流露出敌对的态度，觉得治疗师一定是嫉妒她的成就；若治疗师的谈吐显现共情性态度，便是嫉妒、加害于她的铁证，这种根深蒂固的误解会很快耗尽治疗师的耐心，开始对来访者产生怨恨，并嫉妒她能口无遮拦地为所欲为（Searles，1959），于是有意无意地显露出对来访者的攻击态度。这类特定状况下的治疗过程对于治疗师无疑是一种折磨，治疗师会出现始料未及的强烈的负面情绪；这也解释了许多精神卫生工作者都难以忍受边缘型偏执来访者的原因。

神经症性偏执者会不知不觉地将内心的问题以自我不协调的方式投射出来。即来访者在投射时，自我会同时具有一定的观察力，在良好的咨访关系背景下，来访者的这种能力有助于他们认识到自己内心思维的外化，认识自己的投射。在初始访谈中就描述自己偏执状态的来访者，多数属于这一类型（虽然精神病性和边缘型偏执者有时也会如此，但目的多为显示自己懂行，并非真正认识到自己的恐惧构成了投射）。有位来访者曾告诉我，那段时间他曾想象我是位声色俱厉的治疗师，但在现实中却找不到任何证据，而我由此得知他的病情正在逐渐好转。出于对投射中可能存在的真实的警觉，我说道："既然这样，那我来回忆一下是否严厉地批评过你，"他反问道："你就不能偶尔让我偏执一下吗？！"

我有一位健康且颇有才华的来访者，性格比较偏执，一直担心我会以他的案例四处炫耀以标榜自己的才能。他猜想如果某位治疗师对我说他的坏话，我一定会欣然表示赞同。（其间，当他在治疗中感到受伤，会毫不留情地指责我的过失，从而让我的同事一致感到我对他的治疗百无一是。）尽管如此，他仍然能觉得自己的猜想似乎有点过分，直到后来他意识到：这种担心其实是自己的投射——对自己需要被接纳和赞扬的抵制，以及对这种抵制的防御性自责——这种自责经投射和付诸行动成为对我的责难。

偏执者普遍需要以投射来应对烦恼，这必然导致他们频繁地使用否认及作用相似的反向形成。我们每个人都使用投射，事实上普遍的投射倾向正是移情的基础，投射-移情的存在使得分析性治疗成为可能。但偏执者投射的目的是强烈地回避负性态度，这种态度使投射的过程是如此不同，使该过程充斥着全然否认的气息。弗洛伊德（1911）将偏执（至少是精神病性偏执)解释为潜意识中的反向形成("我不爱你;我恨你")和投射("我不恨你;是你恨我")的连续运作。这种表述暗含了偏执者对体验爱意的恐惧,这很可能与偏执者早年的不良依恋关系有关。弗洛伊德还认为偏执中也包含着强烈的同性渴望,而且据我所知,任何形式的渴望对于偏执者而言,都是难以承受的危险因素。

弗洛伊德对偏执者的描述,是对严重偏离基本人性的偏执状态的解释之一(Salzman,1960)。Karon(1989)总结了妄想型偏执者处理同性亲近渴望的几种方式:

如果一位男性以下列方式来抵抗"我爱他"的感受,将产生许多典型的偏执妄想。"我不爱他,我爱自己(自大狂)。""我不爱他,我爱她(色情狂)。""我不爱他,她爱他(嫉妒妄想)。""我不爱他,他爱我(对同性渴望的投射,将导致同性恐惧妄想)。""我不爱他,我恨他(反向形成)"以及最为常见的投射方式:"他恨我,所以我当然应该恨他(既然我恨他,说明我根本不爱他(仇恨妄想)。"(p. 176)

由此可见,治疗偏执者的棘手问题是:判别他们的基本情感与防御后的情感表现之间相距几何、有多迂回。

偏执者的关系模式

临床经验表明,偏执者在童年期的成长过程中,自我效能感曾遭受过严重的创伤;他们大多反复体验过压制和羞辱(MacKinnon 等,2006;Tomkins,1963;Will,1961)。弗洛伊德(1911)关于偏执的理论正是基于 DanielPaulSchreber 的案例而提出的,Schreber 的父亲是一位专横跋扈的家长,他主张用严酷的躯体训练来增强儿子的意志(Niederland,1959)。Schreber 接受了来自父权形象的持续的羞辱,也缺乏当时的法律体系的保护

（Lonthane，1992）。

在偏执者的成长背景中，极端严厉的批评、反复无常的惩罚、毫不留情的痛斥以及难以取悦的家长都十分常见。偏执型儿童的养育者也时常给儿童树立"榜样"，儿童可以观察到父母身上多疑、责难的态度。尽管父母声称家人是唯一应该信任的对象，但儿童不难发现父母平日的表里不一——暴虐的内心与友善的外表。边缘型和精神病性偏执者的家庭成员间常常相互苛责和相互讥讽，或者是在家庭成员中相对"孱弱"者，容易成为家中的替罪羊——家庭成员憎恶和投射的靶心。根据我的经验，多数神经症-健康范围之间的偏执者的家庭成员间的关系，多半是温馨、稳定与调侃、嘲笑兼具。

养育者如果具有难以控制的焦虑情绪，子女也容易形成偏执型人格。我有一位偏执型来访者的母亲多年来一直处于紧张状态。因为常常口干，她随身携带一壶热水，她觉得自己的身体由于长期紧张而已僵成为"一块水泥砖"。无论女儿有什么难题，这位母亲的第一反应就是否认，因为她承担不起更多的担忧，要么就是一惊一乍，因为她很难控制住自己的焦虑。她也无法分清想象和行为之间的界限，所以传达给女儿这样的信息：思维等同于行动。女儿形成的信念：自己的爱和恨都具有危险性。

有次这位来访者终于鼓起勇气告诉母亲，她因丈夫的霸道而与他顶嘴，她的母亲当即批评女儿误解了丈夫，称他是一个忠诚的男人，一定是女儿多疑多虑。女儿与母亲争辩了起来，母亲又关心地对她说，别激怒丈夫，否则他也许会对她拳打脚踢甚至离她而去（母亲自己就是与丈夫不断争吵，最后丈夫离她而去）。当女儿继续为丈夫的所作所为愤怒不已时，她乞求女儿往好处想想，不要让事情变得更糟。如果假设个体青春期发生这类冲突，可能是女儿告诉母亲，自己受到了父亲的骚扰，母亲非但不信，还将责任归咎于女儿太过招摇。

这位母亲本意虽好，但言辞混乱，她自己年轻的时候没能体会过被抚慰的感受，如今自然无法安慰别人。在女儿性格形成的关键期，她那些忧心忡忡的建议和忐忑不安的预感助长了女儿的恐惧感的逐渐形成，结果女儿只能通过情绪的大起大落来获得稍许安慰。当我最初接待这位来访者的时候，她索求无度的性格和冷酷无情的敌视态度已经击溃了好几位治疗师。他们都视她为精神病性或边缘型偏执狂。经过多年的心理治疗，她才能真实地体验自己的生活，并意识到类似的家庭互动带给了她毁灭性的打击。

我们从上面这位母亲可以观察到形成偏执症的几种核心要素。首先，在偏执者的家庭中，客观现实经常受到扭曲，情感回应常常阴差阳错，因此成员相互间体会到的更多是恐惧和羞耻，极少获得理解和支持。其次，养育者的否认和投射会被子女效仿。再次，原始性全能幻想在家庭互动中得到了强化，这种原始全能感造就了强烈的内疚和混乱情感的基础。最后，家庭成员间的互动丝毫无益于解决问题，而只会凭添愤怒，还会增加儿童在基本感受和认知方面的困惑。在这种情境下，个体实际上受到了隐晦的羞辱（比如上文中那位女儿，在母亲的眼中既不受欣赏，又控制不住情绪，还十分危险），因此使困惑的儿童的成长雪上加霜。而且这种困惑反应很可能会招致家庭成员进一步的批评，被斥责为不可理喻甚至满怀恶意，毕竟家庭成员的本意是多么善良。

偏执者在成年后的人际交往中，会不断重复这类扰乱心智的互动方式。他们内化的客体一直扰动着他们的人际交往。如果儿童最初的养育者不仅思维混乱，而且一直处于原始戒备状态，竭力维护自己的安全和权威，互动中充满操纵控制，缺乏真情实感，那么这个儿童将来的人际交往一定会受到影响。当这样的偏执者想要理解事情的"真相"，就变得举步维艰（D. Shapiro，1965），而与偏执者打交道的亲朋好友很容易陷入迷茫，感到对偏执者无能为力和格格不入。

当然，母亲的焦虑并非是影响这位女性来访者的唯一因素。如果成长过程中有任一重要养育者能与她建立稳定的关系，她的人格发展或许就不至于太过偏执。可惜她的父亲也是吹毛求疵、脾气暴躁、粗俗无礼，在她尚未成年时便抛弃了家庭。众所周知，这类教养环境还将导致另一个不幸的结果，偏执者宁肯先发制人，也不愿坐以待毙（"先下手为强"）（Nydes，

1963)。曾成功治疗偏执者的治疗师们总结道：如果儿童拥有令人畏惧的父母，且无从知晓如何正确处理自己的感受，便很容易滋生偏执、攻击的性格（MacKinnon 等，2006）。

偏执者在对权力问题的关注和容易付诸行动这两方面，与精神变态患者较为相似，但两者的爱的能力却相距千里。即使他们都惧怕自己有依赖的需求，且都由于怀疑他人的动机而心怀忐忑，但偏执者却能够拥有内心深层的依恋，也能够一如既往地保持忠诚。无论偏执者早年受到的教养环境有多么残暴或混乱，他们早年都足以获得并保持对他人的依恋，尽管这一过程充满焦虑和矛盾。因此，尽管偏执者与人交往时的情绪频繁变幻、戒备心强和敏感多疑，但这种爱的能力依然能够使治疗得以继续。

偏执型自体

偏执者的两个极端自体表征分别是：无能、羞辱、卑微；或者全能、执拗、自得。两极之间的矛盾张力浸润了他们全部的内心世界。无论哪端都难以带来快乐：无能的自体将伴随对受虐和蔑视的恐惧，而全能的自体又因为名不副实而不可避免地造成强烈的负疚感。

处于无能端的自体表征使偏执者长期生活在恐惧之中。他们从来不曾真正体会安全无虞的感受，总要费尽心机去思虑周边环境中的危险因素。而全能端的自体表征则使偏执者产生大量的"牵连观念"（ideas of reference）：仿佛天下事事事关己。这种牵连观念在精神病性偏执者中比较常见，比如患者坚信自己是国际间谍组织攻击的目标，或声称电视广告中隐藏着世界末日的信息。但也听说，有成就非凡且现实感正常者会为别人坐过自己的椅子而反复掂量——是否代表某种挑衅或羞辱。这类来访者通常在初始访谈中不会被认作偏执者，但随着治疗进展，治疗师会吃惊地发现，他们逐渐表露出系统的信念，即自己身上发生的所有事情都会对别人产生非凡的意义。

无论偏执者的狂妄自大是否有意为之，都将导致难以忍受的内疚。因为如果具有全能也就意味着承担所有责任。人们只要感受过自责、担心过错引致惩罚，便不难理解偏执和愧疚之间密不可分的联系。例如，学生迟交论文，便会刻意避开导师，担心导师批评和惩罚。我的一位女来访者正经历婚外情，她经常发现自己只要开车时拉着情人的手，前方就立刻有警车，然后赶紧松手。

当人们以否认和投射的方式应对难以忍受的情绪时，后果可能会更糟。早在几十年前就已得到实验研究的证实：偏执与不被接受的同性恋倾向之间存在一定联系（如，Searles，1961 Aronson，1964）。最近，Adams，Wright和Lohr（1996）的一系列实验结果显示，男性大脑中被唤起的同性恋意象越多，越容易产生同性恋恐惧。即使只有小部分偏执者真正有过同性恋行为，但偏执者普遍对同性吸引十分畏惧，其厌恶程度远超出普通人的想象。许多同性恋者很难理解为何同性的性取向遭到他人的反对，也许偏执者对同性恋的恐惧可以部分解释这些反对的缘由。

二战时期纳粹分子曾将枪口指向同性恋群体、精神病患者、罗马人和犹太人，他们耀武扬威的时间虽然短暂，却也提示我们，若整个人类文化受到偏执倾向的浸淫，任何残忍恐怖的事情都有可能发生。研究表明（如，Gay，1968；Rhodes，1980；F. Stern，1961），纳粹崛起的心理原因与偏执者的早年经历颇为相似。德国在一战中受到毁灭性的打击，之后各国对战争的惩罚措施又带来了德国国内的通货膨胀、饥饿和恐慌，而国际社会选择对此视而不见，于是诞生了希特勒这样一位偏执型领袖和纳粹这种偏执型组织（有关当代美国政界偏执角色的描述，请参阅 Welch，2008）。

偏执者自我体验的核心是深深的孤独，如 Sullivan（1953）所言，他们需要与"内心密友"（chum）之间"彼此印证"（consensual validation），Benjamin（1988）后来称之为"确认"（recognition）。他们会通过向权威人士或重要他人施加压力来维持自尊。一旦得逞或胜利，他们有一种虽转瞬即逝但轻松愉悦的安全感和正义感，而他们令人恐惧的好斗特质多半源自童年期试图挑战并击败暴虐父母的愿望。有些偏执型人格者会向受压迫和虐待的群体提供真诚的服务，他们一心要与恶势力斗争到底、维护弱势群体的利益，他们立场坚定，精力旺盛、百折不挠。

偏执者的移情和反移情

多数偏执者的移情反应转换迅速、张力十足且负性移情居多。治疗师偶尔会成为他们的救世主，但更常被视作驳斥和羞辱他们的对象。偏执者寻求心理咨询时，要么认为治疗师故意寻找他们的短处，以摆出权威的姿态；或是治疗师有意找茬，但一无所获。他们时常表现出冷漠、泰然、无动于衷的态度来刺激治疗师。甚至，他们会死死盯着治疗师，临床称之为"偏执的凝视"（paranoid stare）状态。

治疗师的无力感和戒备心自然成了意料之中。他们的反移情通常是焦虑或敌对；偶尔被当成救世主时，反移情又改作慷慨的大度。通常情况下，治疗师对自己强烈的反应会有较为清晰的认识，不像面对自恋者和分裂者时的反移情那样难以捉摸。由于偏执者的主要防御是否认和投射，被偏执者拒绝的自我部分被投射出，因此，治疗师能够在意识层面感受到，自己的情绪反应是由于偏执者有意识的流露而导致。比如，来访者无形中的充满敌意，使治疗师可能感到恐惧，而这种恐惧反移情正说明是来自对方的敌意——恰恰是来访者对恐惧的防御。再或治疗师感到自己残忍且有力的反移情，可能是来自来访者展现出的脆弱无助——对自己的攻击冲动的防御。

治疗师的内心反应十分重要，治疗师异乎寻常的反应正反映出偏执者所努力想摆脱的痛苦。这也说明为什么治疗师普遍具有这样的反应：尽快让来访者"脱离苦海"，无论来访者的想法多么脱离实际。我们在治疗生涯中，大多遇到过迫切需要安抚的来访者，但当他们获得抚慰后，却转而坚信我们正密谋将他们置于险境。对于这种状况下痛苦且多疑的来访者，如果治疗师不能识别自己的反移情，只是感到无能为力，那么这将成为双方建立信任关系的首要障碍。

诊断的治疗意义

治疗师的首要任务是建立牢固的治疗联盟。尽管这种关系的建立将有利于所有人格类型的来访者，但对于偏执者而言尤为重要，因为他们具有严重的信任危机，与他们建立关系颇具挑战性。我的一位刚参加工作的学生前来询问如何治疗重度偏执的患者，我让他阐述一下自己的治疗计划，他答道："首先我必须取得她的信任，然后主要用决断技术进行干预。"这就错了。偏执者需要耗费很多年才能对治疗师产生真正的信任，如果能经历许多年，那么治疗已然取得了很大的成功。但他有一点倒是说得没错：治疗初期应该让来访者确信治疗师的良好意愿和胜任能力。为此，治疗师不仅要有极大的宽容心，还需要对来访者的负性移情进行友善的探讨，告知他们对治疗师的憎恶与怀疑都在意料之中。这种对敌意的接纳和从容不迫的态度有助于培养来访者的安全感，不再担忧被惩罚，也有助于治疗师帮助来访者认识到，被他们视作十恶不赦的那些自体品格，其实常见于普通人群，并非那般恶劣。

这一部分将比其他章节相应内容稍多，因为针对偏执者的治疗与"标准的"精神分析治疗具有很大的区别。尽管两者都是对心理进行深层探索、将潜意识的内容意识化、促进来访者尽可能地接受自我，但实现这些目标的方式有所不同。例如，对偏执者"由表及里"地进行解释，并不合适。因为在他们表露出的先占观念背后，是层层叠叠的防御转换。一个渴望得到同性别他人支持的男人会潜意识地将自己的这种渴求误以为是对同性的性欲望，于是潜意识地对此否认，并将之投射于他人，认为是妻子的不忠，并为这种"事实"一蹶不振，这种情况下，如果治疗师只是简单地鼓励他对妻子的不忠行为进行自由联想，显然无济于事。

"先分析阻抗，再分析潜意识内容"这一方法同样难逃厄运。对偏执者的阻抗言行进行评论只能令他们感到自己像实验室的小白鼠，任由治疗师摆布（Hammer，1990）。对否认和投射防御进行分析只会引出更加复杂的否认和投射。传统精神分析的技术，如探索和联想可诱导来访者暴露潜意识中被压抑的情感，或抓住口误、笔误中的潜意识成分，从而帮助来访者提高识别和表达的能力。但对于偏执者而言，这些技术可能得不偿失。如果精神分析的常规方法只会加剧偏执者的阻抗，治疗师应该如何做呢？

首先，治疗师可以适当地表现幽默感。许多导师都建议我不要和偏执型来访者开玩笑，以免让他们感到被取笑和戏弄。这种担忧虽不无道理，但并不代表治疗师不应该做出榜样，以自嘲的态度，讽刺世间的荒唐，展现善意的智慧。治疗偏执型来访者时，幽默是不可或缺的，解嘲向来都是消除戒备的良方。拨开笼罩在偏执者周围的乌云，透进一缕阳光，足以让咨访双方都备感轻松。治疗师的自嘲是最好的方式，因为偏执者的观察力特别敏锐，对治疗师的缺陷了然在目。我有个治疗师朋友声称可以做到完全不动声色地"用鼻子打哈欠"，还觉得他的这种不露声色是心理治疗的有用一招，但我敢用自己的躺椅打赌，无论如何他也别想糊弄一个偏执的来访者。

无论我在打哈欠的时候脸部多么岿然不动，前面提到的那位女性来访者从来都没有遗漏过一次。当她毫不客气地指出时，我会抱歉地承认再次被她抓住，并且羞愧地感叹什么都瞒不过她的眼睛。我选择这种回应方式，而不是沉闷地探究她看到我打哈欠时脑中产生何种幻想，这样反而可促进治疗进一步深入。当然，也应注意不要开玩笑过头，但若认为治疗十分敏感的来访者就必须不苟言笑，未免有些小题大做。尤其当建立起稳固的治疗联盟之后，适当的揶揄可以促进偏执型来访者的全能幻想转化为自我不协调性。Jule Nydes（1963）十分擅长与难治性来访者打交道，他将揶揄举例如下：

一位来访者……好不容易争取到一次欧洲旅行的机会，但他坚信自己乘坐的航班会中途坠毁。我这样说道，"你觉得上帝会这样冷酷无情，为了

第十章 偏执型人格　237

你而牺牲上百条性命吗？"他听后十分震惊，但随之有所感悟。

另一位年轻的女性……潜意识中对自己将步入婚姻殿堂视作万人瞩目，但就在婚礼即将到来之际，她却产生了强烈的偏执恐惧。当时正是"炸弹狂人"扬言要在地铁中安放炸弹的时期，于是她确信自己会在爆炸中身亡，并尽量避免乘坐地铁出行。"你难道不怕那个疯子吗？"她还没等我回答，又冷笑道，"你当然不会怕，你只坐出租车的。"我向她保证自己常坐地铁，而且不怕"炸弹狂人"，反正他要追杀的是她，又不是我。(p.71)

Hammer（1990）强调与偏执者分享内心体验时，应该迂回婉转、因势利导，并推荐下面这个段子，用于示范如何解释投射：

一个男人想借个割草机，于是向邻居家走去，路上想着邻居一定会慷慨相借，便觉心情大好。但走着走着他开始踟蹰，也许邻居不愿意出借？心里有些不好受。等走到邻居家的门前时，这种怀疑已经演变成愤怒，于是他高喊道，"你那该死的割草机有什么好，还不快推出来！"(p.142)

首先，幽默，尤其是自嘲反映的是"真实"感受，它既非装模作样，也不是诡计多端，因此很可能对来访者具有治疗效用。偏执型来访者既往一直缺乏这种基本的真实感，而治疗师流露出的明白无误的真实情感，将为他们做出人际互动的榜样。为了促进偏执型来访者清晰认识人际边界，我建议对他们直言相告。这意味着治疗师要诚实地回答他们的问题，不能顾左右而言他，也无须刻意探寻其背后的心理意义。根据我的经验，如果偏执者意识中的担忧得到了妥善处理，他们反而会主动寻求这些担忧的象征意义。

其二，治疗师可以运用"暗渡陈仓"、"迂回包抄"（根据个人喜好）等方法化解复杂的偏执型防御，掀开其隐藏于后的情感的面纱。在丈夫反复纠结妻子是否出轨的那个案例中，治疗师如果指出他内心的孤立无援，会对他颇有帮助。若静观其变，避免对那些复杂的防御过程进行分析，并以共情的方式指出他否认和投射愤怒的真正原因，我们会惊讶地发现，来访者咆哮而出的怨气竟会顷刻之间烟消云散。

一般来说，反移情是判断治疗师遭受到防御的最佳线索；我们通常认为偏执者会将他们无法理喻的态度投射到治疗师身上，引起治疗师的相应反应。因此，每当他们理由十足地发泄不可遏制的狂怒时，会使治疗师感到手足无措，这时，根据自身的感受，我们就应该十分肯定地告诉来访者，"我能体会现在你有多愤怒，但我感到除了这种怒气，似乎你还感受到了深深的恐惧和无助。"即便这种判断可能失误，来访者也能理解治疗师试图理解他们的良好动机。

其三，治疗师能够通过识别近期刺激性事件，识别来访者偏执状态加重的原因。这类触发因素通常涉及分离（孩子入学，朋友迁居，父母矛盾），挫败或成功（受到羞辱；成功后的内疚，担心受嫉妒）。我的一位来访者时常在治疗时段长时间抱怨别人，我很快便可判断出他真正的攻击行为。如果此时我能做到不与他的偏执针锋相对，而是着重向他表达理解别人如此对待他而导致他的愤懑情绪，那么即使没有细致的分析过程，他的怨气也会消散。指明他的情绪唤醒状态并积极寻找导火索，通常可以制止偏执行为。我甚至发现，如果治疗师能够深度体察来访者的伤痛，并给予温柔抚慰，那么偏执的阴霾或许会云开日出。

我们应该尽量避免与来访者的偏执内容对峙。他们能敏锐地觉察他人的情感和态度，但对觉察到的表现的理解却时常容易混淆（Josephs 和 Josephs，1986；Meissner，1978；D. Shapiro，1965；Sullivan，1953）。当人们质疑其理解时，偏执者会认为被指责自己不正常，而不是他人正在反驳自己的误解。因此，如果治疗师急于纠正他们的理解偏差，会令来访者感到被诋毁和蔑视，是对自己敏锐的洞察力的掠夺。

若偏执型来访者鼓足勇气询问治疗师是否同意他们对某事的理解，我们可以借机用委婉的语气提供其他可能的答案（"我明白你为什么会觉得那人不讲理，但他也有可能刚与领导吵过架，无论遇到谁，他都会这样蛮不讲理"）。注意，在上述例子中，治疗师并没有用更加良性的假设去替代偏执者原先的猜测（比如告诉他，"或许那人其实并没有不讲理"），因为偏执者会认为治疗师是在粉饰敌人卑劣的行为，因而更加焦虑。治疗师委婉的语气，也使来访者即便不以为然，也不至于与你针锋相对。我们还应避免要求偏执者直接对反馈意见表态，对于偏执者来说，接受意味着降服，拒绝则可能招致报复。

其四，人们的思维与行动之间的有着本质的区别，大脑可以反复思虑憎恶的念头，但并不妨碍人性中充满卓越、高尚和创造力。治疗师如果能从敌意、贪婪、和缺乏人性等倾向中读出积极的感受，而非将这些观点引起的厌恶感付诸行动，会有助于偏执者降低对失控感和罪恶感的恐惧。Lloyd Silverman（1984）提议，要超越分析解释的局限性，欣赏来访者的思维与行为的不对称性。这也是治疗偏执者的十分重要且效果显著的一个环节。如果缺少这种超越和欣赏，分析治疗会让来访者觉得只是让他们出乖露丑，自己需要脱胎换骨，而无法感受到自己被当作完整的人性来对待。

我的大女儿3岁的时候，托儿所的一位老师解释美德就是"想好事，做好事"。这令她十分沮丧。我告诉她我不同意这位老师的观点，想歪念显然乐趣更多，尤其是想着歪念但干着好事，岂不美妙！她听后松了一口气。几个月后，当她克制住想要捉弄妹妹的想法时，便会做个鬼脸说道，"瞧我做得多棒！其实我想得很坏哦！"有人缺乏这样的教导，所以终其一生都难以分清幻想和现实的区别，这种教导的原理与治疗偏执者所表达的信息并无二致。

其五，治疗师必须高度注意界限问题。对其他类型的来访者，我们可以称赞他们的发型，借书给他们。但这类行为却会对偏执者产生复杂的效果。因为他们时刻都戒备治疗师会跨越边界，谋取某些与治疗无关的利益。有些偏执者会发展出强烈的理想化移情，并坚称要与治疗师建立"真正的"友谊，但也正是这样的来访者，如果治疗师果然表现出不够专业的行为时，他们将产生极度的恐惧。

保持一致性对于维护偏执者的安全感极为重要；缺乏一致的情境将诱

发他们更加确认内心想法有可能成真。治疗设置的设定（比如，怎样处理爽约；应对治疗时段以外的电话）固然重要，但执行设置将更具决定意义。偏执者可以因设置所限而愤怒或悲伤，治疗师不应受诱使或恐吓而偏离立场。治疗师打破设置的额外关注可能会点燃抑郁者的希望，但对偏执者却会弄巧成拙，激发他们的恐惧。

在此我必须强调偏执型来访者假性性欲移情（pseudoerotic transference）的风险。由于许多偏执者具有恐惧同性恋的特质，因此同性别的治疗师应该比异性治疗师更为谨慎，但治疗师都有可能成为他们强烈的性欲或愤怒的发泄对象。强烈的心理剥夺和认知混乱（伴强烈情绪的性冲动、伴行为的思维、伴外部刺激的内部冲动）结合在一起，造成偏执者对自身性欲的误解和恐惧。此时治疗师应该调整治疗框架，承受来访者的情感爆发，引导情绪背后的冲动，协助来访者区分这些感受和行为之间的差异，从而使心理治疗得以继续进行。

最后，治疗的关键在于治疗师应明确无误地、坦率地表达个人态度。偏执者既充满敌意和攻击欲望，又难以辨别思维和行动的边界，还具有强烈的消极全能感，所以他们十分担心自己的恶念会在治疗中对治疗师造成伤害甚至毁灭。他们需要确定治疗师的足够强大。有时候治疗师的自信、直率和无畏的态度，比这种态度下所传达的信息内容更为重要。

许多实际治疗偏执者的治疗师都认识到尊重、真诚、机智与耐心在治疗过程中的作用（尽管他们写作的大部分文献只注重阐述偏执机制的起源）（Arieti，1961；Fromm-Reichmann，1950；Hammer，1990；Karon，1989；MacKinnon 等，2006；Searles，1965）。尤其是那些治疗精神病性来访者的治疗师会提倡引导患者的现实检验能力，以便于营造足够的现实氛围，让来访者逐渐卸除精心编织的偏执外衣（Lindner，1955；Spotnitz，1969）。然而，多数作者认为，治疗师只要表达对来访者对世界的观点的尊重就可以了，不一定要走得那么远。

偏执者对羞辱和威胁极度敏感，有时会造成治疗的波折。他们时常会不自觉地将治疗师视作洪水猛兽（Reichbart，2010），偏执者会突然感到治疗师十分危险或品质恶劣，Sullivan（1953）称之为"恶意调转"（malevolent transformation）。有时，心理治疗不得不演变成对来访者消除创伤的过程。出于偏执型心理，来访者不愿用语言或行动对治疗师的努力进行肯定和赞许，所以治疗师常常必须旷日持久地忍受孤立无援的感受。但一个热忱、谦逊且诚恳的治疗师，确实能够在数年的治疗过程中让偏执者面貌一新，并发现他们深埋于狂怒和愤慨之下的温情和感激。

鉴 别 诊 断

除非来访者机能健全且竭力隐藏其偏执倾向，对偏执型人格的诊断通常并不复杂。与诊断分裂者类似，关注典型偏执者的病态心理过程是十分必要的。

偏执型人格 vs. 精神变态人格

我在第七章曾指出，内疚作为一种核心动力对于偏执者和反社会者具有不同的作用。爱的作用同样如此。如果偏执者认为你和他价值观相同，且能够在困难时对你有所依靠，那么便会对你表现出无比的忠诚和慷慨。精神变态人格善用投射机制，却基本不具备共情的能力，而偏执者则具有良好的客体依恋。对于偏执者而言，威胁长期依恋关系并非由于缺乏感觉，而是遭到背叛；实际上，他们甚至会因为感到委屈而结束多年的感情联系。他们与人建立关系是基于相似的道德敏感性，因此，理所当然地觉得可以与他人分享世事的善与恶，当他们觉察出他人的道德缺陷时，便仿佛自身受到了玷污，必须通过驱逐他人来达到肃清自身的目的。这种心理支配下的关系夭折并不等同于缺乏爱的能力。

偏执型人格 vs. 强迫型人格

强迫者与偏执者都对公平和规则十分敏感,对"细腻"的情感也都持刻板和排斥的态度,他们都专注于控制,难以忍受羞耻,对缺乏正义会义愤填膺。他们关注细节,经常因事无巨细而顾此失彼。此外,强迫者从逐渐失代偿发展至精神紊乱的过程中,强迫观念可能会逐渐带有偏执色彩。因此许多人会同时具有偏执和强迫两种特征。

但这两种不同特征类型的来访者对羞耻感的敏感性和既往经历存在差异;强迫者害怕受到控制,而偏执者却对躯体伤害和情感屈辱更加在意。强迫者虽然具有对抗特质,但多少愿意试着与治疗师合作,因此治疗师较少有焦虑感受。精神分析技术对于强迫性患者疗效显著;但如果治疗中强迫者开始对澄清和解释勃然大怒时,很可能说明他们的偏执倾向已经占据了主导地位。

偏执型心理 vs. 解离心理

许多解离认同型障碍的个体会同时具备偏执人格,有时治疗师会以偏概全,误以为偏执是个体的全貌。偏执和解离人格的起源都包含有对情感的错误理解,因此个体兼具偏执和解离倾向就十分普遍。我将在第十五章对解离障碍给予充分讨论,以便于读者鉴别偏执人格与伴有偏执倾向的解离人格。

小　　结

本章描述了偏执型人格者的外显和内隐特征,强调了他们对投射防御机制的依赖。其病因还包括先天的攻击性或易激惹性,和随之而起的对恐惧、羞耻、嫉妒和愧疚的高度敏感。我描述了家庭环境对偏执个体形成恐惧、羞耻和投射的影响，以及焦躁不安、矛盾信息对偏执人格形成的作用，我还描述了偏执者无助的脆弱感与全能控制感交替出现的状态，以及与这种状态伴随而行的认同和自尊的脆弱而导致的优势观念。最后，我讨论了治疗偏执者过程中的移情和反移情，对涉及愤怒情绪的部分给予了特别强调。

我建议治疗师向偏执型来访者展现对自我的悦纳和对缺点的赏识；对情感加以分析，但非着眼于防御；识别症状性愤怒的特定病因；避免对来访者的偏执性解释给予正面攻击；分辨思维和行动的差异；保持咨访界限；展现治疗师的坚定、真诚和尊重。最后，我对偏执者和精神变态、强迫人格及偏执倾向的解离性人格进行了区分。

进一步阅读的建议

介绍偏执最为全面的著作当属 Meissner 的《偏执状态》（*The Paranoid Process*, 1978）。但 D. Shapiro（1965）的书中对偏执的描写，文字流畅、简洁生动。近期有关偏执的精神分析文献普遍提到社会公平问题，有些还对政治现象进行了评论，表明利用公众的恐惧心理来达成群体凝聚力的过程，偏执因素在其中占据主要地位。《精神分析评论》杂志（*Psychoanalytic Review*, 2010, vol. 97[2]）对此专门做了一个有趣的专题，我的文章也位列其中。

第十一章
抑郁和躁狂型人格

本章主要介绍受抑郁动力驱使的人格类型，同时简要介绍以否认防御为特征的被称为躁狂、轻躁狂和躁郁的群体。后者对待生活的态度与抑郁患者的潜意识动机正好相反；尽管如此，他们的人格结构特征、期望、希冀、恐惧、冲突和潜意识观点都和抑郁患者如出一辙。很多人都曾体会过躁狂和抑郁情绪交替的感受；当这种情况达到精神病性程度时，包括幻觉妄想和自杀倾向，我们习惯于称之为"躁郁症"。但也有许多人的躁狂状态-心境恶劣循环并非严重到精神病态和较少伴有自杀冲动，我们多半将其视为双相障碍。

按照病情严重程度可分为抑郁相、躁狂相及循环出现两者的躁郁双相。Kernberg（1975）认为轻躁狂型人格者由于常常使用否认这种原始性防御，因此被归为边缘状态。但若诊断边缘状态，需有证据表明个体的性格问题已严重到人格障碍程度，否则，只能诊断为个体性格的边缘特征。轻躁狂个体虽然惯用否认机制，但其认同整合和自我观察能力均与边缘状态者大相径庭。

抑郁型人格

DSM-Ⅲ的编者选择将所有抑郁和躁狂状态都置于心境障碍栏目之下（参见 Frances 和 Cooper，1981；Kernberg，1984），这种归类法造成了公众对抑郁心理的片面认识。这种分类仅突出了抑郁情感中恶劣心境这一面，而实际上，抑郁心理中想象、认知、行为和感觉等成分也同等重要。这一分类中还废弃了反映临床医师长期经验积累的诊断名称——抑郁型人格障碍。这样容易误导临床治疗师忽视抑郁人格者特有的内心体验，这些体验甚至早在他们发展为抑郁状态之前就已存在。据我所知，制定这一分类的DSM-Ⅲ小组成员或多或少与制药公司关系密切。我并非暗喻他们收受贿赂，但关系过密无疑会从潜意识层面影响到"科学"决策的形成。医药公司一般倾向于将各种精神疾患阐释为相互独立的某种障碍，很少愿意把它定义为相对稳定的人格类型，因为后者很难对药物产生良好的反应。

我们很多人都曾不幸遭受创伤而形成难以愈合的悲痛，表现为明显地缺乏动力、失去快感（即无法享受乐趣），或是植物神经紊乱（进食困难、睡眠障碍或自我调节失常），这些都是抑郁障碍的表现。弗洛伊德（1917a）是首位将抑郁（"忧郁"[melancholic]）状态与正常的哀伤反应进行比较的学者；他观察到这两种状态之间存在显著差异：在哀伤情境中，人们会体验到外部刺激作用（如，丧失重要他人）的逐渐减弱；但在抑郁状态下，人们会认为自我正在消融或毁灭。哀伤，犹如潮来潮往，个体在痛苦间隙尚表现如常。但抑郁则像漫长冬日，贫瘠、毫无生气。哀伤可能会随着情绪的缓解而逐渐平复，但抑郁却始终萦绕于心、绵延不绝。

从这一点看，抑郁与哀伤是互相对立的；哀伤使人在丧亲或重创之后情绪跌入谷底，但不至于陷入沉沦。而抑郁性的认知、情感、意象与感觉会以隐蔽、有序、缓慢而持久的形式浸润于我们当中具有抑郁型人格的个体身上（Laughlin，1956，1967）。考虑到本书的特定读者——心理治疗师——有相当一部分人的人格中具有抑郁特质，因此"我们"这种措辞其实颇为贴切（Hyde，2009）。这也使我们对悲伤更容易产生共情，对维护自尊更容易理解。也使治疗师更敏感于亲密关系和丧失的痛楚，这种人格特质，也使治疗师倾向于将治疗成效归功于来访者，而将失败归罪于己。

Greenson（1967）将抑郁性敏感特质与成功治疗师的特征进行比较之后，矫枉过正地提出：经历过重度抑郁的治疗师，在疗愈他人的过程中才更加得心应手。Greenson 顺理成章地将自己归为抑郁谱系中比较健康一端的典型例证，与他齐肩的还有许多经历痛苦磨难的历史名人，比如亚伯拉罕·林肯。谱系另一端则是妄想与自罪兼备的抑郁症患者。年复一年的治疗对他们毫无起色，他们始终坚信得到拯救的最好方式即是毁灭自己。直到抗抑郁药物问世，这一情况才得以好转。

自写作本书第一版时起，我对 Sidney Blatt 在抑郁亚型方面的研究（Blatt，2004，2008；Blatt 和 Bers，1993）有了更加深入的理解。简言之，Blatt 探索了不同抑郁状态个体的内部体验和治疗需求。其中一种抑郁状态是"我不够好。我有缺陷，我自作自受，我就是罪恶（'内摄'型）"。另一种抑郁状态是"我很空虚，我很饥渴，我很孤独，关心我吧"（"依赖"[anaclitic]型，源自希腊语"依靠"[to lean on]）。1994年本书第一版中：我把抑郁人格更多地归为内摄类型；而将依赖人格视作一种独立的人格类型或人格障碍。在再版中，我尽量兼顾这两种特征的抑郁亚型，并在治疗部分将两种亚型一并讨论。

Blatt（2008）对抑郁的两极性进行探讨之后，将抑郁划分为"自我界定"（self-definition）和"人际中的自我"（self-in-relationship）两种极性倾向。人们都有自我肯定和通过与人建立关系而体验自我的习性。精神健康的标准之一便是能够在两者之间灵活切换。自恋人格者即是顾此失彼地要么偏向浮夸（自我界定）、要么偏向耗竭（人际中的自我）——无论是通过贬低他人还是渴求关注。抑郁人格者也是如此，常常有失偏颇。人格研究小组在撰写《精神分析诊断手册》(PDM 小组，2006) 时发现，临床中长期观察到的人格亚型完美地印证了 Blatt 的两极性假说。我们将在后续部分继续探讨他的极性分类学说。

抑郁者的驱力、情感及气质

通过对家族调查、双生子和领养儿的研究 (Rice 等, 1987; Wender 等, 1986)，我们确认抑郁特质可以经由遗传获得。抑郁症显然在某些家族中尤为高发。但人们至今仍未能准确评估抑郁的遗传度，也无法测定抑郁症的亲子间以何种行为方式进行代际传递。对哺乳动物的研究结果提示：幼子在丧失母爱或遭受排斥后的反应模式，与人类的抑郁状态十分相似 (Panksepp, 2001)。创伤事件和伴随的情感、认知和躯体体验，将作为认知原型固定于个体的早年记忆之中，对大脑功能产生永久的影响。这种影响还可能会在个体下一代的身上重现，经过大脑复杂结构的处理，看似简单的遗传因素，演变成复杂的人类行为。

依据弗洛伊德 (1917a) 的推测，Abraham (1924) 提出：早年的丧亲体验是个体产生抑郁心理的基础。经典分析理论认为，如果婴儿受到过度满足或是遭受剥夺，将会固着于这一心理发育时期。因此人们最初将个体抑郁归因于过快、过早地断奶，或早年遭遇了超出其应对能力的某些挫折 (参见 Fenichel, 1945)。抑郁者表现出的"口欲期"特征，对上述归因理论影响颇大；很多抑郁者的体重超标、酷爱进食、吸烟、喝酒、倾诉、亲吻，追求口欲的满足。还倾向于用食物和饥饿来比喻自己的情感体验。至今仍有人坚信：抑郁源于口欲期的固着，或许这种猜测更多是出于直觉，而非事实上的理论依据。一位督导曾告诫我，我之所以认为来访者都充满渴求，其实是我将自己的抑郁倾向投射到他们身上。自那之后，我开始能够区分两种不同的来访者，一种是需要从情感上给予哺育，另一种则需让他们学会自给自足。

早期动力学理论关于抑郁形成的解释，是驱力理论用于解释临床现象的典范，也被人们广为接受。弗洛伊德（1917a）注意到，人们在抑郁状态下容易将负性情感投注到自身而非他人，他们憎恨自己的程度远超出自己的实际缺点。用性驱力和攻击驱力来解释这种心理机制，上述现象即被描述为"自我虐待（攻击）"或"转向内部的愤怒"。弗洛伊德的这一解释在临床实践中很受欢迎，受到同道们的热捧。他们开始努力帮助来访者识别自己的愤怒起源，以便于扭转抑郁的病理性过程。但之后的理论家们开始质疑，个体为何会将愤怒转向自身，以及这样的转向自身又具有哪些功能性获益。

这种攻击自我的模式与临床观察结果一致，即抑郁者的愤怒很少事出有因或自然而然。他们容易内疚，内摄型抑郁人格者尤为如此。这是一种能部分意识、自我协调、广泛存在的负罪感，与偏执者具有否认和防御性质的内疚有所不同。例如，作家 William Goldman 曾经这样冷嘲热讽："若我被指控为莫须有的罪责，我也想知道自己该如何忘掉它。"抑郁者却会刻骨铭心地记得自己的每一项过失，脑海中乐此不疲地追忆曾经的瑕疵，而对自己的善举却熟视无睹。

忧伤（sadness）是情感依赖型抑郁的主导感受，是抑郁者的另一种主要情感。邪恶与不公会令他们无比烦恼，但他们很少像偏执者那般愤世嫉俗、像强迫者那样反复申述，或是像癔症者那种怨天尤人。在公众眼中，抑郁人格者的忧伤是如此明显，就连专业领域也几乎将"忧伤"与"抑郁"画上等号（Horowitz 和 Wakefield，2007）。但实际上，许多抑郁人格者并无心境恶劣等症状，且忧伤与抑郁在理论层面也相互排斥，因此上述等式其实并不成立；不过，有着抑郁特征的个体即使心理上很坚定，面对敏感的倾听者时，也难免败露深藏的愁绪。

Monica McGoldrick（2005）对爱尔兰人的描述可谓精彩绝伦，他称这一民族"心中有歌，眼中含泪"，恰如其分地捕捉到了整个族群亚文化氛围中的忧郁特质。抑郁人格者常常将憎恨和批评指向内部而非他人，对他人的过失通常持谅解、敏感和同情的态度。所以除非抑郁状况特别严重，他们多数还是讨人喜欢且值得赞许的。他们克己奉公,珍惜与人的关系,因此是自然的模范来访者。我将在后面的部分介绍如何防止这些特质造成对他们自身的伤害。

抑郁者的防御和适应机制

望文生义,内摄型抑郁者使用得最多的防御显然是内摄。理解这一防御机制的运作将有利于临床上减轻抑郁者的痛苦,修正他们的抑郁倾向。随着精神分析临床治疗的发展,人们开始用向内攻击和向外攻击这样简便的概念来表述防御的内在机制,逐渐代替了弗洛伊德早期形容为"哀伤与忧郁"(1917a)和Abraham(1911)形容为抑郁者的"对丧失重要客体的认同"。分析治疗开始强调内外整合与抑郁之间的关系时(Bibring,1953;Blatt,1974;Jacobson,1971;Klein,1940;Rado,1928),对抑郁者防御机制的理解,无疑会极大增强针对抑郁治疗的疗效。

在治疗内摄型抑郁患者时,治疗师往往是在和他们的内化客体对话。若来访者说,"这一定是因为我太自私,"治疗师可以问,"谁说的?"他会回答,"我妈说的"(或是爸爸、祖父母、哥哥姐姐,或是其他任何内摄的批判者)。治疗师仿佛是在和幽灵对话,为了保证治疗效果,就不得不先行"驱魔"。上述案例中,抑郁者是潜意识地对早年所爱客体的令人厌恶的特质进行内化——内摄。这些客体的优良品质可能在抑郁者的意识层面已被仿效,而其负面特征则被他们潜意识地感知为自身的缺陷(Klein,1940)。

如同我在第二章所言,来访者的内化客体即使并无敌对、挑剔或渎职的特征(尽管这种特征十分普遍,会给心理治疗带来额外负担),来访者也会如此感知并内化这些特质。如果某位深爱孩子的父亲不得不额外加班来平衡收支,或是忽然被调外地,再或突然罹患重病。孩子都会感到原先慈爱的父亲离他而去,继而产生怨恨,但又难抵对父爱的渴望,并为自己没能珍惜父亲曾经的陪伴而深深自责。孩子进一步将这些情绪投射到离开他们的客体身上，想象他们是因为愤恨自己才毅然离去。这些想象会令孩子痛苦难忍，加之盼望与所爱客体重修旧好，因此儿童会潜意识地确信，只有改变自己的错误，才能改变所有的一切。

孩子可能会一方面将丧失的客体理想化，一方面将所有针对他们的负性情感转移到自己身上，因此深深陷入创伤体验或早年丧失造成的内疚痛苦之中。这类抑郁驱力十分常见，它导致儿童自认为罪孽深重，遭人唾弃。因此他们竭力掩饰自己的缺点，以免再次遭人抛弃。读者可以观察到，这一过程与转向内部的愤怒大同小异；它也能够说明为何有些人惯用这种方式处理自己的愤怒和敌意。如果个体认为是自己的过失导致所爱客体离去，那么所爱客体应该是无可挑剔的。因此我们可以理解，抑郁者很难向他人表达敌意与批评，他们若与冷漠自私或有暴力倾向的同伴生活在一起，只会相信自己需要做得足够好，才能避免招致对方的暴虐。

自我攻击（A. Freud, 1936; Laughlin, 1967）是与内摄型抑郁密切相关的一种防御机制，也是个体在抑郁驱力影响下产生的差强人意的应对方式。内摄这一概念意味着：客体丧失带来的自我不完整感，使个体通过吸纳丧失客体来填补自我，也包括同时吸纳对丧失客体排斥的部分（丧失客体造成的痛苦体验或恶劣心境）。攻击自我可以有效降低焦虑，尤其是与丧失客体的分离焦虑，将对丧失客体的排斥和愤怒转向自己，可以有效降低被丧失客体抛弃的可能。这样不仅安全，同时还能增强自己的力量感——假使错在于我，那么我就能改变错误而扭转困境。

儿童需要依赖他人才能存活。如果他们必须依赖的客体并不可靠或不怀好意，儿童就必须在接受现实和否认现实之间做出选择。若选择接受，可能会因此而觉得生活空虚而无意义，长期陷入缺憾、渴求、徒劳以及绝望的感觉，这便是情感依赖型抑郁。反之，若因为无法生活在恐惧之中而选择否认，就只能将抱怨指向自身，然后期待通过独善其身来改变命运。即认为：如果能够足够优秀、斩尽私念、克己奉公，生活就能柳暗花明（Fairbairn,

1943）。这便是内摄型抑郁。临床经验表明，人们大多倾向于选择毫无理由的自责（否认），而不愿承认自己的无能为力（接受）。内摄型抑郁者情绪悲戚，但这种悲戚却饱含力量；而情感依附型抑郁者却凄凉被动，逆来顺受。

理想化也是抑郁者的一种重要防御机制。由于他们的自尊感已在长期的消极体验（内心空虚或暗自神伤）中被消磨殆尽，自然对他人的敬仰油然而生。他们总是抬举别人，然后自惭形秽，用追随理想客体来填补自身缺憾，同时又感到与理想客体相形见绌，如此循环往复。这种理想化与自恋者的理想化有所不同，抑郁者的理想化关乎道德，而非地位或权势。

抑郁者的关系模式

上文对抑郁者自我的描述揭示了客体关系理论的几个重要主题。首先是早年丧亲或接连丧失对客体造成的影响。抑郁和哀伤这两个过程在情感上前后呼应，这一事实促使弗洛伊德等人不断追溯来访者的早年经历，探究早年与客体分离对心境恶劣的驱动作用。这类早年丧失的体验在抑郁者的经历中屡见不鲜，虽然这些经历的体验可能已经模糊，也很难重新观察和验证（如，亲人去世的影响）；但它们可能更多是形成了内心深层的心理成分，比如前文例子中的儿童，在情感没有充分准备好之前，也会迫于外界客体的压力而改变依恋方式，选择独立。

Erna Furman（1982）在文章《渐行渐远的母亲》（*Mothers Have to Be There to Be Left*）中探讨了客体分离的第二类丧失。她鞭辟入里地指出：应该由婴儿选择何时从心理上断奶。只要条件允许，儿童应能做到这一点。争取独立与祈盼依赖对于儿童都是必须的。重要的是如果儿童每当需要退行回依赖或"补充能量"的时候，父母自会守护在旁，那么分离就会变得比较容易（Mahler, 1972a, 1972b）。Furman遵循儿童成长的自然规律，重新诠释了儿童分离的过程，这撼动了西方由来已久的观念，原先陈旧的精神分析思想和畅销育儿书籍中都反复强调，父母必须适度挫败婴儿，因为任凭儿童自己，必然会选择退行性满足。

根据 Furman（1982）的观点，母亲在孩子断奶时也会体验到丧失感——本能的愉悦感和满足感的丧失，在其他分离状况下也大致相同。她们一面对孩子的独立感到快乐和骄傲，一面又不禁黯然神伤。通常孩子能感受到分离的悲伤，并能预期父母会在他们第一天上学、第一次舞会和毕业典礼上挥泪祝福。Furman 还相信，如果母亲特别割舍不下，她们要么牢牢抓住孩子，使之产生内疚（"没有你我会很孤独"），要么为免自己伤心而推开他们（"你就不能独立一点？！"），分离－个体化过程会充满抑郁性张力。前一种情形会让儿童感到自己的独立愿望会伤害客体；后者则开始厌恶自己自然的依赖需求。无论哪种情况，都会让他们认为自己的某些部分是不受欢迎的。

导致抑郁的因素除了早年丧亲，还有儿童无法理喻的真实事件，以及不能正常哀伤的情境。如，两岁的婴儿尚无法完全理解死亡的意义和原因，也不能识别复杂的人际关系，诸如"爸爸很爱你，但是他和妈妈不能在一起，所以他要搬走"。婴幼儿的世界非常单纯、绝对，遇事只分好坏。父亲或母亲突然消失会令蹒跚学步的孩子感到是自己的过错，理智的解释是无济于事的。分离－个体化过程中丧失重要亲人，必然会导致个体的抑郁倾向。

其他导致抑郁的情境包括：当儿童陷入困境时，家庭成员视而不见；或当儿童需要成人对他们的自我判断和道德评判进行指导时，家人却置若罔闻。Judith Wallerstein 对离婚造成的后果进行了纵向研究（Wallerstein 和 Blakeslee，1989；Wallerstein 和 Lewis，2004），结果表明：父母离婚后，防止儿童进入抑郁状态的有效措施，即无监护权的一方也应对孩子不离不弃，尽可能地给孩子一个容易接受的解释，以抵消孩子对事件的片面解释。

忌讳表达哀伤的家庭氛围也会导致抑郁倾向。当双亲和其他养育者率先否认自己的伤痛，或坚称某一客体的离去（比如父母吵架离婚之后），家中的生活会过得更好，或反复阻止孩子表示痛苦，以此阻止自己的悲伤。于是哀伤可能被抑制，最终令儿童误以为错在自身。甚至有时候儿童会有强烈的愿望，要去保护情绪低落的父母不再陷入更深的悲伤，觉得自己承认伤痛就会万劫不复。他们也从此认为哀伤是一种危险的感受，需要被抚慰也是一种难以启齿的要求。

有时家族的主流道德观会把哀伤及其他形式的自我安慰看做"自私自利"或"自我放纵"，甚至为此"深表遗憾"。仿佛这些行为就是缺乏应有的道德修养。这种主流道德观连带相关的斥责，都会培养出孩子的内疚感，对孩子悲伤的不恰当的呵斥，对孩子求助的冷嘲热讽，都可能令他们渐渐习惯隐藏自己的脆弱，并开始认同严厉的父母，对自身的柔弱产生憎恶。我的很多抑郁型来访者都是如此，他们小时候遇到困难，只要出现自然退行导致的相应行为，必然遭到痛斥；长大成人后，但凡畏难退缩之时，便在心中对自己做出同样的惩罚。

父母过度严苛，会在情感上导致儿童产生被遗弃的感受，从而形成抑郁倾向。我的一位来访者11岁时母亲因癌症去世，从那之后父亲经常喋喋不休地抱怨，称来访者的郁郁寡欢加重了他的溃疡，会让他也不久人世。另一位来访者经常哭泣，被妈妈戏称"爱哭精"，因为4岁时她曾被送到寄宿托儿所中待了好几周，养成了哭泣的习惯。还有一位男性抑郁患者，他母亲患有严重的抑郁情绪，没能在童年时给予他情感关怀，而且对他抱怨不断、嫌他占用了她的时间，不断声称他应该感激她没将他送去孤儿院。现在我们可以理解，孩子之所以对父母的情感虐待做出较少反应，是因为他们正尽可能地避免被遗弃的风险。

有些抑郁型来访者似乎是家庭中情感最丰富的成员。遇到痛苦情境时，当其他家庭成员都倾向于运用否认时，他们却表现得异常敏感，因而常被看做"过度敏感"或"反应过激"。久而久之，他们对自己的敏感感到自卑。根据 Alice Miller（1975）的观察，家庭成员往往在不知不觉中影响着孩子的情感天赋，使这些孩子的情感价值服务于某种特定的家庭功能。如果孩子的悲伤情感不幸受到蔑视或被视作病态，那么情感敏感的价值就会化为乌有，孩子将会发展出强烈的抑郁情绪。

最后，父母之中患有重性抑郁症是导致儿童抑郁倾向的另一重要因素。一个重性抑郁的母亲如果没有合适的帮助，哪怕她很想引领孩子走入美好的生活，但也常常在情感上爱莫能助。对婴儿的研究表明，早年经历对于儿童形成基本的态度和预期非常关键（Beebe 等人，2010；Cassidy 和 Shaver，2010；M. Lewis 和 Haviland-Jones，2004；D. N. Stern，2000）。儿童深受父母抑郁状态的影响；对严重抑郁的父母提出正常要求，难免会使自己感到愧疚，认为自己的需求会令家人疲惫不堪。总之，重性抑郁的亲人对儿童的影响越早，儿童也就越容易遭受情感剥夺。

造成抑郁的因素不胜枚举，家庭氛围无论是充满爱意还是饱含仇恨，都可能孕育出抑郁之果。丧失总是无时无刻不在发生，而如果家庭成员间的哀伤过程不足，就有可能酿成恶果。在当今社会，亲子之间互动日渐减少，居所频繁迁移，婚姻破裂普遍，情感的伤痛常常依赖药物疗伤。因此人群的抑郁和自杀率一路飙升，处方药成瘾、肥胖症、赌博成瘾等由于抵抗抑郁而产生的强迫行为也逐年增加。然而我们也应看到，人们也在不断寻求出路，"迷茫青年"和"内在小孩"重获关注，减轻孤独和自责的自助团体也随处可见。但人类现代社会的错综复杂，似乎天生教人无所适从。

抑郁者的自体

内摄型抑郁者坚信自己品质恶劣，常常为自己的贪婪、自私、好斗、虚荣、傲慢、愤怒、妒忌和淫欲而悔恨不已。他们认为这些自然的体验不仅堕落而且危险，担心自己天生就是社会的一颗毒瘤。这种焦虑多少带有口欲期的意味（"我担心我的欲望会毁掉别人"），或是肛欲期的延续（"我的蔑视和暴虐是极其危险的"），或是具有俄狄浦斯期的特征（"我想要竞争而击败情敌，这简直是无耻至极"）。

抑郁者因为缺乏机会哀伤生活中的丧失，所以只能归罪于自身导致了客体的离去。所以每逢受到排斥，他们会潜意识地加倍诅咒自己该遭报应，同时担心自己一旦劣迹败露，众人将避之不及。他们努力想要"改邪归正"，但又害怕暴露恶念，遭人唾弃。我的一位来访者曾向我吐露，她年幼时希望弟弟死去。当她这样告诉我时，坚信我会因此拒绝再为她治疗。和许多久病成医的来访者一样，她也能够意识到这类愿望不过是童年期心理的转移，但她仍会对他人可能的谴责惴惴不安。

内摄型抑郁者的内疚常常难以揣摩，而且根深蒂固，映衬出的是人类复杂而邪恶的本能欲望，但抑郁性内疚也会伴有妄大和自负。部分精神病性抑郁者会认为自己是世界灾难的罪魁祸首，警察也常常接到偏执型抑郁者的来电，声称他们应对某件广为人知的罪案负有责任，实际上子虚乌有。即便是机能正常的抑郁性格的成年人，有时心中也难免浮现出类似的想法。他们相信"恶有恶报"。内摄型抑郁者甚至会产生悖理的自命不凡："我是罪恶之首。"

由于内摄型抑郁者坚信自己罪大恶极，所以通常特别敏感。小小的批评就让他们感觉到自己恶贯满盈；无论对方采用何种形式，他们都只汲取对自己负面的信息。若别人的意见中肯，他们会感到自惭形秽、痛心疾首，追悔自己错过了赞美对方的机会。如果真正受到攻击，他们会认为对方的理由是多么正当，遭受人身攻击也是咎由自取。

内摄型抑郁者常常通过帮助他人、参加慈善活动以及社会贡献等形式来抵消自己潜意识中的内疚。内心谴责自己的品行不端，外表显示菩萨心肠，这不能不说是一种莫大的讽刺。不少抑郁人格的个体会通过乐善好施来规避内疚和维持自尊。我在研究利他性格时（McWilliams, 1984），发现那些克己奉公的抑郁者们在慈善活动难以为继的情况下，通常会体验到抑郁的感受。

心理治疗师通常也具有内摄倾向，这一点也不容小觑。他们借助人为乐来控制自身的内疚性焦虑。心理治疗过程艰难困苦，很少有立竿见影的神奇疗效，同时还不可避免地出现咨访双方可能的失误，因而导致治疗困境。

但有些治疗师经常出现夸大自身责任、过度自我批评的现象。督导师们发现，这种驱力很容易成为治疗师受训途中的拦路虎。我有一位治疗师来访者，只要她的来访者遇到困难，即会引发她的负面感受，她都会迅速予以回应，使自己也处于来访者相同的困境，她对此毫无意识。其实治疗师可以在治疗这类来访者的过程中学习忍受正常的情绪波动。心理治疗是一种两人相互作用的"动力场"，是咨访双方主体间的互动。对于这位治疗师来访者，这种互动诱发出了她对自我净化的追求和无力助人的恐惧。

但不得不说，即使个体没有强烈的内摄倾向或情感依附倾向，他/她在被训练成为一名治疗师的过程中也很容易产生抑郁表现。我在授课时曾观察到，多数学生会在受训第二年经历抑郁期。研究生课程更容易成为滋生抑郁情绪的温床。因为学员们将同时面临成人和儿童两种角色的矛盾（既肩负责任、自主、创新，又缺乏能力；需依赖圈中"长辈"）。前来学习心理治疗的学生无一例外都是优等生，但他们步入心理治疗殿堂的行程任重而道远，不仅需要面对自我，而且还需面对学习挫折而产生的情绪冲突，才能使自己的人格和专业日臻完善。

上文主要介绍了内摄型抑郁者的自体状态。而情感依赖型抑郁者的自我体验相对较好；他们认为自己向来不够合群，渴望交往却总是事与愿违。他们觉得自己不配获得爱与关怀，其中羞耻（不招人喜欢）要多于内疚。尽管他们渴望亲密关系，但认为努力也不过是白费力气。治疗中他们会争取治疗师的共鸣，感叹"人生苦短"，而美好却稍纵即逝。对他人拥有的精彩，充满向往和嫉妒。一位来访者告诉我，她不能忍受我把困境描述成有待解决的问题；她与朋友的关系都是"同病相怜"、携手共叹命运的不公。这样的话，任何改变的努力都等同于破坏这种互相哀叹的相依为命。

面临情感危机，女性比男性更容易陷入抑郁状态。20世纪70、80年代，女性主义理论家（如 Chodorow, 1978, 1989；Gilligan, 1982；J. B. Miller, 1984；Surrey, 1985）认为，由于在大多数家庭中，女性仍担当着主要养育者的角色，因此男孩通过行事风格有别于母亲来建立性别认同的意识，女孩则通过认同母亲来达成这一目标。这种性别不对称的早教方式导致男孩通过与母亲分离而非融合来确定自己的男子气概，因此较少使用内摄；而女孩由于女性气质更多源于母女之间的联结，因而更多运用内摄的应对方式。所以男性在感受抑郁情绪时，更容易使用否认防御机制，并抗拒依赖的行为，而拒绝将自己视作需要支持和关怀的情感依赖者。

抑郁者的移情和反移情

抑郁型来访者很容易引人注意，会迅速与治疗师建立依恋关系。他们虽担心受治疗师批评，但并不怀疑治疗师的善意；他们也会为治疗师的共情所感动，并努力表现为"模范"来访者；他们珍视每一点心灵顿悟，将它们当成一根根救命稻草。他们经常将治疗师理想化（认为治疗师德艺双馨，与自己的邪恶意念形成鲜明对比；与治疗师的关系可填补他们内心的空虚），但这种理想化与自恋患者的典型的情感疏离性的理想化有所不同。在抑郁者心目中，治疗师的形象不仅真实、独立，而且富有同情心。他们会克制自己，以避免增加治疗师的负担。

但内摄型抑郁者有时也会将内心的批判投射到治疗师身上，这种批判性投射被精神分析理论概括为来访者的严厉、苛求或原始的超我（Abraham，1924；Freud，1917a；Klein，1940；Rado，1928；Schneider，1950）。治疗师有时会困惑不解，来访者居然会因为供认了微小过失而惶惶不安。这类来访者固守着这样的信念：一旦治疗师真正了解他们，所有的关怀和尊重都将化为乌有。他们一贯小心翼翼，如履薄冰。即使治疗师不断以真诚的态度接纳他们的缺陷，但仍收效甚微。

情感依赖型抑郁者在治疗初期很容易适应治疗师。Blatt（2004）发现，他们会因治疗师温暖而包容的态度而感到愉悦，这种愉悦感也将迅速令他们获益，比如抑郁症状有所减轻。于是他们直觉地相信：治疗师能够满足我内心渴求温暖怀抱的愿望，我终将逃离苦海。因此情感依赖型抑郁者更容易发展出良性的合理化防御，投射性地确认治疗师会照顾好他们。而当治疗师开始面质，并敦促他们做出现实行为的改变时，移情和反移情的矛盾才会逐步尖锐。

随着治疗的进展，内摄型抑郁者投射的敌对态度逐渐减少，他们开始直接体验到自己针对治疗师的愤怒和批判。此时，他们会声称并非真的期待得到帮助，而且治疗师的努力毫无意义。经历这一阶段对于治疗师而言十分重要，不仅要认识来访者的改变，还要理解他们的借题发挥，以此发泄之前因过度自我批评的积怨。情感依赖型抑郁者也会随着治疗的深入而变得抱怨挑剔，因为他们被迫认识到这样的事实：即便与治疗师关系亲密，治疗仍是第一要务。我注意到，此时，治疗师越是能够鼓励他们畅所欲言，他们在治疗之外就更容易独立自主。

随着精神药理学的发展，如今更多的抑郁患者都能够得到适当的治疗，在药物控制下，我们也更能对精神病性来访者的抑郁驱力进行分析。在锂和其他化学物质的抗抑郁作用被发现之前，许多边缘型和精神病性抑郁者顽固地确信自己品质恶劣，认为治疗师对他们深恶痛绝、避之不及，而且对治疗师的真挚的奉献也不抱任何希望，因此他们无法忍受自己内心依恋带来的痛苦。有时他们会在治疗数年后，因为不能忍受心中刚燃起的希望有可能遭受毁灭性打击而选择自杀。

较为健康的内摄型抑郁者常常比较容易相处，因为他们的自我攻击一般深藏于潜意识之中，且在治疗的意识化的过程中很容易转化成自我不协调性。较为严重的患者则多需要药物控制抑郁情绪和消极观念。抑郁患者在服药状态下，较少出现边缘型和精神病性来访者那种广泛而强烈的自我憎恶感，他们的抑郁驱力在药物的作用下会变得相对自我不协调。在治疗的康复阶段，自我憎恶感会重新浮出水面，这时我们应像分析神经症性抑郁者那样处理他们的病理性内摄。

较为健康的情感依赖型抑郁者尽管被动，缠人，但与人相处较为友善。

而边缘型和精神病性抑郁者就很难做到，他们认为治疗师应该直接替他们解决问题，药物的作用也会加剧他们的信念：帮助只能来自外界，自己只需坐等拯救。

治疗师对抑郁者的反移情视来访者的抑郁严重度而定，可以是激起治疗师温柔体贴的抚慰情绪，也可能焕发治疗师无所不能的拯救幻想。反移情类型常常与来访者的缺陷相对应（Racker，1968）；抑郁者会将治疗师幻想成全能的上帝，或是"慈祥的妈妈"，再或宽以待人的长辈，这些他们从未拥有过的感情细腻的客体。他们的渴望明显流露出无条件关注和全心全意的理解就能够治愈抑郁。（这种观念不无道理，但它也存在一些危险，我将在下文简要叙述。）

治疗师还容易产生另一种原理相同的反移情：即认为自己差强人意、学识浅薄（与内摄有关），或是不够敏感，心有余而力不足（与情感依附有关）。我初到精神卫生中心工作的时候，第一次体会到抑郁情绪的感染力。那天我一下子安排了四个重度抑郁患者进行治疗，结束之后，我步履沉重地回到休息室，无缘无故地靠着助理的肩膀哭了很久。面对抑郁者，治疗师很容易感到自己才疏学浅。如果我们能够积极地从自身经历中汲取丰富的情感营养，负性情绪就有望减轻（参阅 Fromm-Reichmann，1950；McWilliams，2004）。若治疗师能够不断成功地诊治疑难的抑郁患者，那么从业的热情也将随着职业生涯的发展而永葆青春。

诊断的治疗意义

营造宽容、尊重的氛围，给予真诚和共情的理解，对于治疗抑郁症或抑郁倾向的患者十分重要。无论是人本主义、精神动力学还是认知行为取向的疗法，都强调与来访者之间的连接，而这种连接在抑郁患者的治疗过程中尤为重要。这种固定模式对某类患者（比如精神变态患者和偏执者）有可能会束缚治疗师的手脚，但不得不承认，这类通用的态度对抑郁者而言却至关重要。他们天性敏锐，擅长捕捉细微的情绪变化，以此印证自己的被批评或被排斥的感觉，所以治疗师必须努力保持恒定的态度、不存偏见的稳定情绪。

内摄型抑郁者坚信自己定会受到排斥，有时明知故犯，期待批评如期而至，以此印证自己的担心。处理这些优势观念是治疗师的首要任务。国家精神卫生研究所（NIMH）针对抑郁症展开了一项研究，Blatt 和 Zuroff（2005）从其收集的数据中发现，内摄型抑郁患者病情的缓解程度，与治疗师如何处理患者的期待性焦虑显著相关。无论治疗师是从认知理论（如 Beck 对"非理性认知"的关注，1995）还是从动力学角度（如控制－掌握理论对"致病信念"的强调）来进行识别，都应注重揭示和面质来访者这种不言而喻的期待性焦虑态度。

闻名于世的精神分析躺椅方法对于机能较为健康的内摄型来访者十分有效，他们能在此过程中迅速聚焦自己的问题。我有一位女性来访者，她虽然没有明显的抑郁症状，但具有抑郁性格，非常擅长解读他人的表情。当我们面询时，她不由自主地忽而猜测我将具有批判和排斥态度，忽而又推翻刚才的预期，这种快速切换使她完全没有意识到自己曾有过这样的预期。她的这种快速变化也使我的审视能力相形见绌。后来当她同意尝试躺椅方法后，视线接触受到阻断，于是她开始坚持自己的猜测，认为我不会给她支持，然后惊奇地发现自己在讨论某些特定话题时变得犹豫不决，无法揣测我的想法。如果她没有选择躺椅，我们也应该试着换一种就座方位，尽量缩小她的视线范围，从而让她逐渐意识自己长期以来不由自主的预期心理。

Blatt 和 Zuroff（2005）发现，情感依赖型抑郁者只要和治疗师建立关系，都会迅速好转。因为一旦与人建立安全的联结，抑郁症状就会减轻。但其弊端在于，当 NIMH 的简明治疗结束之后，这种抑郁患者的症状会卷土重来。这一发现表明，情感依赖型抑郁者可能需要长程治疗，或至少应该确保开放式结局，以避免他们重蹈覆辙。因为将治疗过程内化，形成治疗外积极、可信的行为，绝非一日之功。

保险公司或医疗机构一般会推荐短期心理治疗，因为受医疗保险的限制，很多来访者只能接受短程治疗，这种过早中止治疗的结果常常造成来访者认为自己比预想中病得更重。他们以为"治疗对其他人有用，但我已病入膏肓，无可救药"，所以尽管治疗能够暂时改善心情，却会进一步损害他们的自信。抑郁发作期的个体可能会在有限次数的治疗中获得短暂的症状缓解，但治疗停止后的症状复燃可能会令他们潜意识地受到关系中断的二次创伤，从而使不少抑郁者并不能长久地维持人际关系。因此如果治疗存在时间限制，那么治疗师应当尽量预先告知来访者：当丧失再次降临时，该如何应对。

若要有效治疗边缘型和精神病性内摄型抑郁者，可能需要更长的时间来引导他们如何与真实的、有情感的客体建立安全的联盟。他们认为自己不惹人疼爱，还害怕遭到拒绝，通过揣测来检验自己的不良预感，因而他们欲言又止、焦虑不安。所以治疗师需在来访者意识中形成不良预期之前，给予其无条件的接纳，才能接受这类来访者的检验，以真实的情感改变他们的猜测。

上述两种抑郁者对分离的反应也十分重要，即使是治疗师短暂的沉默所引发的分离感受，治疗中也应当进行探索和解释。（所以长时间的沉默应尽量避免，它很可能诱发来访者孤独无助的感受。）抑郁者对遗弃十分敏感，会尽量回避独处。更甚的是，他们认为这种遗弃是源于自己的恶劣品质或举止不当。这类体验通常存在于潜意识层面，但有些精神病倾向的内摄型抑郁者会失控而显现于意识层面："你肯定是因为讨厌我才离开我"，"我贪得无厌，所以你总躲着我"，或"你离开我，就是惩罚我的罪孽"，都是抑郁者这类体验的延展。因此不仅应当注意治疗师度假或取消访谈这类寻常的分离可能给抑郁者带来的困扰，更应该探究他们自己如何对待生活中的丧失。

尽管无条件支持是治疗抑郁者的必要条件，但若对方属于内摄型抑郁，仅提供支持是不够的。我注意到新手治疗师在治疗抑郁者时，会尽量减少自己度假的次数，并因故需要取消某次预约时瞻前顾后，试图减轻对方的伤痛。很多同道在面对抑郁者时都会变得容易妥协且宽容大度，试图保护他们免受伤害。但抑郁者最需要的其实并非无微不至的关怀，而是确保治疗师的短暂离开，终会回到他们身边。他们需要确定自己对分离的愤怒不至于影响与治疗师之间的关系，或者希望自己对治疗师的索求不至于吓退对方。只有切身体会过丧失，才会明白其中的道理。

治疗师若鼓励抑郁患者直面自己的负性感受，会招致抗议，他们不愿冒险把敌意指向治疗师："我怎么能对最需要的人发脾气呢？"治疗师应避免自己也陷入这种绝对的思维模式。（可惜不少治疗师也具有抑郁倾向，因此很容易与来访者产生共鸣。）应向来访者指出：这种思维模式是错误的，即假设愤怒会驱使人们分离，实际上真情袒露不仅不会破坏与他人的关系，更可能会增进亲密感。只有对真情袒露做出病态反应时，表达负性情绪才会成为亲密关系的障碍，而这种病态情绪反应在正常的成人交往中很少见到，但却在抑郁者童年经历中屡见不鲜。

治疗师会发现自己帮助抑郁者提高自尊的努力很容易付诸东流，因为来访者对治疗师的努力会以怨报德，也因此进一步激起他们以怨报德后的负疚情绪。他们会想："真正懂我的人才不会这样夸我，治疗师一定误以为我是好人。而误导这样对我好的人，真是该死。但是他也太好骗了，看来我不能对他太过信任。"在这一点上，Hammer（1990）喜欢拿 Groucho Marx 来举例，此人一直声称，所有主动邀请他的俱乐部，他都不会参加。

对治疗师的恩将仇报经常发生，为了提高来访者（尤其是内摄型抑郁者）的自尊，自我心理学家提出了一个有效的建议：避开他们的自我，直接攻击其超我。如果一个来访者因为嫉妒朋友的成功而自责，若治疗师告诉他：嫉妒是正常的情绪反应，既然没有付诸行动，就不应该自我贬低。这时来访者很可能报之以沉默和怀疑。如果解释带有批评意味，抑郁者也会欣然接受（"既然治疗师批评我，那一定有道理，我也知道自己不是什么好人"），这样批评本身就成为了一种批判性内化。但如果治疗师说："嫉妒有什么不好吗？"或开玩笑地说他比上帝还要纯洁，再或很自然地告诉他"这就是人性!"那么他或许更容易接受。

治疗抑郁患者时,还有一点需格外小心,即避免将治疗成就误认为是阻抗。例如,许多其他类型来访者会用取消访谈或忘带支票来表达自己对治疗的阻抗,但由于抑郁者非常努力地想要表现良好、事事顺从。治疗师应把这种潜隐的"阻抗"迹象,归功于来访者的进步。这说明他们已逐渐克服自身恐惧,减少了对治疗师排斥他们的担忧。一般来说,遇到极度配合的来访者,治疗师自然十分乐意,庆幸自己的运气,但如果一位抑郁者从未在治疗中表现出对抗或自私的行为,那么治疗师就应当对这种现象高度警惕。

总之,在治疗抑郁人格的来访者时,治疗师应该接受甚至欢迎对方质疑我们头顶的光环。被理想化的感觉固然不错,但对治疗进展有所不利。早期精神分析派别的治疗师已经意识到,当抑郁症患者开始对治疗产生挑剔或不满情绪时,说明治疗已经取得了很大的进展;尽管他们当时只是以液压原理来解释这种现象(即愤怒能量由内转向外部),而当代分析师则更多会从自我价值感进行解读。最终抑郁者摆脱"自我贬低"的状态,并将治疗师视作会犯错的普通人。若一味对他人理想化,则势必保留卑微的自体。

最后一点非常重要,条件允许的话,应尽量让抑郁者自行决定何时结束治疗,同时表示欢迎他随时回来做进一步的分析,并预测未来可能遇到的各种困境(人们常以为,重返心理治疗,无异于宣告治疗失败,或来访者未被完全"治愈")。由于造成抑郁的原因常常来自于抑郁者早年无法避免的分离,这种分离又使成长中的儿童难以体会到父母的爱意和保护,儿童因此才被迫切断关系纽带、用抑制来抵御这种分离,逐渐形成抑郁人格。因此在治疗的结束阶段,治疗师必须对这类人格者的分离主题给予特别的关注和接纳。

鉴 别 诊 断

最容易与抑郁人格混淆的两种状态是自恋（耗竭型）和自虐人格。据我观察，临床医生常常将自恋或自虐误诊为抑郁，反之就比较少见。这种情况可能有以下两点原因：首先，即使前来就诊的来访者核心问题并非抑郁，具有抑郁特质的治疗师容易将自己的倾向特征投射到他们身上；其次，自恋或自虐倾向的个体也时常在临床上表现出抑郁性症状，尤其是恶劣心境。上述任何一种失误都会对治疗产生严重后果。

抑郁型人格 vs. 自恋型人格

我在第八章曾对抑郁－耗竭型自恋人格有过描述。此类来访者与情感依赖型抑郁者极其相似。由于各种人格特质之间都可能有部分重叠，因此很多人其实都具备多种性格倾向。情感依赖型抑郁者主要存在空虚感、缺乏存在感。相比之下，自恋者主观上缺乏渴求，对人际联系缺乏热情，而更热衷于抵御羞耻。在治疗师看来，前者主观上的空虚与自恋者自我核心部分的绝对空虚有所不同。自恋型抑郁者一般存在自我客体性移情，而抑郁者则经常呈现客体性移情。治疗师对自恋型抑郁者的反移情会比较含混、肤浅，也容易变幻；但对抑郁者的反移情相对清晰、温暖，也更强烈，比如，出现拯救幻想。

对自恋型个体明确表示同情和鼓励，将极具安慰作用，但对内摄型抑郁者，无论其病情轻重，都收效甚微。由于自我攻击并非自恋者的核心特征，所以即使我们使用比较温柔的方式去抨击他们严苛的超我，比如评论他们可能产生的自责，都很难对他们起到帮助作用。同样，因为愤怒并不是自恋者主要的情绪状态，所以帮助他们认识：自己的愤怒其实来自其他更加负面的情感体验，也将徒劳无功。但上述做法却能够缓解甚至激励内摄型来访

者，原先他们常常在"对内愤怒"和"对外愤怒"之间纠结不已，现在这种解释将产生出其不意的协调作用。

自恋者无论抑郁程度如何，对治疗师在寻找病因时，强调严厉的父母或是分离之苦会不以为然、充耳不闻。因为抛弃和创伤并非他们人格的主要成因。但这些解释却会令抑郁者豁然开朗，因为这种解释改变了他们长期以来将痛苦全部归咎于自身缺陷的观点。治疗师若尝试"利用移情"来治疗自恋者，恐怕将遭到鄙视和贬低，或者成为他们理想化的对象，但抑郁者却很适应这种传统的方法，并从中获益。

尽管内摄型抑郁和抑郁性自恋者在症状上也许并无二致，但自恋者突出的是内心世界的空空如也，而抑郁者心中充满了敌意的内摄客体，我们应该根据他们的主观特征区别对待。

抑郁型人格 vs. 自虐型人格

抑郁与自虐型人格关系紧密，它们都与潜意识中的内疚感相关，所以二者常常共存。Kernberg（1984）对 Laughlin（1967）的观察给予高度肯定，并将"抑郁－自虐型人格"归入三大常见的神经症性人格类型。尽管抑郁和自虐两种心理互相依存、相辅相成，我仍然要指出它们之间的细微差别。本书编撰的目的之一，即探究按传统精神分析归类的不同个体对心理治疗将产生何种不同的反应。我将在第十二章探讨典型抑郁人格和典型自虐人格之间的差异，以及对治疗的不同反应。

轻躁狂（躁郁型）人格

躁狂表现与抑郁表现相互对立。躁狂型人格者通常也具有抑郁特质，只是躁狂者更善用否认的防御机制。当躁狂倾向者的防御失败，即会转为抑郁发作，所以我们常用"躁郁型"来形容这类倾向者。在 DSM 第二版中（DSM-Ⅱ；美国心理协会，1968），抑郁和躁郁型人格障碍均被列为诊断类别。

躁狂与抑郁并非简单的对立关系；确切地说，躁狂与抑郁互相呼应。躁狂者可表现为得意洋洋、精力充沛、自吹自擂、机智幽默，且不切实际。Akhtar（1992）对躁狂型人格者的描述如下：

躁狂型人格者欢欣鼓舞、八面玲珑，人际良好，而且一般工作勤奋、风流倜傥且谈吐不凡，但他们私下里却会为得罪别人而心生内疚，难以忍受孤独，缺乏共情和爱的能力，贪婪且道德低下，认知缺乏同一性。（P.193）

但实际上许多躁狂人格者未达到 Akhtar 描述的人格障碍程度，他们不仅具备爱的能力，也能够整合自己的行为。

众所周知，躁狂状态或躁狂型人格者的特征：好高骛远、思维奔逸，废寝忘食，为达某种目的不择手段，直至耗竭为止。由于躁狂人格者很难从容不迫，因此神经抑制类物质对他们极具吸引力，比如酒精，巴比妥类药物和鸦片制剂。许多喜剧演员和脱口秀节目主持人都具备躁狂型人格的特征，他们乐此不疲地奉献逗乐，自己却不堪重负。妙趣横生的背后是浓浓的抑郁倾向，像 Mark Twain, Ambrose Bierce, Lenny Bruce 和 Robin Williams 都患有严重的抑郁症。

躁狂者的驱力、情感和气质

轻躁狂型人群常常精力充沛、容易激奋、善于交际、情绪易变和注意力涣散。他们往往堪称娱乐行家、机智大师，平时谈笑风生，模仿起别人来惟妙惟肖，颇受人欢迎，但他们却因习惯于将严肃的事化作玩笑，而很难获得真切的情感体验。当负性情感来临，躁狂或轻躁狂个体通常否认悲伤或失望，而表现为愤怒，甚至是勃然大怒，难以控制。

躁狂者与其遥相呼应的伙伴抑郁者类似，都存在一系列的口欲期特征

（Fenichel，1945）：他们时常口若悬河、抽烟酗酒、舔舌咬指甲、嚼口香糖。许多极度躁狂者都体重超标。尽管他们终日兴高采烈，但长久的亢奋是用于抵御内心的焦虑。知情者经常为他们的情绪波动而担忧，他们的神色难掩欢愉背后的脆弱。轻躁狂者能随心所欲地眉飞色舞，但他们从来未曾真正体验过内心欢畅（jouissance）的平静（Akiskal，1984）。

躁狂者的防御机制

躁狂和轻躁狂个体的核心防御是否认和付诸行动。他们时常忽略或以幽默来对待令人感到压力或恐慌的事件。他们的付诸行动往往表现为逃离：远离那些可能造成丧失的情境。他们还会通过纵欲、自我麻痹或者通过挑衅、甚至偷窃行为来躲避情感的痛苦；因此，有些分析师对躁狂者现实检验能力的稳定性产生怀疑（Katan，1953）。抑郁者会将他人理想化，同理，躁狂者会贬低别人，尤其当他们试图与人亲密但又担心遭到拒绝时。

对于躁狂者而言，任何能转移注意的方法都比忍受折磨要好受得多。所以躁狂者和间歇性精神病患者有时会使用全能控制防御；他们自感法力无边、长生不老，前程远大。发作期的躁狂型精神病患者会出现裸露冲动、强奸伴侣或密友、横行霸道等症状性行为。

躁狂者的关系模式

轻躁狂者早年经历创伤性分离的情况可能比抑郁者更甚，这类儿童缺乏机会用情感去处理这些分离体验；如重要人物去世却缺乏哀伤，父母离婚也无从解释，举家搬迁突然间发生。我曾治疗过一位轻躁狂男性，10岁之前他们家搬迁了26次，有好几次他放学回家，才发现搬家公司正在家中忙碌。

情感批评或躯体虐待在躁狂和轻躁狂个体的早期经历中也屡见不鲜。我在前文曾经讨论过，创伤性分离加上情感忽视及虐待会产生抑郁的后果；而躁狂者在成长过程中可能遭受过更为严重的丧失，或是来自养育者的情绪关注极为缺乏。否则很难解释躁狂者对否认防御的极端依赖。

躁狂者的自体

有位轻躁狂型来访者曾形容自己像个陀螺，永不停息地旋转，一旦停止便痛不欲生。轻躁狂者对依恋十分恐惧，因为愈是依赖他人，离别的痛苦也就愈痛彻心扉。由于躁狂人格的形成多与早年相关，比较原始，所以这类人格者在人格连续谱系中更多偏向边缘型和精神病性；这也意味着许多轻躁狂和躁郁症患者都存在自我整合困难，自我心理学家称之为自我解体，即这类个体会担心自己一旦平心静气，就会分崩离析。有时，躁狂者的防御会因为自我解体而难以为继，因而产生抑郁情绪，不得不急迫地前来就诊。

轻躁狂者侥幸地从生活困境中虎口脱险，加上被周围人众星捧月，某种程度上可以帮助他们维持自尊。有些善用否认的躁狂型个体很容易让别人对他们产生依恋，但他们很难报以同等深度的情感。当朋友或同事感知到他们的脆弱，与躁狂者平时的风趣幽默相比，常常令人不知所措。他们若不是天才，那么必然是疯子。当外部刺激过于痛苦而无法回避，躁狂者常常表现为寻求自杀或精神异常。

躁狂者的移情和反移情

躁狂型来访者既充满吸引、极具洞察和魅力，又常常令人匪夷所思，使人精疲力竭。我曾在治疗一位年轻的轻躁狂女性时，仿佛感到自己的大脑运转像台洗衣机,能从视窗中看见衣服的旋转,但跟不上它的旋转速度。有时在初始访谈中,治疗师会对来访者的唠叨不胜烦恼,虽然觉得他们命运多舛,但他们流露出的情感却如此肤浅,让人无法将那些支离破碎的片段拼凑完整。

治疗师最为危险的反移情,莫过于被躁狂者迷人的外表所蒙蔽,从而低估其痛苦程度和潜在的瓦解状态。他们的自我看上去协调一致,治疗联盟似乎也牢不可破,但这其实都是躁狂性否认和防御的杰作。许多治疗师看到这类轻躁狂型来访者的投射测验结果后,都会感到震惊;罗夏墨迹测验一般能够准确地筛选出精神病理性个体,这一点毋庸置疑。

诊断的治疗意义

治疗师首先应该关注轻躁狂型来访者可能的脱落风险。在初次访谈中,治疗师应明确告诉来访者:治疗期间与治疗师之间建立的有意义的依恋关系,很可能会使他们以逃离来防御。这一点已从既往经验中得到证据;并与之约定,一旦他们产生脱离治疗的想法,需经双方讨论。只有这样约定后,治疗才能正式开始。如下告知方式可供借鉴:

"我注意到你的经历中每一段重要的关系都会突然中断,而且通常是由你发起,所以我们的治疗关系很可能也会出现类似情况,毕竟治疗很可能诱发大量痛苦的回忆。当痛苦出现时,你可能会不由自主地逃离。所以希望我们能够在此作个约定:无论何时你想要中断心理治疗,也不管由是否合理,治疗都将继续进行至少6次(或其他数字,视情况而定),以便于我们深入探讨中断的意义,并尽量以合情合理的方式中断治疗。"

这会使来访者意识到,可以用合乎情理的方式结束某段关系:即正视关系的终止所带来的哀伤及其他合理感受。治疗过程中应该对来访者的否认防御和缺乏哀伤给予持续的关注。大多数分析师（如，Kernberg，1975）对轻躁狂者的预后并不乐观，因为这些来访者对哀伤的承受能力实在太弱，所以即便治疗师尝试预防脱落，也仍会无济于事。有时一些"重度"的躁狂者反倒较少脱落，是因为他们心理的痛苦程度为继续治疗增加了些许动机。

抗精神病药物是重性躁狂患者和抑郁患者的福音。当代精神病学的飞速发展使治疗患者的特定药物类型层出不穷；仅用锂盐治疗躁狂症的时代已是昨日黄花。医生的诊疗水平、针对具体个体的个性化治疗也更利于患者康复；因为躁狂者症状多变，对药物的敏感性、成瘾性和过敏性等特质反应不一。临床医师与心理治疗师之间建立彼此信赖的关系，对来访者的康复也十分有益。和传统观念不同，精神医学中包含心理治疗其实对躁狂患者价值非凡。医学与心理学的联合治疗使他们将药物很难处理的丧失感和缺乏哀伤的体验，通过心理治疗得到缓解，从而使来访者习得如何敞开心扉。经过治疗，他们可以逐渐减药或停药。

较为健康的轻躁狂者只有发现自己的情感日益入不敷出，谈笑风生的背后总是不尽如人意，才会前来就诊。有时他们会在接受匿名者戒除协会的帮助之后，自我毁灭意识有所减轻，然后才来寻求个体治疗，期望能更真切地体验生命的意义。老年轻躁狂者的某些防御模式和浮夸型自恋者十分相似，所以相比于年轻人更容易获得帮助（Kernberg，1984），但对他们仍需合约的约束，以免提前退出治疗。由于针对轻躁狂型人格的心理治疗文献非常稀缺，许多治疗师反复遭到挫折后才意识到签订合约的重要性。

在偏执者治疗过程中的注意事项对于轻躁狂者也同样适用。治疗师经常需要对来访者的某种防御"釜底抽薪"，例如单刀直入地面质否认防御机制，并指出否认的对象，而不是温文尔雅地与来访者进行探讨，因为这种防御本身十分顽固。治疗师必须立场坚定、倾心竭力，并向轻躁狂型来访者提供正面解释，使他们意识到消极情感不一定会引起灾难性的后果。

因为躁狂者会竭力避免自己陷入悲痛或自我解离，因此治疗不能操之过急。治疗师从容不迫的态度能够为焦躁的来访者提供很好的示范。治疗中所使用的语气也应该言简意赅。许多轻躁狂者会用高谈阔论来避免痛苦的话题，流露真情对于他们讳莫如深。因此治疗师必须不时检验他们语言的真伪，及时指出他们的搪塞、玩笑和敷衍。轻躁狂型来访者与偏执者都需要一个积极且敏锐的治疗师，这样的治疗师真情实意、辞必达意。

鉴 别 诊 断

对轻躁狂者进行治疗时，应注意的移情和反移情是：这类来访者初诊时即会展现出迷人的魅力，治疗师或许会误以为他们拥有较为成熟的防御、较为强大的自我和较为完善的自我整合能力；而这样的误解随时都可能造成敏感的来访者的脱离。非精神病性躁狂人格者常常被误诊为癔症型、自恋型、强迫型人格或注意力缺陷障碍（ADD），而具备精神病性症状者则易被误诊为精神分裂症。

轻躁狂型人格 vs. 癔症型人格

躁狂型来访者往往魅力四射，热情大度、反应敏捷、情感丰富。因此常会被误诊为癔症，尤其是女性。这种误诊很容易造成来访者的流失，因为使用针对癔症型来访者的治疗方式会令轻躁狂者感到治疗师功力不足、才疏学浅。他们潜意识地认为，被他们所吸引的人必都受到蒙蔽，缺乏睿智。这和内摄型抑郁者的信念相似，除非我们直接采取与治疗癔症型来访者截然不同的方式加以处理，否则都会引发来访者的贬低，并导致他们远离治疗师。癔症者常表现为与同性和异性之间的关系突然中止（而非只与异性），经历过创伤并缺乏哀伤，缺乏癔症者那种对性别和力量的关心，这些都可以成为鉴别轻躁狂者的依据。

轻躁狂型人格 vs. 自恋型人格

由于躁狂者的核心特征之一是浮夸,因此人们很容易将轻躁狂或躁郁症者认作具有夸张特征的自恋者,类似于把抑郁者混淆为抑郁-耗竭型自恋者。详细的病史有助于鉴别诊断;自恋者一般缺乏躁狂者那样的混乱、否认防御和人格解体。

自恋者一般内心空虚,轻躁狂者则运用否认对内心事实置若罔闻。这是两者之间的差异所在。尽管治疗一个傲慢的自恋者并非易事,他们几乎抗拒所有形式的依恋,但他们在治疗中途脱落的几率较小。如果误将轻躁狂者视作自恋者进行治疗,则很可能导致前者的离去。两者之间也存在一定的共性:轻躁狂者步入老年之后,将普遍易于接受治疗。此外,从内摄角度理解浮夸型自恋的治疗师(如,Kernberg,1975)都主张使用相似的方式治疗这两类来访者。

轻躁狂型人格 vs. 强迫型人格

轻躁狂者与强迫者的驱力特征有类似之处。强迫者和轻躁狂者都可能野心勃勃且要求苛刻,所以研究者常常将两者合并研究(Akiskal,1984;Cohen,Baker,Cohen,Fromm-Reichmann 和 Weigart,1954)。但这只是表面相似,Akhtar(1992)根据 Kernberg(1984)的理论,将强迫症型和轻躁狂从人格的神经症水平做了比较,概括如下:

强迫症个体与轻躁狂个体有所不同,前者有深层情感和建立客体关系的能力。在爱情、关怀、诚挚、内疚、哀伤和悲伤方面……他们能够维持亲密关系,尽管显得有些保守和犹豫不决。后者则恰好相反,他们喜欢夸夸其谈、哗众取宠,能迅速与人建立关系,但转瞬即逝。强迫者喜欢事无巨细,而轻躁狂者则粗枝大叶。强迫者恪守道德,循规蹈矩;轻躁狂者却性格乖张,投机钻营,无视权威。(pp. 196-197)

因此，如同轻躁狂与癔症的鉴别，区分轻躁狂与强迫症的关键在于区分其外在行为与内在动机的联系的不同。

躁狂症 vs. 精神分裂症

躁狂伴有精神病性症状者看上去与急性分裂症青春型患者十分相似。鉴别二者对治疗用药具有指导意义。具有精神病性症状的个体并不一定罹患精神分裂症。若要确定个体是否患有精神分裂症，特别是对于年轻的首发精神病患者，我们应该详细了解病史（如果患者妄想非常严重、无法交谈，可以向家属询问病史），然后对其深层情感进行评估，并判断其抽象概括能力，才能确立诊断。我们平常所说的"分裂情感障碍"（schizoaffective）由不同的精神病态反应构成，它同时包含躁郁症和分裂症两种特征，因此需要特定的药物治疗。

躁狂症 vs. 注意缺陷障碍

最近，成年人注意缺陷障碍（ADD）和注意缺陷/多动障碍（ADHD）逐渐成为研究的热门。这一趋势表明：当代社会竞争激烈，刺激随处可见，人们的心理状态普遍趋于浮躁。另外，有助于集中注意的多种药物的问世，也促进了这两种诊断的流行。躁狂者的注意力很容易分散，因此常会被误认为患有 ADD。但躁狂者用否认掩盖内心的失落、渴望和自我憎恨，就能清楚地使之区别于 ADD 症状。当然，轻躁狂型人格的个体也可能同时存在注意缺陷；这种情况下，药物治疗注意缺损时应当特别谨慎，尽量避免触发来访者危险的躁狂状态。

小　结

　　本章主题是抑郁倾向，我们讨论了抑郁型人格的来访者的各种心境障碍。我采用 Blatt（2004，2008）的方法对情感依赖型/渴求型抑郁人格与内摄型/自我攻击型抑郁人格进行了区分，并从驱力、情感和气质等角度强调了躁狂和抑郁患者的口欲期特征、潜意识的内疚和夸张的懊悔或愉悦。我还将自我内摄、攻击自我和理想化等防御归为抑郁者的主要特征，把否认、付诸行动和贬低等防御纳入躁狂者的特征；然后将创伤性的丧失体验、不恰当的哀伤方式，以及父母的抑郁、批评、虐待和误解，归为客体关系的范畴。我指出内摄型抑郁者认为自己不可救药，而情感依赖型抑郁者则认为自己贪得无厌。在移情和反移情方面，我注意到抑郁者和躁狂者分别具有独特的吸引力，会引发治疗师的拯救欲望，以及随之而起的、对拯救不力的道德性内疚。

　　关于治疗风格，除了应当持续共情，还应当立场坚定，遵守治疗框架，带领来访者探索分离反应，面质他们的超我。并与有脱落风险的躁狂者签订合约，要求他们诚守信用。诊断方面，我对抑郁者、自恋者和自虐者进行了鉴别；也将轻躁狂、躁狂型来访者与癔症者、自恋者、强迫者、精神分裂症患者以及 ADD、ADHD 患者进行了区分。

进一步阅读的建议

　　Laughlin（1967）对抑郁一章的描写十分经典，可惜此书市面上已很难寻到。Gaylin（1983）在其选集中以精神分析的视角对抑郁症进行了总结。据我了解，最近有关轻躁狂型人格的描写仅有一本著作，即 Akhtar 的《人格的瓦解》（*Broken Structures*, 1992）。同往常一样，如果读者不惧晦涩难懂的术语，那么Fenichel（1945）有关抑郁和躁狂方面的著作都值得一读。虽然他们并没有对重症抑郁或双相情感障碍者的人格特征在临床诊疗过程中的作用进行过多描述，但我认为观察抑郁/躁狂者内心的最佳视角，即是通过识别其人格特征。William Styron、Kay Redfield Jamison 和 Andrew 等人在这方面的研究成果也非常引人注目。

我在第九章文末曾提过，美国心理协会计划于2011年发行两张DVD，建议大家观看其中一段我对分裂症患者的访谈（Beck, Greenberg 和 McWilliams, DVD b 面）。另一位女性患者 Chi Chi（Beck, Greenberg 和 McWilliams, DVD a 面）似乎有些轻躁狂，她不仅敏感而且风趣、睿智，很容易进入状态。我们在录像之前与她曾有一面之缘，当时我在补妆，无意中从镜子里瞥到了她，让我觉得她好像一个招摇的摇滚歌手（Cruella de Ville）。

Chi Chi 抱怨道，无论何时她要投入某些情感，都必须放弃或失去一些东西，包括失去与他人的关系。这个外交官的女儿童年时候经历了一次又一次的搬家，而严厉的妈妈对搬家过程中的丧失从未流露出任何悲伤或怀念。我问她为什么自愿参与这个视频的录制，她说自己曾在好几部临床心理教学视频中扮演过患者，她喜欢这种身处舞台上的感觉。我猜她对深度依恋的恐惧让她乐此不疲地用这种零零碎碎的治疗来处理自己内心深处的抑郁倾向，并在潜意识里不断象征性地重复过往居无定所的生活。访谈第二次，我推测她对亲密关系的恐惧，所以尽管她对深度探索性治疗表现出明显的不适，我仍然建议她选择一位治疗师进行长期的心理治疗。她看起来将信将疑，但在随后的访谈中，她告诉我和我在一起使她感到很不安全，可能是由于我总是试图用精神分析的观念影响她，侵入了她的安全区域。所以这张 DVD 一直是我的隐痛。但读者若想了解对轻躁狂型防御的来访者提供帮助的过程，或许可以从中获得一些启发。

第十二章
自虐型（自我挫败型）人格

人们对人性的理解会遇到一道难解的谜题，即有人惯常与己为敌，他们的人生决定和经历似乎总是与幸福背道而驰。弗洛伊德也对此种自我挫败行为困惑不解，毕竟他的理论是建立在个体把快乐最大化的基础之上的（与他所处时代的生物学观点一致）。他强调，在发展过程中，婴儿最先依据快乐原则行事，之后又根据现实原则进行调整（见第二章）。而鉴于有些可观察的行为，结论似乎与上述两种原则相悖。因而，弗洛伊德对他的泛心理学（metapsychology）进行了大量的延展和修正，以便能够更好地解释自我挫败或"自虐型（masochistic）"行为模式（Freud，1905，1915a，1916，1919，1920，1923，1924）。

早期精神分析理论曾聚焦于像奥地利作家 Leopold von Sacher-Masoch 这类人的性行为，他们通过虐待和羞辱达到性高潮。因此通过痛苦获得性兴奋的现象就以他的名字 Sacher-Masoch 命名。同理，施虐过程中获得的愉悦称之为 Marquise de Sade（Krafft-Ebing，1900）。弗洛伊德强调，人类绝大多数行为根植于性的满足，因此用"自虐（masochistic）"来表示以寻求痛苦为特征的性行为或与性相关的活动，也就顺理成章了（见 LaPlanche 和 Pontalis，1973；Panken，1973）。

为了把有目的而忍受痛苦的情况与性满足型受虐区分开来，弗洛伊德（1924）创造了"道德自虐（moral masochism）"术语。1933年之前，这一概念已被广泛接受。Wilhelm Reich汇编的人格类型中收录了"受虐性格"（masochistic character），这一人格类型具有甘愿受苦、抱怨、不断自我伤害和自我贬低等习惯态度，以及伴随的潜意识愿望：以饱受痛苦去折磨别人。很长一段时间内分析师们纷纷寻找道德自虐和自虐人格者的动力机制（Asch, 1985; Berliner, 1958; Grossman, 1986; Kernberg, 1988; Laughlin, 1967; Menaker, 1953; Reik, 1941; Schafer, 1984）；自虐现象也在更广泛的领域引起了反响；例如，Millon（1995）描述了一种"被虐型"（aggrieved）自我挫败人格类型，美国精神医学学会（1994）也将"自我挫败型人格障碍（Self-defeating personality disorder）"列入精神障碍诊断与统计手册第四版（DSM-IV）。

这一概念的魅力经久不衰：1990年，现代精神分析理论的关系学派作者Emmanuel Ghent发表的文章指出，自虐其实是对人类屈服意向的反向表现，此观点挑战了西方文化中屈服等同于挫败的观点。荣格学派也主张人类原始崇拜的"背面"则是自虐（Gordon, 1987）。Gabriel和Beratis（1997）则认为受虐与早年创伤经历有关。

和本书论述的其他现象一样，自虐不一定是种病态。以狭义的眼光来看，它可以只是一种自我约束。有时候，道德观会要求我们先天下之忧而忧（参阅C. Brenner, 1959; de Monchy, 1950; Kernberg, 1988）。比如Helena Deutsch（1944）观察到母性中蕴含了自虐倾向；哺乳动物往往视子女利益高于自身生存。这对个体而言可能是"自我挫败的"，但对后代和种族繁衍却极有意义。另如，为了造福社会，保卫文化及价值的延续，而甘愿牺牲，更是精神可嘉。这会让人想到穆罕默德·甘地（Mahatma Gandhi）和特雷莎修女（Mother Teresa）等，他们的人格中都有受虐倾向，但无比伟大。相对自身而言，他们为人类做出的贡献更为神圣。

"自虐（masochistic）"常用于指代非道德性的自我毁灭，有些人经常遭遇意外事故，有些人蓄意伤害自己，但并非意图自杀。自虐即提示这些疯狂的自毁行为背后潜藏着一定的含义。他们所追求的某种满足，足以抵消肉体的痛苦。在自我伤害者看来，不恰当的损毁行为与缓解情感痛苦有异曲同工之用。例如，自残者通常会解释鲜血让他们感觉自己的鲜活和真实，短暂的躯体痛苦可以掩盖强烈的不存在感和自我疏离感。因此，自虐具有程度不等、基调不同的特性。从精神病性的自残到废寝忘食的工作狂都可能具有自我损毁的特质；而道德性的自虐则包括一些宗教中的殉道者和母亲受难。

为了达到某种目的，任何人都会在特定的环境下表现出受虐行为（参阅Baumeister，1989；Salzman，1960）。儿童往往为获得照料者的注意，而使自己身陷苦境。我的一个同事曾有这样的经历，正是这次经历激励他思考受虐的动力机制。他七岁的女儿因怨恨爸爸不陪伴她，扬言要跑到楼上毁掉自己所有的玩具。如果一个人习惯于甘愿以受苦来换取道德上的胜利，那么他或她很可能理所当然地被视作自虐性格。例如，理查德·尼克松曾因愤世嫉俗的态度和自以为是的腔调而被很多人认为是道德自虐（见 Wills，1970）。他惯以崇高的受难者姿态示人，如在自身难保时偏偏对形势做出错误的判断（例如，他没能销毁水门事件的录影带终使他的总统生涯毁于一旦）。

我必须强调，精神分析学家所说的"自虐"并不意味着对痛苦的钟爱。有受虐行为的人之所以承受痛苦，是因为他们总是有意无意地希望事情变得更好。若分析师评论一位妻子，她与施虐的男人待在一起是种受虐行为，那么他的意思并不是指妻子喜欢被打，而是指在她的信念中，忍辱负重的目的要么是让痛苦合理化（维持家庭完整），要么是想避免更加糟糕的事情（被丈夫抛弃），或是两者兼具。而上述评论也暗示她的期待并不一定奏效，因为客观地说，与施虐者共同生活要比离开他更糟糕，然而实际上，她很难改变主意，始终期待忍受暴虐将带给她最终的幸福。我之所以强调这一点，是因为 DSM 在收录自我挫败型人格障碍时，很多人将自虐或自毁归因为一个人喜欢痛苦——"咎由自取"，好像受害者乐于享受暴力，然后招致虐待。

当个人性格问题严重到人格障碍的程度时，一定会呈现出某些自虐的特征。一个人的思维、感觉、联想、应对和防御的核心方式持续适应不良，就很容易形成自我挫败的人格模式。若分析师观察到某人行为模式中自虐处于显要的地位，而非作为其他冲动的辅助形式，便会将其视作自虐型人格。由于抑郁者的心理驱力可以是从情感依附（通过关系界定自我）到内摄（自己界定自我）的连续变化（Blatt，2008），因此那些需要强烈情感依附的自虐被称为关系自虐，他们的自我挫败行为源于不计代价地保持情感关系；而"道德自虐"则更普遍地存在于内摄型人格的个体，他们将自尊建构于忍受痛苦和自我牺牲的基础之上。后文我将提到一个负责重症护理的护士，她为工作已忙得筋疲力尽。我建议她每周的工作时间不要多于80小时。"哦，可能你们专业的标准比较低，"她专注地看着我，"但我不一样。"

自虐与抑郁人格在很大程度上存在重叠，尤其对于神经症-健康的个体；多数具有其中一种性格者会同时也具有另一种性格。Kernberg（1984，1988）认为抑郁-受虐型人格是神经症性格中最普遍的类型之一。而我之所以强调两种心理的区分，是因为二者需要的治疗方式不同，对于人格处于边缘和精神病性水平的上述来访者尤其如此。如果治疗师将自虐型个体误认作抑郁型个体，那么无论治疗的意图多么积极，也会造成很多伤害。反之亦然。最近，与我有着不同学科背景的 Richard Friedman（1991）也提出了类似的观点：应该对二者进行区分，即要将"与自虐性格相关和不相关的抑郁"区分开来，并且"受虐型抑郁属于慢性抑郁群体中重要的、比较隐蔽的亚群体。我们很容易在那些治疗效果不佳的慢性抑郁患者中发现他们的身影。"（p.11）

第十二章　自虐型（自我挫败型）人格

自虐的驱力、情感和气质

相比于抑郁状态，自虐状态尚未有更多的实验研究。原因可能是因为自虐这一概念还没有被精神分析团体以外的人群广泛接受。外界对于受虐型人格的本质还知之甚少。有关这一人格的先天气质的研究也寥寥无几。Krafft-Ebing（1900）提出性自虐与遗传因素有关，以及他推断与口欲期的攻击欲望也可能相关（如，L. Stone，1979）。临床经验表明，从本质上看，自虐人格的个体（同样适用于后期伴随抑郁性格的个体）可能比那些精神分裂倾向者更善于交际或更多地依恋客体。

自虐人格者是否先天脆弱至今尚无定论。专业人士更为注意自虐人格者的性别差异。许多学院派人士（如，Galenson，1988）持有这样一种印象：儿童期遭受创伤和虐待对不同性别的儿童影响有别：受虐的女孩倾向于发展出自虐行为，而受虐的男孩则更可能对攻击者产生认同，并形成明显的施虐倾向。当然这一观点也有许多例外——受虐男性和施虐女性也并不少见。但小男孩更多会因为仰慕成年男性的体能优势而主动克制创伤，效仿攻击者。而他的姐妹们则可能在受虐过程中形成坚韧不拔、自我牺牲的性情，以躯体受虐来赢得道德的胜利——弱者屡试不爽的武器。激素（如睾丸素、多巴胺、雌激素等）水平的不同也对人格的性别差异起到部分推动作用。

自虐者的情感世界与抑郁者相似。但有一点需要补充：除了意识层面的伤感和潜意识层面的罪恶感这两点相同，不同的是绝大多数自虐者易激惹、愤怒，以及对自己怨恨。在这点上，自我挫败的个体似乎又与偏执者具有共同之处。换句话说，许多自虐者会对自己的遭遇抱怨，认为纯属受害、运气不佳或不白之冤，(好比受到"诅咒"一般）。这与单纯抑郁者相去甚远，后者在一定程度上对命运逆来顺受，自认罪有应得；而自虐者很可能奋起抵制，就像莎士比亚笔下的情人企图用眼泪打动上帝一样。

自虐的防御和适应过程

自虐者与抑郁者一样，也会运用内摄、反向形成以及理想化防御机制。除此之外，他们也极容易付诸行动（自我挫败的付诸行动显然本质上包含自虐）。这种攻击自身的付诸行动也能使自虐者内心体验到道德化，从而有效地达到防御目的。简言之，自我挫败人格者总体上比抑郁个体更加活跃，他们以行为来抵消因沦丧、被动和隔离而引起的抑郁感。

自虐人格的防御特点是不计风险地付诸行动。自我挫败的举动包括对预期痛苦的掌控，这种预期和努力掌控绝大多数受潜意识驱使（R. M. Loewenstein, 1955）。例如，如果确信上司迟早要惩罚自己，那么刺激引发这一惩罚的早日到来，至少可以减缓坐以待毙的焦虑，这种引发也能使个体获得部分的掌控感：至少受惩罚的时间和地点是可以选择的。控制－掌握理论取向的治疗师（如，Silberschatz, 2005）称这种反客为主的行为是"化被动为主动"。

弗洛伊德（1920）起初将这类行为称为强迫性重复。那些童年期饱受痛苦的人往往成年后依然命途多舛。他们遭受的挫折与童年时期惊人地相似。更加令人扼腕的是，至少在旁观者看来，他们的处境似乎是咎由自取。正如 Sampson, Weiss 以及他们的同事所指出的那样（如，Weiss, Sampson, & the Mount Zion Psychotherapy Research Group, 1986），人类的行为具有重复的倾向；如果一个人拥有安全和被接受的童年，那么他的重复模式会不易察觉，因为他的重复行为很符合现实实际，并进一步促进新的积极的行为。而如果童年遭遇令人恐惧、饱受虐待，那么便会有这样的心理动机——重现挫败情景，然后重新努力适应和掌控。这种动机会潜意识地付诸行动，造成意识层面的明显的悲剧性行为。

例如，在治疗一个自残患者许多年后，我最终将其自伤行为锚定于早年时母亲的虐待。来访者童年时，有一次母亲愤怒发作，用刀子割伤了幼小的她。随着治疗，早年的记忆逐渐恢复，当年的无助和悲痛浮出水面，现在和过去也逐渐得以区分，因此她的自残症状也渐渐消失。但她的皮肤已留下累累伤痕，也给周围人带来很多难忘的创伤。由于她的人格障碍伴有精神病性倾向，因此治疗进展缓慢，病情多变，但最终获得痊愈。

另一位比较健康的女性来访者，每当与丈夫间关系相对良好时，就会习惯性地向节俭的他宣告自己近期的奢侈花销，这不免让他大为光火。治疗探讨后才知道，这一挑衅的习惯形成于她幼年时期的经历，她相信：福兮祸之所伏，这一结论至今对她影响至深。每当婚姻状况有所好转，她便会下意识地担心丈夫会像暴躁的父亲一样突然大发雷霆。于是，她会事先对这种预感做出反应，试图掌控局面，维持关系。不幸的是，在她丈夫看来，她所谓的努力无疑是惹是生非。

Reik（1941）探究了个体自虐性付诸行动的几种方式，包括：(1) 挑衅（provocation）（如前所述），(2) 姑息（appeasement）（"我已经在受苦了，所以请不要再惩罚我"），(3) 示弱（exhibitionism）（"快看我，我现在这么痛苦"），(4) 内疚转移（deflection of guilt）（"看你让我做了些什么！"）。出于上述的一个或多个原因，我们大多数人会偶尔使用自虐性付诸行动。培训班学员在接受督导时通常会先作自我批评，希望运用这种自虐策略来保全自己：以表明自己知错，躲避批评；或者通过谦虚来表明自己的正确。

自虐性自我挫败行为也可以理解为是对分离焦虑的防御（Bach，1999）。这种行为可吸引关注并使他人卷入受虐过程。我的一个治疗团体中，一位成员常常有意无意地将团体的批评故意引向自己。当他的这种无病呻吟和自我贬低的目的被揭穿时唤起了在场成员的恼怒和攻击，他不得不承认："我宁愿被伤害也好过被疏远。"我将在客体关系部分对这一机制进行详细阐述。

对于具有内摄特性的自虐者而言，道德化防御的应用有时候可引起非常恼人的后果。他们通常对运用道德化克敌致胜更感兴趣，而非解决实际问题。我曾花费数周时间劝说一位自我挫败型患者考虑写信给美国国税局，以争取合法的大额退款。而她则不断试图让我相信：国税局随意处理了她的退税申报单——这虽是事实，但她的叙述完全偏离了要回赔偿这一重点。相比于我试图帮她得到补偿的努力，她更加偏爱于我共情式的愤慨。她处理这件事情的态度，是不断收集消极信息，并哀叹命运不公，而不致力于解决实际困难。

此驱力特征是自虐者处理"我很坏"这种内摄性抑郁信念的特殊方式。努力让治疗师相信是别人的过错的重要性使得这类自虐者放弃应该优先考虑的治疗目标。这类儿童对待继父（母）时，即便他们非常和蔼、善良，孩子也倾向于按自虐的方式行事（表现出憎恨或挑衅，以及煽动起继父母惩罚性的回应），这可能也属于无意识中内摄性抑郁信念导致的内疚。这类儿童曾经失去父（母）的经历会使他们体验为：自己的过错导致亲生父（母）的离去。这种内疚可以缓解对父母离去的无能为力，现在他们试图从内心说服自己和他人：是继父（母）不好，以此将这种对亲生父母离去的自责转换成对继父母的攻击。他们持续的攻击行为可能会激惹继父（母），直到后者的行为表现得与他们的预期相吻合。

用这种驱力特征或许可以说明，治疗师很难单纯以改变行为的方式对重组的家庭系统产生影响。在日常工作中，相比于其他改善家庭互动方式的治疗，这类由愤怒和内疚－自责驱动的家庭更难处理（家庭成员中总有人看起来应该承受责备）。当然这种现象并不只见于儿童或重组家庭。任何一位小学老师都能举出大量有关亲生父母承受孩子不当行为却无力改变的实例。这类例子中治疗师能够感觉到，家长们迫切需要确认孩子的过错使他们无能为力，只能默默忍受。

自虐型人格者的另一种常用防御机制是否认。他们吃尽苦头或受人侵害，却矢口否认自己有任何不适或不满，并且会为对方开脱。我的一位来访者这样评论他的老板"我确信她是好意，她在心里是为了我考虑"，那位上司明显不喜欢他，曾经当着许多同事的面羞辱他。"她那样对你，你感受如何？"我问道，"哦，这是她教育我的一种方式"他回答，"所以我很感激她。"

第十二章 自虐型（自我挫败型）人格

自虐者的关系模式

自虐者具有抑郁心理但心存希望，Emmanuel Hammer 对这种说法颇为称道。他是指自虐的病因与抑郁者相反，那些导致抑郁状态的剥夺性或创伤性体验并没有严重到使自虐者彻底放弃被爱的希望（参阅 Berliner，1958；Bernstein，1983；Lax，1977；Salzman，1962；Spitz，1953）。许多不称职的父母偶尔能在孩子危难之际出乎意料地有所行动。孩子们由此得知：尽管自己遭到抛弃，但如果遭受的苦难足够深重，还是可能有机会得到一些关爱的（Thompson，1959）。对儿童而言，父母偶尔的关注能使长期被忽视的他们感到安全。Wurmser 在《你可以折磨我，但请不要遗弃我》（*Torment Me but Don't Abandon Me*）（2007）一书中描述了这一事实。

我的一位女性来访者早年经历了许多伤害、病痛和不幸。她的母亲患有抑郁症。当问到最早期的记忆时，她想起 3 岁时的一次意外，她碰倒了熨斗，烫伤了自己，她获得了母亲很少有的安慰。自虐者的经历通常听起来与抑郁者十分相似，他们都曾遭遇过未经处理的丧失，养育者都比较挑剔或常常引人内疚；儿童常感到应为父母负责（角色反转）；都具有创伤或虐待性事件；以及有着抑郁的家族史（Dorpat，1982）。然而，如果我们仔细询问过往史，会发现当自虐者深陷困境时，周围人在一定程度上有所回应，但抑郁者经历中却从来感觉不到任何人的回应；自虐者会认为，只要能充分表明自己需要同情和关心，就不至于遭受全然的情感遗弃。

Esther Menaker（如，1953）是研究自虐者的依恋不良和对遗弃的恐惧的先驱之一。"请不要离开我；如果你离开，我就会伤害自己"这是许多自虐性表达的本质，就像我那个同事的女儿威胁要破坏她所有的玩具一样。一项对遭受严重且反复折磨的女性的研究表明，妇女庇护所工作人员百思不解：受害者不断地回到施虐者身边。Ann Rasmussen（1988）认为，相比于对痛苦或死亡的威胁，这些身处险境的受害者更害怕被抛弃。她解释道：

> 当她们与施虐者分开后，多数会陷入深深的绝望之中，变得极为抑郁，生活几乎不能自理……她们不能进食，不能起床，也不能与别人交往。一位被试说道，"离开了他，我不知道早上如何起床……也不知道该如何吃饭，每一口都味同嚼蜡。"这种深深沉浸其中的孤独相比于施虐者所造成的痛苦要难以承受得多。(p. 220)

在自虐者的经历中应该不难发现，父（母）对他们唯一的情感联系常常与他们被惩罚有关。在这种情况下，依恋和痛苦不可避免地建立偶联。比如，戏弄式取笑，这种喜爱与冷酷的特殊结合，也会促使自虐形成（Brenman, 1952）。特别是父母对孩子的惩罚不当，随意滥用或有意虐待时。因为儿童对父母关注的渴望远多于对自身安全的重视，儿童会逐渐习得痛苦是为获得亲密关系而付出的代价。所以童年时期遭受虐待的个体通常会内化其父母虐待行为的合理性，承受痛苦成为抵御忽视的良方。Rasmussen（1988）研究中的另一位被试坦言道："我一直希望能重返童年，得到母亲的教育，我希望自己现在仍能受到责打，因为这样能让我听话，学乖。如果她当时教训得更狠些，我现在可能会更懂事"（p. 223）。

很多人形成受虐人格，是因为在早年经历中曾因承受磨难而受过嘉奖。我认识一位女士，她的母亲在她15岁时因结肠癌去世。母亲临终前的几个月在家中度过，日渐衰弱，时时陷入昏迷，大小便失禁。她承担起对母亲护理的重任，为她更换术后创口的纱布，每天洗涤带血的床单，常规帮她翻身以防褥疮。外祖母深受感动，交口赞赏她照顾母亲的孝悌和不计得失的无私，祈祷上帝眷顾她。这段时间如此之多的对她自我牺牲的强化，而极少鼓励她满足自己的需求，使她今后面对人生挑战时，总是会尽力证明自己的慷慨无私、坚韧大度。而她周围的人对她的满口仁义道德渐生厌意，对她抑制不住地体贴照顾他人的行为也啼笑皆非。

自我挫败者在日常生活中总能找到同病相怜者，如果是道德性自虐者，他们很容易寻找到确认他们遭受不公的相同观点者。他们也倾向于与人建立一种关系，使自己处于不被重视、甚至被虐待的境地，最极端的例子便是靠近施虐的伴侣。一些施虐受虐的依恋关系似乎主要源于自我挫败个体对具有施虐倾向的伴侣的选择；但也有证据表明，那些伴侣并非具有暴戾倾向，而自虐者只是成功地引发了他们身上暴戾的一面。

Nydes（1963）认为（参阅 Bak，1946），自虐者与偏执者存在一定的相似之处，有些个体兼具自虐与偏执特质。这两种倾向之所以关系密切，皆源于它们对威胁都具有期待性恐惧。偏执者和自我挫败者都经常会感到自尊、安全和健康面临危机。针对这种焦虑，偏执者的解决方法是："在受攻击之前先发制人，"而自虐者的反应则是："我先攻击自己，这样你就无法攻击我了。"两者都会无意识地在权力和爱的权衡上具有强烈的先占观念。偏执者为了支配感而牺牲爱；而自虐者则恰好相反。尤其当人格水平处于边缘状态时，这些不同的先占观念会使自体表现出不同状态，让治疗师很难判断来访者究竟是位惊慌的受害者还是一个具有威胁性的侵害者。

自虐性驱力可能会影响自我挫败型人格者的性行为（Kernberg，1988），但是许多自虐人格者并非性受虐者（事实上，为了增强性兴奋，他们的性幻想中会包含受虐的成分，但又经常会因性伴侣的攻击性征兆而停止性行为）。反之，很多人因特殊的性经历而具有自虐性性满足，但他们并不具有自我挫败型人格。早期动力理论将性欲与人格结构紧密相连，但很不幸，这种观点容易误导人们轻易假设性驱力和人格驱力总是同型同态的。当然有时二者确实等同，但人类心理通常要复杂得多，或许，这正是一种幸运吧。

自虐型自体

自虐者的自体表象在某种程度上与抑郁者类似:卑微、内疚、不受欢迎、咎由自取。他们有时能意识到,也会表现出明显的无能和不够完善感,而并不是完全的丧失感,因此他们会以为自己注定会被误解,不被赏识以及遭人嫌弃。具有道德性自虐人格者时常给人留下高高在上蔑视众生的印象。他们以承受苦难为荣,又蔑视那些无法像他们一样忍辱负重的人。这样的态度与其说会给人以喜欢受苦的印象,不如说他们唯有依靠此才能维持自尊心(Cooper, 1988; Kohut, 1977; Schafer, 1984; Stolorow, 1975)。

有时候,自虐者在回忆遭受虐待的经历时,会流露出典型的受委屈特征并夹杂着诡异的微笑。可以推断:通过肆意诅咒那些折磨他们的人,他们会感受到一丝施虐式的快感。这可能是自我挫败者享受痛苦的又一例证。更准确地说,他们通过受苦换得依恋关系,同时通过获得施虐快感来解决人际困境,享受继发获益。那些道德自虐型个体习惯于以守为攻,以受虐让施虐者凶相毕露,使施虐者在道德层面相形见绌,利用这一策略,他们悠然占据道德至高点。

看到这里,那些倚重关系的自虐者或许会点头默认,他们正是通过自虐行为来增强与周围人的联结。精神科医生一定熟悉这样的情形,也会感到十分困扰:那些一再复发的患者看起来很失望,嘴角却又挂着一丝微笑,宣称,"那种药似乎也不起作用。"大部分治疗师对这类来访者也耳熟能详:他们痛苦地抱怨老板、亲戚、朋友或同伴,然而当治疗师鼓励他们以行为改善处境时,他们倍感失望,顾左右而言他,一味诉说自己的委屈。如果在治疗时发现来访者勇敢地忍气吞声,以此维系自尊或改善某种关系——他们认为一旦争取自己的个人利益("自私自利")将导致上述目标流失,那么治疗师希望改变他们目前的困境的举动就会变得徒劳无功。

抑郁者常常退行到孤独的状态，封闭自己。而自虐者与之不同，他们会把自我的邪恶部分投射到别人身上，然后通过行为证明丑恶来自外界。在这一点上自我挫败模式与偏执防御机制十分相似。然而，自虐者的原始恐惧通常比偏执者要少，也较少像偏执者那样，通过多重的防御性情感转化将无法接受的部分自我投射出去。也不同于与世隔绝的偏执者，自虐者需要周围有人来承载他们内心所排斥的施虐倾向。偏执者通过把恶意投射给不确定的对象或不相关的迫害者，来缓解焦虑，而自虐者则指向亲朋好友——亲友们的行为明确无误地证明了自虐者的想法：他们是如此地道德沦丧。

自虐者的移情和反移情

自虐者与治疗师之间会重现儿时的情景，他们既需要关心，但又只能通过显示受苦才能获得关爱。于是治疗师会成为父（母），被诱导去保护和安慰来访者，治疗师会觉得他们过于软弱、缺乏保护或孤立无援。如果患者真的陷入困境、身处危机，且无法自拔，那么治疗师应该在治疗开始前，确保个体人身安全有所保障。如果情况不那么极端，自虐者的言语也依然会流露对生活打击的无能为力，随着治疗进展，越来越多的证据显示，来访者处理困难的办法，就是忍让、磨砺、笑对艰难困苦。

自虐者常会设法说服治疗师，自己需要且应当得到同情。同时，他们也担心治疗师会粗枝大叶、三心二意或批评虐待，不仅会指责来访者的自作自受，而且会中途放弃。这种担心和恐惧是源自意识还是潜意识，是自我协调性还是自我不协调性取决于来访者的人格水平靠近人格连续谱系的哪一端。此外，自我挫败者几乎总是处于无意识的恐惧之中，他们担心他人会发现他们的缺点并因此抛弃他们。为了战胜这些恐惧，他们只有设法放大自己的无助感和努力为善的意图。

治疗师面对自虐驱力会产生两种常见的反移情：反自虐倾向（countermasochism）和施虐倾向，通常二者兼备。新手治疗师经常会起初给予来访者过度且自虐式的宽容，试图确保他们相信治疗师能够理解，绝不会伤害他们；当事与愿违，治疗师意识到患者陷入更加无助和悲惨时，会产生自我不协调性的愤怒，出现施虐性报复的幻想，怨恨他们对于帮助竟然如此排斥和抵抗。

因为治疗师自身常伴有抑郁素质，在治疗期间，尤其是早期阶段很容易将自虐性个体误诊为抑郁症，经常从来访者的角度考虑自己该作何帮助。在解析和引导的过程中，治疗师会言行必恭地强调自己的努力意愿，表明能够体会对方的不幸，甚至额外付出以求迅速缓解来访者的焦虑。有些治疗师会降低费用、打破设置、在治疗以外接听电话，或是为深陷困境的患者解决日常困难。这些举措可能会对抑郁个体产生一定作用，但对自虐者却适得其反，因为这样做很容易引起来访者退行，使他们以为那些自我挫败的行为获得了回报：会哭的孩子总归有奶喝。而治疗师却感觉到，自己越是努力，事情却变得越糟——这也恰恰反映了自虐者的内心体验。

我和我的学生一样都在努力学习如何治疗自虐型来访者，尽量避免自虐性的付诸行动，又尽量减少施虐冲动引起的自责。多数治疗师会清楚地记得，应该如何对这样的来访者限制其自虐性退行而非对其退行进行强化。我自己有过一段尴尬的亲身经历：我的第一位饱受困扰的来访者曾让我满怀拯救的幻想，这是一位精神病性的偏执－自虐型青年男性，我急切地想要证明自己是绝好的求助对象，当听说他无法前去上班，就迫不及待地把自己的车借给了他。不出意料，他开车撞到了树上。

治疗师除了会对自己的自虐反应熟视无睹外，通常也不愿意承认自己的施虐冲动。潜意识的感情终究会通过行为表现出来，因此这种压抑存在一定风险。因为这类来访者对治疗师的态度异常地敏感；这可能源于他们先前的经验：一旦他们处于弱势，必定自然受到他人的虐待。如果治疗师仅仅因为来访者烦躁不安或牢骚不断，就感到怨恨不满，那么便会很容易对惩罚性解释进行合理化，或对来访者产生排斥（"也许这个人需要转介"）。

自虐者最擅长催人生厌。没有什么会比"请帮助我——但我只会变得更糟"更伤治疗师的自尊。对治疗的消极态度（Freud，1937）长期以来被认为与潜意识的自虐有关，但治疗师意识层面的理解与治疗状态下对自己情感的内省则完全是两码事。面对顽固的自我贬低行为，治疗师很难持续保持良性的支持态度（参阅Frank等人有关"拒受帮助的抱怨家"的篇章，1952）。甚至在撰写本章的过程中，当我下笔描述自虐的过程时，突然意识到自己不自主地冒出带有冒犯的词语；有些分析师（如Bergler，1949）在描述自我挫败型行为时，听上去充满蔑视。这种普遍的情绪表明治疗师的自我反省实属必要。治疗师的自虐和施虐性反移情不应成为治疗的额外负担，否认这些情绪会使治疗陷入僵局。

最后，由于自虐者倾向于从情感上否认自虐行为的结果，治疗师也需要恰到好处地控制表达自己对自毁行为的焦虑。我时常发现，在探索自虐者的行为后果时，越是担心他们所要承受的风险，他们反而越是漫不经心。若要问"你担心自己会感染HIV吗？"，只会得到模糊的回答："不会吧"或者"只有一次而已"或"可能吧，但我现在不想谈这个"。

诊断的治疗意义

弗洛伊德和他的很多早期追随者都对自虐驱力的起源、功能、对象和隐含意义进行了描述，却不约而同地忽略了对它的特定治疗。Esther Menaker（1942）最先发现，其实经典分析疗法的许多方面在自虐者看来，都是羞辱性主从关系的复现，比如让来访者被动地仰卧在躺椅上，而分析师以权威的口吻进行分析。因此她建议进行技术方面的改善，比如面对面治疗，强调真实关系也强调移情-反移情，以及分析师避免流露出无所不能的态度。如果不消除治疗情境中所有潜在的施虐-受虐特征，患者们可能会认为自己只是在重复无条件地服从、逆来顺受、为了迎合治疗师而牺牲了自己的立场。

如今我们更多汲取的是 Menaker（1942）所提建议的内涵而非字面意思。她关于躺椅的评论在一定程度上已失去实际意义，因为在当前的治疗实践中，只有功能良好的患者才会被允许躺下进行自由联想（我们假定，神经症型自虐者拥有足够强大的观察自我，能够分辨在躺椅上放松并不等同于向羞辱低头）；但她对咨访真实互动关系的重要性的强调至今仍未过时。因为自虐者亟需一个自我决断的有益榜样，而治疗师恰好以具有该品质的个体形象出现，并在建立治疗互动关系的过程中表现出具体的示范，这对自我挫败者的预后至关重要。治疗师不愿被利用或不愿无节制地宽宏大量，无疑是对来访者舍己为人态度的强烈反照。因此，对待自我挫败者的首要"原则"就是：杜绝自虐的示范。

多年以前，当我的督导师得知我承诺要为贫困者提供心理治疗时，便强调说：可以让经济困难的患者赊账，但绝不能以这种方式对自虐者表示仁慈。而那时的我似乎天生不能从善如流，直到铸成过错才明白其中的奥妙。当一个勤勉、诚恳、招人喜爱的男性来访者竭力向我表明他正陷入财务危机，而我并没有理会督导师的警告，表示主动"负担"他的治疗费，直到他财务状况有所好转。但后来他的经济状况变得越来越糟，我也越来越委曲求全，最终不得不制订了一个尴尬的偿还计划来修正我的过失。自那以后我再也没有犯过此类错误，我发现我的学生们也是吃一堑方能长一智，正如我从前一样。如果治疗师损失的只是金钱，那还不至于让人痛心疾首，可惜这种不恰当的善举对患者的害处是不言而喻的，然后治疗师的信心也会像钱袋一样遭受重创。

因此，面对自我挫败型来访者，治疗师不应展现"治疗性"的自我牺牲，那只会让来访者感到内疚和不值得帮助；如果治疗师总是"韬光养晦"，顺应来访者，他们就很难学会自我决断、展现自己。与其给自虐者资助，不如根据其治疗特性视治疗技术的难易程度收取合理的费用，并理所当然地获取报酬。Nydes（1963）会在自虐者面前故意显露得到报酬后的满足，比如高兴地折好支票,颇有意味地装入口袋。

尽管自虐者明显需要榜样来示范如何适切地自我关怀和自我保护,但多数治疗师却不愿意有意为之,可能是内心不希望表现得自私自利——这永远是个不错的借口;也可能源于一种不祥的预感,害怕自我挫败型来访者会忍到极限而绝地反击。换句话说,治疗师的自我关怀和保护会被来访者认作自私而加以攻击,与很多自虐者早年重要客体的态度如出一辙。这种态度是现实的,也是我们所期待的。我们应当让自虐者明白逆来顺受并不是勇敢,让他们自己去慢慢体会,即使发泄出心中的不满,也能获得接纳。

而且他们需要了解,当人们愿望落空,愤怒是自然而然的事情,他人也应该可以理解,以忍气吞声来强化自己的道德和正义感,实属没有必要。自虐者还相信,只有确定自己正在蒙受冤屈,才有资格心怀敌意,这种确认假设的过程足够劳民伤财。当他们感到失望、气愤时,为了避免令人可耻的"自私自利",他们不是否认就是道德化。如果治疗师表现出爱护自我的行为,并把自虐者对之愤愤不平看作顺理成章,那么来访者心中对固有信念的敝屣自珍和确认假设的想法便有机会得以重构。

出于这种原因,有经验的治疗师会建议人们对自虐者采取"不予同情"(No rachmones)的态度(Hammer,1990;Nydes,1963)。这并不意味着对他们的困难置若罔闻,或对他们的自虐行为报以施虐,而是说我们在与之交往时,可将"你多么可怜!"的态度巧妙地转换为"你是怎么把自己弄到这个地步的?"即聚焦于来访者改善情况的能力。这种促进自我成熟的回应会激怒自我挫败者,因为他们原本以为展示无助才是唯一能够获取关怀的方式。这类干预也使治疗师能展示如何接纳来访者自然的愤怒,接受来访者的负面感受,并通过表达真实感受而减缓压力。

同样,紧急救援也不属于治疗师的日常工作范畴。我有一位严重的自虐型来访者,其症状既包括神经性厌食症,也伴有多种物质依赖和广泛性焦虑,她只要一想到自己表达愤怒会引起我的疏远,便会恐惧到瘫痪的程度。有一次如此发病时,她惊恐万分,跑去说服当地心理卫生中心的人员允许她住院，并且自愿签字呆上72小时。不到半天，她就平静下来，希望出院。她的主管医生告诉她，只有得到我的许可，她才可以提前出院。"你签字的时候是承诺要住三天的"我回答，"所以我希望你能言而有信。"她当时勃然大怒。但多年以后，她承认那是治疗中的一个转折点，因为我把她看做一个成人、一个能为自己的行为承担后果的人。

同理，我们也不应认同自虐者的内疚和自责。若如此，治疗师将会承受巨大的压力。引发治疗师内疚的信号通常在分离前后达到峰值。例如：当治疗师准备度假时，来访者的自毁状况会逐步升级，他们潜意识中认为，治疗师如果没有为离开他们而感到内疚，就无权享受度假的快乐。这种想法可以体现为来访者的行为"看你让我受的苦！"或"瞧你干的好事，让我对自己下手！"，此时最好的处理方式是表达对他们的痛苦的共情，但我行我素，继续自己的旅行计划。

引导自虐者学会照顾自己、不为他人的反应而感到内疚，会引发他们的道德恐惧感，但也同时可以激励他们提升自我尊重感。我最初是在对一组年轻的母亲进行团体治疗的时候发现了这一点，团体的成员普遍存在严重的自虐倾向（McWilliams和Stein，1987）。当时我的辅助治疗师因为即将度假而不幸成为众矢之的，招致无数非言语攻击。这类攻击从成员惺惺作态的母性安慰中可见一斑：她们安慰她不要因为遗弃了大家而感觉不好，而我的辅助治疗师回应说，她丝毫不感到内疚，反而很期待享受自己的假期，而不用参加小组活动。那些小组成员虽然彻底被激怒，但小组气氛却很快变得活跃和诚实，好像突然从沉闷、虚伪和被动攻击的泥潭中挣脱出来。

当自虐者处在危险情境时，治疗师难免焦虑不安，但若有意克制这种焦虑，不动声色地处理令人恼怒的人和事，常常有益于治疗。我的朋友Kit Riley曾告诉我，当他试图帮助一个不断回到家暴丈夫身边的女性时，表达焦虑只会让她感到神奇地"摆脱"了担忧——因为"现在担心的人是治疗师，而不是我"。反之，认真地就事论事的言语，会比较有效：

"我知道他不想杀你，对你造成的伤害他也很后悔，这说明他还是爱你的。如果你也爱他，并且想回到他身边，可以。当然我们也必须认真考虑另一种可能性，哪怕不是有意，他也很可能置你于死地，所以这种风险我们不得不谈。你有遗嘱吗？你是否告诉过你的孩子如果你被害谁会照顾他们？你有人身保险吗？如果你的丈夫是受益人，恐怕需要有所调整……

当治疗师拒绝呈现焦虑，有理有据地讲述事实，来访者就会感到焦虑没有得到转嫁，继而不得不面对自己的受虐行为。

当然，掌握时机也至关重要。在可靠的治疗联盟建立之前，如果治疗进展太快，患者会感觉受到了批评和责备。治疗师应充分地表达共情性理解，自虐者饱受折磨并非其本意（尽管它看上去是咎由自取），同时采取面质，尊重他们意愿的同时，改变他们的境遇，这些技巧在教科书中很难觅到。但所有具有人文意识的治疗师似乎都具备一种直觉，知晓何时何地、以何种形式对自虐者进行面质。如果治疗师上述行为对来访者造成了伤害，超越了治疗所应承受的痛苦，那么治疗师也应及时道歉（E. S. Wolf, 1988），但切忌过度自责。

除了阻止自虐者的病态期待之外，治疗师还要灵活对待那些虽然非理性但却极具价值的潜意识信念，例如"苦尽甘来"或"克敌制胜即：让他们展露以虐人为乐的真面目，"或"若要好事临，必定先苦行。"这些不可思议的信念对于自我挫败者而言十分熟悉，他们会将自信与自我惩罚、自我挫败与最终胜利联系在一起。有人发现，大部分宗教仪式和民间传统中，会强调福兮祸之所倚，祸兮福之所伏，而自虐者却常常断章取义地用这些思想支配他们的行为。这些信念本身能够安抚我们，平息世事无常带给我们的痛苦，但当这些想法妨碍人们采取有效行动的时候，显然就弊大于利了。

控制－掌握理论强调应关注来访者的致病信念及他们反复测试这些信念的行为，这一观点进一步充实了精神分析理论。治疗师除了通过抵制自己的自虐行为来通过测试外，还必须帮助来访者觉察到他们的这些测试行为，以及测试得到的结果，即关于生命、人类、幸福等潜在的观念。这部分

的治疗虽然不像对待反移情那样具有情感挑战性，但要取得效果也举步维艰。隐藏在自虐行为背后的全能幻想十分顽固，因为人们总能随意间找到因忍受煎熬而成功或因吃苦而获得奖赏的例证。

治疗师坚持不懈地暴露不合理信念，常常可以使来访者产生"移情性痊愈"——基于对治疗师的理想化和对治疗师自尊的认同，可暂时缓解自虐行为，更重要的是可以使来访者持续地在深层心理层面停止自我牺牲。

鉴别诊断

如前所述，本书讨论的所有人格类型中，几乎都存在自虐的成分——尤其当这些人格发育过程中刻板性防御接近病理水平的情况下，使发育受阻，足以构成人格障碍。但所有这些人格类型的自虐性质，与自虐型人格并不相同。在个体人格类型中，最易与自虐型人格混淆的是抑郁和解离型人格。

自虐型人格 vs. 抑郁型人格

许多人同时具有抑郁和自虐的驱力，这时称之为抑郁-自虐型性格比较合理。然而根据我的经验，在多数个体当中，这两者之间的天平总归会偏向一侧。因为针对每一种人格类型的最佳治疗方法各不相同，所以区分这两种具有抑郁基调的人格就显得格外重要。偏向抑郁的个体需要确定治疗师不会评判、排斥或者抛弃他们，并且能够在他们遭受痛苦时及时提供帮助，也不会像他们内化的抑郁客体那样持续不断地制造抑郁情绪。偏向自虐的个体则需要治疗师具有自我决断，提供温暖和包容，而不是显示无助和痛苦，对来访者眼下的困难不会一惊一乍，也不像他们的父母那样，总是等到灾难即将来临时才勉强投以关注。

如果治疗师将抑郁者误认作自虐者，会导致抑郁加剧甚至是自杀，因为来访者会感觉到责备和抛弃。若反过来,将自虐者误以为抑郁者,则会加重他们的自我残害。具体到各个水平,多数有经验的治疗师发现,即使对 DSM 轴 I 解释为抑郁自虐者,抗抑郁剂似乎也很难纠正他们的病态信念——即坚信只有权威力量和神奇魔力才能救他们于水火之中。如果来访者兼具抑郁和自虐两种倾向,那么治疗师必须评估来访者目前处于哪种状态,以便有针对性地干预其主要防御方式。

自虐人格 vs. 解离人格

在过去的几十年间,我们对解离的认识已取得突破性进展。过去我们纯粹依照自虐理论来理解的解离行为,现在可根据患者的创伤性虐待和被忽视的具体经历重新进行解释(Gabriel 和 Beratis,1997;Howell,1996)。很多人容易出现解离状态,是因为他们依此能够以抽象或具体的方式重温创伤。举一个戏剧性的例子,一位解离性自残患者通过自我催眠转换自我状态,然后重演早年遭受的虐待。调查显示,人格转换即通过与最初的施虐者认同,可以暂时忘却自己的主要人格。

这类案例的基本驱力确实属于自虐,但如果治疗师意识到这种自我伤害是由于解离状态下的部分人格所为,而这部分人格并不处于意识范围,自虐的诊断就站不住脚。第十五章阐述了针对解离个体的治疗措施;在此提醒读者注意,特别是在不符常情的自我伤害案例中,应该详细询问自我伤害的细节。如果来访者能够回忆,治疗师可以询问他/她感受到的人格解体的程度。若来访者不能够完全忆起自毁行为,则要优先采取干预措施降低解离状态,然后再对其自虐动机进行解析。

小　结

本章对自虐的概念及相关的自我挫败模式进行了简要介绍，纠正了世俗眼中自虐者享受痛苦的错误认知。我还指出道德自虐与关系自虐的区别，及性别先天倾向（女性倾向于自虐，男性倾向于施虐），并强调受虐型人格可见于两类性别群体。我认为自虐倾向主要包含抑郁情感，外加愤怒和怨恨情绪，并且注意到自虐的自我过程包括抑郁性防御，以及付诸行动、道德化和否认。自虐性人际互动形成于儿童在成长过程中遭到了重要客体的忽视和虐待，只有当他们身陷困境时才能偶尔得到温暖。自虐者的自体与抑郁者的自体极其相似，二者都倾向于用忍辱负重来维持自尊。

我将自我挫败者移情的特征描述为渴求重视和被解救，并论述了对自虐和施虐的反移情。至于治疗，我建议治疗师关注与自虐者的现实互动（尤其是治疗师的自我关怀的榜样作用），注重他们解决问题的能力和责任，并坚持暴露、挑战和调整他们的病态信念。最后，我区分了抑郁人格和解离人格与自虐人格的不同。

进一步阅读的建议

Reik（1941）关于道德自虐的研究虽然年代已久，但仍值得一读，其语言通俗易懂，所以不致令初学者望而却步。Stolorow（1975）的文章从自体心理学角度研究自虐。Cooper（1988）关于自恋型自虐性格的文章是一篇经典之作。Jack 和 Kerry Kelly Novick（如，1991）对自虐概念的发展进行了论述。Glick 和 Meyers（1988）将各类自虐文章集结成册，其中有几篇优秀的短文，大都与性格模式有关；《自虐倾向精选论文集》（*Essential Papers on Masochism*）（Hanley，1995）也是一部很好的汇编。本章我引用的 Leon Wurmser（2007）和 Sheldon Bach（1999）的两本书都很优秀。最后，我郑重推荐 Emmanuel Ghent（1990）关系学派的经典之作，文章广征博引，得出结论：对自虐式服从和屈从引发的体验之间存在千差万别。

我为美国心理协会制作了一套《治疗大师》（*Master Clinicians*）系列 DVD（McWilliams，2007），其中包括我与自虐型来访者的访谈。详见 www.apa.org/videos。

第十三章
强迫型人格

　　人格特征中以思维和行为问题为主的群体在西方社会中比比皆是。受启蒙运动的影响,人们过分强调对理性思维的推崇,并坚信人类行为是促进社会进步的重要部分,这些观念至今仍大量存在于集体意识之中。西方文明把科学推理和人的"能动性"(can-do)奉作首要原则,与亚洲和第三世界文化形成鲜明对比。因此,很多人认为逻辑推理和解决难题的能力是人类最具价值的特征。当今社会,通过"思考"和"行动"追求快乐并获得自豪感是如此受人称道,以至于我们很少去想这种优势情感所产生的复杂影响。

　　若个体心理主要受理性思维和行动所支配,而与非理性、发散性思维特征(如情绪、猜测、直觉、想象、娱乐、白日梦、艺术创造等)明显不对等,就有理由推测该个体具有强迫型人格。许多功勋卓著和受人尊崇的人都可能属于这一类型。如:能言善辩的资深律师、逻辑严密的思想家、参政成功的政客。如果个体人格过度僵化于这些理性和实际性,其程度达到DSM中强迫型人格障碍的诊断标准,多半会同时呈现思维和行为两方面的强迫症状。"工作狂"和"A型人格"即是广为人知的强迫型人格。

　　有些人十分看重思维而相对疏于行为。如:哲学教授比较容易思维强迫,他们乐于从精神活动中得到乐趣和自尊,行为强迫相对较少。而另一些人则与之相反，木匠和会计常有行为强迫，明确且细致的任务已能令他们感到满足，无须附加认知方面的扩展，所以他们较少思维强迫。有些人没有强迫性仪式行为，但他们因要摆脱挥之不去的想法而前来就诊；另一些人则可能相反。一个世纪以来，我们受弗洛伊德观念的影响过深——认为思维强迫和行为强迫两种症状彼此牵连，因此常将两者共同讨论。但其实很多时候，它们在概念上、临床表现方面都是可以独立存在的。

我按照惯例把思维强迫和行为强迫型人格放在本章一起讨论。是因为这两种倾向可以同时存在于一个人身上。精神分析理论对强迫人格起源的探索也显示它们有着相似的驱力基础。需要注意的是，尽管这两种强迫特征被人为地联结在一起。但作为症状，思维强迫（持续、抗拒的想法）和行为强迫（持续、抗拒的行为）可以分别发生在此种性格的个体身上，也可见于任何正常个体。而且，具有强迫人格的个体并不都会出现周而复始的强迫观念，或不可抗拒的强迫行为。我们之所以把这一组症状称作为强迫症，是源自这类个体倾向于应用类似的防御机制（Nagera，1976）。强迫障碍中虽然确实包含复杂的生物学因素，但我与多数精神分析学家（Cessick，2001；Gabbard，2001；Zuelzer & Mass，1994）的观点一致，正是因为目前学术界过于专注这一病症的生物学因素，才相对忽视了其中的心理成因。

强迫障碍（曾被称为强迫性神经症）的反复思考和重复行为是自我不协调的（ego alien），令患者备受煎熬。但与强迫障碍不同，强迫人格者的强迫表现却是自我协调的（D. Shapiro，2001）。这类人格很长时间内曾被认为是普遍的、"经典"的神经症特征。Salzman（1980）将他早期对强迫型心理的观察总结如下：

弗洛伊德认为强迫性人格具有条理分明、固执己见和躬行节俭的特征；有人认为他们冥顽不化、锱铢必较、追求完美、注重细节、勤俭节约，喜好较真。Pierre Janet 将他们描述为严苛、刻板、缺乏适应的一类人，他们一丝不苟，严守规矩，坚持己见。他们通常务实、精准，足以信赖。当遭受压

力或极端要求时，这类人的性格特点可能会转变为行为，继而演变成仪式化症状。(p.10)

基于这种特征性的刻板理性（D. Shapiro，1965），Salzman 将他们描述为"机器人"（living machines）。Woodrow Wilson，Hannah Arendt 和 Martin Buber 都是这一诊断人群中功能较为完好的代表，但像 Mark Chapman 这样，先对约翰·列侬（John Lennon）产生强迫性好感，进而发展为刺杀列侬的强迫行为，就可以将他归为强迫谱系中病态的一端。

强迫和自虐概念一样，我们定义其病态的依据是基于其主观体验：强迫者受到某种驱使，明知不必甚至有害无益，也不得不一遍又一遍地重复这些行为。比如，分裂者抑制不住地回避他人，偏执者无法信任他人，精神变态患者利用他人，等等。而只有当个体把抵消作为最主要的防御机制时，这种冲动行为才属于狭义的强迫型驱力或强迫人格。

强迫者的驱力、情感和气质

弗洛伊德（1908）认为，发展出强迫障碍的个体在婴幼儿期天生具有高度的躯体敏感性。现代分析师（如 Rice，2004）虽然也同意生物遗传因素是造成思维强迫和行为强迫的原因之一，但仍对此假设有所质疑。多数分析师认为"肛欲期"的发育问题在潜意识中对强迫人格具有很大影响。弗洛伊德（1909，1913，1917b，1918）也强调肛欲期（大致从 18 个月到 3 岁）的固着和这个时期的攻击冲动对强迫人格形成的影响。当时这一观点新颖独特，具有开创性，为后人所称道。

首先，弗洛伊德（1908，1909，1913）注意到强迫型人格的典型行为与如厕训练的过程有关。这些特点包括清扫、固执、守时、克制等。第二，他发现强迫型患者的语言、梦境、记忆和幻想中都有肛欲期的象征意象。我也有同样的发现：曾有位强迫思维者，他最早的记忆是坐在马桶上拒绝"释放"。而当我请他自由联想时，他称自己需要不断"缩紧"、"把藏进去的东西挤出来"。

第三，据弗洛伊德观察，他治疗过的强迫者大多经受过父母过早或过严的大小便训练，或父母在这方面干涉过多（Fenichel，1945）。（儿童18个月左右时直肠括约肌并没有成熟，控制大小便仍不够熟练。但20世纪早期，西方中产阶级的父母普遍接受权威建议，在婴儿一岁左右就开始进行大小便训练。这是非常错误的观念，父母的勤勉，却对孩子造成一种强制，本该逐渐获得的控制过程变成了主导－顺从的斗争。在那个年代，对幼童进行灌肠成为一种风尚，这种不折不扣的心理创伤过程被打上了"保健"的名义。西方社会这种具有受虐性质的文化氛围，至今仍让人记忆犹新。）

肛欲期经历和强迫症的联系已经得到实验研究的支持（Fisher，1970；Fisher 和 Greenberg，1996；Noblin，Timmons 和 Kael，1966；Rosenwald，1972；Tribich 和 Messer，1974），临床报告也反映出强迫症患者的症状多半与肮脏、时限、金钱等肛欲期主题相关（MacKinnon，Michels 和 Buckley，2006）。强迫驱力与早期身体体验密不可分，这一经典表述至今依然盛行不衰（如，Benveniste，2005；Cela，1995；Shengold，1988）。

弗洛伊德推断：如厕训练通常构成了儿童的第一个困难情境，他们将面临选择社会接受的行为还是满足自己的天性。儿童如果受到过早和严苛的呵斥，或是父母过分的关注，都会与恪尽职守的家长形成权力争夺，而最终儿童注定处于劣势。被控制、被评判、被规定的体验会使儿童产生愤怒情绪和攻击幻想，而这些幻想自然会与排便相关，儿童会象征性地感到部分自我的恶劣、肮脏、羞耻和该受惩罚，通过攻击性想象的排便行为使自己获得掌控、守时、整洁和条理分明。一旦感到失去控制、不守规则就会产生不良情绪（如愤怒和羞愧）。这些想象和行为对他们维持自我认同和自尊非常重要。由此诞生赏罚分明的超我，显示出泾渭分明的道德评判。Ferenczi

(1925)称之为"括约肌道德观"(sphincter morality)。

强迫者的基本情感冲突是愤怒（由于被控制而导致的强烈愤怒）和恐惧（对被谴责和被惩罚的恐惧）。但对于治疗师而言，感触最深的却是他们那些不成体系、难以言说、欲罢不能、却又被合理化或道德化的情感（MacKinnon 等人，2006）。现代学者大多将这种强迫性的情感敏感理解成一种情感的解离状态（Harris 和 Gold，2001）。

语言常被强迫者用于掩盖感受而非表达感受。多数治疗师都有过这样的经历：当问起某位强迫型来访者对某件事情的真实感受时，得到的回答通常是他觉得"应该"有的感受。例外的是，当思维强迫者觉得愤怒合情合理和出于正义，强迫者便会情不自禁地表达；但若因自己的愿望未遂，强迫者则将愤怒深藏不露。治疗师经常能够感受到强迫者的愤怒情绪，但对方却矢口否认，偶尔，他们也能够理智地承认有些行为（比如第三次忘带支票、贸然打断治疗师说话、撅嘴等）是表示敌对或被动攻击的态度。

除了表达愤怒，表示羞耻也是强迫者掩盖情绪特点的一个例外现象。他们对自己抱有很高的期待，并投射于治疗师。因此，当他们认为自己难以达到治疗师的想法和行为标准时，就会感到尴尬。羞耻感一般能被意识所感知，至少表现为一种不太强烈的懊恼，如果治疗师足够友善、共情，对羞愧进行探讨和询问是完全可能的，不会像探究别的情绪那样引起强迫者的抗议和否认。

强迫者的防御机制和适应过程

如前所述，思维强迫者的惯用防御机制是情感隔离（Fenichel，1928），而行为强迫者的主要防御机制是抵消。既有思维强迫又有行为强迫的人则兼具两种防御机制。功能较好的思维强迫者通常不会极端地使用隔离防御，而会相对成熟地将情感从认知中分离开来，比如合理化、道德化、间隔化、理智化。最后不得不说,临床上这类患者非常习惯使用反向形成。各个发展水平的思维强迫者都会运用转移这一防御机制,尤其是针对愤怒这种情感——一旦他们将愤怒转移到某个"合情合理"的目标身上,便能够毫无顾忌地发泄愤怒情绪。

对内驱力、情感和愿望的防御

强迫型个体倾向于把认知和精神活动理想化。他们会将自己的情感转化成贬低幼稚、脆弱、失控、杂乱和肮脏等情绪。(有时还包括女性气质,具有强迫型人格特点的男人害怕表达温柔,这种表达会让他感到退行到婴儿早期那种孤单无助的状态。因为那时他们的男子气概尚未形成,会对母亲产生认同)。在情感、感受和幻想非常强烈的情况下,强迫者会觉得自己身处劣势。例如:一位遗孀不停地思考丈夫葬礼上的各个细节,聚精会神,把所有的悲痛都转换成疯狂的忙碌,此举不仅没能有效地处理悲痛,反而使得别人无法对她安抚慰问。思维强迫者一旦成为高级管理者,就绝不允许自己有片刻的放松和娱乐,也会强制员工加班加点,使得公司上下怨声载道。

具有强迫人格的个体通常在正式场合和公共场所能够应对自如,但对于亲密的家庭角色却很不擅长。尽管他们有能力建立爱情关系,但却很难不带焦虑地表达内心柔弱的自我。他们只得将充满情感的互动转变成枯燥乏味的理性行为。在治疗室这样的地方,他们会在描述情感时转换成第二人称,扪心自问式地:"若突发地震,你的感觉是什么样的?""哦,你会感觉有点无能为力。"他们将人类活动都归类于理性分析或问题解决。如:在一次访谈中,当我询问来访者和妻子性生活的质量时,他无精打采地说:"我能完成任务。"

处于边缘型和精神病性水平的强迫者会持续不断地使用隔离防御,以至于表现得很像分裂样患者。人们普遍认为分裂样患者缺乏情感的错误观念,可能来自对深度退行的强迫者的印象:他们有时呆若木鸡或形同走尸,认知和情感之间的鸿沟深到难以跨越。极度思维强迫和妄想也极其相似,所以思维强迫的个体大多比较偏执。有人告诉我，在抗精神病药物尚未出现的年代，区分重性非精神病性强迫和偏执型精神分裂症患者的一个方法，是将患者带到一间受到保护的房间，告知他们这个房间是安全的，以便于他们暂时松懈强迫型防御。可以观察到，精神分裂症患者会高谈阔论自己的偏执妄想，而强迫者会开始打扫房间。

对驱力、情感和愿望的防御

抵消这一防御机制突显了强迫者的症状和人格特征。行为强迫者通过下意识的动作来完成抵消，达到神奇的保护作用。这些强迫动作不同于冲动行为，是一种重复的特定行为，具有程序化特点，有时会不断增剧。严格地说，强迫行为也不同于"付诸行动"，二者核心驱力有所差别，付诸行动是对早年未经处理的体验进行再尝试而试图达到掌控的这样一类体验。

强迫行为对于我们并不陌生。明明已饱，却还不停地吃着美食；本应埋头复习，却先跑去打扫屋子；即使心知批评对方只会树敌，但仍义正词严；或是明知赌博就是冒险，却不断向老虎机喂入硬币，等等。不管何种强迫形式，都是显而易见的行为和思维的差异。强迫性行为可能有害也可能有益，判断是否属于强迫行为并不在于行为结果的好坏，而是取决于行为的内在驱动力。南丁格尔（Florence Nightingale）对他人的照料可能属于强迫性助人，乔恩·斯图尔特（Jon Stewart）可能也是强迫性地诙谐幽默。如果强迫行为对自己有益无害，人们很少会为此而接受治疗，只有强迫给生活带来了麻烦，他们才会前来就诊。无论强迫者希望在治疗中得到什么，看清他们的强迫性人格都有利于我们更好地实施帮助。

强迫性动作经常具有抵消潜意识罪恶感的意义。麦克白夫人（Lady Macbeth，莎士比亚四大悲剧之一《麦克白》之中的角色）洗手的那幕情境就是这种驱力的文学修辞表现。当然，这个故事中的主人翁确实有犯罪行为，但更多时候，强迫者的罪恶只存在于想象之中。我有位患者是个已婚的肿瘤科医师，她非常清楚艾滋病不太容易通过嘴对嘴接触传播。但当她受一个男人引诱与之接吻后,就产生了强迫性"恐艾"症状。即便有些强迫行为与罪恶事实并无直接关联,我们也能发现这些行为产生于有关罪恶感的体验之中。比如,很多强迫性清洗盘子的人小时候曾有丢弃食物的罪恶感,那时他们会因为世界上某地有人正在挨饿而谴责自己。

强迫行为同样反映出潜意识的全能控制幻想。此驱力与个体的先占观念有关,他们在发育到能够区别思想和行动之前就衍生出自己有罪的观点,并且毕生竭尽全力加以控制。这一现象和抵消类似——如果幻想和冲动是如此强烈,那它无异等同于行动,所以只能用等价的反作用力来进行遏制。在前理性认知阶段(初级思维过程),人们通常自我中心,把发生的事情认作自己行为的结果,而非偶然。比如垒球运动员赛前的仪式化的动作、牧师反复诵记祷告词、孕妇一再整理婴儿用品——人们的这些仪式性动作,某种程度上是希望能通过行为来控制未知之事。

反向形成

弗洛伊德认为强迫者的锱铢必较、事无巨细、克勤克俭都是对自己内心的不负责任、放纵不羁、叛逆愿望的反向形成,因此我们可以从一个人过分认真的行事风格中看出一些端倪——其实他们在用此种方式表达挣扎和反抗。打个比方,一个思维强迫者的理性思维可能是其迷信思想的反向形成,反向形成也可以是其他强迫性防御失败后的产物。一个男人如果不顾一切地坚持亲自开车,可能说明他认为只有自己才能避开车祸,因此不愿相信他人或依靠运气。这种小事上的刚愎自用,常常导致重大问题的失去掌控。

我在第六章曾谈到反向形成是在矛盾心理反复纠缠后形成的一种防御。我们在治疗强迫者时会惊讶地发现,他们往往身处多重冲突:合作与反目、主动与怠惰、清洁与邋遢、秩序与混乱、节俭与浪费等并存。每一个强迫人格的人似乎都是个多种矛盾的杂货铺;道德楷模的反面是奢靡腐败:保罗·帝里希(Paul Tillich),这个杰出的神学家收集了大量的淫秽作品;马丁·

路德·金（Martin Luther King Jr.）具有异装癖。那些非常渴望正直、负责的个体，很可能比普通人更多地挣扎于强烈的自我放纵冲动之中。这样理解的话，他们的竭尽努力只能部分抵制自己的黑暗冲动，也就不足为怪了。

强迫者的关系模式

有些人的强迫人格与父母的养育方式相关，这些父母在儿童早期设定很高的行为准则，并期望他们恪尽职守。这样的父母奖罚分明，对好的行为大加赞赏，对差的行为严加指责。这种缺乏真挚的管教，便会培养出缺乏情感的孩子，而且孩子还会通过防御反过来认同父母的严谨态度。在McClelland（1961）对成就动机的经典研究中发现，美国传统的育儿风格很容易培养出强迫型个体，这些人对自己有很高的期待，也能够激励自己完成目标。

养育者对孩子过于严格或要求过高，对他们不可接受的言行横加指责，并对随之而来的感受、想法、幻想等也加以谴责，那么孩子很可能产生强迫性的适应不良。我的一位来访者来自一个严苛的新教徒家庭，家中宗教信仰氛围浓厚，但极其缺乏情感交流。他的父母希望他成为一个牧师，很早就开始教导他拒绝一切诱惑、抛弃一切罪恶念头。养育者的这些理念并未给他造成太大困扰——事实上，他发现把自己想象成父母理想中道德高尚的形象十分容易——直到他到达青春期，他面临现实的性诱惑时，才发现靠想象解决问题的方法不再奏效。从那之后，他开始自我谴责、反复理性地反思道德问题，自我牺牲式地对抗自己的色情欲念——而其他男孩则能够轻松地享受和掌控性的欲望。

从客体关系的角度来看，强迫者最关键的问题在于其原生家庭对控制的处理。尽管弗洛伊德（1908）认为肛欲期才真正典型地充斥着亲子间的意愿冲突，但是客体关系学派还是强调，过度控制孩子如厕训练的父母也会掌控儿童的口欲期和俄狄浦斯期的主要冲突（随后的几个阶段也是如此）。母亲立下如厕法则，照本宣科地养育孩子：要求他们在规定时间午睡、制止儿童自发的活动、禁止自慰、坚持让儿童按传统性别角色而行为、对随意的言谈横加指责，等等。而极其严苛的父亲很可能使儿童从俄狄浦斯期退行至肛欲期，对婴儿期的孩子十分冷淡，对学步期的孩子异常严厉，在儿童学龄期则表现得专制独裁。

Meares（2001）曾提到一个研究，是有关不同文化中（如印度、日本、埃及）的思维强迫者担心受到脏的污染的问题。该研究将这种恐惧与分离焦虑联系在一起，而这种分离焦虑是由父母的过度干涉和过度保护造成的。这一观察扎根于认知发展理论和实验研究，他提出父母的过度保护会阻碍孩子对冒险的尝试，儿童在自我与他人和环境的边界方面的发育受到影响；这也解释了为什么强迫者具有全能感受和魔幻想法，这与他们缺乏边界意识不无关系。

有些学者认为强迫型人格的个体更容易形成内摄或自我定义倾向（self-definition oriented）；另一些人认为他们更具情感依赖性，更多依靠与人发生关系而确认自我（self-in-relation oriented，Blatt，2008）。弗洛伊德眼中的强迫者显然属于前者（Freud，1913）。我用"传统"或"经典"的强迫驱力来指代内疚感占主导地位的个体，这种心态在弗洛伊德年代和当时的文化背景下十分常见。但这种心态如今在北美地区的主流文化中却几乎销声匿迹。简言之，现在的强迫行为更多是基于羞耻，强迫者更关注别人对自己的看法，而非刻意达到自己内在的完美标准。本书第一版我采纳了Kernberg（1984）的观点，认为后一种类型是自恋型人格的亚型；对于内疚感较少的强迫者，他们的强迫心态更具有情感依赖的特征。

在家庭的传统强迫氛围中，家长常会用道德教化的方式和催人内疚的语调来表达要求。比如"你没有按时喂狗，这样不负责任真是太令我失望了"，或者"像你这么大的女孩，应该更乖才对"，再或"如果别人也那样对你，你会觉得怎样？"等。道德化成为了一种标准，父母以"与人为善"来粉饰自己的行为（"我并不想责怪你，还不都是为你好！"）。而克勤克俭也与美德必然关联，和神学中加尔文学派"以工作获取救赎"的观点如出一辙。自我控制和延迟满足顺理成章地成为最理想的行为。

如今，虽然很多家庭仍在延续上述模式。但在西方文化中，弗洛伊德学派关于刻板说教对儿童的抑制作用的理论逐渐为人们所接受。人们在经历了20世纪那些危机和灾难之后，开始推崇"有花堪折直须折，莫待无花空折枝"的观念，对孩子的教育方式也逐渐发生改变。因此，现在已经很难见到弗洛伊德时代常见的那种道德卫士般的强迫者。当代家庭尽管仍强调控制，并因此导致孩子形成强迫特征，但他们主要强调羞耻，而较少引发内疚。比如："如果你超重，其他人会怎么看你呢？"或者"如果你那么做，其他孩子就不带你玩了"，再或"如果你不继续努力，是不可能进入常春藤盟校的"等等。根据临床医生和社会学家的观察，上述措辞在西方家庭中越来越普遍，而家长们较少强调个人道德的重要性和个人行为所含有的道德含义。

如果治疗师面对的是当前常见的强迫型精神病理性问题，比如进食障碍（神经性厌食症/贪食症在之前少为人知的原因，是这类疾病以前确实十分少见），那么就更能够体会到上述社会文化趋势的变迁。弗洛伊德对强迫症的解释用于诠释神经性厌食/贪食的强迫性质就会稍显不足；后弗洛伊德主义则更加注重客体关系、依恋、成瘾和解离等理论。研究者已经提出了更多实用的临床理论（如，Bromberg，2001；Pearlman，2005；Sands，2003；Tibon 和 Rothschild，2009；Yarock，1993）。

根据精神分析学家的观察，与过度控制、道德教化截然相反的家庭氛围也同样容易产生强迫型人格。例如：个体感到自己的家庭生活缺乏质量，缺乏呵护。为了促进自己成长，他们必须根据想象，亲自制定理想化的行为标准。而制定的这些标准比较抽象，也缺乏实际成人的示范，因此这类标准常常显得极为严苛，缺乏感情。比如我的一位来访者，他的父亲是个酒鬼，母亲又总是操劳过度、情绪紊乱。在他的成长经历中，充满了混乱：房屋破旧，院子杂草丛生，厨房一片狼藉。他为父母的无能羞愧不已。希望自己今后成为一个条理分明、效率高、勤思考的人。他后来成为一个成功的税务顾问,夜以继日地工作,但总是担心自己终究有一天名不副实,沦为和父母一样无能的人。

早期精神分析师饶有兴趣地发现,父母教养不足的孩子会表现出强迫型性格,这一观点与弗洛伊德关于儿童(1913)超我形成的理论相悖。弗氏假定超我较强的孩子往往具有严厉且权威的父母,孩子因对这样的父母产生认同而形成严苛的超我。但许多分析师也发现,有些具有严苛超我的强迫性来访者反而拥有疏于管理的父母(参阅 Beres,1958)。他们总结道:个体可以创造出理想的父母意象供自己仿效。特别当个体将强烈、激进的情绪投射在这样的父母意象之上时,便很容易形成强迫性动力。后来,Kohut(1971,1977,1984)和其他自体心理学家从理想化的角度出发,也得出了类似的结论。

强迫型自体

内摄型强迫者对控制和品行十分关注。而且他们常常用前者来限定后者,即将严于律己等同于良好行为。他们很容易成为一本正经的清教徒、工作狂、洁身自好或是信守诺言的人。内在的父母形象永远对他们的行为和思想有着严格的要求。他们通过迎合这样的要求来维持自尊。这样,当他们不得已做出妥协时,便会显得忧心忡忡,若这样的妥协还包含有品行不端的预兆,他们更是不知所措。情感依赖型强迫者同样顾虑很多,但他们更担忧来自外部的非议:无可非议的决定,才堪称"完美"。

思维强迫者瞻前顾后地做出决定后,最为担忧的不幸后果是自我感觉"无法掌控"(paralysis),早期的分析师称这种状态为"猜忌狂"(doubting mania)。他们努力对所有的选择深思熟虑,以此期待所有结果尽在掌控之中,但这都不过是南柯一梦,最终他们将因为踌躇不前而失去选择的自由。

我认识一位思维强迫的女性，她在怀孕初期选择了两位产科医生，她们工作于不同医疗中心且在接生方面观点对立。她在整个孕期一直反复比较哪家医院和哪个医生更好，斟酌自己是否已达到住院标准，直到即将临盆也没能做出决定。最后因分娩临近，不得不就近去了一个小诊所，由当时的值班医生接生。之前所有的掂量和权衡到头来全部付诸东流，现实情况与她之前的想法毫不相干。

这位女性的经历说明思维强迫者有拖延的习惯，他们会竭尽全力地追求"极致"（例如，尽量做到丝毫不差或是完全确定）。他们也经常为了两难性犹豫而前来就诊，诸如两个男友间的选择、两个相互矛盾的毕业项目、两个完全不同的工作机会，等等。这类来访者因害怕"错误"决定而迟疑不决，他们喜欢理性地罗列各项优缺点，诱使治疗师提供指导，然后加以驳斥。这种"是的，但是——"的姿态可能被部分看作是为避免愧疚而做出的努力，而这种愧疚情绪是任何人做出决定时都不可避免的。思维强迫者拖延成性，直到临近关头（比如结束婚姻）才勉强做出决定。典型的强迫性神经症来访者总想竭力做出正确选择和自主选择，但结果往往事与愿违，最终丧失选择和自主。

和思维强迫者的拖延特点不同，行为强迫者却行动迅速。后者虽然也存在愧疚或自主的难题，却容易反其道而行之：草率行事。在他们看来，对某些特定情境必需"当机立断"地以行动来表现。当然这些行为并非总是愚蠢的（比如，每次预祝成功就敲一下木头），也并不都是自我破坏的（比如，每当出现性的冲动，就在床上跳动一下）；或者也有积极的意义（McWilliams，1984），（比如有些司机会不顾自身安危，宁愿损坏汽车也要避免撞上动物，他们保护生命的强迫行为已经达到自动化的程度）。

无论是行为强迫者的草率行动，还是思维强迫者的延迟行动，其实都与自主性（autonomy）相关。前者的机械思维和后者的表达困难，都使当事人无法关注自己的行为选择。行动意味着承担责任，而责任又意味着必须容忍愧疚和羞耻。非神经症性愧疚是做出决定后的一种自然反应，这种愧疚促使个体考虑他人的看法而深思熟虑地采取行动，而强迫者会深深困扰于非理性愧疚或羞耻中，以至于无法进一步正确地思考。

如前所述，思维强迫者通过穷思竭虑来支撑自尊，而行为强迫者则以草率行动维护自尊。若由于环境原因，强迫者对自己思考或行动不甚满意，便会产生抑郁情绪。失业对每个人而言都不是好事，但在强迫者看来无异于灭顶之灾，因为工作是他们自尊的主要来源。虽然尚不能确定这一看法是否有研究结果支持，但我猜测，受到愧疚困扰的强迫者会更易罹患内摄性抑郁，并伴有活跃的不良自我意识（不受控制、破坏性强）；而带有羞耻倾向的强迫者则更多体验到情感依赖型抑郁（见第十一章）。

强迫者对自己的敌意深感忧虑，且对自己思维和行为的攻击冲动而自责自罪。自小受原生家庭的熏陶，他们非常担心自己屈服于情欲、贪婪、虚荣、懒惰和嫉妒。他们对自己这方面的欲望严惩不贷，反对任何妥协，也反对根据实际行动判定自己。正如道德受虐者倾心于道德的缜密和正义的不可侵犯。内摄型思维强迫者可能会滋生一种严于律己的虚荣心。他们视自我控制为无价的美德，因此他们循规蹈矩、克己奉公、刚正不阿和不屈不挠。他们无处不在地控制自己，因而从整体上削弱了自身在性爱、娱乐、幽默和主动性等方面的情趣。

最后，强迫者还有一个明显的特点，即常常因小失大（D. Shapiro, 1965）。比如思维强迫者会注意每一句歌词，而忽略整首乐曲。这可能出于：如果去体会决定或看法的整体含义就有可能引发愧疚，因此他们会尽量将注意投注于特定的细枝末节上（"要是……会怎样？"）。在罗夏测验中，思维强迫型的被试会对整体的图形缺乏反应，而对特定的零星墨迹具有详细的解读。这正如谚语所说"只见树木，不见森林"，当然，这些行为出自无意识。

强迫者的移情和反移情

强迫者一般都是"模范患者"（除非他们的病症比较严重，情感隔离十分明显，很难控制冲动，因此而干扰治疗联盟）。他们严肃、谨慎、务实、积极配合，也因此很难与人深交。典型的思维强迫型来访者虽然能感受到治疗师的热情和专注，但因觉得对方像是严苛、挑剔的父母，于是会在意识层面表示遵从，而在无意识层面与之对立。给人以阳奉阴违的印象。当治疗师指出他们这些举动时，他们通常会予以否定。思维强迫者会含沙射影地表现出好争辩、喜控制、爱评论、常怨恨等特点，这与弗洛伊德（1908）最初的观察相符。他们无法耐心倾听，常常迫不及待地打断治疗师的谈话，而且对此熟视无睹。

三十五年前，我治疗过一个重性强迫症男患者。如果是现在，我可能会让他同时尝试暴露疗法和适当的药物治疗，但在那时，这些疗法尚未出现。他来自印度，是工程学专业的学生，来到美国这个陌生环境后感到迷失。在印度，维护权威是不言而喻的规范，而且，强迫特性在工程学专业中也无可厚非。即便如此，他的强迫性穷思竭虑和仪式化行为还是超乎想象。他希望我明确指导他，怎样才能停止这些思虑和行为。但我帮助他重新确定了治疗目标，决定尝试理解这些强迫行为背后的感受，对此他很是沮丧。于是我说道，"你是不是觉得特别失望，我竟如此阐释你的问题，而且也无法给出一个快速、权威的解决办法。""哦，不是这样的！"他急忙辩解，并称他确信我的方法最为权威，而且一定积极配合。

一周之后，他一走进治疗室就问我什么是心理治疗的"科学"准则。他很想知道"心理治疗像物理、化学那样，是一门精准的学科吗？"。"不，"我答道，"它并不精确，某种程度上说甚至是一门艺术。""我明白了，"他沉思道，同时皱起了眉头。我问他，是不是这个领域并没有像科学那么让他信服。"哦，那倒不是！"他心不在焉地答道，随手整了整我放在办公桌上的文件。"那么，是这杂乱的办公室打扰到你了吗？"哦，不是不是！事实上……"他补充道，"这恰好说明您有着创造性的头脑。"他花了三次的治疗时间来告诉我，印度与这里有多么不同，而且聚精会神地设想来自印度的精神科医生会怎样对他进行治疗。我问他是不是他希望我能够对他的文化了解得更多？或者他希望换一个印度籍的治疗师？"哦，不是的！我对您非常满意。"

根据临床规定，我只能对他进行八次治疗。最后一次会谈的时候，我用温和的口吻开玩笑式地问他，终于使他承认偶尔会对我和治疗感到有点愠怒（他随即认真地补充道，不是愤怒，程度也不重，只是有些轻微的困扰）。我曾以为这是一个失败的案例，虽然我也知道不该对只有八次的治疗抱有太多期待。但两年之后他又回来见我，告诉我自从那次治疗之后，他的确开始对自己的感受思忖良多，尤其是远离祖国后感受到的愤怒和悲伤。而一旦他开始接纳这些感受，强迫行为便也相应减弱。从某种程度上说，作为一个典型的治疗案例，他通过治疗觉得自己成功地找到了一种能够感知内在的控制方式，而这种主观能动性对其自尊大有裨益。

对于思维强迫者，治疗师的反移情通常是烦不胜烦、恨铁不成钢。并伴随着希望他们改变，帮助他们表达感受的愿望等。这类来访者的阳奉阴违也极易激怒治疗师。治疗师本人如果相信情感流露理所当然，就更难理解思维强迫者为何羞于感受或表达自己的情感。有时候治疗师在认同强迫者的压抑情感（一致）过程中，或是压抑自己的报复冲动（互补）时，甚至能感受到自己的直肠括约肌在不断收缩。

强迫者那些吹毛求疵的态度往往令人气馁。他们无休止的理智化防御也很容易让临床医生望而却步。我曾治疗过一位强迫型来访者，至今仍能清晰地记得当时他总会幻想自己的脑袋是个独立思考的生命体，身体却俨然像真人大小的纸板人。相比较而言，面对内摄型思维强迫者时，治疗师很少感到百无聊赖；但情感依赖型思维强迫者则全然相反，会让治疗师产生极大的困扰，他们在鸡毛蒜皮的琐事上反复纠缠，诸如应该选择阿特金斯饮食法（一种低碳减肥的方式）还是迈阿密饮食法，应该买一只贵宾犬还是猎兔犬，抑或应该打车去还是步行去之类的问题，简直让人不堪忍受。

至于更多受内疚主导的思维强迫者，其潜意识的自我贬低倾向与某些客体有关，正是这些客体导致他们需要努力表现"良好"，像孩童般地合作与顺从。治疗师和强迫者都会担心治疗过程中是否有所遗漏，当来访者还不能鼓足勇气表达这种担心时，尤为如此。但思维强迫者在固执己见的同时，也会对治疗师耐心、接纳的态度感到理解和感激，也正因为如此，治疗才能够维持最基本的温暖氛围。

诊断的治疗意义

治疗的首要原则是持之以恒地保持友好态度。强迫者常常毫无理由地迁怒于人，但当别人对他们的激惹表现出宽容大度时，他们便会感激不尽。治疗师应该了解这一特点，对他们易于感到羞耻应报以理解，对他们的努力隔离、抵消和刻板的行为做到不加评判、不予催促也不批评，这"三不"原则将比面质更能促进治疗的进展。治疗师和思维强迫者之间还经常存在移情－反移情的力量抗争。这种抗争可能会使来访者出现短暂的症状缓解，但从长远来看，这种短暂好转不过是重复了早年客体关系所致的移情性痊愈。

与此同时，治疗师还需要与来访者保持接纳的关系，避免变成来访者早年的吹毛求疵、控制欲强的父母。但治疗师的主动态度应根据来访者的实际情况——有些思维强迫者直到会谈结束的最后一分钟才允许治疗师说话；另一些来访者则会因治疗师的沉默不语而变得不知所措。治疗师的不强加控制并不意味着情感疏离，比如对一个不能容忍沉默的强迫者保持沉默，会使之产生被遗弃的感觉。有时，直接与来访者商讨治疗师话语量是否合适，就好比询问他们怎么做对他们有帮助一样，是一种尊重性的请求，可以解除治疗师这一困境；同时也会增强来访者的自主感、公平感和现实控制感。

节制建议和杜绝控制是治疗的一般原则，但遇到爆发性强迫冲动的患者时，则需例外。面对来访者的自我破坏性冲动，治疗师有两个选择：暂时压制内心对他们的强迫冲动行为的焦虑，等待治疗的整合作用来减轻这类行为；或是一开始就以制止强迫行为为目标开展治疗。前一种选择例如：倾听来访者强迫性地与多人发生性行为的故事，冷静地对其中的性冲动进行非评判性的分析，直到来访者不能再以这种性行为作为合理防御。这种方式的优点在于，它有助于鼓励来访者如实呈现自己的行为（如果治疗师在治疗中对来访者的行为加以评判，来访者会倾向于隐藏这些行为）。若个体的自我破坏冲动没有达到危及生命的程度，我建议优先考虑这一选择。

后一种选择包括：要求成瘾者在心理治疗开始之前去戒毒所或康复治疗；坚持要求危及生命的厌食症患者在医务人员指导下增加体重；或是要求酒精滥用者在参加戒酒者匿名协会之后，再进行心理治疗。因为如果强迫者不由自主地使用抵消行为，那些愿望、冲动和罪恶幻想就很难进入意识。再者，一旦强迫性自我伤害的来访者在治疗中获得了无条件接纳，将很可能产生如下幻想：治疗师具有神奇的能力，而自己的自我控制可有可无。因此制止强迫行为为目标的治疗对于包括物质滥用在内的行为强迫者而言尤其可取；但如果强迫思维主要由于生物因素异常，则需要药物治疗。

很多强迫者直到酿成严重后果，才不得不前来寻求治疗。偷窃癖和恋童癖只有被捕之后才会认真对待心理治疗；成瘾者不到山穷水尽不会寻求帮助；吸烟除非造成严重健康问题，否则很少有人尝试戒烟。一旦人们可以"侥幸"（摆脱强迫行为带来的后果），当然不会产生改变的愿望。读者可能会好奇，为什么强迫行为得到控制后，人们反而寻求心理治疗。答案是：只有这样，他们才能够强烈地感受到驯服某种冲动（通过意志努力或遵从权威而达成）和无须控制冲动这两种状态之间的巨大差异。解除了强迫行为困扰的人，能更加积极地寻找强迫行为的内在根源，而非仅仅专注于一时的自我控制。相对于依靠意志力控制饮酒，感到自己已经不再需要酗酒，能更长时间保持清醒，拒绝诱惑（Levin, 1987）。帮助强迫冲动的个体认识自己在成瘾行为方面难以把持的原因，也对治疗强迫有所裨益。

针对强迫者，尤其是思维强迫者，有效治疗的第二个关键是要避免理智化。忽视情感释放而强调理智层面的解释，效果将适得其反。有这样一些精神分析同行，他们会像汽车修理工那样探讨来访者的内驱力，解释"马达"（动机）可能出现的问题，而对方却并没有因为增加了这些知识而减轻症状。临床上精神分析学派治疗强迫者的经验是：过早向来访者解释（例如：Glover，1955；Josephs，1992；Strachey，1934）或过度理智和情感内省的点评（例如：Kris，1956；Richfield，1954）对治疗是不利的，需要警惕。

但是，如果治疗师刻意追寻情感，反复追问来访者"你对此的感受是什么？"会让来访者感到有压力。我们应该通过意象、象征或艺术性的语言将情感维度带入治疗。Hammer（1990）对思维强迫者用语言来设置障碍而非表达的现象进行了探讨，他发现对于这类群体采用更多富于类比和隐喻意境的表达方式，将具有特别的意义。对于高度情感压抑的来访者，团体治疗（其他成员会直接攻击其隔离防御机制）和个体治疗（治疗师帮助来访者处理情绪体验）的结合有时会使疗效更为显著（Yalom 和 Leszcz，2005）。

有效治疗的第三个要素，是要帮助强迫者有效地表达对治疗和治疗师的愤怒与批评。来访者一般很难表达愤怒。治疗师应该帮助他们为接受自己的这种感受做好准备，比如预先告诉他们："治疗进程可能不如设想的那样快，这肯定会让人很不高兴，所以如果你对治疗或者对我产生埋怨，也不要感到奇怪。假如你对治疗过程不太满意，你会有顾虑表达这类想法吗？"面对这样的提问，他们通常会予以否认，因为他们很难相信自己会产生不满情绪。但在治疗师好奇心的驱使下，来访者的自动化隔离防御会逐渐转变成自我不协调性。

为了达成有效的治疗，治疗师不仅需要帮助强迫者觉察和表达情感，而且还要鼓励他们体验和享受情感。精神分析治疗不仅意味着将来访者的潜意识内容意识化，同时需要引导他们对意识化的内容不再羞于启齿。他们对自己内心冲动的病态看法，使他们感到羞耻，而这种无地自容是驱动强迫观念的内在机制。来访者会惊讶地发现，原来一个人可以享受性虐待幻想的乐趣，而不只是羞于承认；也可以从悲伤中获得安慰，而不必无法自拔。同时，治疗师的幽默感也能部分减轻重压在来访者身上的内疚感和自我谴责。

"就算感受这些情绪，又有什么好处呢？"这是强迫者常见的疑问。答案是：如果感受不到，就已造成坏处。感受有助于我们作为完整的人、确定自己的活力和存在，即便前来就诊的个体只能感到自己"感觉并不好"，仍能使之感到自身真实的存在。尤其当面对行为强迫者时，指出他们承受生活的艰难，而非询问他们是否达成生活目标，往往十分有效。著名的12步骤法（12-step programs）为消除自我破坏性的强迫性行为，创造出"静思祈祷法"（the Serenity Prayer）。此举与上述观点有异曲同工之妙。当强迫者试图逃避感受，我们应尝试唤醒他们现实的本性；比如引导较有科学头脑的来访者认识到，哭泣能够削弱大脑中引发慢性情感障碍的化学物质的作用。一旦他们能够把情感表达视作合理，而不是当成自我放纵，就有可能尝试冒险。不过，治疗师的持续表达真挚情感，并使来访者体验到自己既没有受到评判，也没有被强行控制，才是最终真正推动治疗进展的动力。

在当代，很多强迫障碍患者通过药物治疗（比如选择性5-羟色胺再摄取抑制剂［SSRIs］）和认知行为治疗（比如暴露疗法），比以往单独依靠精神分析治疗可获得更佳疗效。但对于那些强迫性人格且自我协调性思维和行为的个体来说，这些方法的效果并不显著。这一观察结果与我在第十一章中提到的情况类似，即对于缓解抑郁症状和心境障碍疗效明显的药物，对于抑郁型人格的来访者却收效甚微。当然，许多精神分析治疗师（Lieb，2001等）发现，若将心理动力学治疗和药物干预以及认知行为治疗三者相结合，对此类患者的疗效会有所提高。

鉴 别 诊 断

一般情况下,强迫现象很容易与其他心理现象进行区分。一方面,隔离和抵消防御显而易见;另一方面,个体很难掩饰自己的行为冲动,所以强迫心理也很容易暴露。但仍不排除会发生一些混淆。有时候思维强迫人格很难与分裂样人格进行区别,尤其当思维强迫型个体的社会功能低下时,或是自恋型人格伴随强迫性防御时。有时候强迫表现呈现出来的特征与某些脑器质性综合征也极为相似。

思维强迫 vs. 自恋型人格

我曾在第八章讨论过自恋型人格和思维强迫型人格的差异,强调了将自恋型个体误诊为强迫型个体所产生的不良后果。当治疗师着重探寻来访者潜意识中的愤怒、内疚和全能幻想,而忽略主观上的空虚感和自尊的脆弱时,这种误诊就很容易发生。不过,即使这样的误诊,两种来访者都能从聚焦于自体的治疗中获益,因此误诊所造成的损失可能还不那么严重。但是若将强迫者当做自恋者来治疗,来访者一定会痛心疾首,会因治疗师没有识别出他们内心的冲突,而将他们视作自恋、贪婪,而备感侮辱。

内摄型强迫者具有明显的特点,即热衷于评判与自我批评。若治疗师仅仅对这些主观体验表达共情性接纳,而不触及这些内在体验的深层情感和信念,那么这种共情可以说毫无作用。有时,治疗师的干预,比如镜映(反馈)等,会被强迫者视作一种纵容,即治疗师在表露对他们某些不可原谅的自体的宽容。甚至他们会怀疑治疗师的道德水准。所以面对强迫者,应该先对其合理化和道德化等防御进行分析,然后再适当表达对防御背后的感受的接纳。

思维强迫 vs. 分裂样人格

有些强迫个体具有精神病性特征,所以看起来像是分裂样精神病,而实际上可能是重度退行的思维强迫者。分裂样人格者尽管与外在环境保持距离,但多少还能感受到自己内心激烈的感受和生动的幻想。但退行的思维强迫者会将隔离用到极致,主观上大脑一片"空白",外表上举止木讷。了解个体发病前的心理功能状态,有助于治疗师区分两种人格状态,在和患者沟通时,确定究竟应当鼓励他们表达内心感受,还是对他们内心的冷漠和死寂表达共情。

强迫型人格 vs. 器质性疾病

本书不包含器质性精神病理内容,但是我注意到,有些缺乏经验的治疗师——无论是否经过医学训练——会很容易将大脑器质性病变导致的行为误认为是强迫行为。脑器质性综合征也具有反复思考和重复行动的典型特征(Goldstein, 1959),酷似"功能性"强迫,但动力学问诊后就会发现,脑器质性综合症患者并无情感隔离和抵消防御。因此,治疗师应当具有警惕脑器质性病变的良好习惯,认真探寻来访者的成长经历,有无胎儿酒精综合症或母孕期物质成瘾,出生后是否有精神错乱,或伴有高烧的疾病(脑炎、脑膜炎)以及颅脑外伤史等,这些信息将提示个体可能存在的脑器质性疾病,通过相关的神经系统检查可予以确认。

并非所有的脑损伤都伴有智力受损。因此不能用智商是否受损来草率排除脑器质性损伤的可能。因为对强迫者通过潜意识内容意识化来减轻其强迫思维或行为的治疗,与针对器质性损伤所进行的治疗有着原则上的差异。后者则强调:良好的秩序和可靠的预测来维持患者的情感安全度和舒适度,因此鉴别强迫性人格还是脑器质病变对于治疗有着极高的价值。

小　结

我在本章对思维或／和行为强迫者进行了探讨,他们以此追求情感上的安全、减轻焦虑、保持自尊及解决内在的冲突。我回顾了强迫型人格的经典概念,并强调弗洛伊德（1908,1909,1913,1931）认为这主要是发展阶段固着于肛欲期所造成的问题,涉及潜意识的内疚感和全能幻想之间的冲突。我对情感依赖型强迫者的上述心理现象进行了单独介绍。我还注意到强迫者的防御过程（如隔离和抵消,它们可能单独出现,也可能与反向形成同时出现）压抑或转移了大部分的情感、愿望和动机,但潜意识中因为敌对情绪所产生的内疚感和意识层面对未能达到标准而产生的羞耻感较为容易被识别。从强迫人群的家族史中,我们可以明显看到其家庭环境的过度或缺乏控制。尽管强迫者具备与人建立依恋关系的基本能力,但在日常生活中,他们的人际关系往往拘谨、呆板或道貌岸然。

我同样提到强迫者会有完美和矛盾倾向,他们会通过拖延或草率来避免内疚;其移情和反移情主要表现为对来访者潜意识中负面信息的关注和受影响。建议治疗师在治疗强迫者时,避免操之过急,杜绝针锋相对,削弱理智化防御,帮助他们体验和表达愤怒,引导他们享受原先认为"邪恶"的感受和幻想。我还将强迫者与分裂样患者、强迫性防御的自恋者,以及脑器质性综合症的个体进行了鉴别。

进一步阅读的建议

在强迫症领域,被奉为经典的著作要数 Salzman. D. Shapiro（1980,1965）对强迫型人格所做的自然研究（naturalistic study）,他在1984年和1999年又分别出版著作，与前作一脉相承，并且添加了关于强迫性刻板行为等有趣的内容。

　　Shengold（1988）的《穹之光晕》（*Halo in the Sky*）对肛欲期进行了极妙的概念和象征探索。2001年第2期的《精神分析探索》（*Psychoanalytic Inquiry*）杂志收录了很多相关的论文（Bristol 和 Pasternack，2001），我在本章也引用了其中的部分文章，它们大部分与强迫障碍相关，有些也涉及强迫型人格，以及近期在神经科学背景之下以精神分析观点对强迫型人格所进行的评估。

第十四章
癔症型（表演型）人格

　　精神分析始于对癔症的研究。19世纪80年代弗洛伊德对癔症这一现象的许多观点，至今仍被该学派人士所传承。法国精神病学家Charcot、Janet和Bernheim通过催眠对癔症的根源进行了研究。受催眠现象的启发，弗洛伊德开始用精神分析的观点思考一系列问题：个体对某些事情知之而不知？人为何会遗忘过往的重大经历？思想尚未意识而行为却能够表达？为何没有癫痫疾病的人却像癫痫样发作？视力正常的人为何看不见东西？明明没有神经方面的损伤，为何瘫痪？这些症状都令人迷惑不解。这些疑问引发了精神分析学家对这些现象的心理成因进行推测。

　　在那个年代，医生会认为癔症发作的妇女纯属诈病，而将她们逐出诊室。尽管那时弗洛伊德对女性心理和创伤尚不甚了解，但他对她们以诚相待，尊重并尝试理解对方遭受的特殊痛苦。通过认真观察这类案例，他逐渐开始理解人的正常和异常情感的相互转换过程。本章并不探讨弗洛伊德时代被归为癔症性神经症的表演性特征症状（dramatic disturbance）（包括转换、遗忘、莫明焦躁和其他相互矛盾的症状），而是根据精神分析理论的发展历史，重点讨论这类病症的人格结构。

　　癔症型（hysterical）（DSM归为表演型[histrionic]）人格可见于正常人群，

通常他们很少表现出频繁或外显的癔症症状。有些人虽从未有过癔症发作，主观体验却充满了癔症驱力的色彩。好比强迫人格者，尽管并不一定表现出思维强迫或行为强迫，但他们具备强迫的动力学心理机制。一般而言，癔症型人格以女性居多，但男性也不鲜见。事实上，弗洛伊德本人（如，1897）就认为自己属于癔症人格。他最早出版的一部著作（1886）生动地体现出男性癔症者的心理。精神分析取向的治疗师习惯性地认为，癔症型人格者常常使用较为成熟的防御机制，所以其心理大多应归为神经症性类型；事实上，很多癔症个体的心理特征也可以处在边缘或精神病性水平。

Elizabeth Zetzel（1968）发现，癔症人格的轻重程度存在巨大差异。她曾在一篇文章的开头引用了一首童谣："她好的时候，可爱之极；可她坏的时候，可怕至极"。令人不解的是，1980年之后的DSM版本重新定义了癔症型人格障碍（Chistrionic persorality disorder），将它置于癔症连续体中精神病态的一端，将之从"Zetzel 3型和4型"人格与Kernberg的（1975，1984）"婴儿型人格"（infantile personality）中区分开来。Kernberg等人则用"癔症样（hysterical）"代表心理功能较好的患者，用"癔症型"（hysteroid）或者"表演型（histrionic）"来描述处在边缘或精神病状态的癔症患者。

近期有关人格和人格障碍研究的文献显示，癔症人格者如果属于安全型依恋其人格可伴有表演色彩（但不是障碍），或表现为癔症样特征。精神病理学家和依恋关系取向的心理学家研究（Ouimette, Klein, Anderson, Riso及Lizardi，1994）发现，如果癔症性个体具有回避型和矛盾型（anxiousresistant）依恋关系，那就更符合DSM中癔症型人格障碍的诊断标准。癔症样倾向的个体一般经历过严重的早期创伤，婴儿期理应保护他们的客体却成了恐惧的来源，所以他们呈现出紊乱的依恋模式，常常表现为主观上的无助和强迫性地寻求照顾，敌意和攻击倾向则并不明显（Lyons-Ruth，2001）。

人们早在20世纪中叶就发现（Veith，1965，1977），癔症型障碍的部分特征与创伤后重度紊乱的依恋存在重叠，这一现象已经受到跨文化研究的重视（Linton，1956），并且得到了研究结果的支持（Hirsch和Hoi-lender，

1969；Hollender 和 Hirsch，1964；Langness，1967；Richman 和 White，1970）。但 DSM 却一直未予考虑创伤造成的影响，这不仅不利于有效评估这类患者，也使我们容易忽视创伤相关的癔症样反应，造成精神分裂症的过度诊断。

癔症型人格者通常表现为高度焦虑、情感强烈和过度反应，尤其是在人际关系当中。与之交往时，他们温暖热情、精力充沛，善解人意和喜好表现。也经常沉迷于危机和刺激的兴奋之中。由于一贯的情绪亢奋，他们的情感丰富在别人看来往往可能是肤浅、虚假或浮夸，他们的情感也变幻无常（"癔症性情绪不稳"）。《乱世佳人》的女主人公的扮演者莎拉·伯恩哈特（Sarah Bernhardt，法国女演员）似乎就有很多癔症性特点（Gottlieb，2010）。具有癔症性格的个体大多偏爱容易获得公众关注的职业，比如演员、牧师、教师和政客。

癔症人格者的驱力、情感和气质

众所周知，癔症人格者的气质特征包括情感强烈、极度敏感和喜欢社交。如果婴儿一受挫折就又踢又叫，一开心就高声喧哗，那么很可能天性具有癔症倾向。弗洛伊德（如，1931）认为内心欲望的过度强烈可能是癔症个体的典型特征，他们渴望口欲的满足，期盼爱情、关注和亲密感。Balatt 和 Levy（2003）查阅大量实验研究结果后发现，这类人群具有较高的情感依赖性。他们寻求刺激，却又会被过度的刺激压垮，因而在遭遇应激事件时容易出现适应不良。他们和分裂样个体在敏感性方面比较相似（McWilliams，2006），但他们一般乐于与人交往，不像后者那样离群索居。

也有一些学者（D. W. Allen，1977，等）推测，个体的癔症倾向更多取决于右脑的功能（Galin，Wasserman 和 Stefanatos，2000）。这与强迫者左脑优势的现象截然相反。那时 fMRI 技术尚未成熟，所以上述推断源自 D.

Shapiro（1965）对癔症者认知风格的研究。癔症型个体的心理过程也明显有别于强迫者：前者一般能借助主观、整体和想象来认识世界。有些高智商的癔症人格者具有非凡的创造力，他们对情感和体验的理解十分深刻、更具逻辑，这种思维方式可以衍生出智慧与艺术的绝妙结晶。

从心理发育的角度看，弗洛伊德（1925b，1932）及后继精神分析学家（Halleck，1967；Hollender，1971；Marmor，1953等）认为，癔症患者可能在口欲期和俄狄浦斯期都存在固着（dual fixation）。打个简单的比方，一个天性敏感、渴求满足的女婴特别需要母亲无微不至的照料，但对方却没能让她感到足够安全、满足和有价值，因此她日渐失望，于是在成长到俄狄浦斯期时，通过贬低母亲来完成与她的分离，继而将强烈的爱转向父亲，性心理的发育也催化了她对父亲这一客体的向往。此时，口欲期未能满足的需求加上俄狄浦斯期对异性父母的的需要，导致了俄狄浦斯期的驱力尘嚣甚上，从而妨碍了女孩正常状态下（既认同母亲、又与她竞争）解决俄狄浦斯期冲突的能力。因为她一方面固着于口欲期的需要母亲，同时却又不得不对母亲进行贬低，同时，过度需求父亲的关怀，造成俄狄浦斯期的固着。

这种两难处境令她的心理发育产生双重固着。一方面她将男性视作强大吸引的对象，一方面又把包括自己在内的所有女性都看作软弱无力、无足轻重。她对男性力量的向往，造成对男性不由自主地仰慕，但同时会潜意识地嫉妒、憎恨男性。她会尝试依靠男人来提升自尊和自信，同时竭力诋毁男性的优越感。她卖弄风情、行使女性的特权。有时故作柔弱，用"妇人的妖计"（feminine wiles），来与男性比肩抗衡。这与其说她利用性来表达，不如说用性来防御。她担心男性的力量，害怕男人，因此根本无法完整地享受亲密的性爱，甚至反会感到恐惧和排斥，比如性交疼痛或麻木、性冷淡，或缺乏性高潮。

在治疗癔症女性的过程中，弗洛伊德强调阴茎嫉妒是女性的普遍情结。他发现这些来访者在梦境、幻想和症状中运用阴茎的意象来象征男性力量，于是推测她们早年就习得：自己和母亲缺乏支配力是由于没有阴茎。在如今的男权社会和纷繁复杂的城市文化之中，传统的女性特征不占任何优势。这一结论或许很容易让年轻女性受到影响。弗洛伊德（1932）说道：

> 女孩的阉割情结……源自看到男性生殖器的那一刹那。她们会立刻注意到性器官的重要不同，而且不得不接受这一事实。她们瞬间感到受挫，之后常常会声称希望自己"也拥有那玩意儿"，并逐渐为自己的"缺陷"而嫉妒男性。这些心理过程，都将在她们形成人格的过程中留下根深蒂固的印记。（p. 125，附注）

从上述引文可以推测，弗洛伊德冒着学术声誉受损的风险，勇敢指出了父权制对妇女造成的影响。他毕生都鼓励女性追求职业上的成就和受教育上的平等。他也期待通过解析来访者的阴茎妒忌，帮助她们识别"男性优越"的幻觉其实源自她们婴儿期的幻想，而这种幻想应受到理性审视并予以抛弃。有人指出阴茎妒忌这一概念与中世纪的男权思想有关，被一些治疗师所曲解，是把妇女牢牢地拴在"本分的"家务领域。但这绝非弗洛伊德的本意（参阅 Young-Bruehl《对弗洛伊德女性情结观的深度思考》一文，1990）。

癔症个体的情感不仅高度焦虑，而且对羞耻与内疚具有很高的易感性。他们虽然经常被斥为"情感肤浅"，而实际上他们却常常挣扎于令人恐惧的强烈情感中，导致他们不得不使用与众不同的防御加以应对。我将在"癔症人格的自体"这部分中进行详述。

癔症人格者的防御和适应过程

癔症人格的个体一般使用压抑、性欲化（sexualization）和退行等防御机制。他们的付诸行动是用于对抗恐惧，恐惧对象常常是幻想中的强权或来自异性的威胁。他们也会运用解离防御机制，这一点我会在下一章详细介绍。

弗洛伊德认为压抑是癔症最基本的心理过程。弗洛伊德发现，遗忘这一心理现象在癔症人格者中十分普遍，甚至可作为这一人群的基本心理特征。他一再解释，为何人们已然"忘记"的某些事情，却具有某种程度的"记得"。起初他认为压抑是个体有意为之。因为在催眠治疗过程中，他发现来访者能在催眠状态下忆起并再次体验童年期的心理创伤，这些创伤往往跟乱伦有关，经过这些回忆和再体验，癔症症状也随之消失。弗洛伊德在早期治疗中，在催眠状态下，尽力缓解患者的压抑，帮助他们放松身心、引导并建议他们将潜意识的内容逐渐意识化。他发现，当患者的创伤性回忆中呈现出当初的情感反应后，便可以起到"宣泄"的作用，癔症症状也会随之消失。

早期精神分析理论主要聚焦于被压抑的记忆和伴随的情感，使被压抑的内容意识化是治疗的关键。但不久弗洛伊德便发现，有些癔症患者所"记起"的内容其实是她们的幻想，于是他将观察重点从创伤的遗忘转向了欲望、恐惧、童年体验和痛苦情感的压抑。弗洛伊德认为：维多利亚时期女性禁欲的风尚是造成癔症心理的主要动因。女性癔症者正是源自性冲动的压抑，而这种强烈的生理需求缺乏疏导和满足。他还意识到将压抑的冲动转换成躯体症状的现象。比如一位女性，从小接受的教导是：自慰是一种堕落的表现，因此当出现手淫冲动时，她的手会因为压抑而丧失感觉和运动能力。因为只累及腕部以下，不符合神经病理学，所以这种现象被叫做"手套瘫痪"（glove paralysis）或"手套麻痹"（glove anesthesia）。当时，这种情况并不少见，而医学界无法解释这一怪象，弗洛伊德用精神分析观点道出了其中的缘由。

手套麻痹等症状进一步启发了弗洛伊德，他提出了癔症症状的直接获益，因为症状而被迫中止的行为可缓解某些冲动（如，手淫）和禁忌（如，禁止手淫）所唤起的内心焦虑。他还提出了症状的继发获益，即通过自己的躯体疾病而获得他人的关注，从而使受焦虑困扰的个体获得性欲上的满足。从人格结构的角度来看，这种冲突可被视作本我和超我力量的抗争。压抑能使冲突暂时处于某种平衡，但如果缺乏恰当的途径疏导和利用，这种冲突一定会"卷土重来"。压抑防御虽然有用，但缺乏稳定可靠的效果，尤其用压

第十四章　癔症型（表演型）人格

抑防御正常的冲动时，压抑后的冲突张力就会持续上升，迫切需要释放。弗洛伊德认为，癔症患者的高度焦虑其实正是这种冲突张力的表现，是被"压抑的性欲张力转变为不分具体对象的'弥散性神经质（diffuse nervousness）'"（见第二章）。

上述对癔症症状的动力学原理解释，可用于对人格形成的推理假设。人们压抑性欲的冲动，是因为它属于危险和禁忌。所以人们很容易经常体验到普遍的挫败感和广泛性焦虑。但如果个体的这种压抑波及他们正常的与人爱恋的愿望时，正常的欲望也会蒙上性渴望的色彩，这样的个体可能会有意无意地表现出性诱惑（对压抑的反向形成），而对自己行为表现的性色彩一无所知。当她们被告知其表现出的性暗示时，甚至会感到震惊。事实上，在真实的性行为（有时候为了安抚令其恐惧的性伴侣，或是减轻给对方造成误解而产生的内疚）过程中，她们反而很难享受快感。

癔症人格的个体除了使用压抑和性欲化防御机制外，还会经常运用退行防御。当他们感到不安全、害怕被拒绝或身临险境而激起潜意识的恐惧时，就会表现出软弱无助、孩子气十足，企图通过迎合拒绝者或施虐者来防止事态恶化。和所有身处高度焦虑情境中的人一样（如"斯德哥尔摩综合征"和"帕蒂·赫斯特现象"——被俘虏的个体逐渐信任他们的诱拐者或虐待者），癔症个体也很容易受他人的影响。当他们心理功能较为健全的时候，其退行会表现得可爱迷人；但若处于边缘型或精神病性水平，就会表现为躯体不适、胡搅蛮缠、吹毛求疵或寻求刺激等行为。癔症心理驱动之下的退行曾在女性亚文化中十分盛行，她们喜欢装腔作势，趋时媚俗，热衷于谈论强壮高大的男人，动辄当众晕倒（swoon）。这些表现在19世纪时屡见不鲜。

癔症个体的付诸行动常常用于对抗恐惧：他们会主动接近潜意识中惧怕的客体，举止轻挑，却害怕异性；在公众场合抛头露面，潜意识中却羞于展示；竭力成为众人焦点，内心却自卑自闭；恐惧权威，又挺身激惹当局。DSM-Ⅳ（美国精神分析协会，APA，1994）特别强调了表演型人格障碍者的付诸行动特征。对抗恐惧的付诸行动是癔症个体最为显著的行为特征，这些行为也较为容易被发现，对这些行为意义的识别将十分有利于做出诊断。这些行为最重要的内在意义是对抗焦虑。

由于癔症人格者的潜意识中包含过多的焦虑、内疚和羞耻，加之长期冲突张力导致的紧张气质，造成癔症人格者对刺激十分敏感，她们时常处于崩溃的边缘。其他人可以轻易应付的体验，对于他们来说却是一种创伤。因此，每当多种情感纠葛同时出现的时候，他们常常使用解离防御来减轻压力。比如19世纪法国精神病学家就发现这类人群的"泰然漠视"（la belle indifference）的现象：即毫无道理地低估情境危险或症状的严重性；还有"错误识记"（fausse reconnaissance）：即确信记起了根本没有发生过的事情；"伪谎言癖"（pseudo logiafantastica）：即对自己的谎言信以为真；"神游状态"（fugue states）：无法回忆创伤性躯体体验；及其他解离行为，如：暴饮暴食或者癔症式狂怒等。癔症型和解离型两种人格结构存在多处重叠，很多当代的学者会将癔症人格看作是解离人格的另一种形式。

我有位年过花甲、事业有成的女性来访者，她一直致力于教育人们安全的性行为，而自己却在某次会议期间和一个其貌不扬的男性上了床（"他想要，不知怎么地，我觉得那是一种命令"），甚至没有要求对方使用安全套。她不是没有能力拒绝，也十分了解无保护的性行为可能导致的危险后果。但她在那一刻全面解离。其原因可能源自她早年与魅力十足且无比自恋的父亲相处的体验，使她内心固守着儿童期的信念：别人的需求永远处于第一位。

癔症心理的关系模式

在癔症型异性恋个体的成长经历中，往往能找到强调异性特权和价值的相关事件或态度。这样的环境很容易催化癔症性格的形成：女孩子痛苦地意识到父母更喜欢哥哥或弟弟；或是发现在她出生之前，父母其实预计要个男孩（有时候她的推测与实际相符；但有时虽然她是三姐妹中最小的，可父母却并没有想要男孩。）；再或家里的男性比女性地位更加优越。

因此，当这个女孩偶然获得关注时，便会产生外部归因，肤浅地认为人们喜欢的是她的漂亮温顺，或者是她的天真可爱、幼稚乖巧等。而当她的兄弟受到批评时，她会推测是女性特质在他们身上作祟（"你就是个娘娘腔！"或者"你的所作所为不配成为家里的男子汉！"）。她在生理成熟过程中，很快注意到父亲似乎因为她的性别特征而渐渐疏远她，所以她会为自己的性征导致被拒绝而伤感，但同时也开始意识到，女性对男性有特殊的吸引力（Celani，1976；Chodoff，1978，1982）。

我们可以观察到，带有表演特征的女性通常拥有一个既威严可怕又魅力十足的父亲（Easser 和 Lesser，1965；Herman，1981；Slipp，1977，等）。男人经常低估或毫不知情强壮的身体、低沉的声音对小女孩的威慑力。特别是对于敏感的女孩，父亲是令人生畏的。如果一个男人暴躁、挑剔、反复无常或有性暴力，那么他无疑是非常可怕的。一个既溺爱又充满威胁的父亲会让女儿产生既想靠近又想回避的冲突；所以父亲成为让人既兴奋又恐惧的客体。如果此种状态下，再加上母亲的百依百顺，那么这种典型的父权家庭模式的影响就会加剧。女儿逐渐形成：女性地位卑微，当惹人喜爱的少女时代结束，她们就得费尽心机去迎合男性。Mueller 和 Aniskiewitz（1986）强调，不称职的母亲和自恋的父亲是子女癔症型人格的根源：

> 如果母亲懦弱无用、受制于子女，或是与子女斗争不断，孩子们将很难习得成熟的互动方式……同理，父亲若脾气暴躁，大男子主义，或是态度暧昧、充满挑逗，和女儿结成同盟……都显露出自身的不成熟……无论何种形式，都反映出他潜在的自身的俄狄浦斯期发育不良的人格倾向。这样的父亲自我中心，占有欲强，把家庭人际互动视作自体的一种延展。

因此，可以说癔症型人格的根源往往与性别认同有关。在男性占据优势的社会中，有些男孩在母权家庭中长大成人。这样的家庭中，男性气质常常受到质疑（比如，母亲常以轻蔑的口吻将男孩与所谓的"男子汉"进行对比），很容易形成癔症性格。我们从符合 DSM-IV 表演型人格障碍诊断标准的男性同性恋亚群体中，可以观察到上文描述的家庭动力特征（Friedman，1988，等）。至于女性更容易发生癔症的原因，我提出两种可能：（1）家庭关系中男权高于女权是更为普遍的社会文化现实；（2）父亲对孩子生活起居的照顾较少，这种距离感使父亲看起来比母亲更加神秘，形象更加高大。

父母在养育过程中，如果过分表现出刻板的性别角色（例如，男人一定强势专制；女人一定温柔脆弱）就容易发展出子女的以下特点：女孩渴望依附男性而获取地位，以此寻求安全和自尊；她的性感只会用于吸引异性，但对真正的性亲密却并不产生愉悦的体验；她还可能抵制自己性格中的男性认同，以防唤起男性伴侣的柔情，因此反而会下意识地揶揄对方缺少男子气概（比如，柔弱、脆弱和娘娘腔）。无论何种性别的癔症患者，都会高估或低估某种性别的价值，然后将权力性欲化，从而使性的愉悦难以实现或转瞬即逝。

癔症性自体

癔症个体往往觉得自己身处强权之下，势单力薄，因此而谨小慎微，幼稚地勉强应对。尽管他们表面上善于运筹帷幄和掌控一切，但内心却空空如也、漏洞百出。显然与精神变态患者不同，他们虚张声势的目的是追求安全感，希望被接纳，操纵别人是他们在这个充满威胁的世界中建立安全感的主要方式，他们希望对各种潜在的威胁了然于胸，藉此维持自尊感（Bollas，1999）。但和其他人格类型者不同，他们绝不会以"制胜（getting over on）"他人为乐。

举例，一位来访者，是戏剧艺术专业的研究生。这个年轻女孩的父亲虽对她充满关爱，但总是性情飘忽，极易发怒；她在这样的环境中长大成人，对权威极为崇拜。她是老师钟爱的学生。她擅长接近男老师和男指导，对他们巧妙奉承、毕恭毕敬，她习惯于拜倒在独裁气质老师的门下。对于老师们来说，她的引诱行为让人很难拒绝。而当她感到成功吸引对方时，便会产生兴奋（感到自己有力量、有价值）、开心（感到自己有吸引力、被需要）、害怕（担心吸引转变成性要求）和内疚（对激起对方的性欲的内疚）的感觉。她选择的吸引对象仅限于男性，特别是权威男性；这种行为受强大的驱力推动，但也引起自己内心的冲突不断。

对于表演型个体而言，反复确认与所恐惧的异性对象拥有同样的权利和地位，就能获得自尊，癔症型同性恋个体也会畏惧同性中的权威形象。依附于理想客体，或象征性地与之融为一体，都可能令表演型个体产生一种"延展性"（derived）自尊（Ferenczi, 1913），即认为"这个强者是我的一部分"。追星心理与之类似，追星族习惯于将明星或政客理想化。若这种象征性自尊的付诸行动应用在性的方面——即由潜意识冲动激发出的幻想——被一个强有力的男人侵入来汲取他的力量。

救助他人是癔症个体获得自尊的另一种方式。这是反转（reversal）防御机制的结果。比如他们会通过帮助处于危难之中的孩子，来平息自己内心小孩的恐惧心理；他们还会以同样的方式对抗权威恐惧，他们努力改变或治愈当下生活中的客体，以取代早年令其既畏惧又兴奋的客体形象。这会造就生活中的一些奇异现象，比如一个甜美、热情的女性会与一个残暴、霸道的男性坠入爱河，期盼自己能够"拯救"他，许多癔症女孩的亲朋好友会熟悉这一现象。

癔症男性的梦中经常出现神秘子宫的意象，癔症女性则梦见阴茎的意象。癔症女性常会认为，自己身上的攻击倾向是"男子气概"的表现，因此，难以将这种"男子气概"整合入自己的性别认同。这种性别认同方面的缺陷给她们造成了今后难以解决的困扰。正如我的一位女性来访者所言："当我坚强起来的时候，似乎一下子变成了男人。"19世纪后半叶盛行的观点是：男性等同于积极主动，女性则和消极被动画等号；坚定而自信的女人表现出的是她的"男性"特征，温柔可亲的男人则表现出他的"女性"特征。甚至很多精神分析学者也对此表示认同（荣格的阿尼玛和阿尼姆斯原型，1954，等）。当代的精神分析性别理论（Dyess 和 Dean，2000）对这种以偏概全的思想提出了质疑，但在个体潜意识里，上述意象依然大行其道。

癔症个体的理想化性伴侣通常是权威阶层，所以她们常常会担心自己年老色衰。受癔症驱力影响，异性恋女性认为性魅力是自己唯一的优势，所以会十分在意外表的修饰，唯恐失去吸引力。同性恋男性也会有类似的表现。他们挣扎于癔症式的潜意识信念：如果不能吸引更加强大的男性青睐，说明自己卑微渺小、软弱无能。小说《欲望号街车》（*A Streetcar Named Desire*）中的角色 Blanche du Bois 就诠释了一位老年癔症女性的恩怨情仇。而 Thomas Mann 的小说《威尼斯之殇》（*Death in Venice*）中，主角 Gustav von Ashenbach 则将老年同性恋男人的痛苦演绎得淋漓尽致。所以，我们应该鼓励具有癔症倾向的来访者关注性吸引力之外的其他魅力，以此来寻找并维护自身的自尊。

表演型个体通常爱慕虚荣，不遗余力地展现魅力。他们虽然惯用自恋型防御机制，但与自恋型人格者不同，其目的是获得和维持自尊。癔症个体的内心较少空虚和淡漠；他们吸引别人的动机并非由于孤独，而是因为害怕被侵害和拒绝。只要这样的焦虑未被唤起，他们表现出的温暖和关怀就相对真诚。在比较健康的癔症个体身上，人格中爱的成分与她们的防御和敌意存在明显的冲突。上文那位颇有抱负的戏剧专业女研究生，痛苦而羞愧地意识到自己对男人的情结后，只能全身心地投入工作，以此转移注意，但这种情感隔离依然没能减轻她对于对方妻子的愧疚。

表演型个体的渴求关注其实是潜意识地寻求肯定，他们需要再三确定自己（尤其是自身的性别）能够获得别人的欣然接纳，而这种需求恰恰在童年时没有得到满足。癔症个体的潜意识中有强烈的被阉割感，他们通过炫耀自己的身体，可以将生理劣势的消极感受转换为对自己身体魅力的积极感受。这种展示无疑是在与内心的沮丧作斗争。

这种与内心的斗争或可解释癔症个体的"肤浅情感"。表演型人格者的情感总是带有一种做作、虚假和浮夸的意味。但他们并不是不想"如实"表达，而只是担心在权威面前率性表现将会导致不测，所以只能逢场作戏。加之长久以来一直被当作小孩轻率地对待，他们也并不期待自己的感受能够获得重视，所以只能借浮夸的情感来掩饰自己的焦虑，试图说服自己和他人"我仍有自我表达的能力"；同时，他们会流露出玩世不恭。这样，一旦发现环境不利于自我表达，他们就可立即收回之前所说的话，或者干脆装作什么都没发生。诸如：夸张地咆哮"我实在是太、太、太愤怒了！"，戏剧性地怒目圆瞪——明摆着让别人不要把这当回事。然而如此强烈的情感恰恰真实存在于他们内心的冲突之中。

最早发现这一规律的是 R. D. Laing（1962, p. 34），后来 Bromberg（1996, p. 223）一针见血地指出："他们一辈子都在假装，但扮演的却是他们真实的自己"。癔症个体对他人和自己的情感有着贴切的洞察力，但表现出的却是内心的矛盾重重，有人这样描述，"很不幸，他们无法使别人信服他们的主观体验的真实性"（p. 224）。如果治疗师能够营造尊重的氛围，癔症型来访者会体验到自己所获得的理解，从而逐渐能够用可信、直接的方式来表达自己的愤怒等情感；也能够用主动真实的方式参与分析治疗。

治疗中的移情和反移情

来访者歇斯底里地抱怨也意味着移情的产生，这种移情必然愈演愈烈。弗洛伊德观察到，意识层面遗忘的内容在潜意识层面会十分活跃，通过症状、付诸行动和反复体验早年创伤的方式来寻求表达。弗洛伊德基于此，构建了癔症的概念。癔症个体的潜意识冲突引起的高度焦虑，使他们选择性地接受生活中的负面信息，常常误将现时情境认作过去曾经的危险和羞辱。

除此之外，表演型个体还十分依赖客体，且偏爱对依赖客体的情绪化表达。他们比一般来访者更喜欢谈论自己对他人（尤其是治疗师）的看法。读者不难想象，异性恋的女性癔症患者在遇到男性治疗师之后，必然会唤起自身的核心冲突。弗洛伊德曾（1925a）无助地发现：无论他多么努力克制忍让，表演型女性仍觉得他令人意乱情迷，并为此深感痛苦，埋怨弗洛伊德让她爱上了他。

任何涉及异性的事物，都很容易左右癔症个体判断环境的能力。所以移情的性质很容易受咨访双方性别差异的影响：癔症的异性恋女性可能会认为男治疗师令人兴奋、充满威胁、欲拒还迎。而对于女治疗师，她们会产生抗拒、竞争的情怀。但无论面对何种性别的治疗师，她们多少都会显得孩子气。男性癔症患者的移情则很可能随早年父母的内部成像的性质而变化。大部分的癔症来访者对治疗师的关注照单全收、心存感激，但处于边缘型和精神病水平的癔症样个体却很难产生移情，因为他们擅长付诸行动的特征具有破坏作用，治疗关系也会让他们感到备受威胁（Lazare，1971）。

即使心理功能尚健全的癔症来访者，也可能会产生过度强烈的移情，以至于接近精神崩溃。强烈的移情会使咨访关系极度紧张。这些移情可以通过治疗性询问加以了解，并谨慎处理。与弗洛伊德相同，边界清晰的治疗师会发现，这样做不仅不会妨碍治疗，反而恰是通向治疗成功的必经之路。来访者在这样安全的氛围中，最终能够学会忍受由情结所驱动的欲望。若表演型来访者过于恐惧，无法在治疗师面前坦承自己的强烈情绪，就可能会对与治疗师相似的替代客体付诸行动。我曾督导过一名治疗师，James，他治疗过一个年轻的癔症女患者，患者的父亲一直以暴虐和拒绝的态度对待患者，在治疗最初的几个月里，她分别和名字为Jim、Jamie和Jay的男人依次发生了婚外性行为。

癔症来访者偶尔呈现出痛苦而强烈的移情，直到他们对治疗师产生足够的信任，才能有所缓解。特别是治疗的前几个月，表演型来访者可能会临阵脱逃，他们有时会将这种行为合理化，有时也能够意识到这是由于自己对治疗师产生了爱慕、恐惧或仇恨的情绪，所以只能焦虑地逃开。尽管这些恐惧中也会伴有些许温暖，他们仍然觉得不堪其扰、难以忍受。曾有几位女性来访者，当她们发现自己对我产生了敌意和不敬时，感到非常难过，以至于无法继续接受治疗。无独有偶，我的几位男同事也曾被表演型来访者所激怒，她们一心想要赢得治疗师的爱，这一动机取代了寻求治疗效果的愿望。当这类移情出现自我不协调时，治疗师的表现如果与她们原先惧怕的客体有所不同，不是过度批评或贬低她们，可能会收到较好的疗效。

治疗师对癔症来访者的反移情可能包括防御性疏远(defensive distancing)和婴儿化（infantilization）。特别是当自恋的男性治疗师遇到这类女性来访者时，这种问题最容易发生。治疗师一旦感到表演型来访者的情感不够真实，就很难保持尊重的态度；而这些高度焦虑的来访者的装腔作势也很容易招致嘲笑，加之多数癔症个体十分敏感人际关系中的可能暗示，所以这些来访者即便不在乎治疗师偶尔的失误，也会受到他们居高临下的态度的伤害。

人们对这类女性患者经常肆意评头论足，精神病院住院男医师经常恼怒地谈论表演型患者："我总算搞定了那个歇斯底里的疯子——每次我一皱眉，她都会嚎啕大哭；今天她居然穿条只到大腿的短裙来找我！"听到这样的言论，女医生们一般会彼此交换一个尴尬的眼神，然后心中暗自祈祷有朝一日自己生病，不会遇到这样的医生。对边缘型患者也能听到类似的议论。即使DSM强调边缘型人格障碍患者具有癔症特征，治疗师依然存在这种贬损性的反移情。由此看来，虽然"癔症"早已不作为单独诊断的单元，我们仍能从当代边缘型人格障碍的概念中看到它的身影（Bollas, 1999）。

治疗师一面表现出高高在上的姿态和充满敌意的反应，一面又不自觉地将表演型女性当作小女孩来对待。尽管治疗师很清楚，退行是癔症个体的拿手武器，但仍会不知不觉地扮演全能的上帝。一个无助的、充满感激的小孩恳请你扮演"老爸"，这种要求无疑是难以抗拒的。即使是一些受过良好训练的执业治疗师，在治疗癔症人格的女性来访者时，也会忍不住要额外给予安慰、建议或者赞美。毫无察觉此举实际是在暗示对方过于虚弱、无法自己解决问题、而且缺乏自我安慰和自我保护的能力。退行对于大部分表演型个体而言是一种防御，保护他们不必因不负责任而感到恐惧和内疚，所以这种退行应与真实的无助感区别开来。害怕和无能不能混为一谈,若对癔症患者太过纵容或怜悯,即使不带任何敌意和偏见,也会令他们的自体进一步受损。对这类患者报以父母般的慈爱,反而是一种侮辱,等同于贬低他们的"主宰能力"。

最后强调一种反移情,即治疗师受表演型来访者的魅力所惑,投桃报李。通过对受过性侵的来访者进行研究,我们已经反复证实了这种反移情的存在(参阅 Celenza,2007;Gabbard 和 Lester,2002;Gutheil 和 Brodsky,2008;Pope,Tabachnic 和 Keith-Spiegel,1987),总的来说,男性治疗师更容易出现上述反移情,而女治疗师即使面对魅力四射的癔症男性,也会因社会习俗而有所顾忌。所以由"依赖男"和"权威女"构成的治疗关系很难产生性欲化结果。在现行文化背景下,更容易出现年长、权威的男性被年轻、柔弱的女性所吸引,反之则较少出现,其背后的动力学根源在于:男性害怕被女性湮没,所以通过选择弱小来减轻恐惧。因此当男性处于治疗师位置时,更容易受到此类性诱惑的侵袭。

理论和实践经验都已表明,对来访者的性欲望的付诸行动会引发灾难性后果(Celenza,2007;Gabbard 和 Lester,2002;Gutheil 和 Brodsky,2008;Pope,1987;Smith,1984)。在过往经历中癔症个体很多欲望都受到被投注客体的忽视,所以表达这些被压抑的欲望才是他们真正的需求。但在治疗中,她们的这种核心欲望一旦被激发,他们自己都会误以为是自己的性需求。对于表演型个体而言,尝试引诱他人却无功而返是促成改变的一个重要契机,因为这使她们认识到,她们想要依赖的对象并没有利用她们,而是为她们的利益着想,这种生命中前所未有的体验,可促进她们更为有效且直接地发挥自主性,不再充满防御或是扭曲地表达性欲望。

第十四章 癔症型（表演型）人格

对癔症型人格诊断的治疗意义

经典精神分析治疗最初正是首先应用于癔症人格患者，这一疗法至今仍适用于此类人群中较为健康的来访者。所谓经典治疗，是指治疗师相对节制、中立，注重言语背后的含义而非谈话内容，讨论防御的动机而非防御形式，针对来访者的移情和阻抗，有步骤地运用解析。正如 David Allen (1977) 所言：

> 癔症患者很快就能与人建立联结，这是他们试图修复人际关系的表现……治疗初期，这类患者极易产生难以抗拒的移情反应……治疗癔症人格，关键在于移情分析：如果我们给出了错误的解释，还可根据反馈信息予以修正；若错过了解释的时机，也还会有机会弥补。但如果我们对移情做出了错误的处理，那么整个治疗就会陷入混乱。这种失误与治疗联盟失败都堪称最为致命的治疗错误，而且极难修复。(p. 291)

首先，治疗师必须培养融洽的治疗关系，并详细阐述双方的责任——功能健全的癔症来访者由于具备基本的人际关系的能力，所以能迅速与治疗师达成一致。随后，治疗师应当展现出热情接纳但不加干涉的态度，同时谨慎地保持镜像作用，避免自我暴露，等待治疗中移情的产生。来访者在访谈过程中会逐渐呈现出自己的问题，治疗师应针对来访者当下在咨询室中的感受、幻想、挫折、愿望和恐惧，与其进行讨论。需要注意的是，治疗师要允许癔症来访者提出反馈意见。太快的解释会对来访者造成压力，癔症者特有的敏感也会使他们把治疗师看做高人一等或洞察一切。哪怕治疗师表现出带有一点儿"我比你自己更了解你"的蛛丝马迹，他们都可能会感到被阉割或被洞悉——这类意象在癔症个体的内在表征中占主导地位。有效的治疗技术包括：温和地提出问题、适时地沉默；使来访者有时间思考；不断引导来访者关注自己的感受和思维。

有时，治疗神经症型癔症来访者，治疗师只需一路陪伴，就能够看着对方逐渐康复。因此，治疗师若能收敛自恋，避免通过颐指气使来证明自己的价值，将收效颇丰。确认癔症来访者有解决问题的能力，能够做出负责、成熟的决定，是治疗师应该给予他们的最好的回馈。治疗师不仅需启发他们去感受，还需引导他们对自己的思维和感受进行整合。据 D. W. Allen(1977)观察：

治疗的艺术在于，治疗师能够在充分尊重患者的感受和价值的基础上，引导来访者内省。治疗师不应该贬损来访者的癔症型思维，应鼓励其增强细致而逻辑的"左脑思维"。从某种程度上说，癔症个体需要重新学习如何思考，以及如何触类旁通，正如强迫者需要学习如何感受，以及如何感受相互关联的情感。(p.324)

重性癔症来访者则需要治疗师提供较多的积极指导。治疗师在初次访谈中，除了承受和明晰来访者异乎寻常的焦虑外，还应考虑所有可能危及治疗的情况。比如："我知道现在你想通过治疗解决这些问题，但一直以来，每当你感到焦虑加剧，就会用刺激的方式（生病、勃然大怒或离家出走等）寻求缓解，这种情况在治疗期间也很可能发生，你觉得自己能够坚持这样的长程治疗吗？"

心理功能较差的癔症来访者会对治疗师产生强烈的负性反应，我们应当提醒他们注意，并鼓励他们一起讨论这些反应。简言之，对边缘型来访者效果显著的多元治疗模式对于大部分重性癔症患者同样适用，而且在后者身上，我们还应对移情反应投以更多的关注。

鉴 别 诊 断

自恋型人格和精神变态人格的外显症状与癔症人格极为相似，因此很容易混淆。此外，自弗洛伊德时代起，癔症人格和解离人格之间也一直界限不清，有些无法确诊的人格异常也可能会被误诊为癔症型人格障碍。

癔症型人格 vs. 精神变态人格

数十年来，很多学者（Chodoff，1983；Cloninger 和 Guze，1970；Kraepelin，1915；Lilienfield，Van Valkenburg，Larntz 和 Akiskal，1986；Meloy，1988；Rosanoff，1938；Vaillant，1975等）都曾关注过精神变态和癔症型人格之间的关联。不少轶闻趣事也体现出两者之间存在密切的联系；有些表演型女性，尤其是处于边缘水平时，极易被精神变态的男性所吸引。Meloy（1988）也提到过类似的现象：获罪的杀人犯往往会收到女性同情者铺天盖地的来信，企图为他辩护，或是要成为他的情妇。

女性的癔症表现若经常出现在男性身上，会被视作精神变态。Richard Warner（1978）曾向数位精神卫生专业人士呈现一些虚构的案例，他发现将浮夸、轻浮、易激惹等特征分配给男性时，专业人士会得出精神变态人格障碍的评估，而分配给女性，则会得出癔症人格的结论。因此，他提出癔症和精神变态具有本质的相似性。不可否认的是，有经验的治疗师都会接触过一些确诊为精神变态却具有癔症症状的女性，也见过不少明显属于表演型而非反社会型人格的男性，这足以证明精神变态和癔症并非同种人格特征在不同性别个体身上的体现。（但 Warner 在案例研究中列出的特征行为确实使得鉴别诊断更加困难。）更加合理的解释是，因为心理变态者以男性居多，而癔症发病率以女性为高，加上 Warner 特定的研究"设置"，导致大多数参与诊断的专家无法获得足够的信息来消除自己的先入为主。

与精神变态最容易混淆的是重性癔症状态。很多边缘型和精神变态患者都同时具有这两种人格特征。但判断精神变态和癔症状态哪种驱力占优势关系到治疗联盟的建立，对治疗最终取得成功具有重要意义。癔症个体拥有强烈的情感依附性，他们的内心充满矛盾和恐惧，因而治疗联盟的形成取决于治疗师能够恰当理解这种恐惧。精神变态者会将恐惧等同于脆弱，他们很难对他人产生情感依赖，所以当治疗师镜映他们的恐惧时，他们会嗤之以鼻。癔症和精神变态个体都举止夸张，但前者的表演带有防御性质。对于精神变态患者，治疗师的力量的展现无疑会引起他们的斗志，但这会使癔症患者感到威胁，或令他们变得像婴儿般手足无措。

癔症型人格 vs. 自恋型人格

如前所述，癔症个体也常常运用自恋性防御。癔症者和自恋者都存在基本的自尊缺陷、深深的羞愧感以及不断寻求关注和肯定的补偿性需要；他们都时常对他人或自己进行理想化或贬低化。但这些相似外在表现的根源却有所不同。首先，癔症患者的自尊经常与性别认同或特定的冲突有关，而自恋个体却没有固定根源。其次，癔症个体热情洋溢，对他人情满意深，只有当核心矛盾或冲突被唤起，才利用他人。第三，癔症个体经常会对异性同时具有理想化和贬低化的倾向；其中，理想化通常源于对抗恐惧（"他是好男人，一定不会伤害我。"），而贬低化则具有应对和攻击的意图。而自恋者会习惯性地将他人按好坏排序，不受自己对客体的情感所影响。Kernberg (1982)认为，癔症女性和自恋女性或许都无法获得满意的亲密关系，但前者选择客体是基于对抗恐惧为目的，所以总是遇人不淑；而后者挑选合适的客体，然后，乐此不疲地贬损对方。

这种鉴别对于治疗十分有用，但略显复杂，所以我们只需牢记：癔症个体对于传统精神分析治疗往往十分配合；而自恋者则需优先考虑自己的需要，比如维持自我形象、确定自我界限和自我价值，治疗师在治疗不同对象时应予以兼顾。

癔症 vs. 解离状态

癔症和解离两种人格的心理状态密切相关，很多当代学者都将它们视作创伤后产生的不同反应。解离状态的个体常被误认为癔症个体，反过来倒不常见，因此我会在下一章讨论两者的区别，以及和解离人格分类有关的精神动力泛心理学（metapsychology）问题。

癔症 vs. 躯体疾病

在美国，弗洛伊德理论的鼎盛时期，人们一度认为所有复杂的生理病症都是潜意识冲突的表达。现在，这一观念已是明日黄花，今天我们不应忽视一些难治性心理疾病的生物学成因。有些躯体系统性疾病的症状，如多发性硬化症，经常被认为是由癔症引起，被内科医生斥为"神经过敏性抱怨"。20世纪90年代，英国一群园丁集体爆发了一种疾病，当时被诊断为"园丁癔症"（gardener's hysteria）。但后来人们发现这些园丁都去过美国，他们在旅途中收集了一些植物的落叶，其中就有漂亮的红色毒葛。再比如乔治·格什温（George Gershwin，1898-1937，美国著名作曲家，写过大量的流行歌曲和数十部歌舞音乐剧，是百老汇舞台和好莱坞的名作曲家），医师误将他的脑瘤症状解释为心理障碍，以至于他38岁就英年早逝。

癔症个体在焦虑时会使用退行防御，所以他们在退行状态下表现得夸张和惊悚。这使得具有癔症倾向的躯体疾病患者很难得到彻查。所以我们接诊癔症患者时，应尽力排除患者的器质性病因，这不仅是出于医学上的谨慎，同时也是向夸张、惊慌、缺乏尊重的患者传递应有的治疗态度。

小　结

本章从精神分析理论的历史沿革开始，对癔症人格的概念进行了描述，包括内驱力（强烈而伴有情感，以及因性别而强化的口欲期和俄狄浦斯期冲突），自我（渴求表达；常用压抑、性欲化、退行、付诸行动、解离等防御机制），客体关系（父母往往自恋兼具魅力，对子女照顾不周，所以患者容易将早年客体关系强迫性地重复于今后的人际交往中），以及自体（弱小、缺陷、低自尊；性欲化）。

本章还介绍了咨访双方的移情和反移情体验，包括咨访双方的性别差异而产生的竞争和性欲化反应；与此同时，患者的退行倾向也很容易招致治疗师的蔑视、贬低和婴儿化。克服性欲移情对治疗至关重要，治疗师性欲化的付诸行动将造成严重后果。治疗师应谨慎维护治疗边界，对来访者保持温暖和共情，以传统精神分析技术为主导——中立、节制。最后，我对癔症性格和精神变态、自恋和解离人格分别进行对比；另外，即使来访者癔症症状较为明显，也应进行检查，以排除躯体性疾病。

进一步阅读的建议

读者若想更好地理解癔症人格，我特别推荐 Mardi Horowitz（1991）主编的合集和 Mueller、Aniskiewitz（1986）的著作，他们与其他男性治疗师不同，对癔症少有傲慢的论调。D.Shapiro（1965）也对癔症的认知风格进行了全面的研究，至今仍具参考价值。

读者如果将癔症性神经症视作19世纪后期最具代表性的精神疾病（当代的标志性精神疾病是抑郁症），Scull（2009）充满讽刺意味的癔症"自传"

非常值得一读；Veith（1965）从历史角度展开的研究兼具启发性和娱乐性。至于思维缜密且富于激情的女性主义学者，我推荐 Juliet Mitchell 的（2001）文章，她建议我们重新关注癔症，以反驳癔症已被过度研究且过时已久的论调；Muriel Dimen 和 Adrienne Harris（2001）的《女人脑中的风暴》(*Storms in Her Head*) 也是一个不错的选择。Bromberg《绝世独立》(*Standing in the Spaces*, 1996) 一书中，有关"癔症、解离和治愈"的章节行文优雅流畅，对弗洛伊德和后弗洛伊德时期的理论进行了精妙的解说，并提出了适合癔症患者康复的人际关系背景。

第十五章
解离性心理

1993年我撰写此书第一版此章时，动力学取向的理论对解离性人格的论述尚为数不多。而今，精神分析学派对这一现象日益重视，关系学派的治疗师（如 Boulanger，2007；Bromberg，1998，2010；Davies 和 Frawley 1994；Grand，2000；Howell，2005；D.B.Stern，1997，2009）、依恋学说的学者（如 Liotti，2004；Lyons-Ruth，Bronfman 和 Parsons，1999），以及研究认知和情感的神经心理学家们（如 Panksepp，1998；Schore，2002；Teicher，Gold，Surrey 和 Swett，1993）对此尤为关注。研究创伤和儿童发展的学者们已经开创出新的理论重新诠释"多重人格障碍"，最近版本的DSM将之称为"解离性认同障碍"。这种个体反复自动出现的长期的解离反应贯穿患者的一生，我们称之为解离性人格结构，我们一直致力于揭开它的神秘面纱。

现在我与 Richard Chefetz 通力合作，以大量数据充实本章。他的专业覆盖精神分析和心理创伤两个领域，且在治疗解离性来访者方面经验老道，为我提供了很多独特的视角。他将依恋理论、认知情感神经科学、精神分析关系学派观点与创伤过程中多重自我状态理论相结合，进一步大胆屏弃了解离人格或解离性人格障碍的概念（Chefetz，2004）。他也指出了我诊断时所依据的自我心理学理论存在缺陷，这种自我心理学观点常会阻碍治疗师对解离过程进行正确鉴别。

　　用传统的人格分类框架来表述慢性且严重的解离现象，显然绝非上策。但我仍认为，解离认同障碍和其他复杂的解离症状应该在本书中加以呈现。因为区分解离过程和其他人格因素对人格诊断具有举足轻重的意义。在本章中，我会尽力描述理解解离症状的基础知识，并对这些信息持开放性态度，同时也欢迎有识之士不吝指教。

　　直至20世纪80年代左右，对多重人格障碍或严重解离症状的心理过程的理解仍然凤毛麟角，以至于很难确定将它归入哪种人格类型和人格障碍。但据我们观察，人们在处理一些不稳定的情境时，比如剧烈的情绪波动，往往将解离当作首要适应机制。对多数人而言，解离体验是自我协调的，是一种正常的体验。所以解离性认同障碍其实是一种"隐性病态"（Gutheil, in Kluft, 1985），患者通常意识不到自己的解离的自我状态（多变人格），且对他人的质疑备感委屈。即使意识到解离的存在，他们也不愿袒露。这些因素造成了我们对解离状态的识别和分析的困难。

　　弗洛伊德很久之前就已对上述现象有所了解，但他对发育阶段退行的强调甚过对创伤的重视，将压抑防御置于解离机制之上。这一偏爱产生的诱导作用使我们忽视了在19世纪末期就已经开始的对解离的研究。例如Pierre Janet（1890）用解离来解释癔症症状，与弗洛伊德用压抑做出的解释有很大反差（参阅 van der Hart, Nijenhuis 和 Steele, 2006, 他们将 Janet 的研究成果收编成册）。在美国, William James 和 Alfred Binet 对解离状态也饶有兴致。在弗洛伊德《梦的解析》（1900）受到广泛关注的同时，Morton Prince（1906）出版了有关解离性患者的详细案例集（然而不幸的是，《梦的解析》的耀眼光环令这本书黯然失色——见 Putnam, 1989; C.A.Ross, 1989b）。在20世纪中叶的理论浪潮中，Sullivan（Sullivan, 1953）用"非我"（not-me）状态作为个体体验的正常变异，也对解离性主观体验做出了贴切的描述。

　　治疗过解离性患者的治疗师们普遍认为，多重人格并不怪异，是人们对特定环境的适应性行为。确切地说，是源自童年并延续至今的对创伤的应激性适应（D.Spiegel，1984）。大量文献描述过解离性认同障碍，但涉及的个体的自我状态却千奇百怪，因此关于症状的各种传闻常常耸人听闻。这些症状（包括下列主观随意性：年龄、性取向和性偏好、躯体疾病、过敏特征、眼睛度数、脑电波图、字迹、利手性、嗜好和语言能力等）让人印象深刻，以至于普罗大众公认：多重人格是他们所听说过的最怪异的精神疾病，甚至很多经验不足的治疗师也认同此观点。

解离性认同障碍曾引发史上轰动一时的争论："如果没有医源性疾病，这种障碍是否独立存在"。解离现象虽然耸人听闻，但似乎看来，如果我能够接受某些人一边把自己饿得皮包骨头，一边仍坚信自己过于肥胖，那么说明大脑一定可以找到某种方式，去接受自己难以忍受的事实。George Atwood 曾对我说，关于解离性认同障碍是否存在的问题，简直和解离性患者的窘境不相上下（"我是真的记得这件事，还是我编造出来的？""我是应该认真对待它呢，还是把它当作分心忽略掉？"）。

众所周知，在创伤性过程中，外界刺激产生的肾上腺皮质激素过度分泌会令海马功能受到抑制，使情景记忆（场景记忆）无法储存，而语义记忆（关于事件的第三人称的陈述）、躯体程序性记忆（事件的身体感受）、情感记忆（事件相关的情绪）功能相对保持良好。这使得"当时发生了什么、我怎么了"的意识无法在大脑中清晰成像，也无法再次识记。创伤对记忆过程的损坏，常常使治疗师只能推测来访者经历过创伤，却无法了解创伤的细节（J.H.Slavin，2007）。我与其他治疗过解离患者的治疗师相同，倾向于将"解离认同障碍到底是否存在"这一争论看作是人们对无法忍受的观点的一种普遍的社会反移情。

综上所述，解离状态导致的"多重人格"（Putnam，1989）或"主观隔离"（Chefetz，2004）和"心若旁骛"（Kluft，2000），并非不可理解。认知心理学家（如，Hilgard，1986；LeDoux，1996，2002）认为患者和"正常人"的思维程序其实并无二致。对解离状态和催眠状态（个体意识分离进入一种无意识的恍惚状态）的研究表明：大脑具有多种功能，在意识的整合与分裂的过程以及潜在能力等方面，我们知之甚少。治疗师十分清楚，解离患者很多时候只是一个普通的个体，只是会拥有不同形式的自我主观体验，而且心理上伤痕累累。

自 M.Prince（1906）发表"博尚普斯小姐（Miss Beauchamps）"这一案例之后，第一个详细记载多重人格的案例是爱娃（Eve，来自《三面爱娃》）的个案，她是 Christine Costner Sizemore 的化名（Sizemore，1989，Sizemore 和 Pittilo，1977；Thigpen 和 Cleckley，1957）。Sizemore 是个精力充沛、成就卓越的女人，也是心理功能较为完善的解离患者的典型代表。在那个年代，敢于在治疗师面前暴露人格解离的个体应该具有一定程度的基本信任能力，且拥有足够强大的自我和客体关系的恒定。有些程度更严重的解离性认同障碍的患者，即使意识到自己的多重人格问题，也会因为害怕被误解而讳莫如深，他们不愿意让懵懂的治疗师进入他们混乱的内心世界（尤其是治疗早期）。几年前我的一位解离性女患者说，20世纪70年代的"精神疾病医疗机构去机构化"政策，才使她的余生不用在疯人院度过，这才促使她有勇气承认自己的幻觉体验和"时间迷失"的错觉。

约瑟夫·布洛伊尔的著名患者 Anna O 对精神分析治疗的历史产生了不可估量的影响，她是高功能多重人格的又一典型案例。布洛伊尔和弗洛伊德认为她的解离状态只是癔症的一部分，而多数同时代的治疗师诊断她的主要病症就是解离。我们来看看下面的描述：

在她的病程中，两种不同的意识状态毫无预示地频繁交替出现，而且差异愈来愈明显。在其中一种状态中，她能意识到周围的环境，忧郁且焦虑，但行为尚能控制。而在另一种状态里，她会出现幻觉，时常"不懂规矩"，比如脾气暴戾，常常向别人扔垫子……这时，如果她的房间内东西被人动过，或者有人进入房间，放下物品，她便会觉得房间在时空上已改变，已无法适应。在她思维清晰的时候，她会抱怨……存在两个自己，一个真实的自己、一个邪恶的自己，而那个邪恶的自己会迫使她行坏事。(p. 24)

这个经布洛伊尔治疗无效的"奇女子"最终成了一名社工,把有限的时间奉献于帮助他人(Karpe,1961)。

Christine Sizemore 和 Bertha Pappenheim 大多时候都能够正常地工作和生活,与她们形成鲜明对比的是那些自暴自弃、生活"支离破碎"(polyfragmented)的患者,他们的解离状态随时发生、毫无规律,发作时感到自己有无数种人格,随境而迁。Truddi Chase(1987)就是这样的一名患者。当社会重新燃起对解离状态的兴趣之风时,她那变幻莫测的自我状态受到媒体的大肆渲染。如果她的治疗师没有那样过度宣扬她的解离状态,也许她看起来不会如此分裂。很多精神病性解离人格者的最终归属是监狱而不是精神病院,他们受自身妄想的驱使而强奸或杀人,他们通常具有创伤性虐待和被忽视的过往经历,从而形成了多重人格。

解离现象重获关注已有三十年之久,但弗洛伊德的追随者们与研究解离现象的精神分析师们仍对此概念莫衷一是。一方面,精神分析师推崇潜意识的巨大作用,他们轻车熟路地用潜意识创伤理论来解释对人格形成的影响。而且他们通常为来访者制订长程的治疗计划,在这个过程中,解离性个体将逐渐暴露创伤性内容,这些内容往往在个体的自我意识之外,但也恰是他们前来就诊的真正原因。因此,相比于其他学派的治疗师,精神分析师更容易揭示患者的多重人格问题,并对多重人格间各成分进行分门别类,这一过程对治疗师本身也是一种学习过程。

另一方面,精神分析师仍亦步亦趋地跟随弗洛伊德的驱力理论——相对忽视儿童期心理创伤和性侵害的影响,强调主观幻想的重要作用及其发育过程中的冲突与幻想之间的相互作用。同样令人不解的是,弗洛伊德对多重人格几乎没有发表过见解(只有一次他随意地评论道"也许所谓的多重人格问题的奥秘在于患者对他人拥有几种不同的认同,而这些认同在意识层面轮流出现"。[1923,pp,30-31])。这一偏见导致弗洛伊德学派一直将乱伦和性侵视作一种幻想。弗洛伊德提出的"引诱理论"(seduction theory)即基于这样的假设。之后,这一观点发展成认为童年期性虐待的主诉多半属"假性记忆"(false memory)。事实上,因创伤作用而扭曲的知觉和受到损害的情景记忆,将导致个体对事实和幻想产生混淆(Dorahy,2001)。对于遭遇过创伤的患者和治疗师,这种情况都真实存在,而具有创伤经历的个体也更容易进入助人行业或是潜心研究创伤,这样的话,误解或混淆就会很严重。

受过动力学传统训练的治疗师除了沿袭弗洛伊德的思维习惯之外,有时还会错误地用发育观点来解释解离性自我状态下的意识转换。他们更喜欢用与遗忘无关的退行或分裂防御来解释这种意识转换,结果造成:根本无法区分一些症状是个体把曾经整合进自我的部分分裂出来了呢,还从未整合进自我的部分开始解离(D. B. Stern,1997)。

弗洛伊德及其追随者普遍低估儿童期创伤和性虐待的破坏性结果,使很多致力于研究创伤和解离关系的治疗师都感到十分惋惜。这种低估会令创伤导致的解离状态与发育过程中形成的分裂防御相互混淆。致使人们经常将解离性人格误诊为边缘性人格或精神分裂症,由此导致患者长年累月经受错误的治疗。注重创伤和解离关系的专家们(如,C. A. Ross,1989a)这样批评道:"为数众多陷入绝境的患者多年来一直接受无效的药物治疗(如大剂量镇静剂、电击治疗等),不断遭受二次创伤"。理论界的附庸风雅并不少见,尤其当某种理论值得商榷或并不完善时。解离概念告诉人们的是,"只要用心领会,将发现每个人的内心都是多元化的"(参见 Brenneis,1996;D.R.Ross,1992)。

我之所以回顾以上内容,是因为即使解离认同障碍和其他解离现象已被纳入 DSM 诊断系统而被官方认可,但对解离概念的认识尚有待推进,解离概念的批评者和倡导者双方依然火药味十足。任何领域发生范式转变时都会出现如此情况(Kuhu,1970;R. J. Loewenstein,1988;Loewenstein 和Ross,1992)。我鼓励读者们,不论您倾向于何种派别,都应该以"切身体验"去敏锐地辨识临床现象;即面对多重感受和行为的来访者时,充分共情地理解来访者的内心体验。我对解离心理的理解也有待深化,所以本章论述的大部分内容仍有待完善。在帮助来访者解脱困境的实际工作中,倾向于哪种理论取向实在无足轻重。

解离心理的驱力、情感和气质

将解离作为主要防御机制的个体，一定是自我催眠的高手。在极度焦虑的情况下转入另一种意识状态，并不是路人皆会，得有"天赋"。就像每个人的催眠易感性有差异一样，个体的自我催眠能力也有差异。要想顺利解离，个体必须有自我催眠的能力，否则便只能借助其他方式来应对焦虑（比如压抑、付诸行动、物质滥用等）。

有人认为能够发展出解离性认同障碍的个体实际上更加聪明伶俐、拥有更高的人际敏感性。一个内在世界纷繁充裕的个体（虚构的朋友、幻想的成就、戏剧性变幻、随性的编造）在遭受恐吓或情感创伤时，会比那些不具备如此天分的个体更易退回自己秘密的内在世界中。临床经验证明，解离性个体通常比较聪明、更具有想象力。这样的观察可能有失偏颇，因为前来寻求治疗的个体只是整个解离性障碍谱系中的一部分。治疗师曾经认为 Eve 和 Sybil（Schreiber，1973）是典型的多重人格，但她们那些癔症表现如今看来，是只有少数解离个体才有的特质。

据我所知，至今驱力理论仍固守他们对解离现象的解释，或许整个精神卫生学界开始认真对待解离问题，驱力理论才会最终退出这一领域。对情感的研究表明：解离个体被多重内在情感所困，无处可逃。他们的情感长期处于紊乱的状态（Chefetz，2000a）。一旦遭遇创伤情境，恐惧、惊诧和羞耻等原始情感都能唤起解离症状。狂怒、激奋或负疚感可能也包含其中。同时进一步激活多种情感和冲突，造成个体进一步寻求解离来加以应对。

无法承受的痛苦和令人困惑的性唤起都会引发个体的恍惚状态。即使没有早年的性虐待和养育虐待经历，个体也可能出现解离倾向。对解离认同障碍个体的大样本研究发现，解离认同与创伤、虐待之间存在相关性（Braun

和 Sacks，1985；Putnam1989）。近年来，儿童期遭受忽视也作为另一致病因素而日益受到重视（Brunner, Parzer, Schuld 和 Resch, 2000；Teicher 等人，2004）；遭受性侵或虐待（剥削性的父母和其他照管者）的儿童常常借助解离机制来解决无法忍受的折磨。那些符合 DSM 解离认同障碍诊断的患者，其生活史中不难发现被同伴欺凌、情感虐待以及目睹家庭暴力（或许是最重要的致病因素）等问题。

解离病症的防御和适应过程

与其他防御机制一样，解离防御机制之所以成为个体的首选策略，是源于特定的情境。个体发育早期，只是把这种不成熟的防御作为适应环境的最佳选择，继而这种方式逐渐成为自动反应，固定形成对所有情境的非适应性行为。一些具有解离性人格的成年人从初次经受创伤的那一刻起，便一直简单武断地用"关闭感知"这种解离的方式来调控自己的情感；而另一些人则在受虐停止后相当长的时间内仍保持人格的转换状态，或是固定一种自我状态以应万变。

临床上常见的情况是，当患者离开原生家庭后，其外显的解离状态就会消退。但当他们的子女达到自己遭受虐待的年龄时，解离状态会再度浮现（这种认同现象往往都是潜意识的）。对于拥有强大自我催眠能力的成年人，某些特定的体验也会自动唤起童年创伤，进而诱发解离。我的一位女性来访者曾在家摔倒受伤，位置恰好是她童年遭受虐待而致残的地方，于是她突然表现得像儿童一般，重复多年以前的许多行为。如果仔细追溯来访者的既往史，我们可以发现，他们成年后的生活中其实经常有轻微的解离症状，但促使他们前来治疗的导火索，往往是某些明显影响日常生活功能的解离反应（大段时间的失忆、被告知应该记得的事、日常生活规律的紊乱，这些都有助于个体逃避某些体验和感受）。而正是这些现象，促使 Kluft（1987）

提出了解离状态的"诊断窗口"（参见 R.J.Loewenstein，1991）。

解离是一种非常罕见的隐性防御机制。当另一种自我状态或人格系统顺利接管原先主导地位的自我时，只有患者本人能体会到这种解离过程。很多治疗师声称他们从未见过解离性认同障碍的来访者，可能是由于这些治疗师认为对方应该会主动汇报自己的多重人格，或表现出夸张的、与自我不协调的多变人格。这种主动诉说或夸张表现偶尔也会发生，但更多时候解离现象无迹可寻。往往一次访谈中来访者表现出一种人格特征，即使这一人格表现得很是异乎寻常（例如表现成惊恐万分的孩子），有些愚钝的治疗师仍趋向于从非解离的角度理解来访者的变化（比如，暂时的退行现象）。

我第一次认识到自己接触过重性解离性来访者，完全是出于机缘巧合。20世纪70年代早期，我曾与一位好友兼同事探讨他治疗的一个学生来访者，这名学生在接受治疗后次年便显露出多重人格。我对他的叙述颇有兴趣，时值《女巫师》（Sybil）一书面世不久，我当时认为他治疗的这名女性学生一定是当今为数不多的多重人格患者之一。后来，他告诉我这位学生曾修过我教授的一门课程，经过来访者的允许，他向我透露了她的名字。我有点目瞪口呆，想象不出这个女孩与解离症状有什么瓜葛。表面看来，她的人格转换状态只不过是心境的细微变化，从朋友处了解到这名女性如何在自己的过往经历中苦苦挣扎，我才知道，原来解离症状如此隐晦，极具蒙蔽性。不禁感叹：天下到底还有多少解离个体未被世人觉察。

解离症状的隐蔽特性使得人们无法对它的发生率做出精确估计。我曾试图向患者配偶了解相关情况，因为他们经常面对患者的解离症状，但他们却仍会说："可是她昨天完全不是这样的！"理智上，他知道昨天的她是患者的另一人格，但情感上毕竟难以接受：怎么可能判若两人！如果连患者家属都可能疏漏解离症状，我们便不难理解专业工作者的失误，加上很多治疗师对解离现象持怀疑态度，更造成误判的有增无减。解离性个体在儿童早年就会编造事实来文过饰非。因此他们常被别人斥为惯于"撒谎"，而事实上，很多时候他们真的是记忆缺失。因为，他们儿童期所依赖的客体给他们造成了难以忍受的痛苦，因此，他们现在并不相信权威，也不相信坦诚的自我暴露有益于自己。

当今社会有多少人患有解离症状，取决于解离定义的范围大小。除了"经典"多重人格障碍，现今还有一种非典型性解离障碍（DDNOS）。后者是指个体具备人格转换，但不具备躯体症状，或无明显记忆缺失。其他解离现象诸如人格解体，属于排名第三的精神症状，其普遍程度仅次于焦虑和抑郁症状（Cattell 和 Cattell，1974；Steinberg，1991）。这些解离症状出现的频度和持续时间较长，使其可单独作为一种性格特征。

1988年，Bennett Braun 提出了一个概念化词组，称为 BASK（Behavior 行为，Affect 情感，Sensation 感觉，Knowledge 经验），借此将解离防御从弗洛伊德所认为的次要防御上升至主要地位。Braun 的模式概括了许多同时发生但并不关联的心理过程。个体能够将行为解离，如在麻痹或者恍惚状态下的自残行为；或者将情感解离，如在回忆创伤时漠然处之，或是将感觉解离，在回忆虐待过程时麻木不仁；或者将体验解离，如神游状态和失忆状态。BASK 模式视压抑为解离体验的副产品，而且把之前一些被称作癔症症状的现象也归入其中。这一模式也与内心冲突导致的创伤有关联。一些当代精神分析学家（Bromberg，1998；D.B.Stern，1997）也同样把防御机制与解离概念相连。这些概念对于治疗解离障碍十分有益；其他领域的治疗师也能从中受益，使他们对可能遇到的解离症状更加敏感。

解离病症的关系模式

解离个体的童年关系模式中最为突出的特征是受虐待，性虐待也包含其中。解离性认同障碍个体的抚养者往往也有解离症状，这些养育者的解离症状可能直接源自他们自己的创伤性既往史，或是间接由于酒精和成瘾物造成的自我状态的转变。这些抚养者经常无法记忆自己的所作所为，他们不论是心因性还是物质滥用导致的记忆缺失，都会使孩子遭受重创，而且他们也无力帮助孩子理解为什么会发生这样的事情。

严重的解离性患者呈现"D型依恋"，即混乱－迷失型依恋，disorganized-disoriented type）。婴儿期给他们安全感的客体同时也令他们无比恐惧（Blizard，2001；Fonagy，2001；Liotii，1999；Lyons-Ruth 等人，1999；Main 和 Hesse，1990；Solomn 和 George，1999）。混乱型依恋会增加对创伤的易感性，即使轻微的虐待，如母亲情感上的忽视都会使他们遭受创伤性打击（Pasquini, Liotti, Mazzotti, Fassone 及 Picardi，2002）。同样，回避型依恋也可以作解离状态的一个预测因子（Ogawa, Sroufe, Weinfield, Carlson 及 Egeland，1997）。早年的创伤性经历会对儿童心理结构的发育产生灾难性的影响（Schore，2002），引起大脑边缘系统发育不良（Teicher 等人，1993），胼胝体功能的异常（Teicher 等人，2004），继而干扰小脑蚓体的发育（Anderson, Teicher, Polcari 及 Renshaw，2002）；长期的高度警觉状态会导致大脑糖皮质激素分泌增多，损坏海马系统（Solms 和 Trunbull，2002）。严重的创伤能使一切发育、环境、遗传因素或者心理修复能力都相形见绌。

Karpman 早在1968年提出创伤者的"戏剧三角"（心理创伤的施害者、受害者、救助者）概念，Herman（1992）和 Liotti（1999，2004）详细叙述了三者在创伤者内心的运作过程。也有人提出创伤者的目击和旁观性效应（Davies 和 Frawley，1994；R. Prince，2007），治疗师很快就能察觉到来访者将三种角色投射在他们身上，并能体验到创伤情境的戏剧性爆发。就在一瞬间，强烈的危机体验、情感洪流和情绪压力汹涌澎湃，把解离人格者的往日旧景映衬得栩栩如生。

很多人疑惑"解离认同障碍是否比以往更为普遍，还是如今对之辨识提高"。有理由相信，近年来儿童的受虐情况不断增加，确实令更多人产生解离性心理问题。其社会学因素可能包括战争（不只是战士受创，社会文明也千疮百孔，战争恐惧在代际之间传递）、家庭的不稳定性、社会贫富不均、成瘾行为（父母醉酒后的行为可能与清醒时大相径庭）、媒体对暴力的渲染

（容易引发易感个体的恍惚状态）；以及现代生活的流动性和隔离性（邻居间的互不干扰）。

另一方面，从古至今，儿童受虐的现象并不鲜见。治疗师往往能够发现，解离患者的父母和祖父母的童年都曾受过虐待。Coontz（1992）在社会学理论中对旧时代进行了批判，给那些对以前年代抱有美好幻想的人们泼了凉水。现在越来越多的人愿意提及童年期遭受的虐待，而且会因解离症状前来寻求帮助。美国女权主义运动和越战后的战争创伤的相关报道引发了这股潮流。但解离现象绝非西方社会所独有，最近土耳其的一项研究（Sar, Akyuz 和 Dogan, 2006；Sar, Dogan, Yargic 和 Tutkun, 1999）发现，那里解离的发病率大致和 Latz, Kramer 和 Hughes（1995）在北卡莱罗纳医院统计的比例相同。

Kluft（1984）提出了多重人格障碍和严重解离障碍的四因素病因学理论。第一，个体自我催眠能力较高；第二，曾遭受过严重创伤；第三，解离性反应由特定的童年期环境造成，即解离的适应性反应和被家庭所接受；第四，创伤时和创伤后均未获得抚慰。我已在前文讨论过前三个条件，第四点同样举足轻重，往往令治疗师印象深刻的是：解离性儿童似乎从未得到过深情的拥抱，无人为他擦拭眼泪或向他解释残酷经历的原委。事实上，儿童对创伤的情感反应只会引来变本加厉的虐待（比如，"让你哭！让我真给你点颜色看看！"）。家庭成员会合力否定感受、忽略痛苦，仿佛发生过的惨剧只是昙花一现。

有趣的是，解离性认同障碍的来访者一般都能让人心生怜爱。理论上说，他们既没有安全感，又缺乏父母的照料，因此必然缺乏建立依恋关系的能力。但治疗师却普遍反映，解离性患者很容易唤起他们的关注和柔情。所以，尽管解离个体经常与施虐者同流合污（强迫性重复地成为受害者），他们仍旧会结交一些善意的朋友，甚至生命的每个阶段都会出现不同的挚友，比如童年时的知己小伙伴，对他另眼相看的病房护士（区别于其他精神病患者），关心他的老师，帮助他的警察，等等；这些人都看到了解离个体身上的特别之处，并乐意提供帮助。

读者可能会发现，我一直按照客体关系的能力来排序人格类型。和癔症患者相比，解离性个体更愿意寻求客体关注、对关系更加渴望、也对关怀心存感激。虽然解离现象已获得广泛关注，但仍鲜有文献对此进行详细解释。我想解离性个体或许是由于依恋问题的症结未解，所以需要不断地尝试和别人建立联结。不论原因何在，多数多重人格障碍患者都会满怀希望地尝试与别人建立持久的依恋关系，而有些患者则进退维谷："请帮帮我，但别靠近我"，这样的信息往往会让人将其误解为边缘性心理（Masterson，1976），特别当这些表现同时伴随自杀倾向和行为时（往往在解离状态下出现），更是如此。

解离性自我

长期遭受创伤的个体有一个比较鲜明的特征，即其自我分崩离析及各部分自我的功能相对独立。以视而不见和歪曲事实为代表的不成熟的防御机制造成了自我整合的受损。创伤研究者们认为：组成典型的自我离散状态的原因是"主旨自我（host personality）"（各成分中最直观的自我状态，往往是导致来访者寻求治疗的原因，可能表现为焦虑、心境恶劣或不知所措等）、婴幼儿期自我、内心施暴者、受害者、保护者，以及为达特定目的而多变的自我状态的交替出现（参见 Putnam, 1989）。主旨自我可能能够意识到多重人格的全部或部分，但也可能对它们一无所知；同样地，多重人格之间既可能相互认识，也可能部分知晓，亦或形同陌路。

对解离心理毫无经验或者持怀疑态度的人来说，要理解个体自我的相互独立又真实存在的状态着实勉为其难，即使对了解解离状态的人来说亦非易事。某天晚上我接到一个电话，来电者的叙述像个坏脾气的孩子（患者的人格之一）。她讲述了一件早年创伤事件（我曾怀疑过这一事件的真假），并向我求证这些对于自我的整合有何好处。第二天，我告诉来访者这件事，并让她听了这段电话录音。而听完这部分对话之后，她微笑着指出"这样的孩子气口吻根本不像是我"。接着她反倒来安慰我，像是在用母亲的口吻来教育一个小女孩，告诉我应该怎么做。

就像在混杂的音乐旋律中寻找主题一样，通过仔细检视解离个体的所有特性就能发现：自我的各个成分都由童年创伤带来的核心信念所造成。Colin Ross 探讨多重人格障碍的认知概貌，做出了如下总结：

1. 不同的自我之间各自分裂。

2. 受害者对虐待负有责任。

3. 不应该表现愤怒（挫败、否定、批评）的态度。

4. 过去就是现在。

5. 主导人格无法掌控记忆。

6. 我爱我的父母，但"她"恨他们。

7. 主导人格必须受惩罚。

8. 我无法信任自己或者他人。(1989，p126)

Ross 后来详细阐述了以上每一个观念，揭示了这些信念的形成以及必然跟随的进一步推论。例如：

2. 受害者对虐待负有责任。

2a. 一定是我不好，否则这样的事就不会发生。

2b. 如果我表现完美，这样的事便不会发生。

2c. 因为我生气了，所以理应受到惩罚。

2d. 如果我是完美的，就不应该生气。

2e. 我绝不会感到生气——是"她"在生气。

2f. 她应被惩罚，因为她使虐待事件发生了。

2g. 她应被惩罚，因为她表现出很生气。(p127)

新近的创伤文献中关于解离状态的内容非常丰富，包括如何理解这类个体互相冲突、转变的人格特征。如何减轻多重人格者的遗忘症状，促进他们的自我进行整合形成整体，使他们能够拥有自己的所有记忆和感受，消除不同人格特征之间的隔阂，促进沟通？治疗师必须铭记在心，每个自我部分都有解离人格的倾向。即使那些令人讨厌的迫害性人格，也极具价值且是适应环境的产物。多重人格不明显时，治疗师应当假设这些隐藏其后的人格特征正审时度势，通过当下呈现出的人格来投石问路（Putnam，1989）。

有些治疗师缺乏治疗解离性患者的切身经历，因此会因为试图使来访者的人格具体清晰化而枉费心机（Kluft，2006）。拒绝承认患者的多重人格状态会导致患者的内在自我难以与治疗师建立关系。据我观察，治疗师对这类来访者的自然共情也差强人意。一些治疗师将患者不同的人格称为"部分"，也有治疗师称之为"另一个你"。治疗师应用这种常识性语言时，往往需要具有这样的意识——虽然坐在对面的只是一个人，但你似乎面对的是多个个体（Chefetz，2010a）。这有点类似家庭治疗——只不过是来访者内心的家庭系统。

治疗中的移情和反移情

解离性来访者的频繁移情令人印象深刻。一个曾严重受虐的个体会经常把任何可依赖的客体视为施虐者，随之产生幻想（如，治疗师可能要强奸我、折磨我、抛弃我）。治疗师可能会为这些移情而感到震惊，但若将之理解为创伤后的移情，会更有利于治疗（Kluft，1994；R.J.Loewwnstein，1993）。缺乏解离性心理培训的治疗师很容易对此类患者做出精神错乱或精神分裂症的诊断，但这类移情所揭示的内容不属于上述疾病，它们是创伤性知觉、感觉和情感，均来源于最初创伤事件发生时来访者的清醒意识，但这些意识一直未能整合到个人的自我之中。我们也可以将其解释为个体对特定虐待刺激的情感条件反射。

解离性来访者开始治疗时经常会对治疗师产生隐约的良性移情，这是来访者前来寻求治疗时整体自我状态的表达，这种自我状态使来访者被当作完整的"个体"被治疗几周、几个月或几年。之后，创伤性回忆渐渐浮现，多重人格和躯体记忆也随之激活，被虐体验再度显现，从而使治疗陷入危机，令人感到不安，甚至可能引起经验不足的治疗师的恐慌，误以为患者精神分裂症发作。解离性患者的治疗过程布满荆棘，如：药物滥用（镇静剂会恶化解离状态），缺乏人文的医疗，电击，管制约束。但对于理解解离状态的治疗师来说，这样的危机可转变成咨访合作、修复来访者人格的契机。

解离患者的移情如此纷繁，某种程度上治疗师需要比普通精神分析治疗表现得更加"随心"（real）和自然。如果治疗师过多地受"传统"理论的束缚，很可能会为自己的离经叛道而产生内疚。相对解离个体，更健康的个体能够清醒立世，他们潜隐的投射防御往往可以清晰映现，因此治疗师对待他们应该相对节制。根据经典精神分析治疗理论，治疗师通过分析来访者的移情反应，促进来访者发现自己投射出的内心体验，继而探索这些内心体验的儿童期根源。但对于挣扎在解离状态中的个体而言，哪怕他们功能良好，但仍会认定眼前现实只是一种幻像，背后隐藏着更加糟糕的"真实"世界——被利用、被遗弃、被折磨。

要想探索解离性个体的移情，治疗师必须与来访者内心的虐待者形象完全不同，治疗师应尊重、奉献、谦虚、恪尽职守。解离性个体的内心充斥着未经检验的、互相冲突的移情，因此在治疗早期或当他们出现闪回时，及时给予驳斥（"我是 Nancy McWilliams，我们在弗莱明顿，这是我的办公室"），这对于真正帮助他们理解过去与现在的混淆十分关键。

治疗师和解离人格者对性移情（性欲化）（Blum, 1973；Wrye 和 Welle, 1994）和创伤性移情（Chefetz, 1997）都颇感头疼。治疗师可能基于自恋的需要——希望被视作宽宏大量、仁慈无私，使患者感到治疗师的青睐，甚至爱恋。但这样会使来访者产生巨大压力。治疗师充当救世主或理想客体，否认自己的憎恨和不满，会很容易将来访者当做儿童来对待（婴儿化，否定来访者本身具有的能力），进而加剧来访者的解离反应。创伤性个体曾惯于遭受不公，简单的关怀就会令他们感动。治疗师如果渴望拥之入怀（尤其对显露儿童人格的来访者）或让他们感到温暖如家，那么唤起来访者多么强烈的情绪，也同样唤起他们相同程度的对逾越边界的侵犯行为的震惊——类似经历乱伦体验。

20世纪后半叶，对多重人格治疗的先驱们并没有汲取创伤治疗专家的经验，学会适当控制自己的反移情，他们倾向于对来访者过度照顾：Cornelia Wilbur 对待 Sybil 太多母性；精神病医生 David Caul 似乎过度卷入了 Billy Milligan 的生活（Keyes, 1982）。很多治疗师秉承精神分析治疗的传统，接待解离性来访者时俨然以权威自居。而遭受过创伤的患者素来很难就范；每次会谈接近尾声，他们都会"东拉西扯"，寻求额外的精神支持，以帮助自己应对治疗引起的恐惧。即便经验丰富的治疗师遇到这样的来访者，也总会不知不觉地延时。解离性患者会用打破设置来推测虐待的再次发生，他们会认为与人建立关系就必定会受到虐待。相比于其他来访者，治疗师是应该给予解离个体更多的温暖关怀和情感表达，但同时必须恪守界限，以使治疗顺利进行。而一旦治疗师难免疏忽，多重人格者的情绪反应可以是明确信号，提醒治疗师纠正错误。

更为有趣的反移情，是治疗师有时也会出现解离状态。解离和其他心理状态一样，极具传染性。当治疗师遇到擅长自我催眠的来访者，不仅容易受诱导进入恍惚状态，而且还会出现不可思议的健忘。比如我在治疗首例多重人格患者的那段时期，似乎忘记自己已经加入国际多重人格和解离状态研究协会（现在是国际创伤和解离状态研究协会），我再次向该组织递交了入会申请。

对解离性病症诊断的治疗意义

面对症状严重或慢性解离状态的来访者，很多新手治疗师会不知所措。治疗这类患者对于初学者而言太过艰巨。解离性状态可能会以各种形式出现在治疗室中，治疗师迟早会与解离性症状短兵相接。Putnam（1989）说过，治疗解离性障碍不需要特殊的魔力，也不应对疗效抱有不切实际的幻想。本书第一版中我认同过这一观点，但随着治疗经验的增长，我需要对此稍加修正。治疗解离性认同障碍以及复杂的创伤后心理障碍，要求治疗师有更多的情感投入，而与这类患者重温昔日的创伤体验无疑具有很大的冒险性，所以治疗师必须不但具有较高的自知能力，这种能力可通过自我体验而获得，同时还需督导和同辈督导的支持。

Kluft（1991）综合自己成功的治疗经验，提出如下原则：

1. MPD（多重人格障碍）由边界不清造成。因此，成功的治疗应当具有安全稳定的治疗设置和恒定牢固的边界意识。

2. MPD 是一种有意无意的失控、被动攻击和反复无常。因此，我们必须时刻关注患者的控制欲和蓄意性……

3. MPD 是一种潜意识状态，患者遭受创伤似乎是命中注定，就连症状也很难受他们掌控。治疗师必须持之以恒地努力建立牢固的治疗联盟；这一努力必须贯穿治疗始终。

4. MPD 是一种掩饰创伤和隔离情感的状态。因此治疗师应致力于揭示隐藏的内容，疏泄压抑的情感。

5. MPD 是各种自我状态的相互冲突和隔离。因此，治疗必须强调不同自我状态间的协调合作，相互沟通、理解和认同。

6. MPD 是催眠和现实交替进行的状态，因此治疗师的言语必言简意赅。

7. MPD 的形成与早年重要客体的反复无常有关。因此治疗师必须对各种人格状态有教无类，避免厚此薄彼。尽量把来访者看做多种人格状态的完整个体。治疗师对所有人格状态保持有教无类的态度是对患者的解离性防御最有力的冲击。

8. MPD 的安全感、自尊感和前途感极其脆弱。因此治疗师必须努力帮助患者恢复士气，并协助他们建立较为现实的希望。

9. MPD 起源于创伤经历，因此治疗的节奏非常关键。大多数治疗失败是由于治疗速率超过了患者所能忍受的范围。如果一个治疗师无法按照计划进行——即用三分之一的时间谈论创伤话题，用三分之一时间对这些内容展开讨论，用最后三分之一时间处理和重建——那么就不应再度尝试，以免患者因不堪重负而脱落……

10. MPD 是与重要客体无法依赖有关。因此，治疗师必须具有高度的责任感；并在确信来访者理解合理的责任含义后，帮助他们对自己的人格状态保持高度的责任感。

11. MPD 患者童年时期大多缺乏充分的保护和安全的抚养。治疗师应能理解来访者会将治疗师的中立立场视为疏远和拒绝，因此对他们应采取温暖亲切的姿态和适度的情感表达。

12. MPD 常常具有许多错误认知，治疗师必须持之以恒地努力纠正这些谬误。（pp.177-178）

了解催眠知识对治疗也颇有益处。因为解离性个体会不由自主地进入恍惚状态，因此有时治疗将不可避免地涉及催眠——要么他们独自进入催眠状态，要么治疗双方合作进入。若治疗师能够帮助患者利用催眠状态，引导他们恰当地使用催眠，而非造成伤害或防御，那么患者将从中获益匪浅。引导易感患者进入催眠状态将产生良好的疗效，这种状态对来访者建立安全感、处理焦虑和应对紧急状况都是一剂良药。这类资料可以登录美国临床催眠师协会（the American Society for Clinical Hypnosis，www.asch.net）和国际催眠协会（the International Society of Hypnosis，www.ish-web.org）的网站进行查阅。

然而，有些来访者在催眠状态下行为怪异，引发了人们对催眠的争论。我的同事Jeffrey Rutstein称这样的反应理由为："弗洛伊德放弃了催眠，那我也将放弃"。我以前不愿意深入学习催眠技术，主要是来自于对催眠的误解，误认为催眠即是对来访者颐指气使。我也不会对来访者说"你现在感到很困，你想要睡觉"。这些话实际上是一种指令，而非他们的自然反应。当我学到以平等协作的方法进行催眠后（让患者来引导我帮助他进行想象或特定的联想），我对这类技术的偏见也渐渐消弭。解离性来访者通过重温创伤情景而学会逐渐平息、掌控自己的强烈情感。缺乏这方面培训的治疗师参加催眠工作坊也许对理解解离现象有所裨益。另外，EMDR（眼动脱敏和再加工治疗）也已经被公认为是一种不错的辅助治疗手段（Chemtob，Tolin，van der Kolk和Pitman，2004），尽管有时它也会使原本复杂的解离状况雪上加霜。

由于创伤性移情，患者会曲解治疗师的意图，也会用"扭曲"的方式对待治疗师。治疗师理解这一点将有助于减少防御，积极响应，与来访者"角色回应"（role responsiveness，Sandler，1976）并鉴此了解其角色的起源（wearing the attributions，Lichtenberg，2001）。对此，Chefetz（2010年10月11日，私人交流）提供了一系列具体的对话方式："所以，你觉得你现在很有可能被我伤害？跟我讲讲你的想象，你想象会发生什么？当你这样觉得的时候，脑子里在想什么？那些想法是不是和你过去的经验有关？在这样的场景中，你有什么办法能让自己挺过来？谁最经常在这样的事件中出现？为什么你觉得这些事与他有关？"

Chu（1998）把对复杂解离症状的治疗分成三个阶段：（1）治疗早期（可能会持续较长时间），应聚焦于自我关怀、控制症状、认识早年创伤，保持正常功能，表达感受，持续构建治疗联盟；（2）治疗中期，以合适的节奏引导患者进行宣泄和重构。（3）治疗后期，巩固治疗成果和提高适应能力。Chefetz（2010年10月11日，私人会谈）概述了解离性障碍的阶段疗法，分别是强调稳定、认识创伤、促进整合和结束治疗。稳定阶段可能会持续很长时间，进程不宜过快，可能需要引导来访者自我照顾、自我抚慰、管理情感以及提高现实检验能力。

在实际工作中，往往很难按部就班地循序渐进。强调稳定时可能出现创伤的浮现；整合和结束阶段中已处理的问题可能故态复萌，亟待解决。Coons 和 Bowman（2001）对解离性认同障碍患者进行了长达十年的追踪研究，他们发现，按照国际创伤和解离研究协会（www.isst-d.org/education/treatmentguidelines-index.htm）的治疗指南进行治疗，能够较好地改善患者的解离性症状和非解离性症状。

治疗解离性来访者要求治疗师能够随机应变。治疗师可以有意识地打破设置，拒绝照本宣科地生搬硬套（参见 Hoffman，1998）。边界问题在治疗解离性来访者过程中至关重要。所以无论哪种情况，治疗师都应注意与来访者探讨边界问题，保持开放态度和细致的思维方式（Gabbard 和 Lester，2002）。例如，我曾参加过来访者的婚礼、收受礼物，或是与来访者边走边聊（因为他极度焦虑无法安坐），这些打破设置的做法应视情况而定。如果治疗师超越常规，无论是否有意，都应与来访者共同处理和探讨其含义。解离性个体比其他来访者对边界问题更为敏感，所以观察他们对打破设置的反应也显得尤为重要。

面对解离性来访者，应明智地谨记老话"欲速则不达"。20世纪80年代，多重人格获得大量关注，一些治疗师做过这样一项实验：他们尝试用自我暴露和诱导宣泄加速治疗。结果发现，尽管治疗时程有所缩短，但这些方法往往使复杂的解离性来访者遭受二次创伤。我们不能以提高心理健康的名义，去伤害那些已经饱受创伤的个体。如果读者想要深入了解这方面的内容，我推荐 Chefetz 和 Elizabeth Bowman 在 2001 年启动的心理治疗项目，此项目专门针对解离性障碍患者和遭受长期严重创伤的儿童、青少年以及成年人。读者可以在 www.isst-d.org 网页上找到相关信息。

鉴别诊断

误诊解离性障碍将导致一系列误解和误治。我们经常看到，很多慢性难治性解离患者接受了多年的治疗，得到数种不同的诊断（双相障碍、精神分裂症、分裂情感性精神病、重度抑郁症等，有时他们也被诊断为边缘型人格障碍），却始终未能从药物治疗中获益。他们在停药之后，有时反而莫名地恢复了某些功能。许多治疗师尝试多种方法后，对解离患者束手无策。在这样的治疗中，很少有人询问患者是否遭受伤害、虐待，或考虑过患者是否存在人格解体、现实感丧失和记忆遗失等情况。Coons，Bowman 和 Milstein 在1988年发现，解离性患者从最初寻求治疗到最后确诊，平均需要7年时间。现在这一时间可能有所缩短，但早期治疗过程中的误诊误治仍不容小觑。

治疗师很少主动询问解离症状，除非来访者自己诉说早年的创伤经历。20世纪70年代我在接受培训的阶段，尚没有人告诫我应在治疗中首先排除解离障碍的可能。书本上这样教导：若来访者主诉幻听，首先应假定他患有精神分裂症，无论是器质性还是功能性，都可能是某些形式的精神疾病，书本内容很少强调区分声音出自内心还是外界环境。其实鉴别创伤后幻觉状态和精神病性失调的方法十分简单，这些方法已经被证明是科学可行的，但公众却对此知之甚少。据我所知，即便是如今的专科研究生课程，也只教授学生如何识别创伤后应激障碍（PTSD）。

我必须再次强调，大部分解离人格者前来就诊时并不会主动暴露自己的解离问题，需要治疗师依靠专业推导才有可能得知。有数据显示，以下状态常常提示患者可能具有解离性人格特征：既往创伤史；存在严重酗酒和物质滥用的家庭背景；发生过难以解释的严重事故；对儿童期记忆的缺失；毫无来由的自我毁灭性行为；某特定时间段的记忆缺失；时间感扭曲；头疼（在人格转换过程中十分常见）；用第三人称或第一人称的复数来称呼自己；

快速动眼和恍惚状态；头脑中有话语或声音；先前治疗的失败。

有些个体在出生时生殖器异常（可能由于染色体、激素异常或分娩损伤导致）。他们在出生后不久就接受手术和创伤性医疗，恢复性别特征。这样的个体罹患解离障碍的风险相对较高。据近年儿科医学文献记载（Lee 等人，2000）：儿童若未被告知真实情况，或不知道为何遭受痛苦的医疗干预，将会遭受更大的风险。新生儿生殖器异常（阴阳人，性发育障碍或者生殖器异常）的概率大概是1/2000，这个群体因此遭受创伤的可能性高于普通人群，仅在美国就有超过10万人经受过这种医疗干预（Blackless 等人，2000）。

解离性障碍患者具有人格解体和现实解体症状，治疗师通常需仔细询问才能了解这些信息。询问过程中必须注意问话方式，避免使患者感到被怀疑神志不清。治疗师可以发问："你是否有过如此经历，突然之间很不真实，好像觉得身不由己？""你是否曾经觉得自己失去了真实感，但又无法描述那种感觉？""你是否有过一些体验，但却无法用言语来形容？"等等。人们常常先入为主地认为人格解体或者现实解体即意味着失去理智。经验丰富的治疗师应能理解，这类解离人格患者具有很强的羞耻感的动力学特征。

解离性问题包含轻微的人格解体和复杂的多重人格障碍。人们偶尔都会出现解离性症状，所以治疗师理应对解离症状持开放态度，否则只会使解离症状或解离人格更难被发现。DSM-IV 中关于解离性障碍（SCID-D；Stteinberg, 1993）的临床结构性访谈是目前诊断的标准程序，但完成这样的访谈需要2—3个小时。另外，阅读 C.A.Ross（1989b，解离性障碍访谈准则）、Briere（1992，创伤性症状指南）和 Dell（2006，解离性障碍多重诊断表）等访谈指南都将大有裨益。

解离性状态 vs. 精神疾病

解离患者在危机或压力状态下会出现 Schneider（1959）所描述的"初级症状"（first-rank symptoms, Hoenig, 1983；Kluft, 2000），因此极易被认作精神分裂症。或者治疗师认为来访者的解离性转换属于情绪不稳，那么就很可能将其诊断为分裂情感性精神病或双相情感障碍。解离性个体的幻觉和妄想并非主要症状，往往只是偶尔闪现。他们与治疗师的关系从开始就"如火如荼"，而精神分裂症患者与治疗师的关系则是"若即若离"，不会将治疗师当做依恋对象。精神分裂症患者抽离现实、与人隔离。这些特征往往在青春期就开始出现，然后逐渐发展为成年期的与世隔绝。而解离性认同障碍的患者则大相径庭，他们的生活可划分为互不关联的几个部分，时而功能良好，时而差强人意。

双相情感障碍和分裂情感性精神病患者会出现随境转移，但不会出现记忆障碍。与解离性患者的烦躁不安不同，处于躁狂状态的双相障碍患者表现得更加浮夸。双相情感障碍在一年中周期性循环，而解离性患者会在一天或一小时中发生多次意识转换。

解离症状既可以和精神分裂症共存，也可以与情感性精神病共病，这使得诊断变得更为艰难。为了评估患者的解离状态是否为主导精神状态，治疗师可请求与来访者求治心切的那个自我对话，若确实解离占优，那么另一个自我必然会现身，与之对答。治疗师首次运用这一技巧时，患者可能会觉得荒诞不经，但不久便会习以为常。最糟糕的情况是，患者茫然无措，不理解治疗师的这种奇怪的询问方式。

解离性状态 vs. 边缘性状态

若从精神分析的发育阶段理论来看，边缘性状态和解离性状态不属于同一诊断维度。解离性状态涵盖人格的各个发育水平。参照 DSM-Ⅲ-R 中多重人格障碍和边缘性人格障碍的诊断标准，Kluft（1991）发现，"依赖性很强的患者似乎同时患有多重人格障碍和边缘性人格障碍，三分之一患者一旦进入治疗后，边缘性人格特征就会迅速消失。另有三分之一的患者在多重人格障碍得到治疗后，边缘性特征也会消失。余下的患者在人格整合之后，边缘性人格特征仍会有所保留"（p. 175）。据此我们可以推论，一旦解离症状消失，就可以考虑针对边缘性特征进行处理。

尽管某些解离人格者有时被归为边缘人格水平，而后者的分离－个体化问题是最首要的问题，但若功能良好的解离性个体的解离症状较为明显时，人们仍会将其误认为边缘型人格。解离状态与分裂状态极其类似，解离患者的自我状态的转化是记忆缺失状态下的表现，但常常很容易被误认为是分裂防御，导致敌意、依赖、羞耻等情绪的突然爆发。因此治疗师必须敏锐地去辨别患者是否存在记忆缺失。饱受创伤的个体常常不相信权威，只有当他们感受到被尊重、被接纳时才会袒露心声，因此治疗师必须注意措辞。如果对解离性患者说"上周一你觉得我毫无价值，对我大发雷霆。但今天你又觉得我挺能干"，将很容易引发对方的防御。如果换成："我注意到今天你能明确感受到我对你的认可，那你是否记得上周一的会谈中你对我是怎样的感受吗？"这意味着促使来访者记起上周的会谈。而边缘型个体更经常会将爱和恨、完美和破坏之间的不断切换进行合理化。

解离状态 vs. 癔症性心理

癔症心理和解离心理之间存在多处重叠。很多个体两者兼具，甚至很多当代创伤学家认为二者就是同义词。但依我看来，和 DSM 中严重的表演型人格障碍和躯体化障碍不同，神经症水平的癔症并不一定由创伤所致，更多地与气质的敏感性有关，而与受虐经历较少相关。相反，被诊断为解离性认同障碍的个体即使功能状态长期保持良好，也一定与严重创伤体验有关。因此，具有典型癔症性症状的个体，都应考虑是否具有解离症状。

上述二者的鉴别对于治疗效果举足轻重。对癔症性患者而言，解释反复出现的冲动、幻想和潜意识愿望是关键；而对解离性来访者来说，重构创伤性回忆是重点。如果对解离性来访者总是给予解释，会强化他们的否认，增长罪恶感，也无法处理创伤带给他们的伤害；如果对表演型来访者重构创伤性回忆，就会间接扼杀了他们的自主性。影响他们了解自己的内在驱力，也影响引导这些冲动得到合理的满足。

解离状态 vs. 精神变态心理

我在第七章曾经提过,很多反社会性个体具有解离性防御机制或者患有解离性认同障碍(Lewis 等人,1997)。区分精神变态伴有解离性格还是多重人格者伴有精神变态状态是极其困难的。这种鉴定往往涉及司法事务。当嫌犯被控犯有严重罪行时,如果有证据使法官和陪审团相信他具有多重人格障碍,那么量刑结果就会依情而定。比较少见的情况是,多重人格个体的迫害性人格部分会造成对他人和自己的蓄意伤害,这时,解离状态很容易被评估为反社会人格。当个体极力用患病来逃脱责任时,我们更应慎重判断此人到底是否属于精神变态。(参见 Thomas,2001,关于区分诈病和解离状态的研究)。

如果我们能够从本质上区分解离状态和精神变态,那么一旦诊断结果有利于嫌犯脱罪,这样的司法裁定也会对人们的思想产生很大冲击。大部分解离性患者比精神变态患者的愈后更佳,因此促进解离性认同障碍的凶犯接受正规治疗,会起到一定预防犯罪的作用。治疗解离状态的效率远远高于对反社会人格的干预;在有限资源的条件下,监狱治疗师或缓刑犯治疗师应该选择重点,干预能产生较好疗效的犯罪者。

小　　结

本章我阐述了解离概念的历史沿革和解离性个体的心理状况。解离状态若成为个体心理过程的核心部分,个体一般具有自我催眠的天分,还兼具高智商、创造性和亲社会性。这些因素都有助于他们驾轻就熟地运用解离性防御来应对困境。我也介绍了 Braun 关于解离性者的 BASK 模型,他以此模型替代了弗洛伊德的防御概念。同时介绍的还有解离性个体的客体关系,早年创伤导致的混乱型或回避型依恋关系。解离性个体的自我特征包括分崩离析，各个自我部分分别表现为恐惧、羞耻和自责等。一些解离性患者心理功能相对良好，即使各部分自我各自为政，也能够从容面对。

我反复强调移情和反移情对治疗的作用。这类患者很容易激起治疗师的拯救欲望和过度关怀。我对诊断的建议包括：协助患者建立基本的安全感，引导他们自我安抚、自我照顾和培养现实感，教导他们提高稳定情绪的能力；鼓励协作加强治疗联盟；在此基础上对解离体验进行回忆和理解。总而言之，治疗师对患者的各部分人格保持一致态度；在严格遵守专业规范的前提下，充分真诚和温暖；分析患者的致病信念，灵活运用辅助治疗手段，如催眠、眼动脱敏等技术，然后耐心等待患者对治疗产生反应。我还将解离性驱力与精神分裂症、双相障碍、边缘心理、癔症心理和精神变态进行了鉴别诊断。

进一步阅读的建议

Herman 的经典著作《创伤与康复》（*Trauma an Recovery*, 1992）和 Terr (1992) 对创伤的研究是认识解离症状的基础。Putnam（1989）的文章提出了治疗成人解离心理的方法，1997年之后，他将治疗范围拓展至儿童和青少年。R. J. Loewenstein(1991) 对慢性复杂性解离症状进行了极具价值的回顾。Kluft 和 Fine 在1993年编辑出版了治疗解离性症状的著作。读者若希望从精神分析角度来理解解离现象和临床治疗，我推荐 Kluft（2000）的文章和 Ira Brenner（2001，2004，2009）的研究成果，以及 Elizabeth Howell（2005）的著作。Philip Bromberg（1998，2010）和 Donnell Stern（1997，2009）用传统的关系理论，生动描述了对解离性个体的治疗过程。我在撰写本书之时，Richard Chefetz 也将出版一本关于治疗解离性患者的著作，我对之充满期待。

参考文献

Abraham, K. (1911). Notes on the psycho-analytic investigation and treatment of manic-depressive insanity and allied conditions. In *Selected papers on psycho-analysis* (pp. 137-156). London: Hogarth Press.

Abraham, K. (1924). A short study of the development of the libido, viewed in light of mental disorders. In *Selected papers on psycho-analysis* (pp. 418-501). London: Hogarth Press.

Abraham, K. (1935). The history of a swindler. *Psychoanalytic Quarterly, 4,* 570-587.

Abrahamsen, D. (1985). *Confessions of Son of Sam.* New York: Columbia University Press.

Adams, H. E., Wright, L. W., & Lohr, B. A. (1996). Is homophobia associated with homosexual arousal? *Journal of Abnormal Psychology, 105,* 440-445.

Adler, A. (1927). *Understanding human nature.* Garden City, NY: Garden City Publishing.

Adler, G. (1972). Hospital management of borderline patients and its relationship to psychotherapy. In P. Hartocollis (Ed.), *Borderline personality disorders: The concept, the syndrome, the patient* (pp. 307-323). New York: International Universities Press.

Adler, G. (1985). *Borderline psychopathology and its treatment.* New York: Jason Aronson.

Adler, G., & Buie, D. (1979). The psychotherapeutic approach to aloneness in the borderline patient. In J. LeBoit & A. Capponi (Eds.), *Advances in psychotherapy of the borderline patient* (pp. 433-448). New York: Jason Aronson.

Adorno, T. W., Frenkl-Brunswick, E., Levinson, D. J., & Sanford, R. N. (1950). *The authoritarian personality.* New York: Harper.

Aichhorn, A. (1936). *Wayward youth.* London: Putnam.

Ainsworth, M. D. S., Blehar, M. C., Waters, E., & Wall, S. (Eds.). (1978). *Patterns of attachment: A psychological study of the Strange Situation.* Hillsdale, NJ: Erlbaum.

Akhtar, S. (1992). *Broken structures: Severe personality disorders and their treatment.* Northvale, NJ: Jason Aronson.

Akhtar, S. (2000). The shy narcissist. In J. Sandler, R. Michaels, & P. Fonagy (Eds.), *Changing ideas in a changing world: The revolution in psychoanalysis. Essays in honor of Arnold Cooper* (pp. 111-119). London: Karnac.

Akiskal, H. S. (1984). Characterologic manifestations of affective disorders: Toward a new conceptualization. *Integrative Psychiatry, 2,* 83-88.

Alanen, Y. O., Gonzalez de Chavez, M., Silver, A. S., & Martindale, B. (2009).

Psychotherapeutic approaches to schizophrenic psychoses: Past, present, future. New York: Routledge.

Allen, D. W. (1977). Basic treatment issues. In M. J. Horowitz (Ed.), *Hysterical personality* (pp. 283-328). New York: Jason Aronson.

Allen, J. G. (1980). Adaptive functions of affect and their implications for therapy. *Psychoanalytic Review, 67,* 217-230.

American Psychiatric Association. (1968). *Diagnostic and statistical manual of mental disorders* (2nd ed.). Washington, DC: Author.

American Psychiatric Association. (1980). *Diagnostic and statistical manual of mental disorders* (3rd ed.). Washington, DC: Author.

American Psychiatric Association. (1994). *Diagnostic and statistical manual of mental disorders* (4th ed.). Washington, DC: Author.

Anderson, C. M., Teicher, M. H., Polcari, A., & Renshaw, P. F. (2002). Abnormal T2 relaxation time in the cerebellar vermis of adults sexually abused in childhood: Potential role of the vermis in stress-enhanced risk for drug abuse. *Psychoneuroendocrinology, 27,* 231-244.

Anderson. F. S., & Gold, J. (2003). Trauma, dissociation, and conflict: The space where psychoanalysis, cognitive science, and neuroscience overlap. *Psychoanalytic Psychology, 20,* 536-541.

Anstadt, T., Merten, J., Ullrich, B., & Krause, R. (1997). Affective dyadic behavior, core conflictual relationship themes and success of treatment. *Psychotherapy Research, 7,* 397-417.

Arieti, S. (1955). *Interpretation of schizophrenia.* New York: Brunner/Mazel.

Arieti, S. (1961). Introductory notes on the psychoanalytic therapy of schizophrenics. In A. Burton (Ed.), *Psychotherapy of the psychoses* (pp. 68-89). New York: Basic Boooks.

Arieti, S. (1974). *Interpretation of schizophrenia* (2nd ed.). New York: Basic Books.

Arlow, J. A., & Brenner, C. (1964). *Psychoanalytic concepts and the structural theory.* New York: International Universities Press.

Aron, L. (1996). *A meeting of minds: Mutuality in psychoanalysis.* Hillsdale, NJ: Analytic Press.

Aronson, M. L. (1964). A study of the Freudian theory of paranoia by means of the Rorschach test. In C. F. Reed, I. E. Alexander, & S. S. Tomkins (Eds.), *Psychopathology: A source book* (pp. 370-387). New York: Wiley.

Asch, S. S. (1985). The masochistic personality. In R. Michels & J. Cavenar (Eds.), *Psychiatry 1* (pp. 1-9). Philadelphia: Lippincott.

Atwood, G. E., Orange, D. M., & Stolorow, R. D. (2002). Shattered worlds / psychotic states: A post-Cartesian view of the experience of personal annihilation. *Psychoanalytic Psychology,* 19,281-306.

Atwood, G. E., & Stolorow, R. D. (1993). *Faces in a cloud: Intersubjectivity in personality theory.* Northvale, NJ: Jason Aronson.

Babiak, P., & Hare, R. D. (2007). *Snakes in suits: When psychopaths go to work.* New York: Harper Paperback.

Bach, S. (1985). *Narcissistic states and the therapeutic process.* New York: Jason Aronson.

Bach, S. (1999). *The language of perversion and the language of love.* Northvale, NJ: Jason Aronson.

Bak, R. C. (1946). Masochism in paranoia. *Psychoanalytic Quarterly, 15,* 285- 301.

Balint, M. (1945). Friendly expanses—Horrid empty spaces. *International Journal of Psycho-Analysis, 36,* 225-241.

Balint, M. (1960). Primary narcissism and primary love. *Psychoanalytic Quarterly, 29,* 6-43.

Balint, M. (1968). *The basic fault: Therapeutic aspects of regression.* London: Tavistock.

Banai, E., Mikulincer, M., & Shaver, P. R. (2005). "Selfobject" needs in Kohut's self psychology: Links with attachment, self-cohesion, affect regulation, and adjustment. *Psychoanalytic Psychology, 22,* 224-260.

Basch, M. (1994). Chapter 1: The selfobject concept: Clinical implications. *Progress in Self Psychology, 10,* 1-7.

Bateman, A., & Fonagy, P. (2004). *Mentalization-based treatment for borderline personality disorders.* New York: Oxford University Press.

Bateson, G., Jackson, D. D., Haley, J., & Weakland, J. (1956). Toward a theory of schizophrenia. *Behavioral Science, I,* 251-264.

Baumeister, R. F. (1989). *Masochism and the self.* Hillsdale, NJ: Erlbaum.

Beck, J. S. (1995). *Cognitive therapy: Basics and beyond.* New York: Guilford Press.

Beck, J. S., Greenberg, L. S., & McWilliams, N. (Guest Experts); American Psychological Association. (Producer), (in press-a). *Three approaches to psychotherapy with a female client: The next generation* [DVD], Available from *www.apa.org/videos.*

Beck, J. S., Greenberg, L. S., & McWilliams, N. (Guest Experts); American Psychological Association. (Producer), (in press-b). *Three approaches to psychotherapy with a male client: The next generation* [DVD]. Available from *www.apa.org/videos.*

Beebe, B., Jaffe, J., Markese, S., Buck, K., Chen, H., Cohen, P., et al. (2010). The origins of 12-month attachment: A microanalysis of 4-month mother- infant interaction. *Attachment and Human Development, 12,* 1, 3-141.

Beebe, B., & Lachmann, F. M. (1994). Representation and internalization in infancy: Three principles of salience. *Psychoanalytic sychology, 11,* 127-165.

Beliak, L., Hurvich, M., & Gediman, H. K. (1973). *Ego functions in schizophrenics, neurotics, and normals: A systematic study of conceptual, diagnostic, and therapeutic aspects.* New York: Wiley.

Beliak, L., & Small, L. (1978). *Emergency psychotherapy and brief psychotherapy.* New York: Grune & Stratton.

Benjamin, J. (1988). *The bonds of love: Psychoanalysis, feminism, and the problem of domination.* New York: Pantheon.

Benveniste, D. (2005). Recognizing defenses in the drawings and play of children in therapy. *Psychoanalytic Psychology, 22,* 395-410.

Beres, D. (1958). Vicissitudes of superego formation and superego precursors in childhood. *Psychoanalytic Study of the Child, 13,* 324-335.

Bergler, E. (1949). *The basic neurosis.* New York: Grune & Stratton.

Bergman, P., & Escalona, S. K. (1949). Unusual sensitivities in very young children. *Psychoanalytic Study of the Child, 3/4,* 333-352.

Bergmann, M. S. (1985). Reflections on the psychological and social functions of remembering the Holocaust. *Psychoanalytic Inquiry, 5,* 9-20.

Bergmann, M. S. (1987). *The anatomy of loving: The story of man's quest to know what love is.* New York: Columbia University Press.

Berliner, B. (1958). The role of object relations in moral masochism. *Psychoanalytic Quarterly, 27,* 38-56.

Bernstein, I. (1983). Masochistic psychology and feminine development. *Journal of the American Psychoanalytic Association, 31,* 467-486.

Bettelheim, B. (1960). *The informed heart: Autonomy in a mass age.* Glencoe, 1L: Free Press.

Bettelheim, B. (1983). *Freud and man's soul.* New York: Knopf.

Bibring, E. (1953). The mechanism of depression. In P. Greenacre (Ed.), *Affective disorders* (pp. 13-48). New York: International Universities Press.

Bion, W. R. (1959). *Experiences in groups.* New York: Basic Books.
Bion, W. R. (1962). *Learning from experience.* London: Karnac.
Bion, W. R. (1967). *Second thoughts.* London: Karnac.
Biondi, R., & Hecox, W. (1992). *The Dracula killer: The true story of California's vampire killer.* New York: Pocket Books.
Bird, H. R. (2001). Psychoanalytic perspectives on theories regarding the development of antisocial behavior. *Journal of the American Academy of Psychoanalysis, 29,* 57-71.
Blackless, M., Caruvastra, A., Derryck, A., Fausto-Sterling, A., Lauzanne, K., & Lee, E. (2000). How sexually dimorphic are we?: Review and synthesis. *American Journal of Human Biology, 12,* 151-166.
Blagys, M. D., & Hilsenroth, M. J. (2000). Distinctive activities of short-term psychodynamic-interpersonal psychotherapy: A review of the comparative psychotherapy process literature. *Clinical Psychology: Science and Practice, 7,* 167-188.
Blanck, G., & Blanck, R. (1974). *Ego psychology: Theory and practice.* New York: Columbia University Press.
Blanck, G., & Blanck, R. (1979). *Ego psychology II: Psychoanalytic developmental psychology.* New York: Columbia University Press.
Blanck, G., & Blanck, R. (1986). *Beyond ego psychology: Developmental object relations theory.* New York: Columbia University Press.
Blatt, S. J. (1974). Levels of object representation in anaclitic and introjective depression. *Psychoanalytic Study of the Child, 29,* 107-157.
Blatt, S. J. (2004). *Experiences of depression: Theoretical, clinical and research perspectives.* Washington, DC: American Psychological Association.
Blatt, S. J. (2008). *Polarities of experience: Relatedness and self-definition in personality development, psychopathology, and the therapeutic process.* Washington, DC: American Psychological Association.
Blatt, S. J., & Bers, S. (1993). The sense of self in depression: A psychoanalytic perspective. In Z. V. Segal & S. J. Blatt (Eds.), *The self in emotional distress: Cognitive and psychodynamic perspectives* (pp. 171-210). New York: Guilford Press.
Blatt, S. J., & Levy, K. N. (2003). Attachment theory, psychoanalysis, personality development, and psychopathology. *Psychoanalytic Inquiry, 23,* 102-150.
Blatt, S. J., & Zuroff, D. C. (2005). Empirical evaluation of the assumptions in identifying evidence based treatments in mental health. *Clinical Psychology Review, 66,* 423-428.
Bleuler, E. (1911). *Dementia praecox or the group of schizophrenias* (J. Zinkin, Trans.). New York: International Universities Press.
Bleuler, M. (1977). *The schizophrenic disorders* (S. M. Clemens, Trans.). New Haven, CT: Yale University Press.
Blizard, R. A. (2001). Masochistic and sadistic ego states: Dissociative solutions to the dilemma of attachment to an abusive caregiver. *Journal of Trauma and Dissociation, 2,* 37-58.
Blum, H. P. (1973). The concept of the erotized transference. *Journal of the American Psychoanalytic Association, 21,* 61-76.
Bollas, C. (1987). Loving hate. In *The shadow of the object* (pp. 117-134). New York: Columbia University Press.
Bollas, C. (1999). *Hysteria.* New York: Routledge.
Bornstein, B. (1949). The analysis of a phobic child: Some problems of theory and technique in child analysis. *Psychoanalytic Study of the Child, 3/4,* 181-226.
Bornstein, R. F., & Gold, S. H. (2008). Comorbidity of personality disorders and somatization disorder: A meta-analytic review. *Journal of Psychopathology and Behavioral Assessment,*

30, 154-161.
Boulanger, G. (2007). *Wounded by reality: Understanding and treating adult onset trauma.* Mahwah, NJ: Analytic Press.
Bowen, M. (1993). *Family therapy in clinical practice.* Northvale, NJ: Jason Aronson.
Bowlby, J. (1969). *Attachment and loss: Vol. I. Attachment.* New York: Basic Books.
Bowlby, J. (1973). *Attachment and loss: Vol. 11. Separation: Anxiety and anger.* New York: Basic Books.
Braun, B. G. (1988). The BASK (behavior, affect, sensation, knowledge) model of dissociation. *Dissociation, 1,* 4-23.
Braun, B. G., & Sacks, R. G. (1985). The development of multiple personality disorder: Predisposing, precipitating, and perpetuating factors. In R. P. Kluft (Ed.), *Childhood antecedents of multiple personality* (pp. 37-64). Washington, DC: American Psychiatric Press.
Brazelton, T. B. (1982). Joint regulation of neonate-parent behavior. In E. Tron- ick (Ed.), *Social interchange in infancy.* Baltimore: University Park Press.
Brenman, M. (1952). On teasing and being teased and the problems of "moral masochism." *Psychoanalytic Study of the Child, 7,* 264-285.
Brenneis, C. B. (1996). Multiple personality: Fantasy proneness, demand characteristics, and indirect communication. *Psychoanalytic Psychology, 13,* 367-387.
Brenner, C. (1959). The masochistic character. *Journal of the American Psychoanalytic Association, 7,* 197-226.
Brenner, C. (1982). The calamities of childhood. In *The mind in conflict* (pp. 93-106). New York: International Universities Press.
Brenner, I. (2001). *Dissociation of trauma: Theory, phenomenology, and technique.* New York: International Universities Press.
Brenner, I. (2004). *Psychic trauma: Dynamics, symptoms, and treatment.* Northvale, NJ: Jason Aronson.
Brenner, I. (2009). *Injured men: Trauma, healing, and the masculine self.* Northvale, NJ: Jason Aronson.
Breuer, J., & Freud, S. (1893-1895). Studies in hysteria. *Standard Edition, 2,* 21-47.
Briere, J. (1992). *Child abuse trauma: Theory and treatment of the lasting effects.* Thousand Oaks, CA: Sage.
Bristol, R. C., & Pasternack, S. (Eds.). (2001). Obsessive-compulsive disorder (OCD): Manifestations, theory, and treatment. *Psychoanalytic Inquiry, 2* (2).
Bromberg, P. M. (1991). On knowing one's patient inside out: The aesthetics of unconscious communication. *Psychoanalytic Dialogues, 1,* 399-422.
Bromberg, P. M. (1996). Hysteria, dissociation, and cure: Emmy von N revisited. In *Standing in the spaces: Essays on clinical process, trauma, and dissociation* (pp. 223-237). Hillsdale, NJ: Analytic Press.
Bromberg, P. M. (1998). *Standing in the spaces: Essays on clinical process, trauma and dissociation.* Hillsdale, NJ: Analytic Press.
Bromberg, P. M. (2001). Treating patients with symptoms—and symptoms with patience: Reflections on shame, dissociation, and eating disorders. *Psychoanalytic Dialogues, 11,* 891-912.
Bromberg, P. M. (2003). Something wicked this way comes. Trauma, dissociation, and conflict: The space where psychoanalysis, cognitive science, and neuroscience overlap. *Psychoanalytic Psychology, 20,* 558-574.
Bromberg, P. M. (2010). *Awakening the dreamer: Clinical journeys.* New York: Routledge.

Brown, R. (1965). *Social psychology.* New York: Free Press.
Brunner, R., Parzer, P., Schuld, V., & Resch, F. (2000). Dissociative symptomatology and traumatogenic factors in adolescent psychiatric patients. *Journal of Nervous and Mental Disease, 188,* 7-17.
Bucci, W. (2002). The challenge of diversity in modern psychoanalysis. *Psychoanalytic Psychology, 19,* 216-226.
Buckley, P. (Ed.). (1988). *Essential papers on psychosis.* New York: New York University Press.
Buechler, S. (2008). *Making a difference in patients' lives: Emotional experience in the therapeutic setting.* New York: Routledge.
Buirski, P., & Haglund, P. (2001). *Making sense together: The intersubjective approach to psychotherapy.* Northvale, NJ: Jason Aronson.
Bursten, B. (1973a). *The manipulator: A psychoanalytic view.* New Haven, CT: Yale University Press.
Bursten, B. (1973b). Some narcissistic personality types. *International Journal of Psycho-Analysis, 54,* 287-300.
Cain, D. J. (2010). *Person-centered psychotherapies.* Washington, DC: American Psychological Association.
Cameron, N. (1959). Paranoid conditions and paranoia. In S. Arieti (Ed.), *American handbook of psychiatry* (Vol. 1, pp. 508-539). New York: Basic Books.
Capote, T. (1965). *In cold blood.* New York: Random House.
Caspi, A., McClay, J., Moffitt, T. E., Mill, J., Martin, J., Craig, I. W., et al. (2002). Role of genotype in the cycle of violence in maltreated children. *Science, 297,* 851-854.
Cassidy, J., & Shaver, P. R. (Eds.). (2010). *Handbook of attachment: Theory, research, and clinical applications* (2nd ed.). New York: Guilford Press.
Cath, S. H. (1986). Fathering from infancy to old age: A selective overview of recent psychoanalytic contributions. *Psychoanalytic Review, 74,* 469-479.
Cattell, J. P., & Cattell, J. S. (1974). Depersonalization: Psychological and social perspectives. In S. Arieti (Ed.), *American handbook of psychiatry* (pp. 767-799). New York: Basic Books.
Cela, J. A. (1995). A classical case of a severe obsessive compulsive defense. *Modern Psychoanalysis, 20,* 271-277.
Celani, D. (1976). An interpersonal approach to hysteria. *American Journal of Psychiatry, 133,* 1414-1418.
Celenza, A. (2006). The threat of male-to-female erotic transference. *Journal of the American Psychoanalytic Association, 54,* 1207-1231.
Celenza, A. (2007). *Sexual boundary violations: Therapeutic, supervisory, and academic contexts.* Northvale, NJ: Jason Aronson.
Charles, M. (2004). *Learning from experience: A guidebook for clinicians.* Hillsdale, NJ: Analytic Press.
Chase, T. (1987). *When Rabbit howls.* New York: Jove.
Chasseguet-Smirgel, J. (1985). *The ego ideal: A psychoanalytic essay on the malady of the idea.* New York: Norton.
Chefetz, R. A. (1997). Special case transferences and countertransferences in the treatment of dissociative disorders. *Dissociation, 10,* 255-265.
Chefetz, R. A. (2000a). Affect dysregulation as a way of life. *Journal of the American Academy of Psychoanalysis, 28,* 289-303.
Chefetz, R. A. (2000b). The psychoanalytic psychotherapy of dissociative identity disorder in

the context of trauma therapy. *Psychoanalytic Inquiry, 20,* 259-286.
Chefetz, R. A. (2004). Re-associating psychoanalysis and dissociation. *Contemporary Psychoanalysis, 40,* 123-133.
Chefetz, R. A. (2009). Waking the dead therapist. *Psychoanalytic Dialogues, 19,* 393-404.
Chefetz, R. A. (2010a). Life as performance art: Right and left brain function, implicit knowing, and "felt coherence." In J. Petrucelli (Ed.), *Knowing, not knowing, and sort-of-knowing: Psychoanalysis and the experience of uncertainty* (pp. 258-278). New York: Karnac.
Chefetz, R. A. (2010b). "T" in interpellation stands for terror. Commentary on paper by Orna Guralnik and Daphne Simeon. *Psychoanalytic Dialogues, 20,* 417-437.
Chemtob, C. M., Tolin, D. F., van der Kolk, B., & Pitman, R. K. (2004). Eye movement desensitization and reprocessing. In E. B. Foa, T. M. Keane, & M. J. Friedman (Eds.), *Effective treatments for PTSD: Practice guidelines from the International Society for Trauma Stress Studies* (pp. 139-154, 333-335). New York: Guilford Press.
Chessick, R. D. (2001). OCD, OCPD: Acronyms do not make a disease. *Psychoanalytic Inquiry, 21,* 183-207.
Chodoff, P. (1978). Psychotherapy of the hysterical personality disorder. *Journal of the American Academy of Psychoanalysis, 6,* 496-510.
Chodoff, P. (1982). The hysterical personality disorder: A psychotherapeutic approach. In A. Roy (Ed.), *Hysteria* (pp. 277-285). New York: Wiley.
Chodorow, N. J. (1978). *The reproduction of mothering: Psychoanalysis and the sociology of gender.* Berkeley: University of California Press.
Chodorow, N. J. (1989). *Feminism and psychoanalytic theory.* Berkeley: University of California Press.
Chodorow, N. J. (1999). *The power of feelings: Personal meaning in psychoanalysis, gender, and culture.* New Haven, CT: Yale University Press.
Chodorow, N. J. (2010). Beyond the dyad: Individual psychology, social world. *Journal of the American Psychoanalytic Association, 58,* 207- 230.
Chu, J. A. (1998). Riding the therapeutic roller coaster: Stage-oriented treatment for survivors of childhood abuse. In *Rebuilding shattered lives: The responsible treatment of complex post-traumatic and dissociative disorders* (pp. 75-91). New York: Wiley.
Clarkin, J. F., & Levy, K. N. (2003). A psychodynamic treatment for severe personality disorders: Issues in treatment development. *Psychoanalytic Inquiry, 23,* 248-267.
Clarkin, J. F., Levy, K. N., Lenzenweger, M. F., & Kernberg, O. F. (2007). Evaluating three treatments for borderline personality disorder: A multiwave study. *American Journal of Psychiatry, 164,* 1-8.
Clarkin, J. F., Yeomans, F. E., & Kernberg, O. F. (2006). *Psychotherapy for borderline personality: Focusing on object relations.* Washington, DC: American Psychiatric Press.
Classen, C., Pain, C., Field, N., & Woods, P. (2006). Posttraumatic personality disorder: A reformulation of complex posttraumatic stress disorder and borderline personality disorder. *Psychiatric Clinics of North America, 29,* 87-112.
Cleckley, H. (1941). *The mask of sanity: An attempt to clarify some issues about the so-called psychopathic personality.* St. Louis, MO: Mosby.
Cloninger, C. R., & Guze, S. B. (1970). Psychiatric illness and female criminality. The role of sociopathy and hysteria in the antisocial woman. *American Journal of Psychiatry, 127,* 303-311.
Coccaro, E. F. (1996). Neurotransmitter correlates of impulsive aggression in humans. *Annals of the New York Academy of Science, 794,* 82-89.
Cohen, M. B., Baker, G., Cohen, R. A., Fromm-Reichmann, F., & Weigert, E. (1954). An

intensive study of twelve cases of manic-depressive psychosis. *Psychiatry, 17,* 103-137.

Colby, K. (1951). *A primer for psychotherapists.* New York: Ronald Press.

Coleman, M., & Nelson, B. (1957). Paradigmatic psychotherapy in borderline treatment. *Psychoanalysis,* 5, 28-44.

Coons, P. M., & Bowman, E. S. (2001). Ten-year follow-up study of patients with dissociative identity disorder. *Journal of Trauma and Dissociation, 2,* 73-90.

Coons, P. M., Bowman, E. S., & Milstein, V. (1988). Multiple personality disorder: A clinical investigation of 50 cases. *Journal of Nervous and Mental Disease, 176,* 519-527.

Coontz, S. (1992). *The way we never were: American families and the nostalgia gap.* New York: Basic Books.

Cooper, A. M. (1984). Narcissism in normal development. In M. R. Zales (Ed.), *Character pathology: Theory and treatment* (pp. 39-56). New York: Brun- ner/Mazel.

Cooper, A. M. (1988). The narcissistic-masochistic character. In R. A. Glick & D. I. Meyers (Eds.), *Masochism: Current psychoanalytic perspectives* (pp. 189-204). Hillsdale, NJ: Analytic Press.

Corbett, K. (2001). More life: Centrality and marginality in human development. *Psychoanalytic Dialogues, 11,* 313-335.

Cosgrove, L. (2010, November-December). Diagnosing conflict-of-interest disorder. *Academe,* pp. 43-46.

Cramer, P. (1991). *The development of defense mechanisms: Theory, research and assessment.* New York: Springer-Verlag.

Cramer, P. (2006). *Protecting the self: Defense mechanisms in action.* New York: Guilford Press.

Cramer, P. (2008). Seven pillars of defense mechanism theory. *Social and Personality Psychology Compass, 2,* 1-19.

Cushman, P. (1995). *Constructing the self, constructing America: A cultural history of psychotherapy.* Reading, MA: Addison-Wesley.

Damasio, A. R. (1994). *Descartes' error: Emotion, reason, and the human brain.* New York: Putnam.

Davanloo, H. (1980). *Short-term dynamic psychotherapy.* New York: Jason Aronson.

Davies, J. M., & Frawley, M. G. (1994). *Treating the adult survivor of childhood sexual abuse: A psychoanalytic perspective.* New York: Basic Books.

de Beilis, M. (2001). Developmental traumatology: The psychobiological development of maltreated children and its implications for research, treatment, and policy. *Development and Psychopathology, 13,* 539-564.

Dell, P. F. (2006). The multidimensional inventory of dissociation (MID): A comprehensive measure of pathological dissociation. *Journal of Trauma and Dissociation,* 7, 77-103.

de Monchy, R. (1950). Masochism as a pathological and as a normal phenomenon in the human mind. *International Journal of Psycho-Analysis, 31,* 95-97.

Deri, S. (1968). Interpretation and language. In E. Hammer (Ed.), *The use of interpretation in treatment.* New York: Grune & Stratton.

Deutsch, H. (1942). Some forms of emotional disturbance and their relationship to schizophrenia. *Psychoanalytic Quarterly, 11,* 301-321.

Deutsch, H. (1944). *The psychology of women: A psychoanalytic interpretation: Vol. 1. Girlhood.* New York: Grune & Stratton.

de Tocqueville, A. (2002). *Democracy in America* (H. C. Mansfield & D. Win- throp, Trans.). Chicago: University of Chicago Press.

De Waelhens, A., & Ver Eecke, W. (2000). *Phenomenology and Lacan on schizophrenia, after the decade of the brain.* Leuven, Belgium: Leuven University Press.

Diamond, D. (2004). Attachment disorganization: The reunion of attachment theory and psychoanalysis. *Psychoanalytic Psychology, 21,* 276-299.

Diamond, M. J. (2007). *My father before me: How fathers and sons influence each other throughout their lives.* New York: Norton.

Dimen, M., & Harris, A. (2001). *Storms in her head: Freud and the construction of hysteria.* New York: Other Press.

Dinnerstein, D. (1976). *The mermaid and the minotaur.* New York: Harper & Row.

Doidge, N. (2001). Diagnosing *The English Patient:* Schizoid fantasies of being skinless and being buried alive. *Journal of the American Psychoanalytic Association, 49,* 279-309.

Dorahy, M. J. (2001). Dissociative identity disorder and memory dysfunction: The current state of experimental research and its future directions. *Clinical Psychology Review, 21,* 771-795.

Dorpat, T. (1982). An object-relations perspective on masochism. In P. L. Gio- vacchini & L. B. Boyer (Eds.), *Technical factors in the treatment of severely disturbed patients* (pp. 490-513). New York: Jason Aronson.

Dougherty, N. J., & West, J. J. (2007). *The matrix and meaning of character: An archetypal and developmental approach.* New York: Routledge.

Dyess, C., & Dean, T. (2000). Gender: The impossibility of meaning. *Psychoanalytic Dialogues, 10,* 735-756.

Eagle, M. N. (2011). *From classical to contemporary psychoanalysis: A critique and integration.* New York: Routledge.

Easser, B. R., & Lesser, S. (1965). The hysterical personality: A reevaluation. *Psychoanalytic Quarterly, 34,* 390-405.

Eells, T. D. (Ed.). (2007). *Handbook of psychotherapy case formulation* (2nd ed.). New York: Guilford Press.

Ehrenberg, D. B. (1992). *The intimate edge: Extending the reach of psychoanalytic interaction.* New York: Norton.

Eigen, M. (1973). Abstinence and the schizoid ego. *International Journal of Psychoanalysis, 54,* 493-498.

Eigen, M. (1986). *The psychotic core.* New York: Jason Aronson.

Eigen, M. (2004). A little psyche-music. *Psychoanalytic Dialogues, 14,* 119—130.

Einstein, A. (1931). The world as I see it. In S. Bergmann (Trans.), *Ideas and opinions* (3rd ed., pp. 3-79). New York: Three Rivers Press.

Eissler, K. R. (1953). The effects of the structure of the ego on psychoanalytic technique. *Journal of the American Psychoanalytic Association, 1,* 104- 143.

Ekstein, R., & Wallerstein, R. S. (1958). *The teaching and learning of psychotherapy* (Rev. ed., 1971). Madison, CT: International Universities Press.

Erikson, E. H. (1950). *Childhood and society.* New York: Norton.

Erikson, E. H. (1968). *Identity: Youth and crisis.* New York: Norton.

Escalona, S. K. (1968). *The roots of individuality: Normal patterns of development in infancy.* Chicago: Aldine.

Evans, S., Tsao, J. C. I., Lu, Q., Kim, S. C., Turk, N., Myers, C. D., et al. (2009). Sex differences in the relationship between maternal negative life events and children's laboratory pain *.Journal of Developmental and Behavioral Pediatrics, 30,* 279-288.

Fairbairn, W. R. D. (1940). Schizoid factors in the personality. In *Psychoanalytic studies of the personality* (pp. 3-27). London: Routledge 8i Kegan Paul, 1952.

Fairbairn, W. R. D. (1941). A revised psychopathology of the psychoses and psychoneuroses.

International Journal of Psycho-Analysis, 22, 250- 279.
Fairbairn, W. R. D. (1943). The repression and return of bad objects (with special reference to the "war neuroses"). In *Psychoanalytic studies of the personality* (pp. 29-58). New York: Routledge, 1994.
Fairbairn, W. R. D. (1954). *An object-relations theory of the personality.* New York: Basic Books.
Fairfield, S. (2001). Analyzing multiplicity: A postmodern perspective on some current psychoanalytic theories of subjectivity. *Psychoanalytic Dialogues, 11,* 221-251.
Federn, P. (1952). *Ego psychology and the psychoses.* New York: Basic Books.
Fenichel, O. (1928). On "isolation." In *The collected papers of Otto Fenichel, first series* (pp. 147-152). New York: Norton.
Fenichel, O. (1941). *Problems of psychoanalytic technique.* Albany, NY: Psychoanalytic Quarterly.
Fenichel, O. (1945). *The psychoanalytic theory of neurosis.* New York: Norton.
Ferenczi, S. (1913). Stages in the development of a sense of reality. In *First contributions to psycho-analysis* (pp. 213-239). New York: Brunner/Mazel, 1980.
Ferenczi, S. (1925). Psychoanalysis of sexual habits. In *Further contributions to the theory and technique of psycho-analysis* (pp. 259-297). New York: Brunner/Mazel, 1980.
Fernando, J. (1998). The etiology of narcissistic personality disorder. *Psychoanalytic Study of the Child, 53,* 141-158.
Fink, B. (1999). *A clinical introduction to Lacanian psychoanalysis: Theory and technique.* Cambridge, MA: Harvard University Press.
Fink, B. (2007). *Fundamentals of psychoanalytic technique: A Lacanian approach for practitioners.* New York: Norton.
Fiscalini, J. (1993). Interpersonal relations and the problem of narcissism. In J. Fiscalini & A. L. Grey (Eds.), *Narcissism and the interpersonal self* (pp. 53-87). New York: Columbia University Press.
Fischer, K. W., & Bidell, T. R. (1998). Dynamic development of psychological structures in action and thought. In W. Damon & R. M. Lerner (Eds.), *Handbook of child psychology: Vol. 1. Theoretical models of human development* (5th ed., pp. 467-561). New York: Wiley.
Fisher, S. (1970). *Body experience in fantasy and behavior.* New York: Apple- ton-Century-Crofts.
Fisher, S., & Greenberg, R. P. (1985). *The scientific credibility of Freud's theories and therapy.* New York: Columbia University Press.
Fisher, S., & Greenberg, R. P. (1996). *Freud scientifically reappraised: Testing the theories and therapy.* New York: Wiley.
Fogelman, E. (1988). Intergenerational group therapy: Child survivors of the Holocaust and offspring of survivors. *Psychoanalytic Review, 75,* 619- 640.
Fogelman, E., & Savran, B. (1979). Therapeutic groups for children of Holocaust survivors. *International Journal of Group Psychotherapy, 29,* 211-235.
Fonagy, P. (2000). Attachment and borderline personality disorder. *Journal of the American Psychoanalytic Association, 48,* 1129-1146.
Fonagy, P. (2001). *Attachment theory and psychoanalysis.* New York: Other Press.
Fonagy, P. (2003). Genetics, developmental psychology, and psychoanalytic theory: The case for ending our (not so) splendid isolation. *Psychoanalytic Inquiry, 23,* 218-247.
Fonagy, P., Gergely, G., Jurist, E. L., & Target, M. (2002). *Affect regulation, mentalization, and the development of the self.* New York: Other Press.

Fonagy, P., & Target, M. (1996). Playing with reality: I. Theory of mind and normal development of psychic reality in the child. *International Journal of Psychoanalysis, 77,* 217-233.
Fonagy, P., Target, M., Gergeley, G., Allen, J. G., & Bateman, A. W. (2003). The developmental roots of borderline personality disorder in early attachment relationships: A theory and some evidence. *Psychoanalytic Inquiry, 23,* 412-459.
Fosha, D. (2000). *The transforming power of affect: A model of accelerated change.* New York: Basic Books.
Fosha, D. (2005). Emotion, true self, core state: Toward a clinical theory of the affective change process. *Psychoanalytic Review, 92,* 519-551.
Fraiberg, S. (1959). *The magic years: Understanding and handling the problems of early childhood.* New York: Scribner's.
Frances, A., & Cooper, A. M. (1981). Descriptive and dynamic psychiatry: A perspective on DSM-1II. *American Journal of Psychiatry, 138,* 1198— 1202.
Frank, J. D., Margolin, J., Nash, H. T., Stone, A. R., Varon, E., & Ascher, E. (1952). Two behavior patterns in therapeutic groups and their apparent motivation. *Human Relations, 5,* 289-317.
Freud, A. (1936). *The ego and the mechanisms of defense.* New York: International Universities Press.
Freud, S. (1886). Observation of a severe case of hemianaesthesia in a hysterical male. *Standard Edition, 1,* 23-31.
Freud, S. (1895). Project for a scientific psychology. *Standard Edition, 1,* 281- 397.
Freud, S. (1897). Letter to Wilhelm Fliess. *Standard Edition, 1,* 259.
Freud, S. (1900). The interpretation of dreams. *Standard Edition, 4.*
Freud, S. (1901). The psychopathology of everyday life. *Standard Edition, 6.*
Freud, S. (1905). Three essays on the theory of sexuality. *Standard Edition,* 7, 135-243.
Freud, S. (1908). Character and anal eroticism. *Standard Edition, 9,*169-175.
Freud, S. (1909). Notes upon a case of obsessional neurosis. *Standard Edition, 10,* 151-320.
Freud, S. (1911). Psycho-analytic notes on an autobiographic account of a case of paranoia (dementia paranoides). *Standard Edition, 13,* 1-162.
Freud, S. (1912). The dynamics of transference. *Standard Edition, 12,* 97-108.
Freud, S. (1913). The disposition to obsessional neurosis. *Standard Edition, 12,* 311-326.
Freud, S. (1914a). On narcissism: An introduction. *Standard Edition, 14,* 67-102.
Freud, S. (1914b). Remembering, repeating and working through (Further recommendations on the technique of psycho-analysis II). *Standard Edition, 12,* 147-156.
Freud, S. (1915a). Instincts and their vicissitudes. *Standard Edition, 14,*111-140.
Freud, S. (1915b). Repression. *Standard Edition, 14,*147.
Freud, S. (1916). Some character types met with in psychoanalytic work. *Standard Edition, 14,* 311-333.
Freud, S. (1917a). Mourning and melancholia. *Standard Edition, 14,* 243-258.
Freud, S. (1917b). On transformations of instinct as exemplified in anal erotism. *Standard Edition, 17,* 125-133.
Freud, S. (1918). From the history of an infantile neurosis. *Standard Edition, 17,* 7-122.
Freud, S. (1919). A child is being beaten: A contribution to the study of the origin of sexual perversions. *Standard Edition, 17,* 179-204.
Freud, S. (1920). Beyond the pleasure principle. *Standard Edition, 18,* 7-64.
Freud, S. (1923). The ego and the id. *Standard Edition, 19,* 13-59.
Freud, S. (1924). The economic problem in masochism. *Standard Edition, 19,* 159-170.

Freud, S. (1925a). Autobiographical study. *Standard Edition, 20,* 32-76.
Freud, S. (1925b). Some psychical consequences of the anatomical distinction between the sexes. *Standard Edition, 19,* 248-258.
Freud, S. (1931). Libidinal types. *Standard Edition, 21,* 215-222.
Freud, S. (1932). Femininity. *Standard Edition, 22,* 112-135.
Freud, S. (1937). Analysis terminable and interminable. *Standard Edition, 22,* 216-253.
Freud, S. (1938). An outline of psycho-analysis. *Standard Edition, 23,* 144- 207.
Friedenberg, E. Z. (1959). *The vanishing adolescent.* Boston: Beacon.
Friedman, R. C. (1988). *Male homosexuality: A contemporary psychoanalytic perspective.* New Haven, CT: Yale University Press.
Friedman, R. C. (1991). The depressed masochistic patient: Diagnostic and management considerations—A contemporary psychoanalytic perspective. *Journal of the American Academy of Dynamic Psychiatry, 19,* 9-30.
Friedman, R. C. (2006). Psychodynamic psychiatry: Past, present, and future. *Journal of the American Academy of Psychoanalysis, 34,* 471-487.
Fromm, E. (1947). *Man for himself: An inquiry into the psychology of ethics.* New York: Rinehart.
Fromm-Reichmann, F. (1950). *Principles of intensive psychotherapy.* Chicago: University of Chicago Press.
Frosch, J. (1964). The psychotic character: Clinical psychiatric considerations. *Psychoanalytic Quarterly, 38,* 91-96.
Furman, E. (1982). Mothers have to be there to be left. *Psychoanalytic Study of the Child, 37,* 15-28.
Gabbard, G. O. (1986). The treatment of the "special" patient in a psychoanalytic hospital. *International Review of Psycho-Analysis, 13,* 333-347.
Gabbard, G. O. (1989). Two subtypes of narcissistic personality disorder. *Bulletin of the Menninger Clinic, 53,* 527-539.
Gabbard, G. O. (1991). Technical approaches to transference hate in the analysis of borderline patients. *International Journal of Psychoanalysis, 72,* 625-636.
Gabbard, G. O. (2001). Psychoanalytically informed approaches in the treatment of obsessive-compulsive disorder. *Psychoanalytic Inquiry, 21,* 208- 221.
Gabbard, G. O. (2005). *Psychodynamic psychiatry in clinical practice.* Washington, DC: American Psychiatric Publishing.
Gabbard, G. O., & Lester, E. P. (2002). *Boundaries and boundary violations in psychoanalysis.* Washington, DC: American Psychiatric Association.
Gabriel, J., & Beratis, S. (1997). Early trauma in the development of masochism and depression. *International Forum of Psychoanalysis, 6,* 231-236.
Gacano, C. B., & Meloy, J. R. (1991). A Rorschach investigation of attachment and anxiety in antisocial personality disorder. *Journal of Nervous and Mental Disease, 179,* 546-552.
Gacano, C. B., Meloy, J. R., & Berg, J. L. (1992). Object relations, defensive operations, and affective states in narcissistic, borderline, and antisocial personality disorders. *Journal of Personality Assessment, 59,* 32-49.
Gaddis, T., & Long, J. (1970). *Killer: A journal of murder.* New York: Macmillan.
Galenson, E. (1988). The precursors of masochism: Protomasochism. In R. A. Glick & D. I. Meyers (Eds.), *Masochism: Current psychoanalytic perspectives* (pp. 189-204). Hillsdale, NJ: Analytic Press.
Galin, D. (1974). Implications for psychiatry of left and right cerebral specialization. *Archives of General Psychiatry, 31,* 572-583.

Garcia-Campayo, J., Alda, M., Sobradiel, N., Olivan, B., & Pascual, A. (2007). Personality disorders in somatization disorder patients: A controlled study in Spain. *Journal of Psychosomatic Research, 62,* 675-680.

Gardiner, M. (1971). *The wolf-man: By the wolf-man.* New York: Basic Books.

Gardner, M. R. (1991). The art of psychoanalysis: On oscillation and other matters. *Journal of the American Psychoanalytic Association, 39,* 851-870.

Gay, P. (1968). *Weimar culture.* New York: Harper & Row.

Gaylin, W. (Ed.). (1983). *Psychodynamic understanding of depression: The meaning of despair.* New York: Jason Aronson.

Geekie, J., & Read, J. (2009). *Making sense of madness: Contesting the meaning of schizophrenia.* New York: Routledge.

Ghent, E. (1990). Masochism, submission, surrender—Masochism as a perversion of surrender. *Contemporary Psychoanalysis, 26,* 108-136.

Gill, M. M. (1983). The interpersonal paradigm and the degree of the therapist's involvement. *Contemporary Psychoanalysis, 19,* 200-237.

Gill, M. M., Newman, R., & Redlich, F. C. (1954). *The initial interview in psychiatric practice.* New York: International Universities Press.

Gilleland, J., Suveg, C., Jacob, M. L., & Thomassin, K. (2009). Understanding the medically unexplained: Emotional and family influences on children's somatic. *Child: Care, Health, and Development, 35,* 383-390.

Gilligan, C. (1982). *In a different voice: Psychological theory and women's development.* Cambridge, MA: Harvard University Press.

Giovacchini, P. L. (1979). *The treatment of primitive mental states.* New York: Jason Aronson.

Giovacchini, P. L., & Boyer, L. B. (Eds.). (1982). *Technical factors in the treatment of the severely disturbed patient.* New York: Jason Aronson.

Glick, R. A., & Meyers, D. I. (1988). *Masochism: Current psychoanalytic perspectives.* Hillsdale, NJ: Analytic Press.

Glover, E. (1955). *The technique of psycho-analysis.* New York: International Universities Press.

Goldberg, A. (1990a). Disorders of continuity. *Psychoanalytic Psychology, 7,* 13-28.

Goldberg, A. (1990b). *The prisonhouse of psychoanalysis.* New York: Analytic Press.

Goldstein, K. (1959). Functional disturbances in brain damage. In S. Arieti (Ed.), *American handbook of psychiatry* (Vol. 1, pp. 770-794). New York: Basic Books.

Gordon, R. (1987). Masochism: The shadow side of the archetypal need to venerate and worship. *Journal of Analytic Psychology, 32,* 427-453.

Gottdiener, W. H. (2002). Psychoanalysis and schizophrenia: Three responses to Martin Willock. *Journal of the American Psychoanalytic Association, 50,* 314-316.

Gottdiener, W. H. (2006). Individual psychodynamic psychotherapy for schizophrenia: Empirical evidence for the practicing clinician. *Psychoanalytic Psychology, 23,* 583-589.

Gottdiener, W., & Haslam, N. (2002). The benefits of individual psychotherapy for people diagnosed with schizophrenia: A meta-analytic review. *Ethical Human Sciences and Services, 4,* 163-187.

Gottesman, I. (1991). *Schizophrenia genesis: The origins of madness.* New York: Freeman.

Gottlieb, R. (2010). *Sarah: The life of Sarah Bernhardt.* New Haven, CT: Yale University Press.

Grand, S. (2000). *The reproduction of evil: A clinical and cultural perspective.* Hillsdale, NJ: Analytic Press.

Green, H. (1964). *I never promised you a rose garden.* New York: Holt, Rinehart & Winston.

Greenacre, P. (1958). The impostor. *Psychoanalytic Quarterly, 27,* 359-382.

Greenberg, J. R., & Mitchell, S. A. (1983). *Object relations in psychoanalytic theory.* Cambridge, MA: Harvard University Press.

Greenson, R. R. (1967). *The technique and practice of psychoanalysis.* New York: International Universities Press.

Greenspan, S. I. (1981). *Clinical infant reports: Number I: Psychopathology and adaptation in infancy and early childhood: Principles of clinical diagnosis and preventive intervention.* New York: International Universities Press.

Greenspan, S. I. (1997). *Developmentally based psychotherapy.* New York: International Universities Press.

Greenwald, H. (1958). *The call girl: A sociological and psychoanalytic study.* New York: Ballantine Books.

Greenwald, H. (1974). Treatment of the psychopath. In H. Greenwald (Ed.), *Active psychotherapy* (pp. 363-377). New York: Jason Aronson.

Grinker, R. R., Werble, B., & Drye, R. C. (1968). *The borderline syndrome: A behavioral study of ego functions.* New York: Basic Books.

Grossman, W. (1986). Notes on masochism: A discussion of the history and development of a psychoanalytic concept. *Psychoanalytic Quarterly, 55,* 379-413.

Grossmann, K., & Grossmann, K. E. (1991). Newborn behavior, early parenting quality and later toddler-parent relationships in a group of German infants. In J. K. Nugent, B. M. Lester, & T. B. Brazelton (Eds.), *The cultural context of infancy* (Vol. 2, pp. 3-38). Norwood, NJ: Ablex.

Groth, A. N. (1979). *Men who rape: The psychology of the offender.* New York: Basic Books.

Grotstein, J. (1982). Newer perspectives in object relations theory. *Contemporary Psychoanalysis, 18,* 43-91.

Grotstein, J. S. (1993). *Splitting and projective identification.* Northvale, NJ: Jason Aronson.

Grotstein, J. S. (2000). *Who is the dreamer who dreams the dream?: A study of psychic presences.* Hillsdale, NJ: Analytic Press.

Gunderson, J. G. (1984). *Borderline personality disorder.* Washington, DC: American Psychiatric Press.

Gunderson, J. G., & Lyons-Ruth, K. (2008). BPD's interpersonal hypersensitivity phenotype: A gene-environment developmental model. *Journal of Personality Disorders, 22,* 22-41.

Gunderson, J. G., & Singer, M. T. (1975). Defining borderline patients: An overview. *American Journal of Psychiatry, 133,* 1-10.

Guntrip, H. (1952). The schizoid personality and the external world. In *Schizoid phenomena, object relations and the self* (pp. 17-48). New York: International Universities Press, 1969.

Guntrip, H. (1961). The schizoid problem, regression, and the struggle to preserve an ego. In *Schizoid phenomena, object relations and the self* (pp. 49-86). New York: International Universities Press, 1969.

Guntrip, H. (1969). *Schizoid phenomena, object relations and the self.* New York: International Universities Press.

Guntrip, H. (1971). *Psychoanalytic theory, therapy, and the self: A basic guide to the human personality in Freud, Erikson, Klein, Sullivan, Fairbairn, Hartmann, Jacobson, and Winnicott.* New York: Basic Books.

Gutheil, T. G., & Brodsky, A. (2008). *Preventing boundary violations in clinical practice.* New York: Guilford Press.

Hagarty, G. E., Kornblith, S. J., Deborah, G., DiBarry, A. L., Cooley, S., Flesher, S., et al. (1995). Personal therapy: A disorder-relevant psychotherapy for schizophrenia. *Schizophrenia Bulletin, 21,* 379-393.

Hall, J. S. (1998). *Deepening the treatment.* Northvale, NJ: Jason Aronson.
Halleck, S. L. (1967). Hysterical personality traits—psychological, social, and iatrogenic determinants. *Archives of General Psychiatry, 16,* 750-759.
Hammer, E. (1968). *The use of interpretation in treatment.* New York: Grune & Stratton.
Hammer, E. (1990). *Reaching the affect: Style in the psychodynamic therapies.* New York: Jason Aronson.
Hanley, M. A. F. (Ed.). (1995). *Essential papers on masochism.* New York: New York University Press.
Hare, R. D. (1999). *Without conscience: The disturbing world of the psychopaths among us.* New York: Guilford Press.
Hare, R. D., Harpur, T. J., Hakstian, A. R., Forth, A. E., Hart, S. D., & Newman, J. P. (1990). The Revised Psychopathy Checklist: Reliability and factor structure. *Journal of Counseling and Clinical Psychology, 2,* 338-341.
Harris, A. (2008). *Gender as soft assembly.* New York: Routledge.
Harris, A., & Gold, B. H. (2001). The fog rolled in: Induced dissociative states in clinical process. *Psychoanalytic Dialogues, 11,* 357-384.
Harris, D. (1982). *Dreams die hard: Three men's journey through the sixties.* New York: St. Martin's/Marek.
Hartmann, H. (1958). *Ego psychology and the problem of adaptation.* New York: International Universities Press.
Hartocollis, P. (Ed.). (1977). *Borderline personality disorders: The concept, the syndrome, the patient.* New York: International Universities Press.
Hedges, L. E. (1992). *Listening perspectives in psychotherapy.* New York: Jason Aronson.
Heisenberg, W. (1927). The uncertainty principle. *Zeitschrift fur Physik, 43,* 172-196.
Henderson, D. K. (1939). *Psychopathic states.* New York: Norton.
Hendin, H. (1975). *The age of sensation: A psychoanalytic exploration.* New York: Norton.
Herman, J. L. (1981). *Father-daughter incest.* Cambridge, MA: Harvard University Press.
Herman, J. L. (1992). *Trauma and recovery: The aftermath of violence—From domestic abuse to political terror.* New York: Basic Books.
Herzig, A., & Licht, J. (2006). Overview of empirical support for the DSM symptom-based approach to diagnostic classification. In PDM Task Force (2006), *Psychodynamic diagnostic manual* (pp. *663-690*). Silver Spring, MD: Alliance of Psychoanalytic Organizations.
Hesse, E., & Main, M. (1999). Second generation effects of unresolved trauma in nonmaltreating parents: Dissociated, frightening, and threatening parental behavior. *Psychoanalytic Inquiry, 19,* 481-540.
Hilgard, E. R. (1986). *Divided consciousness: Multiple controls in human thought and action.* New York: Wiley.
Hirsch, S. J., & Hollender, M. H. (1969). Hysterical psychoses: Clarification of the concept. *American Journal of Psychiatry, 125,* 909.
Hite, A. L. (1996). The diagnostic alliance. In D. L. Nathanson (Ed.), *Knowing feeling: Affect, script, and psychotherapy* (pp. 37-54). New York: Norton.
Hoch, P. H., & Polatin, P. (1949). Pseudoneurotic forms of schizophrenia. *Psychoanalytic Quarterly, 23,* 248-276.
Hoenig, J. (1983). The concept of schizophrenia: Kraepelin-Bleuler-Schneider. *British Journal of Psychiatry, 142,* 547-556.
Hoffman, I. Z. (1998). *Ritual and spontaneity in the psychoanalytic process:* A dialectical constructivist view. Hillsdale, NJ: Analytic Press.

Hollender, M. H. (1971). Hysterical personality. *Comments on Contemporary Psychiatry, 1,* 17-24.

Hollender, M., & Hirsch, S. (1964). Hysterical psychosis. *American Journal of Psychiatry, 120,* 1066-1074.

Horner, A. J. (1979). *Object relations and the developing ego in therapy.* New York: Jason Aronson.

Horner, A. J. (1990). *The primacy of structure: Psychotherapy of underlying character pathology.* Northvale, NJ: Jason Aronson.

Horner, A. J. (1991). *Psychoanalytic object relations therapy.* Northvale, NJ: Jason Aronson.

Horney, K. (1939). *New ways in psycho-analysis.* New York: Norton.

Horowitz, A. V., & Wakefield, J. C. (2007). *The loss of sadness: How psychiatry transformed normal sorrow into depressive disorder.* New York: Oxford University Press.

Horowitz, M. (Ed.). (1991). *Hysterical personality style and the histrionic personality disorder* (2nd rev. ed.). Northvale, NJ: Jason Aronson.

Howell, E. (1996). Dissociation in masochism and psychopathic sadism. *Contemporary Psychoanalysis, 32,* 427-453.

Howell, E. (2005). *The dissociative mind.* Hillsdale, NJ: Analytic Press.

Hughes, J. M. (1989). *Reshaping the psychoanalytic domain: The work of Melanie Klein, W. R. D. Fairbairn, and D. W. Winnicott.* Berkeley: University of California Press.

Hurvich, M. (2003). The place of annihilation anxieties in psychoanalytic theory. *Journal of the American Psychoanalytic Association, 57,* 579-616.

Hyde, J. (2009). *Fragile narcissists or the guilty good. What drives the personality of the psychotherapist?* Unpublished doctoral dissertation, Macquarie University, Sydney, Australia.

Intrator, J., Hare, R. D., Stritzke, P., Brichtswein, K., Dorman, D., Harpur, T., et al. (1997). A brain imaging (single photon emission computerized topography [SPECT]) study of semantic and affective processing in psychopaths). *Biological Psychiatry, 42,* 96-103.

Isaacs, K. (1990). Affect and the fundamental nature of neurosis. *Psychoanalytic Psychology, 7,* 259-284.

Jacobs, T. J. (1991). *The use of the self: Countertransference and communication in the analytic situation.* Madison, CT: International Universities Press.

Jacobson, E. (1964). *The self and the object world.* New York: International Universities Press.

Jacobson, E. (1967). *Psychotic conflict and reality.* London: Hogarth Press.

Jacobson, E. (1971). *Depression: Comparative studies of normal, neurotic, and psychotic conditions.* New York: International Universities Press.

Janet, P. (1890). *The major symptoms of hysteria.* New York: Macmillan.

Jaspers, K. (1963). *General psychopathology* (J. Hoenig & M. W. Hamilton, Trans.). Chicago: University of Chicago Press.

Jellesma, F. C., Rieffe, C., Terwogt, M. M., & Westenburg, P. M. (2009). Somatic complaints in children: Does reinforcement take place by positive parental reactions? *Kind en Adolescent, 30,* 24-35.

Johnson, A. (1949). Sanctions for superego lacunae of adolescents. In K. R. Eissler (Ed.), *Searchlights on delinquency* (pp. 225-245). New York: International Universities Press.

Jones, E. (1913). The God complex: The belief that one is God, and the resulting character traits. In *Essays in applied psycho-analysis* (Vol. 2, pp. 244-265). London: Hogarth Press, 1951.

Josephs, L. (1992). *Character structure and the organization of the self.* New York: Columbia University Press.

Josephs, L., & Josephs, L. (1986). Pursuing the kernel of truth in the psychotherapy of

schizophrenia. *Psychoanalytic Psychology, 3,* 105-119.
Jung, C. G. (1945). The relations between the ego and the unconscious. In H. Read, M. Fordham, & G. Adler (Eds.), *The collected works of C. G. Jung* (Bollinger Series 20, Vol. 7, pp. 120-239). Princeton, NJ: Princeton University Press, 1953.
Jung, C. G. (1954). Concerning the archetypes, with special reference to the anima concept. In H. Read, M. Fordham, G. Adler, & W. McGuire (Eds.), *The collected works of C. G. Jung* (Bollinger Series 20, Vol. 9, pp. 54-72). Princeton, NJ: Princeton University Press, 1959.
Kagan, J. (1994). *Galen's prophecy: Temperament in human nature.* New York: Basic Books.
Kahn, H. (1962). *Thinking about the unthinkable.* New York: Horizon.
Kahn, M. (2002). *Basic Freud: Psychoanalytic thought for the 21st century.* New York: Basic Books.
Kandel, E. R. (1999). Biology and the future of psychoanalysis: A new intellectual framework for psychiatry revisited. *American Journal of Psychiatry, 156,* 505-524.
Karon, B. P. (1989). On the formation of delusions. *Psychoanalytic Psychology, 6,* 169-185.
Karon, B. P. (1992). The fear of understanding schizophrenia. *Psychoanalytic Psychology, 9,* 191-211.
Karon, B. P. (2003). The tragedy of schizophrenia without psychotherapy. *Journal of the American Academy of Psychoanalysis and Dynamic Psychiatry, 31,* 89-118.
Karon, B. P., & VandenBos, G. R. (1981). *Psychotherapy of schizophrenia: The treatment of choice.* New York: Jason Aronson.
Karpe, R. (1961). The rescue complex in Anna O's final identity. *Psychoanalytic Quarterly, 30,* 1-27.
Karpman, S. (1968). Fairy tales and script drama analysis. *Transactional Analysis Bulletin, 7,* 39-43.
Kasanin, J. S. (Ed.). (1944). *Language and thought in schizophrenia.* New York: Norton.
Kasanin, J. S., & Rosen, Z. A. (1933). Clinical variables in schizoid personalities. *Archives of Neurology and Psychiatry, 30,* 538-553.
Katan, M. (1953). Mania and the pleasure principle: Primary and secondary symptoms. In P. Greenacre (Ed.), *Affective disorders* (pp. 140-209). New York: International Universities Press.
Kernberg, O. F. (1970). Factors in the psychoanalytic treatment of narcissistic personalities. *Journal of the American Psychoanalytic Association, 18,* 51-85.
Kernberg, O. F. (1975). *Borderline conditions and pathological narcissism.* New York: Jason Aronson.
Kernberg, O. F. (1976). *Object relations theory and clinical psychoanalysis.* New York: Jason Aronson.
Kernberg, O. F. (1981). Some issues in the theory of hospital treatment. *NordiskTidsskriftforLoegeforen, 14,* 837-842.
Kernberg, O. F. (1982). Self, ego, affects, and drives. *Journal of the American Psychoanalytic Association, 30,* 893-917.
Kernberg, O. F. (1984). *Severe personality disorders: Psychotherapeutic strategies.* New Haven, CT: Yale University Press.
Kernberg, O. F. (1986). Institutional problems of psychoanalytic education. *Journal of the American Psychoanalytic Association, 34,* 799-834.
Kernberg, O. F. (1988). Clinical dimensions of masochism. *Journal of the American Psychoanalytic Association, 36,* 1005-1029.
Kernberg, O. F. (1992). Psychopathic, paranoid, and depressive tendencies. *International Journal of Psychoanalysis, 73,* 13-28.

Kernberg, O. F. (2004). *Aggressivity, narcissism and self-destructiveness in the psychotherapeutic relationship: New developments in the psychology and psychotherapy of severe personality disorders*. New Haven, CT: Yale University Press.
Kernberg, O. F. (2005). Unconscious conflict in light of contemporary psychoanalytic findings. *Psychoanalytic Quarterly, 74*, 65-81.
Kernberg, O. F. (2006). The coming changes in psychoanalytic education. Part 1. *International Journal of Psychoanalysis, 87*, 1649-1673.
Kernberg, O. F., Yeomans, F. E., Clarkin, J. F., & Levy, K. N. (2008). Transference focused psychotherapy: Overview and update. *International Journal of Psychoanalysis, 89*, 601-620.
Keyes, D. (1982). *The minds of Billy Milligan*. New York: Bantam.
Khan, M. M. R. (1963). The concept of cumulative trauma. *Psychoanalytic Study of the Child, 18*, 286-306.
Khan, M. M. R. (1974). *The privacy of the self*. New York: International Universities Press.
Kieffer, C. C. (2007). Emergence and the analytic third: Working at the edge of chaos. *Psychoanalytic Dialogues, 17*, 683-703.
Klein, M. (1932). *The psycho-analysis of children*. London: Hogarth Press.
Klein, M. (1935). A contribution to the psychogenesis of manic-depressive states. In *Love, guilt and reparation and other works 1921-1945* (pp. 262-289). New York: Free Press.
Klein, M. (1937). Love, guilt and reparation. In *Love, guilt and reparation and other works 1921-1945* (pp. 306-343). New York: Free Press.
Klein, M. (1940). Mourning and its relation to manic-depressive states. In *Love, guilt and reparation and other works 1921-1945* (pp. 311-338). New York: Free Press.
Klein, M. (1945). The oedipus complex in light of early anxieties. In *Love, guilt and reparation and other works 1921-1945* (pp. 370-419). New York: Free Press.
Klein, M. (1946). Notes on some schizoid mechanisms. *International Journal of Psycho-Analysis, 27*, 99-110.
Klein, M. (1957). Envy and gratitude. In *Envy and gratitude and other works 1946-1963* (pp. 176-235). New York: Free Press.
Kluft, R. P. (1984). Treatment of multiple personality disorder: A study of 33 cases. *Psychiatric Clinics of North America, 7*, 9-29.
Kluft, R. P. (Ed.). (1985). *Childhood antecedents of multiple personality*. Washington, DC: American Psychiatric Press.
Kluft, R. P. (1991). Multiple personality disorder. In A. Tasman & S. M. Gold- finger (Eds.), *American Psychiatric Press review of psychiatry* (Vol. 10, pp. 161-188). Washington, DC: American Psychiatric Press.
Kluft, R. P. (1987). First-rank symptoms as a diagnostic clue to multiple personality disorder. *American Journal of Psychiatry, 144*, 293-298.
Kluft, R. P. (1994). Countertransference in the treatment of multiple personality disorder. In J. P. Wilson & J. D. Lindy (Eds.), *Countertransference in the treatment of PTSD* (pp. 122-150). New York: Guilford Press.
Kluft, R. P. (2000). The psychoanalytic psychotherapy of dissociative identity disorder in the context of trauma therapy. *Psychoanalytic Inquiry, 20*, 259-286.
Kluft, R. P. (2006). Dealing with alters: A pragmatic clinical perspective. *Psychiatric Clinics of North America, 29*, 281-304.
Kluft, R. P., & Fine, C. G. (Eds.). (1993). *Clinical perspectives on multiple personality disorder*. Washington, DC: American Psychiatric Press.
Knight, R. (1953). Borderline states in psychoanalytic psychiatry and psychology. *Bulletin of the*

Menninger Clinic, 17, 1-12.
Kohut, H. (1968). The psychoanalytic treatment of narcissistic personality disorders. *Psychoanalytic Study of the Child, 23,* 86-113.
Kohut, H. (1971). *The analysis of the self: A systematic approach to the psychoanalytic treatment of narcissistic personality disorders.* New York: International Universities Press.
Kohut, H. (1977). *The restoration of the self.* New York: International Universities Press.
Kohut, H. (1984). *How does analysis cure?* (A. Goldberg, Ed., with P. Stepan- sky). Chicago: University of Chicago Press.
Kohut, H., & Wolf, E. S. (1978). The disorders of the self and their treatment— An outline. *International Journal of Psycho-Analysis, 59,* 413-425.
Kraepelin, E. (1913). *Lectures on clinical psychiatry.* London: Bailliere, Tindall, & Cox.
Kraepelin, E. (1915). *Psychiatrie: Ein lehrbuch* (8th ed.). Leipzig: Barth.
Kraepelin, E. (1919). *Dementia praecox and paraphrenia* (R. M. Barclay, Trans.). Huntington, NY: Krieger, 1971.
Krafft-Ebing, R. (1900). *Psychopathia sexualis* (E. J. Rebman, Trans.). New York: Physicians and Surgeons Book Company, 1935.
Kretschmer, E. (1925). *Physique and character* (J. H. Sprott, Trans.). New York: Harcourt, Brace & World.
Kris, E. (1956). The recovery of childhood memories in psychoanalysis. *Psychoanalytic Study of the Child, 11,* 54-88.
Krystal, H. (1988). *Integration and self-healing: Affect, trauma, alexithymia.* Hillsdale, NJ: Analytic Press.
Krystal, H. (1997). Desomatization and the consequences of infantile psychic trauma. *Psychoanalytic Inquiry, 17,* 126-150.
Kuhn, T. S. (1970). *The structure of scientific revolutions* (2nd rev. ed.). Chicago: University of Chicago Press.
Laing, R. D. (1962). *The self and others.* Chicago: Quadrangle.
Laing, R. D. (1965). *The divided self: An existential study in sanity and madness.* Baltimore: Penguin.
Langness, L. L. (1967). Hysterical psychosis—The cross-cultural evidence. *American Journal of Psychiatry, 124,*143-151.
Langs, R. J. (1973). *The technique of psychoanalytic psychotherapy: The initial contact, theoretical framework, understanding the patient's communications, the therapist's interventions* (Vol. 1). New York: Jason Aronson.
LaPlanche, J., & Pontalis, J. B. (1973). *The language of psychoanalysis.* New York: Norton.
Lasch, C. (1978). *The culture of narcissism: American life in an age of diminishing expectations.* New York: Norton.
Lasch, C. (1984). *The minimal self: Psychic survival in troubled times.* New York: Norton.
Latz, T. T., Kramer, S. I., & Hughes, D. R. (1995). Multiple personality disorder among female inpatients in a state hospital. *American Journal of Psychiatry, 152,*1343-1348.
Laughlin, H. P. (1956). *The neuroses in clinical practice.* Philadelphia: Saunders.
Laughlin, H. P. (1967). *The neuroses.* New York: Appleton-Century-Crofts.
Laughlin, H. P. (1970). *The ego and its defenses.* New York: Jason Aronson.
Lax, R. F. (1977). The role of internalization in the development of certain aspects of female masochism: Ego psychological considerations. *International Journal of Psycho-Analysis, 58,* 289-300.
Lax, R. F. (Ed.). (1989). *Essential papers on character neurosis and treatment.* New York: New York University Press.

Layton, L. (2004). Relational no more: Defensive autonomy in middle-class women. *Annual of Psychoanalysis, 32,* 29-42.

Lazare, A. (1971). The hysterical character in psychoanalytic theory: Evolution and confusion. *Archives of General Psychiatry, 25,* 131-137.

LeDoux, J. (1996). *The emotional brain: The mysterious underpinnings of emotional life.* New York: Simon & Schuster.

LeDoux, J. (2002). *Synaptic self: How our brains become who we are.* New York: Viking.

Lee, P. A., Houk, C. P., Ahmed, S. F., Hughes, I. A., in collaboration with the participants in the International Consensus Conference on Intersex organized by the Lawson Wilkins Pediatric Endocrine Society and the European society for Paediatric Endocrinology (2006). Consensus statement on management of intersex disorders: International consensus conference on intersex. *Pediatrics, 118,* 488-5000.

Leichsenring, F., & Rabung, S. (2008). Effectiveness of long-term psychodynamic psychotherapy: A meta-analysis. *Journal of the American Medical Association, 300,*1551-1565.

Levenson, E. A. (1972). *The fallacy of understanding: An inquiry into the changing structure of psychoanalysis.* New York: Basic Books.

Levin, J. D. (1987). *Treatment of alcoholism and other addictions: A self-psy- chology approach.* Northvale, NJ: Jason Aronson.

Levy, K. N., Wasserman, R. H., Scott, L. N., Zach, S. E., White, C. N., Cain, N. M., et al. (2006). The development of a measure to assess putative mechanisms of change in the treatment of borderline personality disorder. *Journal of the American Psychoanalytic Association, 54,* 1325-1330.

Lewis, D. O., Yaeger, C. A., Swica, Y., Pincus, J. H., & Lewis, M. (1997). Objective documentation of child abuse and dissociation in 12 murderers with dissociative identity disorder. *American Journal of Psychiatry, 154,* 1703-1710.

Lewis, H. B. (1971). *Shame and guilt in neurosis.* New York: International Universities Press.

Lewis, M., & Haviland-Jones, J. M. (2010). *Handbook of emotions* (2nd ed.). New York: Guilford Press.

Lichtenberg, J. (1989). *Psychoanalysis and motivation.* Hillsdale, NJ: Analytic Press.

Lichtenberg, J. D. (2001). Motivational systems and model scenes with special references to bodily experience. *Psychoanalytic Inquiry, 21,* 430-447.

Lichtenberg, J. D. (2004). Experience and inference: How far will science carry us? *Journal of Analytic Psychology, 49,* 133-142.

Lidz, T. (1973). *The origin and treatment of schizophrenic disorders.* New York: Basic Books.

Lidz, T., & Fleck, S. (1965). Family studies and a theory of schizophrenia. In T. Lidz, S. Fleck, & A. R. Cornelison (Eds.), *Schizophrenia and the family.* New York: International Universities Press.

Lieb, P. T. (2001). Integrating behavior modification and pharmacology with the psychoanalytic treatment of obsessive-compulsive disorder: A case study. *Psychoanalytic Inquiry, 21,* 222-241.

Lifton, R. J. (1968). *Death in life: Survivors of Hiroshima.* New York: Random House.

Lilienfeld, S. O., Van Valkenburg, C., Larntz, K., & Akiskal, H. S. (1986). The relationship of histrionic personality disorder to antisocial personality disorder and somatization disorders. *American Journal of Psychiatry, 142,* 718-722.

Lindner, R. (1955). The jet-propelled couch. In *The fifty-minute hour: A collection of true psychoanalytic tales* (pp. 221-293). New York: Jason Aronson, 1982.

Linehan, M. M. (1993). *Cognitive-behavioral treatment of borderline personality disorder.* New

York: Guilford Press.
Linton, R. (1956). *Culture and mental disorders.* Springfield, IL: Thomas.
Lion, J. R. (1978). Outpatient treatment of psychopaths. In W. Reid (Ed.), *The psychopath: A comprehensive study of antisocial disorders and behaviors* (pp. 286-300). New York: Brunner/Mazel.
Lion, J. R. (Ed.). (1986). *Personality disorders: Diagnosis and management* (2nd ed.). Malabar, FL: Krieger.
Liotti, G. (1999). Understanding dissociative process: The contribution of attachment theory. *Psychoanalytic Inquiry, 19,* 757-783.
Liotti, G. (2004). Trauma, dissociation, and disorganized attachment: Three strands of a single braid. *Psychotherapy: Theory, Research, Practice, Training, 41,* 472-486.
Little, M. I. (1981). *Transference neurosis and transference psychosis: Toward basic unity.* New York: Jason Aronson.
Little, M. I. (1990). *Psychotic anxieties and containment: A personal record of an analysis with Winnicott.* Northvale, NJ: Jason Aronson.
Loewenstein, R. J. (1988). The spectrum of phenomenology in multiple personality disorder: Implications for diagnosis and treatment. In B. G. Braun (Ed.), *Proceedings of the Fifth National Conference on Multiple Personality Disorder/Dissociative States* (p. 7). Chicago: Rush University.
Loewenstein, R. J. (1991). An office mental status examination for complex chronic dissociative symptoms and multiple personality disorder. *Psychiatric Clinics of North America, 14,* 567-604.
Loewenstein, R. J. (1993). Post-traumatic and dissociative aspects of transference and countertransference in the treatment of multiple personality disorder. In R. P. Kluft & C. Fine (Eds.), *Clinical perspectives on multiple personality disorder* (pp. 51-85). Washington, DC: American Psychiatric Press.
Loewenstein, R. J., & Ross, D. R. (1992). Multiple personality and psychoanalysis: An introduction. *Psychoanalytic Inquiry, 12,* 3-48.
Loewenstein, R. M. (1951). The problem of interpretation. *Psychoanalytic Quarterly, 20,* 1-14.
Loewenstein, R. M. (1955). A contribution to the psychoanalytic theory of masochism. *Journal of the American Psychoanalytic Association, 5,* 197-234.
Lothane, Z. (1992). *In defense of Schreber: Soul murder and psychiatry.* Hillsdale, NJ: Analytic Press.
Louth, S. M., Williamson, S., Alpert, M., Pouget, E. R., & Hare, R. D. (1998). Acoustic distinctions in the speech of male psychopaths. *Journal of Psy- cholinguistic Research, 27,* 375-384.
Lovinger, R. J. (1984). *Working with religious issues in therapy.* New York: Jason Aronson.
Luepnitz, D. A. (2002). *Schopenhauer's porcupines: Intimacy and its dilemmas. Five stories of psychotherapy.* New York: Basic Books.
Lykken, D. (1995). *The antisocial personalities.* Hillsdale, NJ: Erlbaum.
Lynd, H. M. (1958). *On shame and the search for identity.* New York: Har- court, Brace & World.
Lyons-Ruth, K. (1991). Rapprochement or approchement: Mahler's theory reconsidered from the vantage point of recent research on early attachment relationships. *Psychoanalytic Psychology, 8,* 1-23.
Lyons-Ruth, K. (2001). The two-person construction of defenses: Disorganized attachment strategies, unintegrated mental states and hostile/helpless relational processes. *Psychologist-Psychoanalyst, 21,* 40-45.

Lyons-Ruth, K., Bronfman, E., & Parsons, E. (1999). Maternal frightened, frightening, or atypical behavior and disorganized attachment patterns. In J. I. Voncra & D. Barnett (Eds.), *Atypical attachment in infancy and early childhood among children at risk* (pp. 67-96). Chicago: University of Chicago Press.

MacKinnon, R. A., & Michels, R. (1971). *The psychiatric interview in clinical practice.* Philadelphia: Saunders.

MacKinnon, R. A., Michels, R., & Buckley, P. J. (2006). *The psychiatric interview in clinical practice* (2nd ed.). Washington, DC: American Psychiatric Association.

Maheu, R., & Hack, R. (1992). *Next to Hughes.* New York: HarperCollins.

Mahler, M. S. (1968). *On human symbiosis and the vicissitudes of individuation.* New York: International Universities Press.

Mahler, M. S. (1971). A study of the separation-individuation process and its possible application to borderline phenomena in the psychoanalytic situation. *Psychoanalytic Study of the Child, 26,* 403-424.

Mahler, M. S. (1972a). On the first three subphases of the separation-individuation process. *International Journal of Psycho-Analysis, 53,* 333-338.

Mahler, M. S. (1972b). Rapprochement subphase of the separation-individuation process. *Psychoanalytic Quarterly, 41,* 487-506.

Mahler, M. S., Pine, F., & Bergman, A. (1975). *The psychological birth of the human infant.* New York: Basic Books.

Main, M. (1995). Attachment: Overview, with implications for clinical work. In S. Goldberg, R. Muir, & J. Kerr (Eds.), *Attachment theory: Social, developmental and clinical perspectives* (pp. 407-474). Hillsdale, NJ: Analytic Press.

Main, M., & Hesse, E. (1990). Parents' unresolved traumatic experiences are related to infant disorganized attachment status: Is frightened and/or frightening parental behavior the linking mechanism? In M. T. Greenberg, D. Cicchetti, & E. M. Cummings (Eds.), *Attachment in the preschool years: Theory, research, and intervention* (pp. 161-182). Chicago: University of Chicago Press.

Main, M., & Solomon, J. (1986). Discovery of a new, insecure-disorga- nized/disoriented attachment pattern. In T. B. Brazelton & M. Yogman (Eds.), *Affective development in infancy* (pp. 95-124). Norwood: Ablex.

Main, M., & Weston, D. R. (1982). Avoidance of the attachment figure in infancy. In M. Parkes & J. Stevenson-Hinde (Eds.), *The place of attachment in human behavior* (pp. 31-59). New York: Basic Books.

Main, T. F. (1957). The ailment. *British Journal of Medical Psychology, 30,* 129-145.

Malan, D. H. (1963). *A study of brief psychotherapy.* New York: Plenum.

Mandelbaum, A. (1977). The family treatment of the borderline patient. In P. Hartocollis (Ed.), *Borderline personality disorders: The concept, the syndrome, the patient* (pp. 423-438). New York: International Universities Press.

Mann, J. (1973). *Time-limited psychotherapy.* Cambridge, MA: Harvard University Press.

Marmor, J. (1953). Orality in the hysterical personality. *Journal of the American Psychiatric Association, 1,* 656-671.

Maroda, K. J. (1991). *The power of countertransference.* Northvale, NJ: Jason Aronson.

Maroda, K. J. (1999). *Seduction, surrender, and transformation: Emotional engagement in the analytic process.* Hillsdale, NJ: Analytic Press.

Maroda, K. J. (2010). *Psychodynamic techniques: 'Working with emotion in the therapeutic relationship.* New York: Guilford Press.

Martens, W. H. J. (2002). Criminality and moral dysfunction: Neurology, biochemical, and genetic dimensions. *International Journal of Offender Therapy and Comparative Criminology, 46,* 170-182.

Masterson, J. F. (1972). *Treatment of the borderline adolescent: A developmental approach.* New York: Wiley-Interscience.

Masterson, J. F. (1976). *Psychotherapy of the borderline adult: A developmental approach.* New York: Brunner/Mazel.

Masterson, J. F. (1993). *The emerging self: A developmental, self and object relations approach to the treatment of closet narcissistic disorder of the self.* New York: Brunner/Mazel.

Masterson, J. F., & Klein, R. (Eds.). (1995). *Disorders of the self: New therapeutic horizons.* New York: Routledge.

Mattila, A. K., Kronholm, E., Jula, A., Salminen, J. K., Koivisto, A. M., Mielonen, R. L., et al. (2008). Alexithymia and somatization in the general population. *Psychosomatic Medicine, 70,* 716-722.

Mayes, L. (2001). Review of S. Greenspan (1997), *Developmentally based psychotherapy.* New York: International Universities Press. *Journal of the American Psychoanalytic Association, 49,* 1060-1064.

Mayes, R., & Horwitz, A. V. (2005). DSM-III and the revolution in the classification of mental illness. *Journal of the History of the Behavioral Sciences, 41,* 249-267.

McClelland, D. C. (1961). *The achieving society.* Princeton, NJ: Van Nostrand.

McDougall, J. (1980). *Plea for a measure of abnormality.* New York: International Universities Press.

McDougall, J. (1989). *Theaters of the body: A psychoanalytic approach to psychosomatic illness.* New York: Norton.

McGoldrick, M. (2005). Irish families. In M. McGoldrick, J. Giordano, & N. Garcia-Preto (Eds.), *Ethnicity and family therapy* (3rd ed., pp. 595-615). New York: Guilford Press.

McWilliams, N. (1979). Treatment of the young borderline patient: Fostering individuation against the odds. *Psychoanalytic Review, 66,* 339-357.

McWilliams, N. (1984). The psychology of the altruist. *Psychoanalytic Psychology, 1,* 193-213.

McWilliams, N. (1999). *Psychoanalytic case formulation.* New York: Guilford Press.

McWilliams, N. (2004). *Psychoanalytic psychotherapy: A practitioner's guide.* New York: Guilford Press.

McWilliams, N. (2005a). Mother and fathering processes in the psychoanalytic art. In E. L. K. Toronto, G. Ainslie, M. Donovan, M. Kelly, C. C. Kieffer, & N. McWilliams (Eds.), *Psychoanalytic reflections on a gender-free case: Into the void* (pp. 154-169). New York: Routledge.

McWilliams, N. (2005b). Preserving our humanity as therapists. *Psychotherapy: Theory, Research, Practice and Training, 42,* 139-151; response to Norcross, 156-159.

McWilliams, N. (2006a). Some thoughts about schizoid dynamics. *Psychoanalytic Review, 93,* 1-24.

McWilliams, N. (2006b). The woman who hurt too much to talk. *Fort Da, 12,* 9-25.

McWilliams, N. (Guest Expert); American Psychological Association (Producer). (2007). *Psychoanalytic therapy* [DVD], Available from www.apa.org/videos.

McWilliams, N. (2010). Paranoia and political leadership. *Psychoanalytic Review, 97,* 239-261.

McWilliams, N., & Lependorf, S. (1990). Narcissistic pathology of everyday life: The denial of remorse and gratitude. *Journal of Contemporary Psychoanalysis, 26,* 430-451.

McWilliams, N., & Stein, J. (1987). Women's groups led by women: The management of devaluing transferences. *International Journal of Group Psychotherapy, 37,* 139-153.

Meares, R. (2001). A specific developmental deficit in obsessive-compulsive disorder: The

example of the Wolf Man. *Psychoanalytic Inquiry, 21,* 289- 319.
Meares, R. (2002). *Intimacy and alienation: Memory, trauma and personal being.* London: Routledge.
Meissner, W. W. (1978). *The paranoid process.* New York: Jason Aronson.
Meissner, W. W. (1979). Narcissistic personalities and borderline conditions: A differential diagnosis. *Annual Review of Psychoanalysis, 7,* 171-202.
Meissner, W. W. (1984). *The borderline spectrum: Differential diagnosis and developmental issues.* New York: Jason Aronson.
Meissner, W. W. (1988). *Treatment of patients in the borderline spectrum.* Northvale, NJ: Jason Aronson.
Meissner, W. W. (2006). Psychoanalysis and the mind-body relation: Psychosomatic perspectives. *Bulletin of the Menninger Clinic, 70,* 295-315.
Meloy, J. R. (1988). *The psychopathic mind: Origins, dynamics, and treatment.* Northvale, NJ: Jason Aronson.
Meloy, J. R. (1997). The psychology of wickedness: Psychopathy and sadism. *Psychiatric Annals, 27,* 630-633.
Meloy, J. R. (Ed.). (2001). *The mark of Cain: Psychoanalytic insight and the psychopath.* Hillsdale, NJ: Analytic Press.
Menaker, E. (1942). The masochistic factor in the psychoanalytic situation. *Psychoanalytic Quarterly, 11,* 171-186.
Menaker, E. (1953). Masochism—A defense reaction of the ego. *Psychoanalytic Quarterly, 22,* 205-220.
Menninger, K. (1963). *The vital balance: The life process in mental health and illness* (with M. Mayman & P. Pruyser). New York: Viking.
Messer, S. B., & Warren, C. S. (1995). *Models of brief psychodynamic therapy: A comparative approach.* New York: Guilford Press.
Michaud, S., & Aynesworth, H. (1983). *The only living witness.* New York: New American Library.
Mikulincer, M., & Shaver, P. R. (2007). *Attachment in adulthood: Structure, dynamics, and change.* New York: Guilford Press.
Milgram, S. (1963). Behavioral study of obedience. *Journal of Abnormal and Social Psychology, 67,* 371-378.
Miller, A. (1975). *Prisoners of childhood: The drama of the gifted child and the search for the true self.* New York: Basic Books.
Miller, J. B. (1984). The development of women's sense of self. In J. V. Jordan, A. G. Kaplan, J. B. Miller, I. P. Stiver, & J. L. Surrey (Eds.), *Women's growth in connection: Writings for the Stone Center* (pp. 11-26). New York: Guilford Press.
Millon, T. (1995). *Disorders of personality: DSM-IV and beyond.* New York: Wiley.
Mischler, E., & Waxier, N. (Eds.). (1968). *Family processes and schizophrenia.* New York: Jason Aronson.
Mitchell, J. (2001). *Mad men and Medusas: Reclaiming hysteria.* New York: Basic Books.
Mitchell, S. A. (1988). *Relational concepts in psychoanalysis: An integration.* Cambridge, MA: Harvard University Press.
Mitchell, S. A. (1997). *Influence and autonomy in psychoanalysis.* Hillsdale, NJ: Analytic Press.
Mitchell, S. A., & Aron, L. (Eds.). (1999). *Relational psychoanalysis: The emergence of a tradition.* Hillsdale, NJ: Analytic Press.
Mitchell, S. A., & Black, M. J. (1995). *Freud and beyond: A history of modern psychoanalytic thought.* New York: Basic Books.

Modell, A. H. (1975). A narcissistic defense against affects and the illusion of self-sufficiency. *International Journal of Psycho-Analysis, 56,* 275-282.
Modell, A. H. (1976). The "holding environment" and the therapeutic action of psychoanalysis. *Journal of the American Psychoanalytic Association, 24,* 285-308.
Modell, A. H. (1996). *The private self.* Cambridge, MA: Harvard University Press.
Morrison, A. P. (1983). Shame, the ideal self, and narcissism. *Contemporary Psychoanalysis, 19,* 295-318.
Morrison, A. P. (Ed.). (1986). *Essential papers on narcissism.* New York: New York University Press.
Morrison, A. P. (1989). *Shame: The underside of narcissism.* Hillsdale, NJ: Analytic Press.
Mowrer, O. H. (1950). *Learning theory and personality dynamics.* New York: Ronald.
Mueller, W. J., & Aniskiewitz, A. S. (1986). *Psychotherapeutic intervention in hysterical disorders.* Northvale, NJ: Jason Aronson.
Mullahy, P. (1970). *Psychoanalysis and interpersonal psychiatry: The contributions of Harry Stack Sullivan.* New York: Science House.
Murray, H. A., & members of the Harvard Psychological Clinic. (1938). *Explorations in personality.* New York: Oxford University Press.
Myerson, P. G. (1991). *Childhood dialogues and the lifting of repression: Character structure and psychoanalytic technique.* New Haven, CT: Yale University Press.
Nagera, H. (1976). *Obsessional neuroses: Developmental pathology.* New York: Jason Aronson.
Nannarello, J. J. (1953). Schizoid. *Journal of Nervous and Mental Diseases, 118,* 242.
Nemiah, J. C. (1973). *Foundations of psychopathology.* New York: Jason Aronson.
Newirth, J. (2003). *Between emotion and cognition: The generative unconscious.* New York: Other Press.
Nickell, A. D., Waudby, C. J., & Trull, T. J. (2002). Attachment, parental bonding, and borderline personality disorder features in young adults. *Journal of Personality Disorders, 16,* 148-159.
Niederland, W. (1959). Schreber: Father and son. *Psychoanalytic Quarterly, 28,* 151-169.
Niehoff, D. (2003). A vicious circle: The neurobiological foundations of violent behavior. *Modern Psychoanalysis, 28,* 235-245.
Noblin, C. D., Timmons, E. O., & Kael, H. C. (1966). Differential effects of positive and negative verbal reinforcement on psychoanalytic character types. *Journal of Personality and Social Psychology, 4,* 224-228.
Norcross, J. C. (2002). *Psychotherapy relationships that work: Therapist contributions and responsiveness to patients.* New York: Oxford University Press.
Novick, J., & Novick, K. K.(1991). Some comments on masochism and the delusion of omnipotence from a developmental perspective. *Journal of the American Psychoanalytic Association, 39,* 307-331.
Nunberg, H. (1955). *Principles of psycho-analysis.* New York: International Universities Press.
Nydes, J. (1963). The paranoid-masochistic character. *Psychoanalytic Review, 50,* 215-251.
Ogawa, J. R., Sroufe, L. A., Weinfield, N. S., Carlson, E. A., & Egeland, B. (1997). Development and the fragmented self: Longitudinal study of dissociative symptomatology in a nonclinical sample. *Development and Psychopathology, 9,* 855-879.
Ogden, T. H. (1982). *Projective identification: Psychotherapeutic technique.* New York: Jason Aronson.
Ogden, T. H. (1989). *The primitive edge of experience.* Northvale, NJ: Jason Aronson.
Ogden, T. H. (1996). The perverse subject of analysis. *Journal of the American Psychoanalytic Association, 44,* 1121-1146.

Olds, D. D. (2006). Identification: Psychoanalytic and biological perspectives. *Journal of the American Psychoanalytic Association, 54,*17-46.

Ouimette, P. C., Klein, D. N., Anderson, R., Riso, L. P., & Lizardi, H. (1994). Relationships of sociotropy/autonomy and dependency/self-criticism to DSM-III-R personality disorders. *Journal of Abnormal Psychology, 103,* 743-749.

Panken, S. (1973). *The joy of suffering: Psychoanalytic theory and therapy of masochism.* New York: Jason Aronson.

Panksepp, J. (1998). *Affective neuroscience: The foundations of human and animal emotions.* New York: Oxford University Press.

Panksepp, J. (1999). Emotions as viewed by psychoanalysis and neuroscience: An exercise in consilience. *Neuro-Psychoanalysis, 1,* 15-38.

Panksepp, J. (2001). The long-term psychobiological consequences of infant emotions: Prescriptions for the 21st century. *Neuro-Psychoanalysis, 3,* 149-178.

Paris, J. (2008). *Treatment of borderline personality disorder: A guide to evidence-based practice.* New York: Guilford Press.

Patrick, C. J. (1994). Emotion and psychopathology: Startling new insights. *Psychophysiology, 31,* 319-330.

Pasquini, P., Liotti, G., Mazzotti, E., Fassone, G., & Picardi, A. (2002). Risk factors in the early family life of patients suffering from dissociative disorders. *Acta Psychiatrica Scandinavica, 105,*110-116.

PDM Task Force (2006). *Psychodynamic diagnostic manual.* Silver Spring, MD: Alliance of Psychoanalytic Organizations.

Pearlman, E. (2005). Terror of desire: The etiology of eating disorders from an attachment theory perspective. *Psychoanalytic Review, 92,* 223-235.

Peebles-Kleiger, M. J. (2002). *Beginnings: The art and science of planning psychotherapy.* Hillsdale, NJ: Analytic Press.

Peralta, V., Cuesta, M. J., & de Leon, J. (1991). Premorbid personality and positive and negative symptoms in schizophrenia. *Acta Psychiatrica Scandinavica, 84,* 336-339.

Persons, J. B. (2008). *The case formulation approach to cognitive-behavior therapy.* New York: Guilford Press.

Pharis, M. E. (2004, July). *The virtuous narcissist: Extending Gabbard's two subtypes of narcissism.* Paper presented at the annual meeting of the American Psychological Association, Honolulu, HI.

Piaget, J. (1937). *The construction of reality in the child.* New York: Basic Books.

Pine, F. (1985). *Developmental theory and clinical process.* New Haven, CT: Yale University Press.

Pine, F. (1990). *Drive, ego, object, and self: A synthesis for clinical work.* New York: Basic Books.

Pinsker, H. (1997). *A primer of supportive psychotherapy.* Hillsdale, NJ: Analytic Press.

Pope, K. S. (1987). Preventing therapist-patient sexual intimacy: Therapy for a therapist at risk. *Professional Psychology: Research and Practice, 18,* 624-628.

Pope, K. S., Tabachnick, B. G., & Keith-Spiegel, P. (1987). Ethics of practice: The beliefs and behaviors of psychologists as therapists. *American Psychologist, 42,* 993-1006.

Prichard, J. C. (1835). *Treatise on insanity.* London: Sherwood, Gilbert & Piper.

Prince, M. (1906). *The dissociation of a personality: A biographical study in abnormal personality.* New York: Longman, Green.

Prince, R. (2007). Present and past in sonata form. *Contemporary Psychoanalysis, 43,*484-492.

Putnam, F. W. (1989). *Diagnosis and treatment of multiple personality disorder.* New York:

Guilford Press.
Putnam, F. W. (1997). *Dissociation in children and adolescents: A developmental perspective.* New York: Guilford Press.
Racker, H. (1968). *Transference and countertransference.* New York: International Universities Press.
Rado, S. (1928). The problem of melancholia. *International Journal of Psycho- Analysis, 9,* 420-438.
Rafaeli, E., Bernstein, D. P., & Young, J. (2010). *Schema therapy: Distinctive features.* New York: Routledge.
Rank, O. (1929). *The trauma of birth.* Harper & Row, 1973.
Rao, D., Young, M., & Raguram, R. (2007). Culture, somatization, and psychological distress: Symptom presentation in South Indian patients from a public psychiatric hospital. *Psychopathology, 40,* 349-355.
Rasmussen, A. (1988). Chronically and severely battered women: A psychodiagnostic investigation. Unpublished doctoral dissertation, Graduate School of Applied and Professional Psychology, Rutgers University. *Dissertation Abstracts International, 50,* 2634B.
Read, J., Mosher, L. R., & Bentall, R. P. (2004). *Models of madness: Psychological, social and biological approaches to schizophrenia.* London: Routledge.
Read, J., Perry, B., Moskowitz, A., & Connolly, J. (2001). The contribution of early traumatic events to schizophrenia in some patients: A traumagenic neurodevelopmental model. *Psychiatry, 64,* 319-345.
A Recovering Patient. (1986). "Can we talk?": The schizophrenic patient in psychotherapy. *American Journal of Psychiatry, 143,* 68-70.
Redl, R., & Wineman, D. (1951). *Children who hate.* New York: Free Press.
Reich, A. (1960). Pathological forms of self-esteem regulation. *Psychoanalytic Study of the Child, 15,* 215-231.
Reich, W. (1933). *Character analysis.* New York: Farrar, Straus, & Giroux, 1972.
Reichbart, R. (2010, June). *Paranoia: The therapist mistaken for a monster.* Paper presented at the Center for Psychoanalysis and Psychotherapy of New Jersey, Madison, NJ.
Reik, T. (1941). *Masochism in modern man.* New York: Farrar, Straus.
Reik, T. (1948). *Listening with the third ear.* New York: Grove.
Reinhard, M. J., Wolf, G., & Cozolino, L. (2010). Using the MMPI to assess reported cognitive disturbances and somatization as a core feature of complex PTSD. *Journal of Trauma and Dissociation, 11,* 57-72.
Ressler, R. K., & Schactman, T. (1992). *Whoever fights monsters: My twenty years of hunting serial killers for the FBI.* New York: St. Martin's.
Rhodes, J. (1980). *The Hitler movement: A modern millenarian revolution.* Stanford, CA: Hoover Institution Press.
Rice, E. (2004). Reflections on the obsessive-compulsive disorders: A psychodynamic and therapeutic perspective. *Psychoanalytic Review, 91,* 29-44.
Rice, J., Reich, T., Andreason, N. C., Endicott, J., Van Eerdewegh, M., Fishman, R., et al. (1987). The familial transmission of bipolar illness. *Archives of General Psychiatry, 44,* 441-447.
Richfield, J. (1954). An analysis of the concept of insight. *Psychoanalytic Quarterly, 23,* 390-408.
Richman, J., & White, H. (1970). A family view of hysterical psychosis. *American Journal of Psychiatry, 127,* 280-285.

Rinsley, D. B. (1982). *Borderline and other self disorders: A developmental and object-relations perspective.* New York: Jason Aronson.

Rizzolatti, G., & Craighero, L. (2004). The mirror neuron system. *Annual Review of Neuroscience, 27,* 169-192.

Robbins, A. (1980). *Expressive therapy.* New York: Human Sciences Press.

Robbins, A. (1988). The interface of the real and transference relationships in the treatment of schizoid phenomena. *Psychoanalytic Review, 75,* 393-417.

Robbins, A. (1989). *The psychoaesthetic experience: An approach to depth- oriented treatment.* New York: Human Sciences Press.

Robbins, M. (1993). *Experiences of schizophrenia: An integration of the personal, scientific, and therapeutic.* New York: Guilford Press.

Robins, L. N., Tipp, J., & Przybeck, T. (1991). Antisocial personality. In L. N. Robins & D. A. Regier (Eds.), *Psychiatric disorders in America: The epidemiological catchment area study* (pp. 258-290). New York: Free Press.

Rockland, L. H. (1992). *Supportive therapy: A psychodynamic approach.* New York: Basic Books.

Rogers, C. R. (1951). *Client-centered therapy: Its current practice, implications, and theory.* Boston: Houghton Mifflin.

Rogers, C. R. (1961). *On becoming a person.* Boston: Houghton Mifflin.

Roland, A. (1981). Induced emotional reactions and attitudes in the psychoanalyst as transference and in actuality. *Psychoanalytic Review, 68,* 45-74.

Roland, A. (2003). Psychoanalysis across civilizations. *Journal of the American Academy of Psychoanalysis and Dynamic Psychiatry, 31,* 275-295.

Rosanoff, A. J. (1938). *Manual of psychiatry and mental hygiene.* New York: Wiley.

Rosenfeld, H. (1947). Analysis of a schizophrenic state with depersonalization. *International Journal of Psycho-Analysis, 28,* 130-139.

Rosenfeld, H. (1987). Afterthought: Changing theories and changing techniques in psychoanalysis. In *Impasse and interpretation* (pp. 265-279). London: Tavistock.

Rosenwald, G. C. (1972). Effectiveness of defenses against anal impulse arousal. *Journal of Consulting and Clinical Psychology, 39,* 292-298.

Ross, C. A. (1989a). The dissociative disorders interview schedule: A structured interview. *Dissociation, 7,* 169-189.

Ross, C. A. (1989b). *Multiple personality disorder: Diagnosis, clinical features, and treatment.* New York: Wiley.

Ross, C. A. (2000). *The trauma model: A solution to the problem of comorbidity in psychiatry.* Richardson, TX: Manitou Communications.

Ross, D. R. (1992). Discussion: An agnostic viewpoint on multiple personality disorder. *Psychoanalytic Inquiry, 12,* 124-138.

Rosse, I. C. (1890). Clinical evidences of borderland insanity. *Journal of Nervous and Mental Diseases, 17,* 669-683.

Rowe, C. E., & MacIsaac, D. S. (1989). *Empathic attunement: The "technique" of psychoanalytic self psychology.* Northvale, NJ: Jason Aronson.

Safran, J. D. (2006). The relational unconscious: The enchanted interior, and the return of the repressed. *Contemporary Psychoanalysis, 42,* 393- 412.

Safran, J. D. (in press). *Psychoanalysis and psychoanalytic therapies.* Washington, DC: American Psychological Association.

Safran, J. D., & Muran, J. C. (2000). *Negotiating the therapeutic alliance: A relational treatment guide.* New York: Guilford Press.

Saks, E. R. (2008). *The center cannot hold: My journey through madness.* New York: Hyperion Press.
Salzman, L. (1960). Masochism and psychopathy as adaptive behavior. *Journal of Individual Psychology, 16,* 182-188.
Salzman, L. (1962). *Developments in psychoanalysis.* New York: Grune & Stratton.
Salzman, L. (1980). *Treatment of the obsessive personality.* New York: Jason Aronson.
Samelius, L., Wijma, B., Wingren, G., & Wijma, K. (2009). Posttraumatic stress and somatization in abused women. *Traumatology, 15,* 103-112.
Sandler, J. (1976). Countertransference and role-responsiveness. *International Review of Psychoanalysis, 3,* 43-47.
Sandler, J. (1987). *Projection, identification, and projective identification.* Madison, CT: International Universities Press.
Sands, S. H. (2003). The subjugation of the body in eating disorders. *Psychoanalytic Psychology, 20,* 103-116.
Sar, V., Akyuz, G., & Dogan, O. (2006). Prevalence of dissociative disorders among women in the general population. *Psychiatry Research, 149,* 169-176.
Sar, V., Dogan, O., Yargic, L. I., & Tutkun, H. (1999). Frequency of dissociative disorders in the general population of Turkey. *Comprehensive Psychiatry, 40,* 151-159.
Sass, L. A. (1992). *Madness and modernism: Insanity in the light of modem art, literature, and thought.* New York: Basic Books.
Sasso, G. (2008). *The development of consciousness: An integrative model of child development, neuroscience and psychoanalysis* (J. Cottam, Trans.). London: Karnac.
Schafer, R. (1968). *Aspects of internalization.* New York: International Universities Press.
Schafer, R. (1983). *The analytic attitude.* New York: Basic Books.
Schafer, R. (1984). The pursuit of failure and the idealization of unhappiness. *American Psychologist, 39,* 398-405.
Scharff, J. S. (1992). *Projective and introjective identification and the use of the therapist's self.* New York: Jason Aronson.
Schmideberg, M. (1947). The treatment of psychopaths and borderline patients. *American Journal of Psychotherapy, 1,* 45-70.
Schneider, K. (1950). Psychoanalytic therapy with the borderline adult: Some principles concerning technique. In J. Masterson (Ed.), *New perspectives on psychotherapy of the borderline adult* (pp. 41-65). New York: Brunner/Mazel.
Schneider, K. (1959). *Clinical psychopathology* (5th ed.). New York: Grune & Stratton.
Schore, A. (2002). Advances in neuropsychoanalysis, attachment theory, and trauma research: Implications for self psychology. *Psychoanalytic Inquiry, 22,* 433-484.
Schore, A. N. (2003a). *Affect dysregulation and disorders of the self.* New York: Norton.
Schore, A. N. (2003b). *Affect regulation and the repair of the self.* New York: Norton.
Schreiber, F. R. (1973). *Sybil.* Chicago: Regency.
Scull, A. (2009). *Hysteria: The biography.* London: Oxford University Press.
Searles, H. F. (1959). The effort to drive the other person crazy—An element in the aetiology and psychotherapy of schizophrenia. *British Journal of Medical Psychology, 32,* 1-18.
Searles, H. F. (1961). The sources of anxiety in paranoid schizophrenia. In *Collected papers on schizophrenia and related subjects* (pp. 465-486). New York: International Universities Press, 1965.
Searles, H. F. (1965). *Collected papers on schizophrenia and related subjects.* New York: International Universities Press.
Searles, H. F. (1986). *My work with borderline patients.* New York: Jason Aronson.

Segal, H. (1950). Some aspects of the analysis of a schizophrenic. *International Journal of Psycho-Analysis, 31,* 268-278.

Segal, H. (1997). Some implications of Melanie Klein's work: Emergence from narcissism. In J. Steiner (Ed.), *Psychoanalysis, literature and war* (pp. 75-85). London: Routledge.

Seinfeld, J. (1991). *The empty core: An object relations approach to psychotherapy of the schizoid personality.* Northvale, NJ: Jason Aronson.

Seligman, S. (2005). Dynamic systems theories as a metaframework for psychoanalysis. *Psychoanalytic Dialogues, 15,* 285-319.

Selzer, M. A., Sullivan, T. B., Carsky, M., & Terkelsen, K. G. (1989). *Working with the person with schizophrenia: The treatment alliance.* New York: Guilford Press.

Shapiro, D. (1965). *Neurotic styles.* New York: Basic Books.

Shapiro, D. (1984). *Autonomy and rigid character.* New York: Basic Books.

Shapiro, D. (1989). *Psychotherapy of neurotic character.* New York: Basic Books.

Shapiro, D. (2001). OCD or obsessive-compulsive character? *Psychoanalytic Inquiry, 21,* 242-252.

Shapiro, D. (2002). *Dynamics of character: Self-regulation in psychopathology.* New York: Basic Books.

Shapiro, J. L., Diamond, M. J., & Greenberg, M. (1995). *Becoming a father: Contemporary social, developmental, and clinical perspectives.* New York: Springer.

Shedler, J. (2010). The efficacy of psychodynamic therapy. *American Psychologist, 65,* 98-109.

Shedler, J., & Westen, D. (2010). The Shedler-Westen Assessment Procedure: Making diagnosis clinically meaningful. In J. F. Clarkin, P. Fonagy, & G. O. Gabbard (Eds.), *Psychodynamic psychotherapy for personality disorders* (pp. 125-161). Washington, DC: American Psychiatric Association.

Shengold, L. (1988). *Halo in the sky: Observations on anality and defense.* New York: Guilford Press.

Sherwood, V. R., & Cohen, C. P. (1994). *Psychotherapy of the quiet borderline patient: The as-if personality revisited.* Northvale, NJ: Jason Aronson.

Shostrum, E. L. (Producer). (1965). *Three approaches to psychotherapy: I, II, and III.* Orange, CA: Psychological Films.

Siever, L. J., & Weinstein, L. N. (2009). The neurobiology of personality disorders: Implications for psychoanalysis. *Journal of the American Psychoanalytic Association, 57,* 361-398.

Sifneos, P. (1973). The prevalence of "alexithymia" characteristics in psychosomatic patients. *Psychotherapy and Psychosomatics, 22,* 255-262.

Sifneos, P. (1992). *Short-term anxiety-provoking psychotherapy.* New York: Basic Books.

Silberschatz, G. (Ed.). (2005). *Transformative relationships: The control-mas- tery theory of psychotherapy.* New York: Routledge.

Silver, A.-L. S. (Ed.). (1989). *Psychoanalysis and psychosis.* Madison, CT: International Universities Press.

Silver, A.-L. S. (2003). The psychotherapy of schizophrenia: Its place in the modern world. *Journal of the American Academy of Psychoanalysis and Dynamic Psychiatry, 31,* 325-341.

Silver, A.-L. S., & Cantor, M. B. (1990). *Psychoanalysis and severe emotional illness.* New York: Guilford Press.

Silverman, K. (1986). *Benjamin Franklin: Autobiography and other writings.* New York: Penguin.

Silverman, L. H. (1984). Beyond insight: An additional necessary step in redressing intrapsychic conflict. *Psychoanalytic Psychology, 1,* 215-234.

Silverman, L. H., Lachmann, F. M., & Milich, R. (1982). *The search for oneness.* New York: International Universities Press.

Singer, J. A. (2005). *Personality and psychotherapy: Treating the whole person.* New York: Guilford Press.

Singer, M. T., & Wynne, L. C. (1965a). Thought disorder and family relations of schizophrenics: III. Methodology using projective techniques. *Archives of General Psychiatry, 12,* 187-200.

Singer, M. T., & Wynne, L. C. (1965b). Thought disorder and family relations of schizophrenics: IV. Results and implications. *Archives of General Psychiatry, 12,* 201-212.

Sizemore, C. C. (1989). A *mind of my own.* New York: Morrow.

Sizemore, C. C., & Pittillo, E. S. (1977). *I'm Eve.* Garden City, NY: Doubleday.

Slater, P. E. (1970). *The pursuit of loneliness: American culture at the breaking point.* Boston: Beacon.

Slavin, J. H. (2007). Personal agency and the possession of memory. In D. Mandels & H. Soreq (Eds.), *Memory: An interdisciplinary approach* (pp. 299-317). Bern, Switzerland: Lang. Revised version of chapter published in R. Gardner (Ed.). (1997). *Memories of sexual betrayal: Truth, fantasy, repression, and dissociation.* New York: Jason Aronson.

Slavin, M. O., & Kriegman, D. (1990). Evolutionary biological perspectives on the classical-relational dialectic. *Psychoanalytic Psychology, 7,* 5-32.

Slipp, S. (1977). Interpersonal factors in hysteria: Freud's seduction theory and the case of Dora. *Journal of the American Academy of Dynamic Psychiatry, S,* 359-376.

Smith, S. (1984). The sexually abused patient and the abusing therapist: A study in sadomasochistic relationships. *Psychoanalytic Psychology, 1,* 89-98.

So, J. K. (2008). Somatization as cultural idiom of distress: Rethinking mind and body in a multicultural society. *Counseling Psychology Quarterly, 21,* 167-174.

Solms, M., & Bucci, W. (2000). Biological and integrative studies on affect. *International Journal of Psychoanalysis, 81,* 141-144.

Solms, M., & Nersessian, E. (1999). Freud's theory of affect: Questions for neuroscience. *Neuro-Psychoanalysis, 1,* 5-14.

Solms, M., & Turnbull, O. (2002). *The brain and the inner world: An introduction to the neuroscience of subjective experience.* New York: Other Press.

Solomon, J., & George, C. (Eds.). (1999). *Attachment disorganization.* New York: Guilford Press.

Sorel, E. (1991, September). First encounters: Joan Crawford and Bette Davis. *Atlantic,* p. 75.

Spangler, G., & Grossmann, K. E. (1993). Biobehavioral organization in securely and insecurely attached infants. *Child Development, 64,* 1439-1450.

Spence, D. P. (1987). *The Freudian metaphor: Toward paradigm change in psychoanalysis.* New York: Norton.

Spezzano, C. (1993). *Affect in psychoanalysis: A clinical synthesis.* Hillsdale, NJ: Analytic Press.

Spiegel, D. (1984). Multiple personality as a post-traumatic stress disorder. *Psychiatric Clinics of North America, 7,* 101-110.

Spiegel, H., & Spiegel, D. (1978). *Trance and treatment: Clinical uses of hypnosis.* Washington, DC: American Psychiatric Press.

Spitz, R. A. (1953). Aggression: Its role in the establishment of object relations. In R. M. Loewenstein (Ed.), *Drives, affects, behavior* (pp. 126-138). New York: International Universities Press.

Spitz, R. A. (1965). *The first year of life.* New York: International Universities Press.

Spitzer, C., & Barnow, S. (2005). Somatization as a unique dimension in personality disorders. *Personlichkeitsstorungen Theorie und Therapie, 9,* 106-115.

Spotnitz, H. (1969). *Modern psychoanalysis of the schizophrenic patient.* New York: Grune & Stratton.

Spotnitz, H. (1976). *Psychotherapy of preoedipal conditions.* New York: Jason Aronson.

Spotnitz, H. (1985). *Modern psychoanalysis of the schizophrenic patient: Theory of the technique* (2nd ed.). New York: Human Sciences Press.

Sroufe, L. A., & Waters, E. (1977). Heart rate as a convergent measure in clinical and developmental research. *Merrill-Palmer Quarterly, 23,* 3-28.

Stanton, A. H., & Schwartz, M. S. (1954). *The mental hospital: A study of institutional participation in psychiatric illness and treatment.* New York: Basic Books.

Stein, A. (1938). Psychoanalytic investigation of the therapy in the borderline group of neuroses. *Psychoanalytic Quarterly, 7,* 467-489.

Steinberg, M. (1991). The spectrum of depersonalization: Assessment and treatment. In A. Tasman & S. M. Goldfinger (Eds.), *American Psychiatric Press review of psychiatry* (Vol. 10, pp. 223-247). Washington, DC: American Psychiatric Press.

Steinberg, M. (1993). *Structured clinical interview for DSM-1V dissociative disorders.* Washington, DC: American Psychiatric Press.

Steiner, J. (1993). *Psychic retreats: Pathological organizations in psychotic, neurotic and borderline patients.* London: Routledge.

Steiner, J. (2006). Seeing and being seen: Narcissistic pride and narcissistic humiliation. *International Journal of Psychoanalysis, 87,* 935-951.

Sterba, R. F. (1934). The fate of the ego in analytic therapy. *International Journal of Psycho-Analysis,* 15,117-126.

Sterba, R. F. (1982). *Reminiscences of a Viennese psychoanalyst.* Detroit: Wayne State University Press.

Stern, B. L., Caligor, E., Roose, S. P., & Clarkin, J. F. (2004). The Structured Interview for Personality Organization (STIPO): Reliability and validity. *Journal of the American Psychoanalytic Association, 52,* 1223-1224.

Stern, D. B. (1997). *Unformulated experience: From dissociation to imagination in psychoanalysis.* Hillsdale, NJ: Analytic Press.

Stern, D. B. (2009). *Partners in thought: Working with unformulated experience, dissociation, and enactment.* New York: Routledge.

Stern, D. N. (2000). *The interpersonal world of the infant: A view from psychoanalysis and developmental psychology.* New York: Basic Books.

Stern, F. (1961). *The politics of cultural despair.* Berkeley: University of California Press.

Stoller, R. J. (1968). *Sex and gender.* New York: Jason Aronson.

Stoller, R. J. (1975). *Perversion.* New York: Pantheon.

Stoller, R. J. (1980). *Sexual excitement.* New York: Simon & Schuster.

Stoller, R. J. (1985). *Observing the erotic imagination.* New Haven, CT: Yale University Press.

Stolorow, R. D. (1975). The narcissistic function of masochism (and sadism). *International Journal of Psycho-Analysis, 56,* 441-448.

Stolorow, R. D. (1976). Psychoanalytic reflections on client-centered therapy in the light of modern conceptions of narcissism. *Psychotherapy: Theory, Research and Practice,* 13, 26-29.

Stolorow, R. D., & Atwood, G. E. (1979). *Faces in a cloud: Subjectivity in personality theory.* New York: Jason Aronson.

Stolorow, R. D., & Atwood, G. E. (1992). *Contexts of being: The intersubjec- tive foundations of psychological life.* Hillsdale, NJ: Analytic Press.

Stolorow, R. D., Brandchaft, B., & Atwood, G. E. (1987). *Psychoanalytic treatment: An intersubjective approach.* Hillsdale, NJ: Analytic Press.

Stolorow, R. D., & Lachmann, F. M. (1978). The developmental prestages of defenses: Diagnostic and therapeutic implications. *Psychoanalytic Quarterly, 45,* 73-102.

Stone, L. (1954). The widening scope of indications for psycho-analysis. *Journal of the American Psychoanalytic Association, 2,* 567-594.

Stone, L. (1979). Remarks on certain unique conditions of human aggression (the hand, speech, and the use of fire). *Journal of the American Psychoanalytic Association, 27,* 27-33.

Stone, M. H. (1977). The borderline syndrome: Evolution of the term, genetic aspects and prognosis. *American Journal of Psychotherapy, 31,* 345-365.

Stone, M. H. (1980). *The borderline syndromes: Constitution, personality, and adaptation.* New York: McGraw-Hill.

Stone, M. H. (1981). Borderline syndromes: A consideration of subtypes and an overview, direction for research. *Psychiatric Clinics of North America, 4,* 3-13.

Stone, M. H. (Ed.). (1986). *Essential papers on borderline disorders: One hundred years at the border.* New York: New York University Press.

Stone, M. H. (2000). Psychopathology: Biological and psychological correlates. *Journal of the American Academy of Psychoanalysis, 28,* 203-235.

Strachey, J. (1934). The nature of the therapeutic action of psychoanalysis. *International Journal of Psycho-Analysis, 15,* 127-159.

Strupp, H. H. (1989). Psychotherapy: Can the practitioner learn from the researcher? *American Psychologist, 44,* 717-724.

Sullivan, H. S. (1953). *The interpersonal theory of psychiatry.* New York: Norton.

Sullivan, H. S. (1954). *The psychiatric interview.* New York: Norton.

Sullivan, H. S. (1962). *Schizophrenia as a human process.* New York: Norton.

Sullivan, H. S. (1973). *Clinical studies in psychiatry.* New York: Norton.

Surrey, J. L. (1985). The "self-in-relation": A theory of women's development. In J. V. Jordan, A. G. Kaplan, J. B. Miller, I. P. Stiver, & J. L. Surrey (Eds.), *'Women's growth in connection: Writings from the Stone Center* (pp. 51-66). New York: Guilford Press.

Symington, N. (1986). *The analytic experience.* New York: St. Martin's.

Symington, N. (1993). *Narcissism: A new theory.* London: Karnac.

Tansey, M. J., & Burke, W. F. (1989). *Understanding countertransference: From projective identification to empathy.* Hillsdale, NJ: Analytic Press.

Teicher, M. H., Dumont, N. L., Ito, Y., Vaituzis, C., Giedd, J. N., & Anderson, S. L. (2004). Childhood neglect is associated with reduced corpus callosum area. *Biological Psychiatry, 56,* 80-85.

Teicher, M. H., Glod, C. A., Surrey, J., & Swett, C. (1993). Early childhood abuse and limbic system ratings in adult psychiatric outpatients. *Journal of Neuropsychiatry and Clinical Neurosciences, 5,* 301-306.

Teicher, M. H., Samson, J. A., Sheu, Y-S., Polcari, A., & McGreenery, C. E. (2010, July 15). Hurtful words: Association of exposure to peer verbal abuse with elevated psychiatric symptom scores and corpus callosum abnormalities. *AJP in Advance,* pp. 1-8.

Terr, L. (1992). Too *scared to cry: Psychic trauma in childhood.* New York: Basic Books.

Thigpen, C. H., & Cleckley, H. (1957). *The three faces of Eve.* New York: McGraw-Hill.

Thomas, A. (2001). Factitious and malingered dissociative identity disorder: Clinical features observed in 18 cases. *Journal of Trauma and Dissociation, 2,* 59-77.

Thomas, A., Chess, S., & Birch, H. G. (1968). *Temperament and behavior disorders in children.*

New York: New York University Press.
Thompson, C. M. (1959). The interpersonal approach to the clinical problems of masochism. In M. Green (Ed.), *Clara M. Thompson: Interpersonal psychoanalysis* (pp. 183-187). New York: Basic Books.
Tibon, S., & Rothschild, L. (2009). Dissociative states in eating disorders: An empirical Rorschach study. *Psychoanalytic Psychology, 26,* 69-82.
Tomkins, S. S. (1962). *Affect, imagery, consciousness: Vol. I. The positive affects.* New York: Springer.
Tomkins, S. S. (1963). *Affect, imagery, consciousness: Vol. 2. The negative affects.* New York: Springer.
Tomkins, S. S. (1964). The psychology of commitment, part 1: The constructive role of violence and suffering for the individual and for his society. In S. S. Tomkins & C. Izard (Eds.), *Affect, cognition, and personality: Empirical studies* (pp. 148-171). New York: Springer.
Tomkins, S. S. (1991). *Affect, imagery, consciousness: Vol. 3. The negative affects: Anger and fear.* New York: Springer.
Tomkins, S. S. (1992). *Affect, imagery, consciousness: Vol. 4. Cognition: Duplication and transformation of information.* New York: Springer.
Tomkins, S. S. (1995). Script theory. In E. V. Demos (Ed.), *Exploring affect: The selected writings of Silvan Tomkins* (pp. 312-388). New York: Cambridge University Press.
Trevarthen, C., & Aitken, K. J. (1994). Brain development, infant communication, and empathy disorders: Intrinsic factors in child mental health. *Developmental Psychology 6,* 597-633.
Tribich, D., & Messer, S. (1974). Psychoanalytic type and status of authority as determiners of suggestibility. *Journal of Counseling and Clinical Psychology, 42,* 842-848.
Tronick, E. Z. (2003). "Of course all relationships are unique": How co-creative processes generate unique mother-infant and patient-therapist relationships and change other relationships. *Psychoanalytic Inquiry, 23,* 473- 491.
Tsao, J. C. I., Allen, L. B., Evans, S., Lu, Q., Myeres, C. D., & Zeltzer, L. K. (2009). Anxiety sensitivity and catastrophizing: Associations with pain and somatization in non-clinical children. *Journal of Health Psychology, 14,*1085-1094.
Tyson, P., & Tyson, R. L. (1990). *Psychoanalytic theories of development: An integration.* New Haven, CT: Yale University Press.
Vaillant, G. (1975). Sociopathy as a human process. *Archives of General Psychiatry, 32,*178-183.
Vaillant, G. E. (Ed.). (1992). *Ego mechanisms of defense: A guide for clinicians and researchers.* Washington, DC: American Psychiatric Association.
Vaillant, G. E. (1992). The historical origins and future potential of Sigmund Freud's concept of the mechanisms of defense. *International Journal of Psychoanalysis, 19,* 35-50.
Vaillant, G. E., Bond, M., & Vaillant, C. O. (1986). An empirically validated hierarchy of defense mechanisms. *Archives of General Psychiatry, 43,* 786-794.
Vaillant, G. E., & Vaillant, C. O. (1992). A cross validation of two methods of investigating defenses. In G. E. Vaillant (Ed.), *Ego mechanisms of defense: A guide for clinicians and researchers* (pp. 159-170). Washington, DC: American Psychiatric Association.
van Asselt, A. D. I., Dirksen, C. D., Arntz, A., Giesen-Bloos, J. H., van Dyck, R., Spinhoven, P., et al. (2008). Out-patient therapy for borderline personality disorder: Cost-effectiveness of schema-focused therapy v. transference-focused psychotherapy. *British Journal of Psychiatry, 192,* 450-457.
Vandenberg, S. G., Singer, S. M., & Pauls, D. L. (1986). Hereditary factors in antisocial personality disorder. In *The heredity of behavior disorders in adults and children* (pp. 173-

184). New York: Plenum Press.
van der Hart, O., Nijenhuis, E. R. S., & Steele, K. (2006). *The haunted self: Structural dissociation and the treatment of chronic traumatization.* New York: Norton.
Veith, I. (1965). *Hysteria: The history of a disease.* Chicago: University of Chicago Press.
Veith, I. (1977). Four thousand years of hysteria. In M. Horowitz (Ed.), *Hysterical personality* (pp. 7-93). New York: Jason Aronson.
Volkan, V. D. (1995). *The infantile psychotic self and its fate: Understanding and treating schizophrenics and other difficult patients.* Northvale, NJ: Jason Aronson.
Wachtel, P. L. (2008). *Relational theory and the practice of psychotherapy.* New York: Guilford Press.
Wachtel, P. L. (2010). Beyond "ESTs": Problematic assumptions in the pursuit of evidence-based practice. *Psychoanalytic Psychology, 27,* 251-272.
Waelder, R. (1960). *Basic theory of psychoanalysis.* New York: International Universities Press.
Waldinger, R. J., Shulz, M. S., Barsky, A. J., & Ahern, D. K. (2006). Mapping the road from childhood trauma to adult somatization: The role of attachment. *Psychosomatic Medicine, 68,* 129-135.
Wallerstein, J. S., & Blakeslee, S. (1989). *Second chances: Men, women, and children a decade after divorce.* New York: Ticknor & Fields.
Wallerstein, J. S., & Lewis, J. M. (2004). The unexpected legacy of divorce: A 25-year landmark study. *Psychoanalytic Psychology, 21,* 353-370.
Wallerstein, R. S. (1986). *Forty-two lives in treatment: A study of psychoanalysis and psychotherapy.* New York: Guilford Press.
Wallerstein, R. S. (2002). The growth and transformation of American ego psychology. *Journal of the American Psychoanalytic Association, 50,* 135- 168.
Wallin, D. J. (2007). *Attachment in psychotherapy.* New York: Guilford Press.
Wampold, B. E. (2001). *The great psychotherapy debate: Methods, models, and findings.* New York: Routledge.
Wampold, B. E. (2010). *The basis of psychotherapy: An introduction to theory and practice.* Washington, DC: American Psychological Association.
Warner, R. (1978). The diagnosis of antisocial and hysterical personality disorders: An example of sex bias. *Journal of Nervous and Mental Disease, 166,* 839-845.
Wasserman, J., & Stefanatos, G. S. (2000). The right hemisphere and psychopathology. *Journal of the American Academy of Psychoanalysis, 29,* 371- 395.
Weinberger, D. R. (2004). Genetics, neuroanatomy, and neurobiology. In C. B. Nemeroff (Ed.), New findings in schizophrenia: An update on causes and treatment. *Clinical Psychiatry News, 32* (Suppl.).
Weiss, J. (1993). *How psychotherapy works: Process and technique.* New York: Guilford Press.
Weiss, J., Sampson, H., & the Mount Zion Psychotherapy Research Group. (1986). New York: Guilford Press.
Welch, B. (2008). *State of confusion: Political manipulation and the assault on the American mind.* New York: St. Martin's Press.
Wender, P. H., Kety, S. S., Rosenthal, D., Schulsinger, F., Ortmann, J., & Lunde, I. (1986). Psychiatric disorders in the biological and adoptive families of adopted individuals with affective disorders. *Archives of General Psychiatry, 43,* 923-929.
Westen, D. (1990). Towards a revised theory of borderline object relations: Contributions of empirical research. *International Journal of Psychoanalysis, 71,* 661-693.
Westen, D. (1993). Commentary. The self in borderline personality disorder: A psychodynamic perspective. In Z. V. Segal & S. J. Blatt (Eds.), *The self in emotional distress: Cognitive*

and psychodynamic perspectives (pp. 326- 360). New York: Guilford Press.
Westen, D. (1999). The scientific status of unconscious processes: Is Freud really dead? *Journal of the American Psychoanalytic Association, 67,* 217-230.
Westen, D., & Shedler, J. (1999a). Revising and assessing Axis II: Part I: Developing a clinically and empirically valid assessment method. *American Journal of Psychiatry, 156,* 258-272.
Westen, D., & Shedler, J. (1999b). Revising and assessing Axis II: Part II: Toward an empirically based and clinically useful classification of personality disorders. *American Journal of Psychiatry, 156,* 273-285.
Wheelis, A. (1956). The vocational hazards of psychoanalysis. *International Journal of Psycho-Analysis, 37,* 171-184.
Whitaker, R. (2002). *Mad in America: Bad science, bad medicine, and the enduring mistreatment of the mentally ill.* Cambridge, MA: Perseus.
Will, O. A. (1961). Paranoid development and the concept of the self: Psychotherapeutic intervention. *Psychiatry,* 24(Suppl.), 74-86.
Wills, G. (1970). *Nixon agonistes: The crisis of the self-made man.* Boston: Houghton Mifflin.
Winnicott, D. W. (1949). Hate in the countertransference. In *Collected papers* (pp. 194-203). New York: Basic Books, 1958.
Winnicott, D. W. (1952). Anxiety associated with insecurity. In *Through pediatrics to psychoanalysis* (pp. 97-100). New York: Basic Books, 1958.
Winnicott, D. W. (1960a). Ego distortion in terms of the true and false self. In *The maturational processes and the facilitating environment* (pp. 140- 152). New York: International Universities Press, 1965.
Winnicott, D. W. (1960b). The theory of the parent-infant relationship. *International Journal of Psycho-Analysis, 41,* 585-595.
Winnicott, D. W. (1965). *The maturational processes and the facilitating environment.* New York: International Universities Press.
Winnicott, D. W. (1967). Mirror-role of mother and family in child development. In *Playing and reality* (pp. 111-118). New York: Basic Books.
Wolf, E. K., & Alpert, J. L. (1991). Psychoanalysis and child sexual abuse: A review of the post-Freudian literature. *Psychoanalytic Psychology, 8,* 305- 327.
Wolf, E. S. (1988). *Treating the self: Elements of clinical self psychology.* New York: Guilford Press.
Wolf, N. S., Gales, M., Shane, E., & Shane, M. (2000). Mirror neurons, procedural learning, and the positive new experience: A developmental systems self psychological approach. *Journal of the American Association of Dynamic Psychiatry, 28,* 409-430.
Wolfenstein, M. (1951). The emergence of fun morality. *Journal of Social Issues, 7,* 15-24.
Wrye, H. K., & Welles, J. K. (1994). *The narration of desire: Erotic transferences and countertransferences.* Hillsdale, NJ: Analytic Press.
Wurmser, L. (2007). *Torment me but don't abandon me: Psychoanalysis of the severe neuroses in a new key.* Lanham, MD: Jason Aronson.
Yalom, I. D., & Leszcz, M. (2005). *Theory and practice of group psychotherapy* (5th ed.). New York: Basic Books.
Yarok, S. R. (1993). Understanding chronic bulimia: A four psychologies approach. *American Journal of Psychoanalysis, 53,* 3-17.
Young, J. E., Klosko, J. S., & Weishaar, M. E. (2003). *Schema therapy: A practitioner's guide.* New York: Guilford Press.
Young-Bruehl, E. (1990). *Freud on women: A reader.* New York: Norton.
Yu, C. K-C. (2006). Commentary on "Freudian dream theory, dream bizarreness, and the

disguise-censor controversy." *Neuro-Psychoanalysis, 8,* 53-59.

Zeddies, T. J. (2000). Within, outside, and in between: The relational unconscious. *Psychoanalytic Psychology, 17,* 467-487.

Zetzel, E. (1968). The so-called good hysteric. *International Journal of Psycho- Analysis, 49,* 256-260.

Zink, T., Klesges, L., Stevens, S., & Decker, P. (2009). The development of a Sexual Abuse Severity Score: Characteristics of childhood sexual abuse associated with trauma symptomatology, somatization, and alcohol abuse. *Journal of Interpersonal Violence, 24,* 537-546.

Zuelzer, M., & Mass, J. W. (1994). An integrated conception of the psychology and biology of superego development. *Journal of the American Academy of Psychoanalysis, 22,* 195-209.

Zuroff, D. C., & Blatt, S. J. (2006). The therapeutic relationship in the brief treatment of depression: Contributions to clinical improvement and enhanced adaptive capacities. *Journal of Counseling and Clinical Psychology, 74,* 130-140.